化学工程与技术研究生教学丛书

# 先进航空航天液体燃料合成及应用

张香文 邹吉军 潘 伦 编著

科学出版社

北 京

# 内 容 简 介

本书聚焦航空航天液体燃料发展应用的历史及前沿,系统介绍了民用航空燃料、高密度碳氢燃料、高热值碳氢燃料、含能纳米流体燃料、高热安定碳氢燃料等的概念、设计思路、合成制备方法、应用技术及其对飞行器性能的影响。本书内容涵盖燃料设计理论、分子合成、改性提质等相关的理论与实践,向读者介绍航空航天液体燃料的基础知识及最新进展,展现了航空航天液体燃料化学与技术的历史和现状,也为航空航天推进技术的未来发展提供了借鉴思路。

本书主要面向化学工程与技术、燃料化学、推进剂、宇航推进与动力、飞行器设计等专业,可供相关专业研究生、本科生、研究人员和工程师参考。

**图书在版编目(CIP)数据**

先进航空航天液体燃料合成及应用 / 张香文,邹吉军,潘伦编著. —北京:科学出版社,2023.3
(化学工程与技术研究生教学丛书)
ISBN 978-7-03-074379-4

Ⅰ. ①先… Ⅱ. ①张… ②邹… ③潘… Ⅲ. ①航空器-液体燃料-研究生-教材 ②航天器-液体燃料-研究生-教材 Ⅳ. ①V312 ②V511

中国版本图书馆 CIP 数据核字(2022)第 246505 号

责任编辑:侯晓敏 李丽娇 / 责任校对:杨 赛
责任印制:张 伟 / 封面设计:无极书装

科学出版社 出版
北京东黄城根北街 16 号
邮政编码:100717
http://www.sciencep.com
北京中石油彩色印刷有限责任公司 印刷
科学出版社发行 各地新华书店经销
*
2023 年 3 月第 一 版 开本:787×1092 1/16
2023 年 3 月第一次印刷 印张:17 1/4
字数:442 000
**定价:98.00 元**
(如有印装质量问题,我社负责调换)

# 前　言

自 1903 年莱特兄弟的"飞行者一号"首次飞行以来，航空航天技术经历了巨大发展，极大地提高了人类的生活质量，扩大了人类的空间探索能力。航空航天飞行器主要包括民用和军用飞机、导弹、火箭、宇宙飞船及卫星等，它们以涡扇、涡轮、冲压等吸气式发动机或火箭发动机为推进系统，使用的液体燃料主要包括碳氢燃料、低温液氢燃料和肼类燃料等。碳氢燃料在航空航天燃料领域占比最大，是飞机、大多数中远程导弹和大型运载火箭的主要燃料，具有能量密度高、安全性好、储运方便、成本较低、无毒无害等显著优势。

近年来，我国航空航天科技发展迅速，在支撑国防建设和经济发展方面发挥了重要作用。液体燃料是航空航天科技的关键技术之一，从基础研究到飞行器应用需要长期的技术积累和逐步突破，这就需要开展持续性、前瞻性研究。天津大学在 20 世纪 80 年代末开始开展先进液体燃料的研究工作，经过几代人的持续努力，逐步发展成为我国研究航空航天液体燃料最主要的基地之一，建立了教育部重点实验室，形成了以长江学者特聘教授、国家杰出青年基金获得者等为骨干的高水平研究团队，并入选了教育部创新团队。团队在燃料设计理论、合成技术、工程化应用等方面取得了丰硕成果，并为新型飞行器的试验和研制提供了重要支撑。近年来，航空航天科技发展速度不断加快，对液体燃料提出了更高的要求。为了明晰燃料的发展方向，助力培养航空航天燃料领域的高水平人才，编者以团队近 20 年的研究成果为主体，结合国内外文献资料，编写成本书。

本书系统地总结和梳理了航空航天液体碳氢燃料的分子设计、合成制备、应用性能调控的理论和实践，衔接了过去、现在与未来的燃料化学和技术。全书共 8 章：第 1 章概述航空航天液体燃料的发展历史和现状，重点介绍其分类和典型应用；第 2 章介绍航空航天液体燃料的主要性能指标及测试方法；第 3 章阐述石油基、生物基和煤基航空燃料的发展历史、现状及存在问题；第 4 章介绍多环烷烃高密度燃料、烷基金刚烷高密度燃料和生物质高密度燃料的合成及其性能；第 5 章介绍高热值碳氢燃料的分子结构设计、合成及性能；第 6 章综述含能纳米流体燃料的制备方法及其应用性能评价；第 7 章介绍高热安定碳氢燃料及提高燃料热安定性的技术；第 8 章介绍碳氢燃料吸热技术。

在本书撰写和成稿过程中，张香文负责全书整体框架和第 1 章、第 8 章的撰写；邹吉军负责第 3 章、第 4 章和第 6 章的撰写；潘伦负责第 2 章、第 5 章和第 7 章的撰写。王渟、王庆法、刘国柱、史成香、李国柱等老师为编写工作提供了大量帮助，徐继盛、薛康、刘亚坤、贾挺豪、陈英、谢嘉维、刘雅楠、张佳祥、刘显龙、王卫、刘青等研究生在资料收集、图表编辑、文献校对等方面做了大量工作，在此表示衷心的感谢！感谢天津大学研究生创新人才培养项目（YCX202224）的资助!

限于编者水平，书中难免有疏漏之处，敬请读者指正。

编　者

2022 年 3 月于北洋园

# 目　录

# 第1章

# 航空航天液体燃料概述

1903 年，莱特兄弟以汽油为燃料完成了"飞行者一号"的首飞[1]。自此，碳氢燃料在航空航天推进领域逐步得到广泛的应用。20 世纪 30 年代后期涡轮喷气发动机的发明被认为是航空发展史上的里程碑事件。然而，在飞机使用涡轮喷气发动机的近十年里，适配燃料一直没有得到详细的研究。后来，随着其在航空工业的大规模应用，催生出严格和标准化的航空燃料定义，航空煤油逐步成为主角[2]。发动机和飞机性能的快速提升对航空航天液体燃料的生产和规格提出新的要求，需要开发不同燃料(不同组成、馏程、添加剂等)应对不同的飞行条件和环境。对于超声速和高超声速飞行器，根据普通飞机燃料研发过程中获得的经验，可以采用高热安定性的燃料应对；当飞行器需要长距离飞行时，能量密度是选择液体碳氢燃料的主要标准，因此采用高密度燃料[3]；对于液体火箭，高比冲液氢/液氧、煤油/液氧、肼类/浓硝酸、肼类/四氧化二氮等双组元液体推进剂应用最为广泛。在满足飞行条件的同时，航空航天燃料还需要平衡其使用性能与成本。

燃料的化学组成不同，性能也不同[4]。目前，航空煤油的组成还没有严格且清晰的约束[5]，燃料组成、物理化学性质与应用性能之间的关系也需要确定，该工作需要花费大量经费和时间去完成。通过建立燃料理论模型可优化燃料组成或设计替代燃料，以满足高超声速飞行器和液体火箭推进系统等领域的发展要求。

航空运输对环境友好和能源安全的要求已成为航空燃料领域的关注重点[6-7]，将燃料来源从传统石油资源转向煤炭和生物质，通过煤、页岩油、天然气或植物的化学转化，将低附加值原料转变为高附加值燃料，可以确保燃料供应充足，可再生能源的利用还可以减少温室气体排放。

## 1.1 航空航天液体燃料分类

航空航天器如飞机、导弹、卫星、火箭和飞船等的发展体现了一个国家的科技水平和综合实力。航空航天液体燃料作为航空航天器的飞行动力来源，是飞行器的关键组成部分。航空航天液体燃料的选择和改进在很大程度上决定了飞行器的航行性能，如航速、航程、安全性和有效载荷等[8]。根据飞行器发动机使用燃料的不同，航空航天液体燃料可分为航空煤油、航空汽油和火箭推进剂等；而从燃料制备原料上来看，又存在石油基、煤基和生物基等来源；如果考虑燃料的功能特性，则可分为高密度碳氢燃料、高张力碳氢燃料、含能纳米流体燃料、高吸热燃料等。以下介绍几类典型的航空航天液体燃料。

### 1.1.1 航空航天液体燃料

根据飞机发动机的不同，航空航天液体燃料可分为航空汽油和航空煤油两大类。"飞行者一号"采用的活塞式发动机，选择特制轻质铝铸缸体，以汽油为燃料，只能提供功率为 12 hp(约 8.95 kW)的动力[1]。第二次世界大战期间，活塞式发动机技术日渐完善，由于航空汽油冰点低、抗爆震性能好，在航空燃料中占据统治地位。但是航空汽油的密度较低、热值较小，如今仅用于功率需求较小的通用航空中，包括工业、农业、林业、渔业和建筑业在内的作业飞行以及医疗工业、抢险救灾、气象探测、海洋监测、科学实验、教育训练、文化体育等方面的飞行活动[9]。"十三五"期间，全国通用航空完成飞行作业 458.8万小时，年均增长 5.2%[10]。航空汽油需求量大约 12 万吨[11]。

1939 年，德国人 Hans von Ohain 研制出 HeS3B 发动机，成功实现世界首次采用涡轮喷气发动机的飞行，当时使用的燃料仍然是汽油。由于涡轮喷气发动机对燃油馏程要求较低，且汽油在战争时期属于战略物资，需求量很大，价廉易得的煤油逐渐成为主流燃料[12]。用于航空发动机的煤油燃料通常称为航空煤油(简称航煤)。第二次世界大战后，得益于对远距离出行日益增长的需求和大型民用喷气发动机的发展，航煤成为普遍生产和广泛使用的航空燃料。航煤在发动机中燃烧转变为高温燃气并从发动机尾端喷出，产生推动飞机飞行的动力，因此也称为喷气燃料。近年来，我国航煤的年消费增长率达 5%，其中 2019 年的航煤消费量为 3684 万吨，同比增长 6.4%。随着国内民航市场的日渐繁荣，航煤的需求量还将进一步增加[13]。

实际上，民用航空煤油是从军用喷气燃料发展而来的，但军用喷气燃料需要考虑通用性和可得性。以美国为例，在 1951 年公布了代号为 JP-4 的宽馏分喷气燃料标准，宽馏分保证了较高的炼油收率，以轻质原油计算的收率超过 40%，该型燃料随后成为美军主要的喷气燃料[14]。但是低闪点的宽馏分燃料容易挥发，在地面加注过程中存在一定的危险性；在战斗过程中，装载低闪点喷气燃料的飞机着火而坠毁的概率也较大；另外其蒸发损失较大，污染环境。1979 年，美国 JP-8 燃料标准(MIL-DTL-83133)公布，其仍然是煤油型喷气燃料，但具有闪点高、能量密度大等优点，90 年代以后逐步成为美国空军的主要燃料[15]。煤油型燃料也成为注重安全、舒适、经济、环保的民用航空燃料的首选，现在世界上通用的民用喷气燃料为 Jet A-1，与 JP-8 的主要指标基本相同。我国使用的类似喷气燃料为 RP-3，已经广泛应用于民航飞机和军用飞机[12]。

传统的航空燃料是将原油切割为所需馏分并复配得到。伴随着航空业的快速发展，喷气燃料的需求量逐年攀升，而我国作为石油净进口国，原油对外依存度逐渐升高。中国石油企业协会发布的《中国油气产业发展分析与展望报告蓝皮书(2019—2020)》显示，2019 年中国原油净进口量首次突破 5 亿吨大关，石油对外依存度高达 70.8%[16]。另外，我国煤炭资源可采储量非常丰富，根据自然资源部发布的《中国矿产资源报告(2019)》，2018 年我国煤炭查明资源储量达 17085.73 亿吨[17]。因此，开发煤基喷气燃料技术对国家能源安全具有战略意义，也有利于航空燃料来源的多样化。此外，煤基喷气燃料在密度、吸热性能和热安定性等方面也有更大的提升潜力。

煤焦油精制、煤直接液化和煤间接液化是合成煤基喷气燃料的主要技术[18]。煤焦油是最早用于喷气燃料的煤基原料,1999 年美国 Schobert 等将精制煤焦油和轻循环油作为混合原料,加氢处理后得到富含多环烷烃、密度达 0.87 g/mL、热安定性温度超过 900℉(480℃)的煤基喷气燃料,后来命名为 JP-900[19]。煤直接液化源于诺贝尔化学奖得主、德国化学家贝吉乌斯(Bergius)的研究工作,他将干燥的煤粉和重油混合,在 400～500℃的高温和20～70 MPa 高压环境下催化加氢,成功将煤液化,为煤直接液化技术奠定了基础[20]。高温处理使煤大分子结构中较弱的桥键断裂,并形成大量不同分子量的自由基碎片。在能够提供大量质子的溶剂环境和高压氢气条件下,氢与自由基结合,并在催化剂的参与下进一步加氢裂化,生成分子量比原料低得多的初级加氢产物,其中液相馏分经提质加工后的组分与精煤焦油相似,含有大量的氢化芳烃和环烷烃,能够显著提升喷气燃料的密度和安定性[21]。我国煤直接液化技术的发展走在国际前列,神华集团的“神华矿区建设煤炭直接液化示范厂”项目是我国首个也是世界首个商业化的煤炭直接液化项目[22]。2015年 7 月,空军后勤部和神华集团宣布我国煤基喷气燃料进行了首次飞行试验,取得了圆满成功。

煤间接液化是先将原煤汽化为合成气,然后经费-托合成[Fischer-Tropsch(F-T) synthesis]工艺[23]转化为液态碳氢化合物的技术。制得的粗合成油($C_1$～$C_{40}$)经馏分切割和异构化等处理可得主要为异构链烷烃的喷气燃料,称为合成喷气燃料[24]。该技术对原料煤的要求不高,在费-托合成反应之前对硫、氮、重金属等杂质进行了很好的脱除,产物芳烃含量低,可以制得优质的清洁替代喷气燃料。由于费-托合成产物中烷烃含量高,环烷烃含量低,燃料的密度较低,常与石油基喷气燃料混合使用[25]。2008 年,南非萨索尔(Sasol)公司的 100%煤基全合成喷气燃料通过国际商用航空认证[26]。我国山西潞安化工集团有限公司、内蒙古伊泰集团有限公司和神华集团有限责任公司等已经投产多个煤间接液化项目[27]。

除了煤,天然气通过蒸气转化、部分氧化等方法可制得合成气,经费-托合成工艺,也能得到航空燃料[12]。但是无论是石油、煤炭还是天然气,都属于不可再生的化石能源,而且会带来环境污染、温室效应等一系列问题。2016 年 11 月 4 日生效的《巴黎协定》对各国的温室气体排放进行了有约束力的限制。虽然航空业温室气体的排放量只占 2%～3%,但航煤燃烧发生在大气平流层,产生温室效应的能力和危害远大于其他行业,需要进行更为严格的排放约束和燃料来源绿色化[28]。因此,基于丰富的可再生生物质资源制备喷气燃料,即生物基航煤,在近些年得到了越来越多的研究和应用。

生物基航煤的合成工艺包括油脂直接加氢、经气化进行费-托合成、热裂解和催化裂解等路线[29]。油脂直接加氢是以动植物油脂(棕榈油、餐厨废油、藻油、麻风树油等)为原料,在催化剂作用下进行加氢脱氧反应,然后将得到的直链烷烃进行裂化断链和异构化处理,以降低冰点并提高油品的低温流动性[30]。该方法简单易行,得到了广泛推广。2011年,荷兰皇家航空公司用以餐厨废油为原料合成的航煤进行了全球第一次商业飞行[31]。我国是全球第四个拥有生物基航煤自主研发生产技术的国家,于 2015 年 3 月首次实现了基于生物基航煤的载客飞行。

生物质气化费-托合成工艺类似于煤间接液化技术,是将秸秆、稻壳、木屑等生物质磨碎干燥,再高温气化,然后将得到的合成气进行费-托合成,精制得到所需油品。其所用的原料为木质纤维素类物质,价格低廉,但是处理过程耗能大且工艺复杂。2012 年,美国 Kior 公司投产了第一个生物质气化制油装置[32]。热裂解是转化生物质的另一项技术，可在无氧或缺氧氛围下高温降解并液化生物质。可用于裂解的原料很丰富，如富含木质素、纤维素和半纤维素的木材和秸秆等。生物质的热裂解主要分三个阶段：脱水、分解挥发和炭化。一般认为，半纤维素在 225～350℃裂解，纤维素在 325～375℃裂解，木质素在 250～500℃裂解，前两者分解生成的主要产物是挥发性物质，后者裂解生成大量炭[33]。挥发后的可凝气体快速冷却后经加氢精制得到液态生物油，切割馏分可得到航煤。热裂解的产物分布较难调控，催化剂是改善生物原油品质的关键。常用的热裂解催化剂有分子筛类、碱金属类、碱土金属类等[34]。如采用 ZSM-5 分子筛催化剂，可以显著提高所得生物油中的芳烃含量。除了芳构化外，催化剂还能够促进生物质中大分子的裂解、提高液态产物收率等，有利于航煤组分含量的提升[35]。

### 1.1.2　导弹、火箭及卫星推进剂

固体推进剂是人类最早使用的推进剂。公元 969 年，我国宋朝的冯继昇和岳义方等采用火药作推进剂，发明了世界上最早的固体火箭(南宋王应麟《玉海》卷一五〇；《宋史》志第一百五十兵十一)，但是因为当时科学观念的限制，这项技术并没有得到更深入的研究。

20 世纪初期，俄国著名学者、航天之父齐奥尔科夫斯基提出了液体推进火箭发动机的设想[36]。1942 年，德国率先以乙醇/液氧为推进剂制得人类历史上第一种弹道导弹 V-2，实现了液体推进剂在军事上的应用。随后，液体推进剂得到各国的大力研究。按照进入发动机的组元来分，液体推进剂主要分为单组元液体推进剂和双组元液体推进剂。单组元液体推进剂可采用分子中同时含有可燃性和助燃性成分的化合物，如硝酸异丙酯，或者分解时放出大量热量和气体的物质如肼、过氧化氢等作为燃料[37]。肼是占据主导地位的单组元液体推进剂，但是它的冰点高、毒性大、比冲较小、安定性差。硝酸羟胺(HAN)、二硝酰胺铵(ADN)等有望对传统组分进行部分取代或与醇类、水等复配[38]。双组元液体推进剂分别独立储存于液体燃料组元和液体氧化剂组元，其中氧化剂可以选用强氧化性物质，包括液氧、红烟硝酸、四氧化二氮等，燃料可以选用液氢、偏二甲肼、混肼-50、甲基肼、煤油等，还可以采用燃烧时放出大量热量的轻金属或其氢化物的粉末作为燃料添加剂来提高推进剂的能量密度[39]。

液体推进剂具有比冲大、推力可调、多次点火启动等优势，在宇航领域具有独特的优越性。例如，用于发射人类历史上第一颗人造卫星和第一艘载人飞船的苏联"东方"号运载火箭，以及第一枚可重复使用一级助推器的美国猎鹰 9 号运载火箭，采用的均是双组元煤油/液氧推进剂；我国现役运载能力最强的长征五号运载火箭，芯级和上面级发动机均采用液氢/液氧推进剂，助推级发动机采用煤油/液氧推进剂。除火箭外，卫星的轨道机动和姿态调控等也多采用液体推进技术，近地轨道卫星如气象卫星、海洋卫星和资源卫星等广泛采用无水肼单组元推进剂，而轨道较高的卫星如我国北斗导航卫星和嫦娥飞行器等采用甲基肼/四氧化二氮双组元推进剂[40]。

早期的导弹大多选用液体推进技术，因为技术路线简单、推进剂易得。但是随着洲际导弹的成功研制，大国争霸和全球冷战对提高导弹生存能力和作战性能提出了更高要

求，而液体导弹的发射准备时间长、机动性差、安全性低，不能满足要求，固体推进剂的研发势在必行。固体推进剂的跨越式发展和大规模应用出现于 20 世纪 60 年代，1962 年美国"民兵Ⅰ"固体燃料导弹的服役标志着导弹固体化时代的开始[41]。

固体推进剂的配方一般由固体燃料、氧化剂、黏合剂及增塑剂组成，均为高能物质。氧化剂的主要贡献是与燃料进行反应，一方面氧化放出大量的热，另一方面产生大量的推进气体，提高推进剂的比冲。氧化剂是提高固体火箭推进性能的关键，在固体推进剂中的含量最高可超过 50%。典型的高能氧化剂有高氯酸铵(AP)、二硝酰胺铵、六硝基六氮杂异伍兹烷(CL-20)、环三亚甲基三硝胺(黑索金，RDX)、环四亚甲基四硝胺(奥克托今，HMX)、偕二硝甲基唑类和硝仿肼(HNF)等[42-44]。推进剂固体燃料包含金属燃料和含硼燃料等，即将镁粉、铝粉、硼粉、合金粉、金属氢化物(如 AlH$_3$)等作为燃烧剂，提高推进剂的能量密度[45]。黏合剂和增塑剂包括端基修饰的聚丁二烯[如端羧基聚丁二烯(CTPB)和端羟基聚丁二烯(HTPB)]、叠氮类黏合剂如聚叠氮缩水甘油醚(GAP)、硝酸酯类黏合剂如聚缩水甘油醚硝酸酯(PGN)、氟二硝基化合物和二氟氨基化合物等[40-41]，能够改善氧化剂和燃料的燃烧环境，同时燃烧释放出大量热量[46]。本书主要涉及液体燃料，因此不对固体推进剂进行详细介绍。

### 1.1.3　新型液体燃料

#### 1. 高密度碳氢燃料

高密度碳氢燃料是为了提高航空航天飞行器的航程和载荷等性能，采用化学方法合成，具有高密度、高体积热值的碳氢化合物。碳氢化合物的上述性质与分子结构和空间构型紧密相关。本部分将对基于石油原料(如多环烷烃、金刚烷烃)，以及基于生物质原料(如蒎烯、糠醛)合成的高密度碳氢燃料进行概述。

一般来说，直链烷烃的密度低于相同碳数的环烷烃，因此高密度燃料均具有多环结构。以链烷烃为主的航空煤油密度只有 0.78 g/mL，含有大量环烷烃的火箭煤油的密度可达到 0.83 g/mL[47]。美国 RJ-4 是第一种人工合成的高密度碳氢燃料，由四氢二甲基双环戊二烯组成，密度为 0.92～0.93 g/mL[48]，燃料分子中甲基取代基的位置不固定，导致燃料批次稳定性较差。随后，基于双环戊二烯(DCPD)合成了综合性能更好的挂式四氢双环戊二烯(exo-THDCPD)，密度达 0.935 g/mL，它是高密度燃料 JP-10 的主要成分，广泛应用于巡航导弹(如战斧导弹)。在国内，天津大学燃料团队最早开发了同类燃料，命名为 HD-01[49]。以 DCPD 和其受热分解生成的环戊二烯(CPD)为原料，还可合成具有更高密度(>1.0 g/mL)的四氢三环戊二烯[50]，但是其黏度较高，需要与 JP-10 等复配使用。又如，CPD 和乙炔合成的降冰片二烯(NBD)，经过聚合反应和加氢反应可以得到全氢降冰片二烯二聚体，为 RJ-5 的主要成分，密度达 1.08 g/mL[51]。总的来说，这类多环烷烃是以 CPD 或 NBD 等环状结构烯烃为反应物，通过第尔斯-阿尔德(Diels-Alder)加成反应等形成更多环数的烯烃，再经过加氢及异构反应制得。异构反应的目的是调变多环烷烃的空间构型，因为空间构型往往是决定多环烷烃低温流动性的关键。研究发现，通常挂式构型比桥式构型具有更好的低温性能[48]。

金刚烷可通过四氢双环戊二烯等异构合成,它的分子结构紧凑、对称,密度达 1.07 g/mL,体积热值高达 47.38 MJ/L[52];另外,金刚烷环内无张力、结构稳定、高温耐受能力强,能够显著提高燃料的热安定性。但是金刚烷的熔点太高(268~269℃)、低温性能不佳,需要对分子结构进行改造。天津大学燃料团队采用酸催化多环烷烃重排、烷基化等路径,制备了多种烷基取代的金刚烃。取代的烷基可以打破金刚烷分子结构的对称性,有利于改善低温性质,但是烷基链长度过长会降低密度,并反过来增加黏度[53]。

生物质高密度燃料是以生物质中的环状分子为原料,通过碳碳偶联、环加成、烷基化等反应方式增加碳原子数和环数,提高燃料密度[54]。可以采用松节油等含有萜类的化合物合成,或者从木质素和纤维素衍生的平台化合物分子合成。松节油含有 88%~95% 的蒎烯,在酸催化作用下发生聚合反应得到二聚体,经加氢脱氧后得到密度达 0.93 g/mL 的燃料[55]。以纤维素衍生物糠醛为原料,经重排和加氢可制得 1,3-二羟基环戊烷,再经酸性催化脱水得到 CPD,这是合成 JP-10 的原料[56]。以纤维素衍生物环戊酮为原料,在酸或碱催化下进行羟醛(aldol)自缩合反应,经加氢脱氧得到密度为 0.87 g/mL 的双环戊烷;环戊酮经三分子缩合及加氢脱氧,还能得到密度为 0.91 g/mL 的三环燃料[57]。同样采用环戊酮为原料,经还原偶合和频哪醇重排可合成螺环化合物,密度达 0.89 g/mL,体积净热值达 38.41 MJ/L[58]。另外,木质素热解和水解后产生的酚类化合物可加氢转化为环己酮,环己酮自缩合产物经加氢脱氧得到的双环己烷也可作为高密度燃料组分[59]。

### 2. 高张力碳氢燃料

碳氢燃料分子含有五元环或六元环结构会提升燃料密度,但这是以分子中氢原子含量的减少为代价的,使其质量热值降低。高张力碳氢分子含有三元环和四元环结构,因其 C—C 键键角(60°~90°)受约束而储存较大的张力能,该张力能在燃烧过程中会释放出来,增加燃料的热值,具有这种分子结构的燃料称为高张力碳氢燃料。环丙烷燃料、四环庚烷燃料、五环十一烷及其二聚体燃料是其中的代表。

环丙烷燃料通过在燃料分子中引入高张力三元环结构来提高燃料的密度和热值[60]。构建三元环分子结构最常用的方法是对多环烯烃进行环丙烷化反应,反应底物可选择 DCPD、降冰片烯、萜类化合物等。环丙烷化一般为卡宾对烯烃的加成反应,多采用 Simmons-Smith 方法[61]。当 DCPD 的一个双键被环丙烷化后,密度提升到 0.99 g/mL,质量净热值为 42.33 MJ/kg;继续将第二个双键环丙烷化后,所得燃料的密度可达 1.02 g/mL,质量净热值为 42.18 MJ/kg[62]。天津大学燃料团队采用二碘甲烷和二乙基锌制得的锌类卡宾体与月桂烯进行环丙烷化反应,合成了带有一个到三个环丙烷基团的混合物,经加氢处理得到密度为 0.85 g/mL、冰点低于–70℃、质量净热值达 43.42 MJ/kg 的高张力碳氢燃料[63]。

四环庚烷(四环[3.2.0.0$^{2,7}$.0$^{4,6}$]庚烷)是由 2 个三元环、1 个四元环和 2 个五元环结构组成的高张力笼状结构分子,密度达 0.98 g/mL,冰点低于–40℃,质量净热值达 44.35 MJ/kg。虽然四环庚烷的张力结构使其化学反应活性有所提高,但是在常温下仍可长期稳定储存。四环庚烷可以与四氧化二氮、硝酸迅速自燃,点火延迟期为 29 ms[64],在液体推进领域有巨大的应用潜力。将 NBD 和均相光敏剂如四乙基米氏酮或非均相光催化剂如二氧化钛混合，在室温下进行光化学加成反应，可以合成四环庚烷[65]。

五环十一烷(五环[5.4.0.0$^{2,6}$.0$^{3,10}$.0$^{5,9}$]十一烷)含有 1 个四元环和 4 个五元环结构，具有较大的张力能，密度和体积热值得到进一步提升(1.21 g/mL，51.66 MJ/L)。五环十一烷及其烷基衍生物在常温常压下以固体形式存在，可作为液体燃料的添加剂使用。将 CPD 和对苯二醌进行第尔斯-阿尔德加成反应，随后在碱性的二乙二醇溶剂中经肼还原(黄鸣龙反应)，得到五环十一烷[66]。五环十一烷容易升华，不易保存和使用，可以经羰基保护—LiAlH$_4$ 还原—水解—黄鸣龙还原反应等，制得五环十一烷的二聚体，密度和五环十一烷相当，熔点和挥发性有所降低[67]，对二聚体进行甲基化可进一步降低熔点到 55℃，在航煤中的溶解量可达 22wt%(wt%表示质量分数)[68]。

### 3. 含能纳米流体燃料

采用化学合成方法制备高能燃料遇到能量瓶颈问题：碳氢燃料的密度不会随着分子环结构的增加或复杂化而无限制地提高，高张力环的过多引入会降低燃料的稳定性，燃料密度的增加会导致低温性能的恶化，如冰点上升和黏度增大等。通过借鉴固体推进剂的合成方法，添加高能金属颗粒及其化合物来提高液体燃料的热值和比冲，成为获得更高能量密度燃料的新途径，该类燃料称为含能纳米流体燃料。此外，纳米颗粒还能够提高燃料的导热、抗静电和点火性能。但是，制备纳米流体燃料的挑战在于，必须保证所添加的固体颗粒能够在一定时间内均匀分散在液体燃料中而不产生聚集和沉降。因此，对高能粒子的选择和高能粒子的表面改性是研究的重点。

美国在 20 世纪初便尝试将金属粉末作为高能组分添加到燃料中，但是当时纳米技术不成熟，制备的金属颗粒较大，容易团聚，燃烧效率低，在发动机中的沉积严重。随着 20 世纪 80 年代以来纳米技术的逐步发展，规模化制备金属纳米颗粒的技术获得突破，所得纳米含能粒子的燃烧效率和燃烧速度相比于微米级金属颗粒更高和更快，可以显著提高比冲[69]。金属纳米粒子的这些优点得益于其大大增加的比表面积和高反应活性。含能颗粒的选择主要参考这些材料的热值，铍是质量热值最高的金属，但是氧化铍是剧毒化合物，因此未被使用。目前研究较多的纳米颗粒有硼、碳、镁、铝及复合材料等。

高能粒子在燃料中的稳定性和分散能力是决定其能否被使用的关键。纳米颗粒的比表面积大、表面能量高，对外界环境(温度、光照、振动、磁场和气氛等)敏感，颗粒之间容易吸附团聚，颗粒本身也容易被氧化或腐蚀，因此纳米颗粒的表面改性非常重要。例如，表面活性剂三辛基氧化膦的极性基团对硼纳米颗粒具有很好的亲和作用，长碳链则保证了与非极性燃料的相容性，向 JP-10 中分散 30wt%的纳米硼，体积热值可达 49.4 MJ/L，经六周后燃料中仍能保持 12.7wt%的悬浮硼[70]；采用油酸作为表面保护剂，可以将多达 30wt%的纳米铝粉均匀分散到 JP-10 中，密度增加 20%，体积热值增加 10%，密度比冲提升 15%[71]。

添加高能粒子不仅能够提高燃料的密度和体积热值，还能提高燃料的燃烧性能。在四环庚烷中添加少量(0.25wt%)碳纳米颗粒或硼纳米颗粒，以四氧化二氮作氧化剂时，自燃点火延迟时间能够从 29 ms 分别降低到 27 ms 或 18 ms[72]。在燃料中加入硝酸纤维素、改性石墨烯或[AlBrNEt$_3$]$_4$ (Et = C$_2$H$_5$)等，燃烧速率常数会显著提高[73]。采用超支化聚合物，如富含醚键和羟基的超支化聚缩水甘油或富含胺基的超支化聚乙烯亚胺等，对铂纳米颗粒进行修饰，也会提升燃烧性能。一方面，聚合物中的C—O、C—N键键能较小，受热易断裂产生高活性的自由基；另一方面，稳定分散的铂可以催化燃料裂解，生成燃烧性能更好的轻烃分子[74]。

另一类含能纳米流体燃料是凝胶燃料，即在液体中加入凝胶剂和助剂，使燃料转变为静态"有型"的非牛顿流体，而在剪切应力作用后重新恢复为液体形态(剪切变稀)并保持液体燃料的原有性能。20世纪40年代美国提出"添加固相颗粒的液体燃料"的概念，标志着凝胶推进剂的诞生[75]。凝胶在储箱内更稳定，不易泄漏或晃动，对冲击和碰撞不敏感，使用和维护更方便，兼有液体和固体推进剂的双重优点。常用的凝胶剂有气相二氧化硅、十八酸铝、炭黑、石蜡基和醇酯化合物等，但是存在凝胶剂的加入量过多、推进剂的能量密度降低、黏度增加、燃烧残渣多等问题，在剪切变稀性能、复凝性和热稳定性等方面都存在改进的空间。例如，高密度燃料HD-01需要6%的疏水性气相二氧化硅才能形成凝胶，而有机凝胶剂Gn仅需不大于1%的添加量。后者的热值可以维持在原有水平，燃烧后无残渣，剪切变稀的黏度明显小于前者[76]。

凝胶化使高能粒子在液体燃料中的引入和稳定分散也变得容易，纳米粒子不仅能够提高推进剂的能量密度，还可以减少凝胶剂的用量。美国1985年进行了含硼和含镁烃类燃料的凝胶化研究[77]。韩国科学技术院Jyoti等对比了金属化/非金属化凝胶推进剂的流变学特性，在室温下利用甲基纤维素凝胶化乙醇，并加入金属纳米铝粉，发现铝粉可以在保持凝胶触变性的同时增强凝胶的强度和黏性[78]。陈安琪等将2%的2,4-苯亚甲基-D-葡萄糖酰辛胺加入JP-10中，再加入纳米铝粉或纳米硼粉，发现纳米铝粉稳定性更好，凝胶效果也更好，机械强度和触变性均提高，但是燃料黏度有所增加[79]。

### 4. 吸热碳氢燃料

随着航空航天技术的发展，超燃冲压发动机、脉冲爆震发动机等技术日益成熟，制造飞行速度超过5倍声速的高超声速飞行器逐渐成为可能。高超声速飞行器飞行速度快、突防能力强、探测难度大、射程远、拦截难，在轰炸机、巡航导弹、无人机、空天飞机等军事领域得到各国的高度重视[80]。但是高超声速飞行器飞行时与空气剧烈摩擦，产生的大量气动热可能使飞行器表面的温度高于现有材料的承受能力。理论计算表明，飞机在同温层以6倍声速飞行时，机头温度升至1360℃，而导弹或宇宙飞船以马赫数为10的速度进入大气层时，头部的温度可以达到2000~3000℃[81]。如何解决飞行器的冷却问题成为高超声速飞行器的关键，于是吸热燃料应运而生，它是利用燃料自身物理吸热和化学反应吸热的特性，对高温壁面进行再生主动冷却。衡量吸热燃料性能优劣的主要指标是热沉(燃料吸热量)，包括物理热沉和化学热沉两个方面。物理热沉又包括显热和潜热两部分，大多数烃类物质从室温加热到810 K时，吸热量最多只有1.6~1.8 MJ/kg，满足不了高超声速飞行对热沉的要求[82]。如图1-1所示，飞行的马赫数越高，所需燃料的热沉值越大，当马赫数为10时，其所需的热沉值达4.6 MJ/kg(甚至更高)[83]。因此，需要采用燃料的化学反应吸热方式来实现高热沉能力。用于提高碳氢燃料吸热能力的化学反应主要包括脱氢反应、裂解反应、脱氢成环、解聚反应等，大致可以分为催化脱氢、裂解和重整三类。

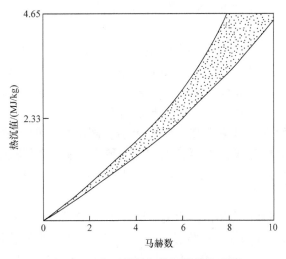

图 1-1　飞行马赫数与热沉值的关系[83]

催化脱氢是研究较早的一类吸热反应。1966 年，美国空军委托壳牌公司 Nixon 等研究了氧化铬-氧化铝和铂-氧化铝对丙烷、甲基环己烷及其他烷烃的脱氢效果，并对甲基环己烷的脱氢能力进行重点探讨[84]。甲基环己烷完全脱氢转化为甲苯和氢气的化学吸热量为 2.19 MJ/kg，在 3%氢气参与、1 MPa 的反应压力和 371～593℃的反应温度下，甲基环己烷的转化率可以达到 95%，甲苯选择性在 99%左右，总吸热能力能够满足马赫数为 5 的飞行速度热沉需求。环烷烃如甲基环己烷、十氢萘等反应吸热量较大，产物单一，在较低温度下可以达到较高的转化率，因此研究较多[85]。随着页岩气工业的发展，存在大量低碳烷烃转化为高价值烯烃的需求，低碳烷烃脱氢技术有了长足进步，催化剂的脱氢活性提升，烯烃选择性增加，抗结焦性能提高，贵金属的负载量降低[86]。低碳烷烃的质量热值很大，脱氢吸热量较高，流动性好，且产物中没有芳烃，燃烧性能更好。如果采用高压容器将低碳烷烃气体液化储存，通过脱氢反应冷却飞行器的过热部位，也能取得较好的效果。

裂解反应是将燃料中的碳碳键断裂，生成小分子烃类的过程。20 世纪 90 年代以来，热裂解/催化裂解成为吸热型碳氢燃料研究的重点[87]。从反应热力学可知，当燃料裂解生成乙烯、丙烯、丁烯等不饱和烃时，发生的是吸热反应，不饱和烃的碳原子数越少，吸收的热量越多。当燃料裂解生成甲烷、乙烷、丙烷等饱和烃时，发生的是放热反应。因此，裂解反应的产物调控是研究的重点。热裂解反应是在高温高压下将烷烃裂解为较小分子的过程，为自由基反应，生成的 $C_2$ 和 $C_3$ 烃类化合物浓度较高，反应过程强吸热且不可逆，缺点是容易发生二次放热反应，且对温度的要求较高，低温(<530℃)下的反应速率较慢，产物选择性的调控困难[88]。催化裂解技术弥补了热裂解的问题，催化剂降低了反应能垒，较低温度下的裂解活性得以提升；催化剂裂解反应在催化剂表面形成碳正离子中间体，因此对催化剂表面的改性能够调控裂解产物分布，产生更多

的低碳烯烃，吸热能力进一步提升；催化剂参与的裂解反应速率更快，可以实现更强的吸热效果[89]。目前常用的催化裂解催化剂有贵金属催化剂、酸性分子筛、氧化物等。例如，在 677℃、2.03 MPa 条件下，采用磷酸硅铝分子筛 SAPO-34 催化 JP-7 燃料裂解，化学热沉值为 2.56 MJ/kg[90]。

为了保证燃料在发动机中的高质量雾化，冷却通道中的压力一般控制在 3～5 MPa，因此吸热型碳氢燃料在真实工况下应为超临界状态，以超临界流体的形式存在[91]。超临界流体没有明显的气液分界面，具有类似液体的密度，类似气体的黏度，良好的流动性，良好的传质、传热和溶解性能。超临界催化裂解相比于常压反应，积碳现象显著改善，催化剂的寿命显著提高。研究表明，超临界条件下催化剂微孔中会形成超密相，结焦前驱体在形成初期便发生超临界萃取，防止覆盖催化剂表面，将催化剂的失活时间从秒级提升到了小时级[92]。因此，超临界催化裂解成为非常有前景的燃料吸热手段。

催化重整也是实现燃料高热沉能力的关键技术。燃料催化重整主要应用于两个方面：①基于碳氢燃料和水蒸气的催化重整反应，可以在热裂解反应的基础上进一步提高燃料的化学热沉，水的比热容和相变焓很高，还可以增加物理热沉，燃料吸热能力得到显著增强[93]；②燃料重整制得氢气，然后将氢气通入燃料电池，可作为燃料电池发电的原料，为飞行器的辅助动力装置提供电力，这尤其适用于体积空间有限、无法装载氢气的情况[94]。航煤裂解产生的小分子烃类，如甲烷、乙烷、乙烯等用于重整制氢的技术已经成熟，以甲烷为例，美国超过 90%的氢气来自甲烷水蒸气重整[95]。其中会发生甲烷和水转化为一氧化碳和氢气的重整反应，这是强吸热反应，吸热量为 206.16 kJ/mol；还会发生水汽转换反应，即一氧化碳和水转化为二氧化碳和氢气的反应，为放热反应，放热量为 41.14 kJ/mol。根据目的不同，需要采用不同的重整催化剂和工艺，对两种反应的选择性进行调控。当催化重整的目的是尽可能多地吸收飞行器的表面热量时，需要尽可能地抑制水汽转换反应的发生；而需要制取大量氢气作为动力燃料时，则需要通过膜过滤等技术将氢气产物及时移走，促进反应平衡向制氢的方向移动。航煤成分复杂，碳含量高，当将其直接用于重整反应时，容易造成催化剂的硫中毒和积碳失活，因此航煤的水蒸气重整技术仍待开发，目前研究主要集中于提高催化剂的抗硫中毒能力和抗积碳性能方面[96]。

## 1.2　航空航天液体燃料典型应用

燃料的选择和使用与航空航天发动机的结构、运行机理和工作环境密切相关，不同应用场合的发动机对燃料性能的要求各异。但是大部分航空航天液体燃料的基本使用性能具有共性特征，如较高的能量密度、适当的挥发性、良好的流动性和低温性能、优异的燃烧特性、突出的安定性、与所接触的金属材料和非金属材料具有良好的相容性等。其应用对象包括民航飞机、军用飞行器及新型高超声速飞行器等。以下按照燃料类型梳理其典型应用。

### 1.2.1　航空汽油的典型应用

航空汽油的应用历史悠久，堪称活塞式飞机的标配。"飞行者一号"以辛烷值低于 40 的汽油作为燃料[97]。但是随着飞机失事事件的频发，人们注意到航空汽油抗爆震值的重要性。1921 年，美国科学家 Midgley 发现四乙基铅(TEL)可以有效改进汽油辛烷值[98]。TEL 可以使焰前反应活性物部分分解，将燃烧速度控制在正常范围内，防止燃气混合物提前点火，从而防止爆震[99]。20 世纪 40 年代，美国将 TEL 应用于航空汽油中，得到 80(马达法辛烷值 80)含铅航空汽油。80 含铅航空汽油是第一个拥有美国材料与试验协会(American Society for Testing and Materials，ASTM)标准的汽油牌号[100]，在低压缩比活塞式发动机上的应用较为广泛。20 世纪 50 年代，航空汽油抗爆震值标准进一步提高，91、100 和 115 等含铅航空汽油应运而生，应用于通用航空领域。

由于含铅汽油所造成的火花塞沉积会造成点火故障，因此美国规定 TEL 的加入量不能超过 0.794 mL/L(汽油)[101]。为了降低航空汽油的铅含量，美国联邦航空管理局(Federal Aviation Administration，FAA)于 20 世纪 90 年代推出了 100 号低铅航空汽油(100LL)，2011 年 100 号超低铅航空汽油(100VLL)问世，在 100LL 航空汽油的基础上将铅含量降低了 60%。

含铅航空汽油虽然抗爆震性能好，但是对环境和人体健康会产生巨大的危害。20 世纪 70 年代无铅航空汽油逐步开始投入应用，82 号和 87 号无铅车用汽油(UL82 和 UL87)应用于活塞式飞机。21 世纪以后高标号无铅航空汽油问世，尤其是 2009 年的 91 号无铅航空汽油(UL91)开始进入市场，是目前商业化的唯一无铅航空汽油。

我国通用航空起步较晚，低标号无铅航空汽油的研究始于 20 世纪 70 年代，代表性的燃料为 75 号无铅航空汽油。但是其生产工艺要求高、技术复杂、产量少，仅用于空军飞行训练，如初教六型教练机[图 1-2(a)]。我国高标号含铅航空汽油主要以 95 号和 100 号含铅航空汽油为主，但是铅含量过高，对发动机损害较大，限于飞行学院练习和农垦使用。此外，我国运-5 运输机[图 1-2(b)]多以 95 号含铅航空汽油为燃料。

(a)　　　　　　　　　　　　　　　　(b)

图 1-2　初教六型教练机(a)和运-5 运输机(b)[102]

### 1.2.2　航空煤油的典型应用

航空汽油挥发性较强，闪点约为 10℃，容易造成飞行过程中的火灾事故。相对于汽油，航空煤油蒸发慢且燃点较高，在一定程度上降低了火灾发生的概率。此外，航空煤油密度较大、体积热值高，能迅速、稳定、连续、完全燃烧，积碳量少，不易结焦；热安定性和抗氧化安定性好，可以满足长期储存和超声速高空飞行的需要；洁净度高，无机械杂质及水分等有害物质，硫含量尤其是硫醇性硫含量低，对机件腐蚀小。

航空煤油多用于涡轮发动机和冲压发动机(图 1-3)。涡轮发动机是以空气为工作介质的航空动力装置，工作原理是外界的空气通过进气道进入压气机，再由压气机增压后进入燃烧室，燃料蒸气与空气在燃烧室内燃烧后形成高温、高压的易燃气体；燃气在涡轮中膨胀做功使涡轮部件转动并带动压气机旋转继续压入空气，同时从涡轮中流出的高温高压燃气在尾喷管中继续膨胀，沿发动机轴向从喷口向外高速喷出使发动机获得反向推力。冲压发动机通过超声速进气道将迎面吹来的空气扩流减速，使空气静压及温度升高，之后高压空气进入燃烧室和燃料混合并充分燃烧，使气体膨胀然后由推进喷管高速排出，产生反向推力。当超声速进气道进气速度为 3 倍声速时，理论上可使空气压力提高 37 倍，在地面产生的静推力可高达 200 kN[103]。

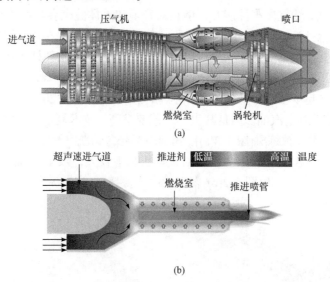

图 1-3　涡轮发动机(a)和冲压发动机(b)的结构简图

我国航空煤油命名为 RP 系列，如 1 号航空煤油(RP-1)、2 号航空煤油(RP-2)、3 号航空煤油(RP-3)、4 号航空煤油(RP-4)和 5 号航空煤油(RP-5)。1961 年，我国独山子炼油厂用新疆原油的煤油馏分并加入抗烧蚀添加剂，生产出 1 号航空煤油，顺利通过长期台架试车和试飞。1 号航空煤油具有高热稳定、安全、密度大及燃烧效率高等优点，常被用作火箭推进剂。但由于其生产成本高且产量有限，1 号航空煤油的生产已经急剧减少。2 号航空煤油的物性与 1 号航空煤油相似，多用于军用飞行器。3 号航空煤油因密度适宜、燃烧性能好、导电性优良、润滑性能突出、闪点高、凝固点低、低温流动性好且抗氧化安定性强等优点被广泛应用于民航客机，如波音系列民航客机(图 1-4)。除了民航客机，部分军用战斗机和吸气式导弹也使用 3 号航空煤油，如歼-10、歼-20(图 1-5)等。

图 1-4　波音民航客机　　　　　　　　图 1-5　中国歼-20 战斗机

4 号航空煤油的显著特征为馏程较宽，范围是 60~280℃，含有较多的轻馏分，有利于发动机的启动点火[104]。4 号航空煤油经常被用于军用飞机，尤其是追求高启动速度和强起飞爆发力的直升机及海军舰载机，因为这些飞机在进行姿态调整的过程中涉及发动机频繁停止与启动，要求燃料具有较好的点火性能。但是 4 号航空煤油因点火性能太好，不适宜在炎热地区使用。针对此种情形，5 号航空煤油应运而生，馏程与 4 号航空煤油相比略有减小，闪点有所提高，广泛应用于舰载机[105]。

Jet A 燃料作为美国标准航空煤油具有冰点低和高热安定性等优点，普遍应用于美国本土的民航飞机和军用飞机，但在不同气候的其他国家的适用性会有一定的限制，于是具有普适性的 Jet A-1 燃料应运而生，其主要优势在于具有更加优异的低温性质和热安定性[106]。但在地域气候异常寒冷地区 Jet A-1 燃料的使用性能仍然较差，所以具有特殊用途的航空煤油 Jet B 被研发出来，这是一种以石脑油与煤油混合配制而成的航空煤油，主要是为适应寒冷天气。不过，Jet B 航空煤油的密度较低、闪点低，危险性较大，只有在极度寒冷天气且有必要需求时才会使用[107]。

除了 Jet 系列航空煤油外，美国 JP 系列航空煤油也被世界各地的军用飞行器广泛使用。美国最初的喷气燃料以 JP-1、JP-2 和 JP-3 起步，是煤油或汽油的提取物。JP-1 属于煤油燃料，其中多含水分，极易造成冰粒堵塞油滤，导致空中停车，而且水的存在会加快发动机部件的腐蚀速度，对飞行器的动力系统造成巨大的损害[108]；JP-2 因提炼成本过高也几乎停止生产；JP-3 的沸点过低，可能造成巨大的安全隐患[109]，所以这三种燃料已经停止使用。20 世纪 50 年代，通过石油精制得到的 JP-4 和 JP-5 燃料是早期军事航空较为常用的燃料[109]。这两种燃料均具有较高的净热值，不同的是 JP-4 属于宽馏分型喷气燃料，冰点和黏度较低、挥发性较高，适合空军低温操作条件的要求，该燃料主要活跃在 1951~1995 年。JP-5 属于高闪点型喷气燃料，以煤油混合少量汽油，挥发性低且闪点高，能确保燃料在舰船上的储存安全性，通常应用于军用舰载机[110]。

JP-6 作为一种煤油燃料与 JP-5 性质相似，但是比 JP-5 具有更低的冰点[110]。JP-6 因低冰点、高稳定性和低蒸气压等特性被特别应用于超高空超声速战斗机，是 XB-70 女武神轰炸机[图 1-6(a)]的专属燃料。目前，JP-7 以高热安定性、强吸热性、低芳烃含量、高密度和高闪点等优势被广泛应用于超声速侦察机。其良好的吸热冷却能力可以适用于飞行速度马赫数达到 4～6 的飞行器，典型应用为美国 SR-71 黑鸟战略侦察机[图 1-6(b)]，SR-71 飞行高度可达 30000 m，平稳飞行速度马赫数超过 3，其高空高超声速飞行的工作环境必须使用 JP-7 燃料。除 JP-7 燃料自身具有优良的吸热能力外，其含有的六氟合铜(Ⅳ)酸铯在高温下分解成氟化铯，可以吸收燃料燃烧所产生的水蒸气和热量，有效降低飞机尾焰和红外信号。美国 X-51A 高超声速飞行器的目标是速度超过常规导弹 5 倍以上，马赫数为 6～6.5，JP-7 碳氢燃料可以在提供动力的同时作为冷却剂降低燃烧室的温度，成为 X-51A 实现高马赫数飞行的必选燃料[111]。

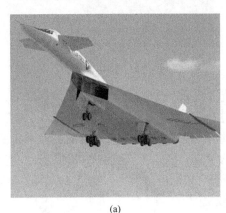

(a)　　　　　　　　　　　　　　　(b)

图 1-6　XB-70 女武神轰炸机(a)和 SR-71 黑鸟战略侦察机(b)

JP-8 在 Jet A-1 的基础上添加了三种添加剂(腐蚀抑制剂、防冰添加剂和防静电添加剂)，减小了燃料对发动机的腐蚀作用，具有更好的低温性质和抗静电性，而且其闪点在 38℃左右，火焰传播速度和蒸气压较低，大大提高了燃料的使用安全性。JP-8 喷气燃料在军用飞行器上使用较为普遍，适用地域较为宽泛[112]。例如，美国空军喷气式多用途战斗机 F-16 就以 JP-8 作为燃料。

### 1.2.3　煤基航空煤油的典型应用

航空业的迅速发展导致航空煤油的需求量日益增加[113]，日益减少的石油资源使保障航空煤油来源成为一个问题。鉴于我国富煤贫油少气的能源结构，以煤炭为原料制备航空煤油具有重大战略意义。

煤基航空煤油最先由美国宾夕法尼亚州立大学的 Schobert 教授提出[114]。目前经过验证或投入使用的煤基航空煤油包括煤基全合成燃料、煤基 JP-900 航空燃料和煤基直接液化燃料。

煤基全合成燃料的制备工艺相对较为复杂(图 1-7)。原煤在经过气化之后会产生 CO 和 $H_2$ 气相产物及煤焦油液相产物。煤焦油液相产物经过加氢饱和、加氢裂解和分馏之后产出重石脑油 2 号和轻馏分油 2 号。而气相产物经过费-托合成以及加氢饱和、聚合、分馏等工艺产生异构烷烃煤油、重石脑油 1 号和轻馏分油 1 号等组分，它们与重石脑油 2 号和轻馏分油 2 号共同复配为煤基全合成燃料。煤基全合成燃料的工艺路线较为复杂，但热稳定性、润滑性和材料相容性等指标接近甚至优于传统石油基航空煤油。

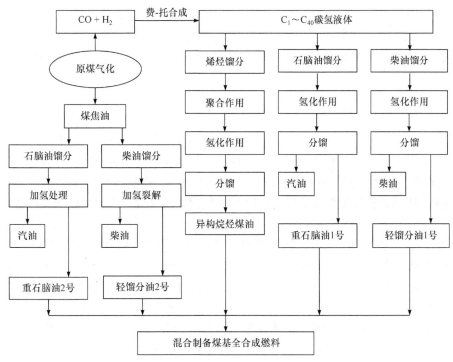

图 1-7　煤基全合成燃料的工艺路线图[26]

2007 年 8 月，美国 B-52 轰炸机对煤基全合成燃料进行了验证飞行并取得成功。此次验证飞行表明在发动机最大功率下使用煤基全合成燃料与使用传统的 JP-8 燃料相比烟尘排放减少 30%；在慢速飞行的情况下，烟尘排放减少 60%，硫排放减少 50%。2010 年 5 月 1 日，Rentech 公司将煤基全合成燃料(Ren Jet 燃料)与 Jet A 燃料按照 40∶60(体积比)的比例进行调和，在空中客车 A319 飞机中的一个发动机上完成了验证飞行[115]。

煤基航空煤油最大的优势在于较高密度和高热安定性能。1999 年 Schobert 课题组开发了煤基 JP-900 航空煤油，氮含量和硫含量都很低，具有较高的密度、闪点和较低的冰点，热安定性明显优于石油基航空煤油[26, 116]。煤基 JP-900 航空煤油的工艺合成路线如图 1-8 所示：首先将精制煤焦油和石油基轻循环油以体积比 1∶1 混合，然后进行加氢精制；对精制后的混合油进行蒸馏，得到 180～270℃馏分，即为煤基 JP-900 航空煤油。

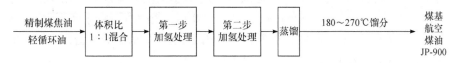

图 1-8　煤基 JP-900 航空煤油工艺合成路线[117]

美国第三代战机 F-15 的飞行速度是 2.5 倍声速，第四代战机飞行速度进一步增加。如此高的飞行速度致使发动机的温度超出可用材料的使用极限，所以喷气燃料在提供能量的同时，发挥吸热能力也极其重要。煤基 JP-900 航空煤油热容较大，自身可以作为发动机的冷却剂，同时具有非常高的热安定温度(482℃)，具有巨大的应用潜力。

另外，煤直接液化燃料切割出的喷气燃料馏分段的烃类组成与煤基 JP-900 航空煤油非常接近，同样能够作为煤基航空煤油[114-115]，具有高密度、高闪点、低冰点和富含环烷烃等特点，但其中的杂原子化合物会显著影响燃料性能。煤基 JP-900 航空煤油和煤直接液化燃料在替代传统航空煤油方面具有较好的潜力，但目前生产技术不够成熟且成本较高。

### 1.2.4　生物基航空煤油的典型应用

随着世界航空业的不断发展，各国对航空煤油的需求与日俱增，当下全球航空煤油年消耗量为 15 亿～17 亿桶[118]，来源均为石油。石油基航空煤油的燃烧释放出大量温室气体二氧化碳，航空业面临着二氧化碳减排的巨大挑战。生物基航空煤油(后面简称生物基航煤)作为优异的替代型燃料可以有效减少二氧化碳的排放，并且原料来源广泛、可循环再生，还具有尾气毒性低和颗粒物含量低等优势[119]，具有极大的应用潜力[120]。

生物基航煤所需原料目前为止共有四代，第一代原料包括糖类、植物油脂和动物油脂，但这些原料存在"与人争粮"的问题，难以大规模应用。第二代原料来自农林废弃物，这些原料经过加工处理后可得到优质油品。这虽然解决了"与人争粮"的问题，但是繁杂的生产过程导致加工成本较高，成为大规模生产的瓶颈。鉴于前两代生物原料的局限性，分布广、环境适应能力强、油脂含量高、生长周期短及产量高的藻类生物承担起了第三代生物原料的重任，目前第三代生物基航煤的加工技术仍处于初级阶段。前三代生物基航煤已经完成了一系列试飞试验。第四代生物原料(负碳生物原料)旨在利用经过改造的藻类等通过光合作用将二氧化碳转化为生物基航煤，该技术仍处在前沿探索阶段，还没有进行飞行验证[120]。

生物基航煤的制备思路为：将生物质转化为生物质油或合成气，再对其进行改性，合成符合标准的生物基航煤。目前合成生物基航煤较为成熟的生产工艺主要包括加氢法和气化-费-托合成法，部分生物基航煤的物性与传统航空煤油的性能指标较为接近[121]。生物油脂的含硫物质较少，所以生物基航煤的硫含量几乎可以忽略不计。这一方面减弱了燃料对发动机部件的腐蚀，另一方面减少了燃烧产生的有害气体二氧化硫。植物油经过加氢脱氧之后得到烷烃混合物[122]，在加入适当添加剂后得到生物基航煤，性能参数基本可以达到 3 号航空煤油标准。

2008～2011 年，国外许多航空公司使用生物航空煤油进行试飞试验，并取得不错的成果。例如，奥地利钻石飞机制造公司以 100%生物基航煤作为燃料在 DA42 轻型飞机[图 1-9(a)]上进行试飞试验，飞行过程顺利。2010 年，美国海军将亚麻荠生物基航煤和 JP-8 传统航煤以体积比 50∶50 的比例混合后应用于大黄蜂 F/A-18 攻击机[图 1-9(b)]，完成了试飞试验，飞行状况良好。

2010 年 3 月，美国空军将地沟油加氢脱氧和深度加氢处理之后合成的生物基航煤与传统燃料以体积比 50∶50 的比例复配，得到新型航空燃料，成功进行了 A-10 攻击机[图 1-10(a)]的飞行试验。此外，美国空军与海军所使用的 C17 大型运输机[图 1-10(b)]试用了 50%生物质调和航煤，飞行状况良好。同年 6 月，荷兰军方利用一架阿帕奇武装直升机 Ah-64 [图 1-10(c)]对生物基航煤 50%混合比例的航空燃料开展飞行测试，结果令人满意，该生物基航煤也是由地沟油加工得到的。

(a)　　　　　　　　　　　　　　　　　　　　(b)

图 1-9　DA42 轻型飞机(a)和大黄蜂 F/A-18 攻击机(b)

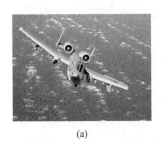
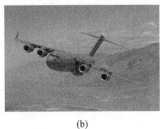

(a)　　　　　　　　　　(b)　　　　　　　　　(c)

图 1-10　A-10 攻击机(a)、C17 大型运输机(b)和阿帕奇武装直升机 Ah-64(c)

2011 年，荷兰皇家航空公司的波音 737-800 客机以生物基航煤为燃料搭载 171 名乘客完成由阿姆斯特丹到巴黎的飞行。同年 7 月，德国汉莎 Lufthansa 公司的空中客车 A321 客机采用生物基航煤实现了从汉堡到法兰克福的 6 个月正常飞行。与此同时，墨西哥 Interjet 公司空中客车 A320 客机和芬兰航空 Finnair 公司的空中客车 A319 客机均以生物基航煤为燃料成功完成试飞。

在国外生物基航煤技术迅速发展的同时，我国生物基航煤也逐步走向商业化验证。2011 年 10 月 28 日，我国生物基航煤首次在北京首都国际机场试飞，该生物基航煤的生产原料为云南小桐子种植基地的小桐子(麻风树)果实，经过压榨和精炼之后得到小桐子毛油和精炼油，采用 UOP 加氢脱氧工艺对其进行处理得到生物基航煤，与 3 号喷气燃料等体积比复配之后被应用于波音 747-400 客机验证飞行，取得了成功。

2015 年 3 月 21 日，海南航空波音 737-800 客机使用地沟油转化而来的生物基航煤作为燃料进行了我国第一次商业载客飞行(上海虹桥国际机场至北京首都国际机场)，飞行时长达 2.5 h。自此，中国成为继美国、法国和芬兰之后的第四个自主生产生物基航煤的国家[123]。

### 1.2.5　高密度碳氢燃料的典型应用

高密度碳氢燃料本质上与石化液体碳氢燃料相似，但是密度有很大程度的提高(从 0.77 g/mL 提高至 0.85 g/mL 以上)，在质量热值相当的情况下，高密度燃料具有更高的体积热值，因此也称为高能量密度燃料。在飞行器燃料箱体积一定的情况下，使用高密度燃料可以有效地增加飞行器的航程和载荷，尤其对导弹有重要意义。

高密度燃料都是人工合成的纯度较高的饱和烃类燃料，早在 20 世纪 60 年代，CPD 和 NBD 就已被用来合成多环高密度碳氢燃料；20 世纪 80 年代，金刚烷类高密度燃料开始受到关注；近年来，生物基高密度燃料也受到越来越多的关注。

表 1-1 列出了典型高密度碳氢燃料及其物性，其中美国 RJ-4 作为最早合成的多环高密度碳氢燃料[49]，主要组分是四氢二甲基双环戊二烯(两种异构体)，可通过二甲基双戊二烯加氢和异构反应合成。与 JP-4、JP-5 燃料相比，RJ-4 具有更高的体积热值，曾经应用于美国海军战斧巡航导弹[109]。

表 1-1　典型高密度碳氢燃料及其物性[3,49,124]

| 物性 | 燃料名称 | | | | |
|---|---|---|---|---|---|
| | RJ-4 | RJ-4-I | RJ-5 | RJ-7 | JP-10 |
| 密度(20℃)/(g/mL) | 0.927 | 0.911~0.918 | 1.08 | 1.01 | 0.94 |
| 冰点/℃ | <−40 | <−65 | 0 | — | −79 |
| 闪点/℃ | 65.6 | 65.6 | 110 | — | 54.4 |
| 黏度(−40℃)/cSt | 60 | 28 | — | >400 | 19 |
| 燃烧净热值/(MJ/L) | 39.0 | 38.5 | 44.9 | 42.1 | 39.6 |

RJ-4 虽然具有较高的密度，但是较差的低温性质(冰点和低温黏度)严格限制了其在空射导弹上的应用。随后，研究人员采用 AlCl$_3$ 对 RJ-4 中的桥式结构进行异构化，得到燃料 RJ-4-I(挂式二甲基四氢双环戊二烯)，低温(−40℃)黏度从 60 cSt 减小到 28 cSt，冰点也显著下降，但是异构燃料的体积热值明显降低且其生产成本有所提高，因此 RJ-4-I 最终未成为 RJ-4 的理想替代品。JP-10 燃料随后被开发出来，全面取代 RJ-4 成为应用最为广泛的高密度燃料。JP-10 的合成过程与 RJ-4 类似，不过原料由二甲基双戊二烯改变为二聚环戊二烯，二聚环戊二烯通过加氢和异构两步反应合成挂式四氢二聚环戊二烯，加入添加剂即获得 JP-10 燃料。JP-10 燃料无论在密度还是低温性质等方面都比 RJ-4 优越[109]，既可以单独使用，也可以与其他燃料复配使用。美国海军战斧巡航导弹、捕鲸叉反舰导弹等均以 JP-10 为燃料。此外，将降闪剂与 JP-10 复配之后得到的 PF-1 燃料，应用于空射战斧和其他空射巡航导弹[124-125]。为了进一步提高燃料的密度，美国又合成了 RJ-5 燃料，密度和体积热值分别高达 1.08 g/mL 和 44.9 MJ/L，但是其低温性质极差，在低于 0℃左右即变成固体，可与低温性质较好的燃料复配使用，如 JP-9 燃料。不过，RJ-5 存在高成本和低收率等缺点，已经停用。

各国研究者尝试了环戊二烯三聚物类高密度燃料的研制，经加氢和异构后得到的挂式四氢三环戊二烯密度达 1 g/mL，冰点降至−50℃以下，但是低温(−40℃)黏度仍然较大，可以采用加入少量其他低黏度组分的方法降低黏度(如美国 RJ-7 燃料)[126]。天津大学燃料团队向挂式四氢三环戊二烯中加入 20%(体积分数)的 JP-10 使其黏度下降 46% 左右[127]。

### 1.2.6　高张力碳氢燃料的典型应用

通过环增长(主要是增加六元环)方法可提高碳氢燃料的密度，但是会严重影响燃料的质量热值(H/C 摩尔比降低)。高张力笼状碳氢燃料以其高张力三元环或四元环结构可同时实现高密度和高热值。这类燃料通常在合成过程中将张力能引入燃料分子内部，在燃烧过程中，该分子一旦某个化学键发生断裂，整个分子结构将迅速坍塌，释放出大量热量[124]。但是高张力笼状碳氢燃料表现出较差的热安定性，不适合作为吸热燃料使用[126]。

最典型的高张力燃料是四环庚烷，密度达到 0.98 g/mL，具有高热值、低黏度和低冰点的特性[49]，是很具潜力的燃料。高张力的分子结构使其反应活性较高，当四环庚烷与硝酸或四氧化二氮等强氧化剂接触时能够迅速自燃[126]，可与强氧化剂组合作为双组元液体自燃推进剂用于火箭上面级、空间飞行器等[128]。

### 1.2.7　含能纳米流体燃料的典型应用

受 H/C 摩尔比和分子结构的限制，液体碳氢燃料的密度和热值的极限约为 1.08 g/mL 和 45 MJ/L(类似于 RJ-5 燃料)。若想进一步提升能量密度，则需要添加更高密度的含能物质(铝、硼等)。例如，在高密度烃 HD-03 中添加 10wt%和 30wt%的铝纳米颗粒，燃料密度和热值分别达到 1.06 g/mL、1.14 g/mL 和 44.3 MJ/L、45.4 MJ/L[129]。火箭发动机试验表明，向四环庚烷中加入 15wt%纳米铝粉颗粒后，密度比冲从 2276 N·s/m³ 提高到 2340 N·s/m³，铝颗粒的燃烧效率约为 91%[130]。

## 参 考 文 献

[1] Edwards T. Advancements in gas turbine fuels from 1943 to 2005. Journal of Engineering for Gas Turbines and Power, 2007, 129(1): 121-139.

[2] Maurice L Q, Lander H, Edwards T, et al. Advanced aviation fuels: A look ahead via a historical perspective. Fuel, 2001, 80(5): 747-756.

[3] Zhang X W, Pan L, Wang L, et al. Review on synthesis and properties of high-energy-density liquid fuels: Hydrocarbons, nanofluids and energetic ionic liquids. Chemical Engineering Science, 2018, 180: 95-125.

[4] Yue L, Li G Q, He G J, et al. Impacts of hydrogen to carbon ratio (H/C) on fundamental properties and supercritical cracking performance of hydrocarbon fuels. Chemical Engineering Journal, 2016, 283: 1216-1223.

[5] Billingsley M, Edwards T, Shafer L M, et al. Extent and impacts of hydrocarbon fuel compositional variability for aerospace propulsion systems. American Institute of Aeronautics and Astronautics 46th AIAA/ASME/SAE/ASEE Joint Propulsion Conference & Exhibit. American Institute of Aeronautics and Astronautics, 2010.

[6] Chiong M C, Chong C T, Ng J H, et al. Liquid biofuels production and emissions performance in gas turbines: A review. Energy Conversion and Management, 2018, 173: 640-658.

[7] Wang M, Dewil R, Maniatis K, et al. Biomass-derived aviation fuels: Challenges and perspective. Progress in Energy and Combustion Science, 2019, 74: 31-49.

[8] 理查德·布洛克利(Richard Blockley), 史维(Wei Shyy). 航空航天科技出版工程: 2 推进与动力. 毛军逵, 韩启祥, 李世鹏, 等译. 北京: 北京理工大学出版社, 2016.

[9] 卢东亮, 郑君, 胡崇波, 等. 通用航空活塞发动机的发展现状研究. 内燃机与配件, 2019, 8: 64-66.

[10] 中国民用航空局. "十四五" 通用航空发展专项规划. (2022-02-11)[2022-06-20]. http://www.caac.gov.cn/XXGK/XXGK/FZGH/202206/P020220613533137333208.pdf.

[11] 罗艳托, 丁少恒. 国内航空用油市场现状及发展趋势预测. 中国石油和化工经济分析, 2018, 9: 47-50.

[12] 付伟, 李明, 陶志平. 世界航空燃料规格及进展. 北京: 中国石化出版社, 2011.

[13] 蒋丽华. 航煤加氢精制技术研究进展. 广东化工, 2020, 47(8): 94-95.

[14] 孙元宝, 邱贞慧, 徐克明. 美国军用喷气燃料的品种规格与发展. 广东化工, 2014, 41(24): 57-58.

[15] 任连岭. 美军单一燃料的发展及对我军用油单一化的启示. 中国汽车工程学会汽车燃料与润滑油分会, 2008, 26: 42-50.

[16] 王志刚, 蒋庆哲, 董秀成, 等. 中国油气产业发展分析与展望报告蓝皮书(2019—2020). 北京: 中国石化出版社, 2020.

[17] 中华人民共和国自然资源部. 中国矿产资源报告(2019). 北京: 地质出版社, 2019.

[18] 王泽洋, 王龙延. 煤基燃料油品特性与煤制油产业发展分析. 化工进展, 2019, 38(7): 3079-3087.

[19] Schobert H, Beaver B, Rudnick L, et al. Progress toward development of coal-based JP-900 jet fuel. Preprints, 2004, 49(4): 493-497.

[20] Bergius F. Process for obtaining light hydrocarbons from heavy hydrocarbons: US001344671. 1920.

[21] 王永刚, 周国江. 煤化工工艺学. 徐州: 中国矿业大学出版社, 2014.

[22] 杨葛灵. 中国神华煤制油发展战略研究. 上海: 华东理工大学, 2012.

[23] Stranges A N. A history of the Fischer-Tropsch synthesis in Germany 1926-45. Studies in Surface Science and Catalysis, 2007, 163: 1-27.

[24] Wittenbrink R J, Berlowitz P J, Cook B R. Synthetic jet fuel and process for its production: US06669743B2. 1998.

[25] 韩伟, 杨超, 兰海平, 等. 煤基与石油基航天煤油掺混理化性能. 火箭推进, 2019, 45(2): 60-65.

[26] 杨文, 吴秀章, 陈茂山, 等. 煤基喷气燃料研究现状及展望. 洁净煤技术, 2015, 21(5): 52-57.

[27] 安良成, 袁炜. 煤基费-托喷气燃料的研发现状及展望. 炼油技术与工程, 2017, 47(11): 5-8.

[28] 胡徐腾, 齐泮仑, 付兴国, 等. 航空生物燃料技术发展背景与应用现状. 化工进展, 2012, 31(8): 1625-1630.

[29] 陈俊英, 马晓建, 冯向应, 等. 国内外生物航油研究现状. 可再生能源, 2012, 30(2): 120-124+130.

[30] 谢敏慧. 长链烷烃制备生物航空煤油. 杭州: 浙江工业大学, 2017.

[31] 刘强, 邱敬贤, 彭芬, 等. 生物航空煤油的研究进展. 再生资源与循环经济, 2018, 11(5): 20-23.

[32] 王庆申. 生物基航煤发展现状分析. 石油石化节能与减排, 2015, 5(3): 1-6.

[33] 方乐, 王伟文. 生物质快速热裂解反应器的研究进展. 当代化工, 2020, 49(1): 233-236.

[34] 李振宇, 黄格省, 李顶杰, 等. 国内外生物原油技术开发现状与分析. 化工进展, 2012, 31(11): 2429-2434.

[35] 周国强. 改性 ZSM-5 分子筛催化热解生物质研究. 北京: 清华大学, 2014.

[36] 党朝辉. 空间探测技术的起源及发展简史. 科技中国, 2017, 6: 79-84.

[37] 常乐健. 绿色推进剂的发展及应用前景. 石化技术, 2019, 26(4): 288-289.

[38] 陈兴强, 张志勇, 滕奕刚, 等. 可用于替代肼的 2 种绿色单组元液体推进剂 HAN、ADN. 化学推进剂与高分子材料, 2011, 9(4): 63-66.

[39] 李亚裕. 液体推进剂. 北京: 中国宇航出版社, 2011.

[40] 张广科, 山世华, 樊超. 卫星推进剂技术发展趋势概述. 化学推进剂与高分子材料, 2012, 10(1): 71-74.

[41] 王基祥. 民兵导弹的发展. 导弹与宇航, 1979, (2): 1-14+17-24.

[42] 雷晴, 卢艳华, 何金选. 固体推进剂高能氧化剂的合成研究进展. 固体火箭技术, 2019, 42(2): 175-185.

[43] 包昌火. 近几年来国外固体火箭推进剂发展动向(一). 火炸药, 1978, 1(21): 59-69.

[44] 王文俊. 国外高能推进剂研究的最新进展. 火箭推进, 2003, 2: 38-43.

[45] 庞维强, 樊学忠, 胥会祥, 等. 富燃料固体火箭推进剂技术. 西安: 西北工业大学出版社, 2016.

[46] 沈弘宇. 固体火箭推进剂发展状况. 化工管理, 2017, 35: 9.

[47] 潘伦, 邓强, 鄂秀天凤, 等. 高密度航空航天燃料合成化学. 化学进展, 2015, 27(11): 1531-1541.

[48] Janoski E J, Schneider A, Ware R E. Isomerization of tetrahydropolycyclopentadienes to a missile fuel additive: US04086286A. 1978.

[49] 邹吉军, 郭成, 张香文, 等. 航天推进用高密度液体碳氢燃料: 合成与应用. 推进技术, 2014, 35(10): 1419-1425.

[50] 王磊, 张香文, 邹吉军, 等. 密度大于 1 的高密度液体碳氢燃料合成及复配研究. 含能材料, 2009, 17(2): 157-160+201.

[51] 熊中强, 米镇涛, 张香文, 等. 合成高密度烃类燃料研究进展. 化学进展, 2005, 2: 359-367.

[52] 马婷婷. 烷基金刚烃及多环高密度碳氢燃料制备研究. 天津: 天津大学, 2013.

[53] 谢嘉维, 王晓宇, 潘伦, 等. 高密度高热安定烷基金刚烃燃料的合成及性质研究进展. 含能材料, 2020, 28(5): 424-434.

[54] 谢嘉维, 张香文, 谢君健, 等. 由生物质合成高密度喷气燃料. 化学进展, 2018, 30(9): 1424-1433.

[55] Nie G K, Zou J J, Feng R, et al. HPW/MCM-41 catalyzed isomerization and dimerization of pure pinene and crude turpentine. Catalysis Today, 2014, 234: 271-277.

[56] Zou J J, Zhang X W, Pan L. High-energy-density Fuels for Advanced Propulsion: Design and Synthesis. Weinheim: Wiley-VCH, 2020.

[57] Deng Q, Xu J, Han P, et al. Efficient synthesis of high-density aviation biofuel via solvent-free aldol condensation of cyclic ketones and furanic aldehydes. Fuel Processing Technology, 2016, 148: 361-366.

[58] Xie J J, Zhang X W, Pan L, et al. Renewable high-density spiro-fuels from lignocellulose-derived cyclic ketones. Chemical Communications, 2017, 53(74): 10303-10305.

[59] Deng Q, Nie G K, Pan L, et al. Highly selective self-condensation of cyclic ketones using MOF-encapsulating phosphotungstic acid for renewable high-density fuel. Green Chemistry, 2015, 17(8): 4473-4481.

[60] 迟伟杰. 笼状化合物与三元小环分子作为含能材料的理论研究. 临汾: 山西师范大学, 2013.

[61] 冯韧. 新型高密度燃料合成反应机理研究. 天津: 天津大学, 2015.

[62] Zhang X Q, Zhao C Z, Huang J Q, et al. Recent advances in energy chemical engineering of next-generation lithium batteries. Engineering, 2018, 4(6): 831-847.

[63] Liu Y K, Ma C, Shi C X, et al. Synthesis of strained high-energy rocket bio-kerosene via cyclopropanation of myrcene. Fuel Processing Technology, 2020, 201: 106339.

[64] Pan L, Feng R, Peng H, et al. A solar-energy-derived strained hydrocarbon as an energetic hypergolic fuel. RSC Advances, 2014, 4(92): 50998-51001.

[65] Zou J J, Zhang X W, Wang L, et al. Continuous preparation method of high-purity quadricyclane: US9944574. 2018.

[66] 史胜斌, 范桂娟, 杨世源, 等. 五环[5.4.0.0$^{2,6}$.0$^{3,10}$.0$^{5,9}$]十一烷的合成和表征. 含能材料, 2015, 23(2): 120-124.

[67] 史胜斌. 五环[5.4.0.0$^{2,6}$.0$^{3,10}$.0$^{5,9}$]十一烷及其衍生物的合成研究. 绵阳: 西南科技大学, 2014.

[68] 邢恩会, 米镇涛, 张香文. 用作新型高密度燃料的高张力笼状烃的研究进展. 火炸药学报, 2004, 2: 13-16.

[69] 鄂秀天凤. 基于亲油性纳米颗粒的高密度悬浮燃料研究. 天津: 天津大学, 2015.

[70] E X T F, Zhi X M, Zhang Y M, et al. Jet fuel containing ligand-protecting energetic nanoparticles: A case study of boron in JP-10. Chemical Engineering Science, 2015, 129: 9-13.

[71] E X T F, Pan L, Wang F, et al. Al-nanoparticle-containing nanofluid fuel: Synthesis, stability, properties, and propulsion performance. Industrial & Engineering Chemistry Research, 2016, 55(10): 2738-2745.

[72] 潘伦, 鄂秀天凤, 邹吉军, 等. 四环庚烷的制备及自燃性. 含能材料, 2015, 23(10): 959-963.

[73] Guerieri P M, Jacob R J, Kline D J, et al. Triisobutylaluminum additive for liquid hydrocarbon burn enhancement. Combustion and Flame, 2019, 200: 53-59.

[74] 吴熙, 何桂金, 郭永胜, 等. 超支化聚合物稳定的 JP-10 基铂纳米流体燃料的制备与催化燃烧性能. 含能材料, 2020, 28(5): 369-375.

[75] 王宝成, 李鑫, 赵凤起, 等. 凝胶推进剂研究进展. 化学推进剂与高分子材料, 2015, 13(1): 1-6+19.

[76] 鄂秀天凤, 潘伦, 张香文, 等. 高触变性高密度凝胶碳氢燃料的制备及性能. 含能材料, 2019, 27(6): 501-508.

[77] 于金山, 李卓. 凝胶(膏体)推进剂火箭发动机研究与发展综述. 中国航天第三专业信息网第三十九届技术交流会暨第三届空天动力联合会议论文集——S04 特种推进及新型推进技术. 中国航天第三专业信息网, 2018: 30-34.

[78] Jyoti B V S, Baek S W. Rheological characterization of metalized and non-metalized ethanol gel propellants. Propellants, Explosives, Pyrotechnics, 2014, 39(6): 866-873.

[79] 陈安琪. 含金属助燃剂的超分子凝胶推进剂的制备及应用研究. 天津: 天津大学, 2018.

[80] 张丽静, 刘东升, 于存贵, 等. 高超声速飞行器. 航空兵器, 2010, 2: 13-16.

[81] 贺芳, 禹天福, 李亚裕. 吸热型碳氢燃料的研究进展. 导弹与航天运载技术, 2005, 1: 26-29.

[82] 朱丹阳. 吸热型碳氢燃料热沉的测定及影响因素. 天津: 天津大学, 2004.

[83] Lander H, Nixon A C. Endothermic fuels for hypersonic vehicles. Journal of Aircraft, 1971, 8(4): 200-207.

[84] Ritchie A W, Nixon A C. Dehydrogenation of methylcyclohexane over a platinum-alumina catalyst in absence of added hydrogen. Industrial & Engineering Chemistry Product Research and Development, 1966, 5(1): 59-64.

[85] 高涵, 李祖光, 厉刚, 等. 吸热型碳氢燃料催化脱氢的研究述评. 推进技术, 1998, 4: 101-105.

[86] Sattler J J H B, Ruiz-Martinez J, Santillan-Jimenez E, et al. Catalytic dehydrogenation of light alkanes on metals and metal oxides. Chemical Reviews, 2014, 114(20): 10613-10653.

[87] 孙道安, 李春迎, 杜咏梅, 等. 吸热燃料催化裂解研究进展. 化工进展, 2012, 31(9): 1959-1967.

[88] 薛金强, 尚丙坤, 王伟, 等. 吸热型碳氢燃料的裂解及结焦研究进展. 化学推进剂与高分子材料, 2010, 8(3): 8-13+22.

[89] 符全军, 燕珂, 杜宗罡, 等. 吸热型碳氢燃料研究进展. 火箭推进, 2005, 5: 36-40.

[90] 何龙, 潘富敏, 林瑞森. 吸热型碳氢燃料催化裂解的研究述评. 推进技术, 2001, 2: 97-100.

[91] 秦笑梅. 高密度吸热型碳氢燃料的热稳定性. 杭州: 浙江大学, 2015.

[92] 王夕. 超临界压力吸热型碳氢燃料热裂解及传热特性研究. 北京: 清华大学, 2013.

[93] 张定瑞, 张枭雄, 侯凌云. 催化重整条件下碳氢燃料热裂解与换热. 航空动力学报, 2018, 33(8): 1830-1837.

[94] 胡焦英, 毛军逵, 贺振宗. 基于航空煤油重整的 SOFC-GT 混合动力系统性能. 航空动力学报, 2020, 35(2): 325-336.

[95] 冯是全, 胡以怀, 金浩. 燃料重整制氢技术研究进展. 华侨大学学报(自然科学版), 2016, 37(4): 395-400.

[96] 张丽雷. 航空煤油重整制氢负载型镍基催化剂的研究. 大连: 大连理工大学, 2011.

[97] 向海, 柳华, 陈凯, 等. 航空汽油发展概述及前景展望. 化工进展, 2016, 35(8): 2393-2397.

[98] Schreck K M, Hillmyer M A. Block copolymers and melt blends of polylactide with Nodax microbial polyesters: Preparation and mechanical properties. Journal of Biotechnology, 2007, 132(3): 287-295.

[99] 姚海军, 杨永青, 常新林, 等. 汽油抗爆剂的研究现状和发展方向. 材料导报, 2009, 23(S1): 442-445+451.

[100] 王霞, 韩莎莎. 通用航空 60 年回顾与展望. 中国民用航空, 2011, 132(12): 12-14.

[101] 柳华. 航空汽油在通用航空中的应用. 中国民用航空, 2013, 167(12): 56-57.

[102] 郭宇. "幼鹰"之翼——初教六型教练机. 模型世界, 2010, 8: 20-23.

[103] 庄欢, 郭昕, 马前容. 高空高速液体燃料亚燃冲压发动机动力特性研究. 燃气涡轮实验与研究, 2009, 22(1): 37-40.

[104] 冉国朋. 合理生产和使用喷气燃料的几个问题. 石油炼制与化工, 1980, 4: 13-17.

[105] 王亮, 王晓斌, 陈军. 加氢裂化装置生产舰载机 5 号航空煤油的可行性研究. 石油技师, 2018, 4: 94-96.

[106] 毕载俊. 当前一些 JetA-1 型喷气燃料规格的比较. 军用航油: 国外部分, 1993, (4): 1-2.

[107] Valco D J, Min K, Oldani A, et al. Low temperature autoignition of conventional jet fuels and surrogate jet fuels with targeted properties in a rapid compression machine. Proceedings of the Combustion Institute, 2017, 36(3): 3687-3694.

[108] 刘国平. 飞机燃油污染的危害及预防. 科技信息, 2012, 17: 181+212.

[109] 焦燕, 冯利利, 朱岳麟, 等. 美国军用喷气燃料发展综述. 火箭推进, 2008, 34(1): 30-35.

[110] 谢凤. 从美军 JP-4 到 JP-8 的转变看喷气燃料的着火安全性. 润滑油与燃料, 2005, 15(4): 15-17.

[111] 李国忠, 于廷臣, 赖正华. 美国 X-51A 高超声速飞行器的发展与思考. 飞航导弹, 2014, 5: 5-8+21.

[112] 和吉红, 侯志华. 美军"战场单一燃料"发展近况及应用效益. 后勤工程学院学报, 2000, 16(4): 53-57.

[113] 金云, 刘莹莹, 郭飞舟, 等. 2013 年中国航空煤油市场回顾及 2014 年展望. 国际石油经济, 2014, 22(3): 89-93+122.

[114] Burgess C E, Schobert H H. Direct liquefaction for production of high yields of feedstocks for specialty chemicals or thermally stable jet fuels. Fuel Processing Technology, 2000, 64(3): 57-72.

[115] 刘婕, 曹文杰, 薛艳, 等. 煤基喷气燃料发展动态. 化学推进剂与高分子材料, 2008, 6(2): 24-26.

[116] Balster L M, Corporan E, Dewitt M J, et al. Development of an advanced, thermally stable, coal-based jet fuel. Fuel Processing Technology, 2008, 89(4): 364-378.

[117] 王德岩. 高热安定性喷气燃料 JP900 制备及性能. 能源研究与信息, 2006, 22(4): 232-236.

[118] 张弛, 林宇震, 许全宏. 国内外航空替代燃料的研究状况分析与思考. 国际航空, 2010, 6: 68-71.

[119] 张伟, 赵增立, 郑安庆, 等. 生物油中固体颗粒物的特性分析. 燃料化学学报, 2012, 40(5): 533-537.

[120] 孙晓英, 刘祥, 赵雪冰, 等. 航空生物燃料制备技术及其应用研究进展. 生物工程学报, 2013, 29(3): 285-298.

[121] 杨飞, 陈伟, 张晨, 等. 活塞式航空发动机燃用生物基航煤与 RP-3 燃料的适用性对比. 生物质化学工程, 2019, 53(6): 15-21.

[122] Wang L, Zhang J, Yi X F, et al. Mesoporous ZSM-5 zeolite-supported Ru nanoparticles as highly efficient catalysts for upgrading phenolic biomolecules. ACS Catalysis, 2015, 5(5): 2727-2734.

[123] 张玉玺. 生物航空煤油的发展现状. 当代化工, 2013, 42(9): 1316-1318.

[124] 王贞, 卫豪, 贺芳, 等. 高密度合成烃类燃料研究进展. 导弹与航天运载技术, 2011, 3: 41-46.

[125] 邹吉军, 张香文, 王莅, 等. 高密度液体碳氢燃料合成及应用进展. 含能材料, 2007, 15(4): 411-415.

[126] 邹吉军, 张香文, 王莅, 等. 高密度烃燃料合成进展. 化学推进剂与高分子材料, 2008, 6(1): 26-30.

[127] 王磊, 张香文, 邹吉军, 等. 密度大于 1 的高密度液体碳氢燃料合成及复配研究. 含能材料, 2009, 17(2): 157-160+201.

[128] 李文龙, 李平, 邹宇. 烃类推进剂航天动力技术进展与展望未来. 宇航学报, 2015, 36(3): 243-252.

[129] 鄂秀天凤, 彭浩, 邹吉军, 等. 含有纳米铝颗粒的高密度悬浮燃料研究. 推进技术, 2016, 37(5): 974-978.

[130] 刘毅, 鄂秀天凤, 李智欣, 等. 高能量密度液体燃料的火箭发动机燃烧性能研究. 推进技术, 2019, 40(5): 1169-1176.

# 第2章

## 航空航天液体燃料性能指标及测试方法

航空航天液体燃料的性能指标包括基础物理化学性质和使用性能，是决定燃料能否应用、应用于何种场景的关键。本章将重点介绍航空航天液体燃料的关键性能指标及相应的测试方法。

## 2.1 物理化学性质及测试方法

液体燃料的理化性质一般包括密度、流动性、挥发性、抗腐蚀性、洁净性、润滑性和导电性等，与燃料的储存、运输及使用有密切关系，同时也是影响燃料质量的重要因素。在燃烧性质相近时，燃料的理化性质在确定其适用性方面起着决定性作用。例如，当飞行器油箱体积固定时，燃料的装载量与密度相关；飞行器在低温条件下向燃烧室泵送的燃料量与燃料黏度和冰点相关[1-2]。因此，燃料的理化性能应符合国家标准或面向特定发动机使用的技术条件。

### 2.1.1 密度

密度是指单位体积内所含物质的质量。飞行器的续航距离与燃料密度密切相关，燃料的密度还会引起发动机涡轮转速变化，密度每变化 1%，平衡转速将成反比地变化 0.5%[3]。对于体积限制要求比较严格的飞行器，提高燃料的密度可以在固定油箱体积时装载更大质量的燃料，因此密度是燃料最重要的特性之一。从图 2-1 可以看出，与常规液体燃料相比，高密度液体燃料具有更高的密度和更高的体积热值。燃料的密度是由分子结构(如直链、支链和环状结构等)和空间构型(顺反、桥挂等构型)决定的[4-7]。例如，以链烷烃为主的航空煤油密度为 0.78 g/mL，而含大量环烷烃的火箭煤油密度则增加至 0.83 g/mL。

测定过程(可采用 GB/T 1884—2000[8])：采用密度计进行测试，测试前用丙酮或石脑油清洗样品管，后用干燥空气吹干，调节仪器至所需温度并稳定。使用合适的注射器将少量体积样品从进样口注入样品管，同时仔细检查确保样品管内没有任何气泡，待仪器稳定后读取密度值。

### 2.1.2 流动性

液体燃料的流动性是指在使用条件下燃料在发动机燃料系统中能否顺畅地泵送和通

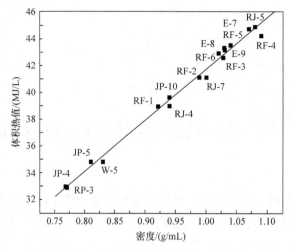

图 2-1    典型航空航天液体燃料的密度与体积热值的线性关系[7]

过过滤器,保证发动机正常供油的性能[9-10]。尤其在冬季极地航线的巡航高度以及一些高寒地区的地面,如果燃料的流动性能不好,或燃料结晶成细小冰粒,都会阻碍燃料在油管和油滤中流动,使泵油量减少或中断,严重影响发动机的工作,甚至造成事故。此外,只有流动性良好的燃料才能保证在低温下顺利地装卸、远距离输送和高效喷注雾化。其中,冰点和黏度是评价液体燃料流动性和极限流动温度的基本指标。

### 1. 冰点

冰点是指燃料中烃结晶生成固体后再升温时,烃结晶逐渐熔化至完全消失的温度,是表征液体燃料低温性能的重要指标之一[11]。燃料中的烃结晶影响燃料低温流动性,严重时甚至直接威胁飞机的飞行安全。因此,冰点是燃料在储存和使用过程中的重要质量监控指标[12-13]。燃料冰点采用手动方法测定[14],依据标准为 GB/T 2430—2008[15],所用测试管见图 2-2。

测定过程:取 25 mL ± 1 mL 试样倒入洁净干燥的双壁试管中,用带有搅拌器、温度计和防潮管(或压帽)的软木塞塞紧双壁玻璃试管,调节温度计位置,使感温泡不要触壁,并位于双壁玻璃试管的中心,温度计的感温泡距离双壁及玻璃试管底部 10～15 mm。将双壁试管放入有冷却介质的冷浴中,按要求不断搅拌试样使其温度下降,直至试样中开始出现肉眼能看见的晶体,然后从冷却介质中取出试管,使试样慢慢地升温,并连续不断地搅拌试样,直至烃结晶完全消失时的最低温度即为冰点。应当注意的是,当液体燃料中存在少量重质烃或溶解水较多时,降温过程及升温过程中均会出现云状物,此时需要仔细观察,正确区分云状物与烃结晶。

### 2. 黏度

黏度是表示液体燃料流动时两个平行液层之间发生相对运动的摩擦阻力大小的指标,也就是液体燃料的内摩擦系数。黏度大的燃料流动性差,黏度小的燃料流动性好。黏度与温度密切相关,随着温度降低,液体的黏度随之增加[16-17]。液体燃料在高压下通过发动机喷嘴雾化喷入涡轮发动机燃烧室燃烧，此时燃料的黏度影响喷出燃料的雾化形态和油滴粒径分布，粒径较大的油滴在燃烧时易于形成碳粒和明烟。同时，如果燃料黏度太大，喷气发动机空中熄火后难以重新点火，这一弊端对军用飞机影响尤其严重[18]。此外，液体燃料的黏度还影响机体内燃油系统管线的压降。黏度越高，管线压降越大，保持燃油恒定流速的情况下燃油泵工作状态越苛刻。同时，燃料黏度还会影响飞机燃油控制系统的操作。黏度按照国家标准 GB/T 265—1988[19]进行测试，所使用的毛细管黏度计如图 2-3 所示。

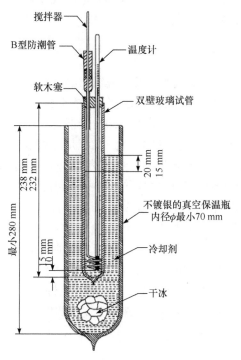

图 2-2　冰点测定仪的结构示意图

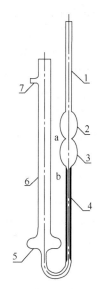

图 2-3　毛细管黏度计的结构示意图
1、6. 管身；2、3、5. 扩张部分；4. 毛细管；7. 支管；a、b. 标线

　　测定过程：黏度 $\nu_t$ 测量的是流体在重力或机械压力下流动的阻力。将一定量的液体燃料样品从毛细管黏度计的管身 6 引流至毛细管黏度计中，并浸入事先备好的恒温浴中，同时用支架固定好黏度计，调整黏度计位置，使其扩张部分 2 浸入恒温浴一半左右，在管身 1 上方套入橡胶管。测试前将黏度计调整成垂直状态，同时将恒温浴调整到测试温度并恒温一段时间，恒温时间由测试温度确定。测试时，利用管身 1 口套入的橡胶管将液体燃料吸入扩张部分 3，使样品液面稍高于标线 a，并且注意不要让毛细管和扩张部分 3 的液体产生气泡或裂隙。观察样品在管身 1 中的流动情况，当液面正好到达标线 a 时，开始计时，液面正好流动到标线 b 时，停止计时，重复测试 3 次以上，记录平均流动时间 $\tau_t$。在温度 $T$ 时，样品的黏度 $\nu_t$ 按式(2-1)计算：

$$\nu_t = c\tau_t \tag{2-1}$$

式中，$c$ 为黏度计系数，$mm^2/s^2$；$\tau_t$ 为样品的平均流动时间，s。

### 2.1.3 挥发性

挥发性是指液体燃料从液体变为蒸气的倾向，是液体燃料的重要特性之一，常用来评定液体燃料气化的难易程度，对燃料的储存、运输和在发动机中的使用都有重要影响。在储存和运输条件相同时，挥发性大的燃料挥发损耗较大，着火的危险性也较大。挥发性大的燃料尤其在夏季泵送时，常易产生气阻现象而影响正常输油，使发动机不能正常工作。然而挥发性好的燃料和空气的混合速率更快，可明显改善燃气混合状况，降低碳烟排放，有利于清洁低温燃烧。因此，液体燃料的挥发性规格应符合国家标准或技术规定。其中，馏程和闪点是评价燃料挥发性的基本指标[10,20-21]。

#### 1. 馏程

液体燃料的馏程是指挥发性有机液体在规定的条件下蒸馏，第一滴馏出物从冷凝管末端落下的瞬间温度(初馏点)至蒸馏瓶底最后一滴液体蒸发的瞬间温度(终馏点或干点)之间的温度间隔。对于纯液体物质，馏程一般不超过1~2℃，若燃料组分为混合物，则馏程会增大。3号航煤为多组分混合物，其馏程对燃料挥发性影响很大。馏程是其质量控制的主要指标之一，是评价液体燃料蒸发和雾化性能的重要指标，对液体燃料的储存和运输以及用油发动机的安全运行具有重要意义，对燃油产品的生产也具有一定的指导作用[22]。目前，馏程通过手动和自动的实验室间歇蒸馏仪器定量测定(GB/T 6536—2010[23])。

测定过程：测定时，按图 2-4 所示安装蒸馏装置，使测量温度计水银球上端与蒸馏瓶和支管接合部的下沿保持水平。量取 100 mL ± 1 mL 试样转移至蒸馏瓶中，加入几粒清洁、干燥的沸石，装好温度计，将接收器置于冷凝管下端，使冷凝管管口进入接收器部分不少于 25 mm，也不低于 100 mL 刻度线，在接收器口塞一些棉花。调节蒸馏速度，对于馏程温度低于 100℃的试样，应使自加热起至第一滴冷凝液滴入接收器的时间为

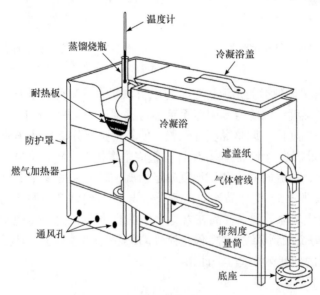

图 2-4　燃气加热型蒸馏仪器装置图

5～10 min；对于馏程温度高于 100℃的试样，上述时间应控制在 10～15 min，然后将蒸馏速度控制在 3～4 mL/min。记录规定馏出物体积对应的馏程温度或规定馏程温度范围内馏出物的体积。

试样的馏出温度按式(2-2)计算：

$$T = T_1 + \Delta T_1 + \Delta T_2 + \Delta T_p \tag{2-2}$$

式中，$T$ 为试样的馏出温度，℃；$T_1$ 为温度计读出的馏出温度，℃；$\Delta T_1$ 为温度计的校正值，℃；$\Delta T_2$ 为温度计水银柱外露段校正值，℃；$\Delta T_p$ 为馏出温度随大气压的变化值，℃。

$\Delta T_2$ 和 $\Delta T_p$ 分别由式(2-3)和式(2-4)求出：

$$\Delta T_2 = 0.00016(T_1 - h)(T_1 - T_2) \tag{2-3}$$

$$\Delta T_p = K(101.3 - p) \tag{2-4}$$

式中，$h$ 为测量温度计露出烧瓶塞外的刻度；$T_2$ 为辅助温度计的读数，℃；$K$ 为蒸馏温度的大气压校正值，℃/kPa；$p$ 为校正过的大气压，kPa。

$p$ 的校正可由式(2-5)求出：

$$p = p_t - \Delta p_1 - \Delta p_2 \tag{2-5}$$

式中，$p$ 为校正后的大气压，kPa；$p_t$ 为室温时的气压，kPa；$\Delta p_1$ 为气压计读数校正值，kPa；$\Delta p_2$ 为纬度校正值，kPa。

2. 闪点

闪点是可挥发易燃物质表面形成的蒸气与空气的混合物遇火燃烧的最低温度，油品的闪点是衡量出现火灾和爆炸危险的重要安全指标之一。闪点是燃料产品的一项重要理化指标，不仅可以反映油品发生火灾的危险性，还可直观反映油品馏分组成的轻重，可为制定加工方案提供参考依据。目前，闪点的测量是通过阿贝尔-宾斯基闭口杯法测定[17,24-25](GB/T 27847—2011[26])。

测定过程：闪点测定器(图 2-5)要放在避风、较暗的地方，以便于观察闪火过程。为了更有效地避免气流和光线的影响，闪点测定器应围着防护屏。具体操作过程如下。

1) 控制升温和搅拌速度

试验开始到结束应以 5～6℃/min 的速率升温，且搅拌速率为 90～120 r/min，闪点低于 50℃的试样，从开始到结束要不断地进行搅拌，并使试样温度每分钟升高 1℃。测定闪点高于 50℃的试样时，开始加热速度要均匀上升，并定期进行搅拌。到预计闪点前 40℃时，调整加热速度，使在预计闪点前 20℃时，升温速度能控制在每分钟升高 2～3℃，并且不断进行搅拌。

2) 点火试验

对闪点不高于 110℃的试样，从预期闪点 23℃ ± 5℃以下开始点火试验，试样每升高 1℃点火一次。对闪点高于 110℃的试样，从预期闪点 23℃ ± 5℃以下开始点火试验，试样每升高 2℃点火一次。未知闪点的试样，从高于起始加热温度 5℃时开始第一次点火。

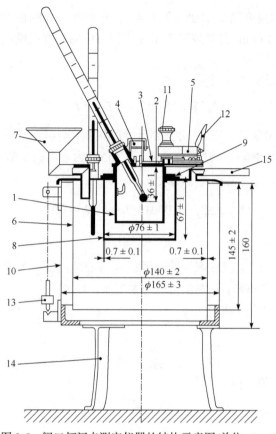

图 2-5　闭口杯闪点测定仪器的结构示意图(单位：mm)

1. 闭口杯；2. 顶盖；3. 旋转滑板；4. 点火装置；5. 滑板控制系统；6. 水浴；7. 装水漏斗；8. 铜箱；9. 环形法兰；
10. 充满空气的外套；11. 旋钮；12. 摇杆；13. 铅垂线；14. 三脚架；15. 溢流管

试样在试验期间都要转动搅拌器进行搅拌，只有在点火时才停止搅拌。点火时，使火焰在 0.5 s 内降到杯上含蒸气的空间中，留在这一位置 1 s 后立即迅速回到原位。如果看不到闪火，就继续搅拌试样，并按本条的要求重复进行点火试验。

3) 测定闪点

在试样液面上方最初出现蓝火焰时，立即从温度计读出温度，后继续进行点火试验，应能继续闪火。在最初闪火之后，如果再进行点火却看不到闪火，应更换试样重新试验，只有重复试验的结果依然如此，才能认为测定有效。

### 2.1.4　抗腐蚀性

液体燃料成分种类多，大部分烃类组分没有腐蚀性，但少数组分能与常见金属发生缓慢的化学反应。液体燃料在输送和使用过程中不能腐蚀相关接触材料和系统，特别是飞机的燃料系统。一般来说，油箱是铝制的，少数机内燃油系统也有钢材和其他金属[27]。同时，飞机油箱可能还有密封剂或涂层，燃油系统的其他部分还有合成橡胶作为密封件等。因此，发动机和机身制造商在批准一种材料用于燃油系统前，必须要进行大量的燃油相容性测试。

液体燃料中可能存在腐蚀性化合物，如有机酸和硫醇等，燃油规范为这些化合物设置了上限。除了生产过程中的腐蚀性化合物，后期燃油输送系统中微生物的繁殖副产物也可能有腐蚀性。另外，有数据表明，航空航天液体燃料中痕量的钠、钾和其他碱金属杂原子虽然不会对燃料系统产生腐蚀，但其高温燃烧产物却可能对发动机的涡轮造成腐蚀。一般抗腐蚀性的测定包括铜片腐蚀和银片腐蚀测试。

1. 铜片腐蚀(可采用 GB/T 5096—2017[28])

测定过程：取 30 mL 待测样品倒入清洁、干燥的试管中，并将经过打磨的干净铜片在 1 min 内浸入该试管的试样中。用一个有排气孔的软木塞塞住试管，将该试管放到 50℃ ± 1℃的水浴中。在水浴中放置 180 min ± 5 min 后，取出并检查铜片。试管的内容物倒入 150 mL 高型烧杯中，倾倒时要让铜片轻轻地滑入，以免碰破烧杯。用不锈钢镊子立即将铜片取出，浸入洗涤溶剂中，洗去试样。清洗后立即取出铜片，进行干燥。将铜片放入扁平试管中，用脱脂棉塞住管口，将铜片与腐蚀标准色板进行比较来检查变色或腐蚀迹象。比较时，铜片和腐蚀标准色板对光线成 45°角的折射方式拿持，进行观察。

2. 银片腐蚀(可采用 SH/T 0023—1990[29])

测定过程：量取 250 mL 待测样品注入洁净的试管中，将打磨好的银片悬放在玻璃支架上，将支架悬挂在冷凝器的玻璃钩上，然后使上述装置缓慢浸入到待测样品中。将试管放入水浴，维持温度为 50℃ ± 1℃。试验时间为 4 h 或产品标准规定的更长时间。流过冷凝器的水流速度约为 10 mL/min，以形成热搅拌。试验完毕，从试管中取出银片，浸入异辛烷中。随后立即从异辛烷中取出银片，用定量滤纸吸干，检查银片的腐蚀痕迹，分析判断腐蚀程度。

### 2.1.5　洁净性

液体燃料的洁净性是指燃料中含有的灰尘、砂土、铁锈、纤维、水分等外来杂质的多少。液体燃料经过精制后一般不含有上述杂质，但在生产、运输、储存和加注过程中，可能混入不同含量的上述杂质，使燃料的洁净度下降。汽油、航空煤油和柴油规格中均要求不含机械杂质和水分[30]，特别是用于喷气飞机的燃料，应具有高度的洁净性，因为极少量的固体杂质都可能引起发动机不正常工作[31-32]，甚至造成事故。影响航空航天液体燃料洁净性的物质一般分为固体污染物、水和胶质含量。

1. 固体污染物

固体污染物主要有两种组分：固态无机杂质，包括铁的腐蚀产物和矿物质，这种杂质为含有 Si、Ca、Mg、Al 和 Na 的化合物；有机杂质，包括固态植物物质和胶体物质。飞机的燃料系统都能够在一定程度上容忍微小机械杂质颗粒的污染，但较大的固体颗粒必须除去[33]。

航空航天液体燃料内的固体污染物能够造成下列情况：①燃料调节系统的精密零件被堵塞和卡滞；②燃料系统中组合件的内沉积物增加；③燃料系统组合件和零件的机械磨损增大；④燃料设备的腐蚀增强；⑤高温时，可催化燃料的氧化反应；⑥在燃料抽注时，静电蓄积增多。

人的肉眼可以看到的斑点或固体颗粒大小约为 40 μm 或更大。燃料样品一般采用玻璃瓶储藏，圆柱状的玻璃瓶有放大效应，一般为 2～3 倍，所以人的肉眼可以在阳光下看到 10 μm 左右的固体颗粒。对于大于 10 μm 的粗沉积物，适当的过滤均可除去，而小于 10 μm 的沉积物，98%可以通过沉降、过滤和离心分离等除去。肉眼一般看不到单个细小的沉积物颗粒，但能够观察到含沉积物颗粒的样品呈闪烁状或轻微的烟雾。一般认为，如果 1 L 燃料中含有 10～80 μm 大小的固体粒子 1 mg 时，就会引起燃油系统发生故障；如果 1 L 燃料中含有 10 μm 以下的固体微粒超过 3 mg 时，则有发生故障的可能，几乎所有的标准都规定航空航天液体燃料中的固体微粒含量不得超过 1 mg/L。

固体污染物含量的测定过程(可采用 SH/T 0093—1991[34])：剧烈摇动试样瓶约 0.5 min，并先将一部分试样倒入过滤器漏斗中。开动真空泵进行过滤，3 min 后系统的真空度应达到 80 kPa。在每加一次试样前都要搅拌试样，并始终维持玻璃砂芯过滤装置的漏斗内有一液压头。试样过滤结束后，记录过滤试样体积，使用至少 50 mL 的石油醚冲洗试样瓶内壁，再全部倒入砂芯过滤装置漏斗中，使污染物尽量全部转移到膜滤片上。系统放空后，停真空泵。通过溶剂过滤器用石油醚冲洗砂芯过滤装置漏斗内壁，并让石油醚浸没膜滤片约 30 s。然后开动真空泵，待石油醚全部抽出后数秒，再停真空泵。小心地卸下铝金属夹和漏斗，用镊子小心地从砂芯过滤装置漏斗座上取下试验膜滤片及控制膜滤片，并分别放在两个有标记的带盖培养皿中。固体污染物的含量由式(2-6)计算获得：

$$X = \frac{(m_1 - m_2) - (m_3 - m_4)}{V} \times 1000 \qquad (2\text{-}6)$$

式中，$m_1$ 为试验膜滤片经试验后的质量，g；$m_2$ 为试验膜滤片未经试验的质量，g；$m_3$ 为控制膜滤片经试验后的质量，g；$m_4$ 为控制膜滤片未经试验的质量，g；$V$ 为过滤试样所用实际体积，L。

2. 水

液体燃料中的水以三种状态存在：溶解水、游离水和乳化水。精制良好的碳氢燃料一般不含水分，但在储存、运输和加注过程中都可能混入水分。燃料馏分越轻、温度越高或芳香烃含量越大，对水的溶解度越大；空气中湿度增大时，水的溶解度也相应增加[35]。当温度降低时，水在燃料中的溶解度下降，过饱和的水分从燃料中析出。析出的水滴悬浮于油中称为悬浮水，如果析出的水滴聚集成大水滴则会从油中沉降下来，形成游离水。游离水在较低温度下可能形成冰晶堵塞燃油过滤器，从而影响发动机供油。在飞机机翼油箱中形成的游离水很难排出，而且在适宜的气候条件下，这些游离水常滋生微生物造成油箱腐蚀。在地面储罐中，由于油温降低使溶解水变成游离水析出，如果不及时排放，也很容易滋生细菌[36]。带水燃料通过过滤分离器时，会使过滤分离效果降低；同时游离水能促进金属材料的电化学腐蚀，尤其是钢制零部件的腐蚀。因此，航煤中的水含量需要控制，一般不大于 75 mg/kg。

测定过程(可采用 GB/T 11133—2015[37])：将适量的电解液直接加入到卡尔费休库仑仪的滴定池中，开启仪器，预滴定试剂达终点条件，即确保背景电流稳定并低于仪器厂家推荐最大值。选取合适容量的注射器，润洗后吸取一份试样，擦净针头称量，精确到 0.1 mg。将注射器针头穿过仪器进样口隔膜，浸入阳极液面以下，启动滴定并注入试样。抽出注射器，擦净针头，称量，精确到 0.1 mg。到达滴定终点后，记录滴定出的水的微克数。

### 3. 胶质含量

烃类燃料在储存和使用过程中形成黏稠的、不挥发的胶状物质，简称胶质。胶质可分为三种类型：第一种是不可溶胶质(或称沉渣)在油中形成的沉淀，可以过滤除去；第二种是溶解在油中的可溶性胶质，只有通过蒸发的方法使胶质作为不挥发物质残留下来，从而实现分离，测定实际胶质就是用这种方法；第三种是黏附胶质，是指不溶于油中并黏附在容器壁上的胶质，它与不可溶胶质共存，但不溶于有机溶剂[38-39]。胶质含量过高会导致燃油系统产生沉积物，使阀件发生黏结或者堵塞。

测定过程(可采用 GB/T 8019—2008[40])：胶质含量测试装置如图 2-6 所示，选择航空喷气燃料相应的操作条件，把蒸发浴加热到 232~246℃，将蒸气引入装置并调节流速为 1000 mL/s ± 150 mL/s。称量配衡烧杯和各试验烧杯的质量并记录。

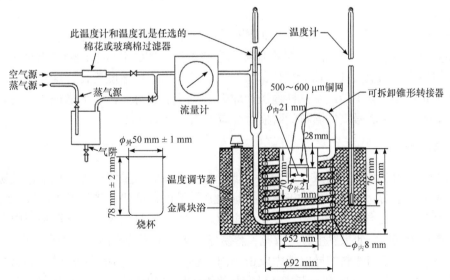

图 2-6　喷射蒸发法胶质含量测定仪

如果样品中存在悬浮或沉淀的固体物质，在充分混匀样品后，立即在常压下使一定量的样品通过烧结玻璃漏斗过滤。用量筒量取 50 mL ± 0.5 mL 的试样，倒入已知质量的烧杯中。把装有试样的烧杯和配衡烧杯放入蒸发浴中，放进第一个烧杯和放进最后一个烧杯之间的时间要尽可能短。当用蒸气蒸发时，允许用不锈钢镊子或钳子放进锥形转接器之前把烧杯加热 3～4 min。而锥形转接器在接到出口前须用蒸气预热，锥形转接器要放在热蒸气浴顶端的中央，开始通入蒸气达到规定的流速，保持规定的温度和流速，使试样蒸发 30 min ± 0.5 min。加热结束时，移走锥形转接器，将烧杯转移到冷却器 2 h 以上并称量各烧杯的质量。

对未洗胶质含量结果不小于 0.5 mg/100 mL 的样品，向每个盛有残渣的烧杯中加入 25 mL 正庚烷并轻轻地旋转 30 s，使混合物静置 10 min。用同样的方法处理配衡烧杯。小心地倒掉正庚烷溶液，防止任何固体残渣损失。用第二份 25 mL 正庚烷，按上述步骤重新进行抽提。如果抽提液带色，则应重新进行第三次抽提。将烧杯(包括配衡烧杯)放进保持在 160～165℃ 的恒温槽中，不放锥形转接器，使烧杯干燥 5 min ± 0.5 min。干燥结束时，将烧杯转移到冷却器 2 h 以上并称量各烧杯的质量。

航空燃料的实际胶质含量按式(2-7)计算：

$$A = 2000(B - D + X - Y) \tag{2-7}$$

式中，$A$ 为实际胶质含量，mg/100 mL；$B$ 为试样烧杯加残渣质量，g；$D$ 为空烧杯质量，g；$X$ 为配衡烧杯质量，g；$Y$ 为实验结束后空烧杯质量，g。

### 2.1.6  润滑性

航空航天液体燃料的润滑性也称抗磨性，润滑性的好坏对发动机燃油供应的灵敏调节、油泵寿命乃至飞行安全极为重要，直接关系到燃油泵的正常运转和发动机的工作是否可靠以及燃料系统部件的损坏程度。因此，对液体燃料的润滑性测定非常有必要[41-42]。

测定过程(可采用 SH/T 0687—2000[43])：将待测试样放入试验油池中，保持池内空气相对湿度为 10%，一个不能转动的钢球被固定在垂直安装的卡盘中，使之正对一个轴向安装的钢环，并加上负荷。试验柱体部分浸入油池并以固定速度旋转，这样就可以保持柱体处于润湿并连续不断地将试样输送到球/环界面上，在球上产生的磨斑直径是试样润滑性的量度。其中 3 号喷气燃料的磨痕直径应不大于 0.65 mm。

### 2.1.7  导电性

液体燃料由多种烃类组成，电导率很低，在生产、储运及使用等过程中，极易产生并聚集大量静电荷，静电产生的速度可能远比其扩散的速度快。当积聚了足够的静电荷之后，就会形成相当高的静电位，发生静电放电。由于燃料在生产、储运和使用中经常伴随易燃易爆气体，如果发生静电放电，容易酿成火灾或爆炸事故，带来重大安全隐患。而静电消散的速率与燃料的导电能力成正比，因此燃料在出厂前都要添加抗静电添加剂，提高其导电能力[35]。电导率是直接衡量燃料绝缘程度、积聚静电荷程度及存在静电放电危害程度的一个重要参数，经常通过测量电导率的大小来判断燃料静电放电的危害程度。电导率的测定是通过电导率仪进行的。

测定过程(可采用 GB/T 6539—1997[44])：样品电导率宜在现场测量，以免样品在运送过程中发生衰减或被污染。若电导率仪探头与水接触，仪器立刻会有满刻度读数出现。

如果电导率仪探头已接触了水，则必须用清洗溶剂充分冲洗(最好用异丙醇)，然后再用空气流干燥。样品体积不小于 1 L。为避免样品电导率的衰减变化，取样后应尽快测量，最迟不宜超过 24 h。将清洁干燥的探头浸入到待测样品中，上下移动电导池，以排出气泡。测量时，应保证电导池全部浸入试样中，并要注意防止电导池与水接触，电导池不要与测量容器底部接触，以免引起读数误差。保持电导池稳定，初次稳定后记录最高读数，应在 3 s 内完成。

## 2.2　燃烧特性及测试方法

燃烧是一种急速、剧烈、发热、发光的氧化反应，在极短的时间内要完成燃料与氧化剂的混合以形成良好的可燃混合物、急速的燃烧化学反应、释放能量、传播火焰、燃烧产物的转移等复杂物理及化学过程。大多数的液体燃料燃烧过程都是在气相中进行的。液体燃料的燃烧特性一般包含热值、烟点、比冲、点火特性及燃烧效率等。

### 2.2.1　热值

热值一般指单位质量或单位体积燃料完全燃烧时的热值，是液体燃料最重要的指标之一。一般来说，热值分为总热值(高热值)和净热值(低热值)两种。燃料完全燃烧后烟气中水以冷凝水状态存在时测得的热值为总热值；燃料完全燃烧后烟气中水以水蒸气状态存在时对应的热值为净热值，可通过总热值减去水蒸气的冷凝热得到。对于航空航天液体燃料，一般采用净热值作为热值指标。

在相同条件下，热值越高，单位质量的燃料能产生的动力越大，也就是说，做功相等时消耗的燃料质量越少。热值是用来计算燃烧过程的能量平衡的重要因素，燃烧产物的温度和压力大小都与燃料热值有密切关系[45-46]。液体燃料的体积热值等于质量热值乘以燃料密度，质量热值与密度无关，而体积热值则随密度而变化，即相似 H/C 摩尔比和分子量(相近的质量热值)的烃类燃料，密度越高，体积热值越大。在油箱容量相同的条件下，使用燃料的体积热值越高，续航里程就越远。

总热值的测定过程(可采用 GB/T 384—1981[47]，图 2-7)：取液体燃料试样 0.5~1 g 放入坩埚中并固定该坩埚在坩埚架上，然后固定引燃线，使其与坩埚内样品接触。向氧弹筒内移入 10 mL 蒸馏水，拧紧氧弹盖，然后与充氧系统连接，缓慢通入氧气，使弹内压力达到 28~30 atm(1 atm = $10^5$ Pa)。然后将充有氧气的氧弹放入热量计内筒中，加入一定量的恒温蒸馏水。接好电极，将贝克曼温度计插入内筒，装好搅拌器，盖好外盖。启动搅拌器，观察温度变化，待温度上升均匀后，开始读取温度，每半分钟温度上升大于 0.5℃，观测到 0.1℃；每半分钟温度升高为 0.5~0.1℃，观测到 0.01℃；每半分钟温度升高小于 0.1℃，观测到 0.001℃。停止搅拌，关闭电源，取下贝克曼温度计和电极，取出氧弹，缓慢打开气阀，在 5 min 左右放尽气体，拧开并取下氧弹盖，放在弹头架上，量出未燃尽点火丝的长度，计算实际消耗的点火丝质量。

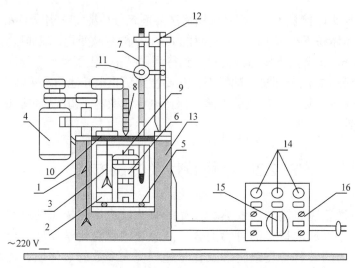

图 2-7    燃料燃烧净热值测定的实验装置

1. 外壳；2. 量热容；3. 搅拌；4. 搅拌马达；5. 绝热支柱；6. 氧弹；7. 贝克曼温度计；8. 工业用玻璃温度计；9. 电极；
10. 盖子；11. 放大镜；12. 电动振动装置；13. 水；14. 指示灯；15. 可变电阻调节；16. 开关

测定结果按式(2-8)计算获得：

$$Q_{TD}^f = \frac{K\left\{H\left[(T+h)-(T_0+h_0)\right]+\Delta t\right\}-gq}{G} \tag{2-8}$$

式中，$Q_{TD}^f$ 为总热值，MJ/kg；$K$ 为热量计的热容量，MJ/℃；$H$ 为贝克曼温度计每一度相当于实际温度的度数；$T_0$、$T$ 分别为直接观测到的燃烧主期的初温和终温，℃；$h_0$、$h$ 为温度分别为 $T_0$ 和 $T$ 时，温度计刻度的校正，℃；$\Delta t$ 为热量计热交换修正值，℃；$g$ 为点火丝实际消耗量，g；$q$ 为点火丝实际燃烧量，MJ/g；$G$ 为试样质量，g。

热量计热交换修正值 $\Delta t$ 用式(2-9)计算获得：

$$\Delta t = \frac{V+V_1}{2}\times m + V_1 r \tag{2-9}$$

式中，$V$ 为初期每半分钟温度变化率；$V_1$ 为末期每半分钟温度变化率；$m$ 为主期中每半分钟温度上升大于 0.3℃的间隔数；$r$ 为主期中每半分钟温度上升小于 0.3℃的间隔数。

基于测量得到的总热值来计算净热值，可按式(2-10)进行计算：

$$Q_n = Q_{TD}^f - 21.22\times w(\text{H}) \tag{2-10}$$

式中，$Q_n$ 为净热值，MJ/kg；$w(\text{H})$ 为待测燃料中氢的质量含量。

### 2.2.2    烟点

烟点指在规定条件下，油品在标准灯筒中燃烧时，无烟火焰的最大高度。烟点是液体燃料的品质指标之一，用来评价液体燃料的燃烧性。烟点与燃料的烃类组成有关，一般情况下，芳烃越多，火焰生烟越多。烟点与发动机中生成积碳量之间有十分密切的关系，烟点越低，生成的积碳越多，因此烟点与油品组成的关系反映了积碳与油品组成的关系[48-50]，而积碳的存在会影响发动机的正常运行。烃类物质的 H/C 原子比越小，生成积碳的倾向越大；烃类的分子量越大，生成积碳的倾向也越大。各烃类生成积碳的倾向为：双环芳烃＞单环芳烃＞带侧链芳烃＞环烷烃＞烯烃＞烷烃。

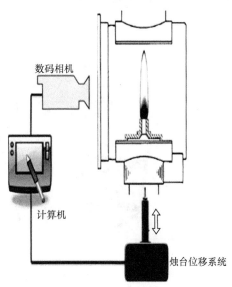

图 2-8　烟点灯(自动)原理示意图

测定过程(可采用 GB/T 382—2017[51]，图 2-8)：测定时，量取一定量试样注入储油器中，点燃灯芯，按规定调节火焰高度至 10 mm，燃烧 5 min，再将灯芯升高到出现有烟火焰；然后平稳地降低火焰高度，在毫米刻度尺上读取烟尾刚好消失时的火焰高度，即为烟点的实测值。

烟点测定值与测定仪器及大气压力有关，因此需按式(2-11)进行校正。

$$H = fH_c \qquad (2\text{-}11)$$

式中，$H$ 为试样的烟点，mm；$H_c$ 为烟点三次独立读数的平均值，mm；$f$ 为仪器校正系数。

### 2.2.3　比冲

比冲是指单位质量推进剂(燃料与氧化剂的组合物)所产生的冲量，比冲的大小对火箭的推力和速度有很大影响，比冲越大，推力越大，加速度越大。比冲是衡量航天器发动机效率的重要参数之一[52]。

测定过程(可采用 GJB/J 3346—1998[53])：对比冲标准物质进行称量，测量内、外径和长度。根据比冲标准物质的内、外径尺寸计算比冲标准物质的长度、喷管喉部直径和喷管出口直径，选择喷管。称量点火药，制作点火器。比冲标准物质点火端用厚度 1.5～2 mm 硝基油漆布进行包覆，包覆用黏结剂为硝基油漆布制成的丙酮溶液。包覆后的比冲标准物质在常温下固化 12 h。将六发包覆后的比冲标准物质和六个点火器，同时放入 20℃±2℃的恒温箱中恒温 12 h。按标准发动机装配图样装配标准发动机。将压力传感器装在标准发动机测压孔上，连接数据采集处理装置。检查试验架，压力、工作力传感器及数据采集处理装置，确认状态良好后，把标准发动机安装到试验架上，松开安全限位板。由专人连接点火线，并给仪器操作人员发出点火信号，仪器操作人员确认比冲测试系统正常后点火，同时记录压力/推力-时间曲线，进一步计算得到燃料比冲值。

### 2.2.4　点火特性

燃料的点火是指液体受热气化后与空气混合、化学反应速率急剧增加至出现明显火焰的过程。初始点火温度是指引发燃料发生燃烧的最低温度，初始燃烧温度越低，越有利于燃料的燃烧。燃料在着火前自动加热的时间称为诱导期，又称为点火延迟时间。燃料的点火特性试验可通过液滴平板燃烧法[12]和激波点火方法[24,54]测定。

液滴平板燃烧测定过程：采用自由滴落法研究液体燃料的着火特性，实验装置如图 2-9 所示，采用高速摄像机记录燃料的点火过程。测试前先调节温度到达待测温度点，并稳定一段时间。待温度稳定后，开启高速摄像机准备模式，然后用微量注射器抽取 10 μL 燃料从入口自由滴落样品，同时开启录像同步采集液体着火过程。通过调变平板温度测定燃料燃点和点火延迟时间。

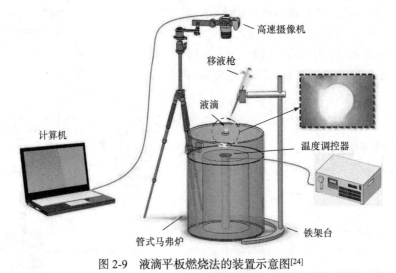

图 2-9　液滴平板燃烧法的装置示意图[24]

激波点火测定过程：不锈钢激波管由高压驱动段和低压驱动段组成，这两个部分由一个单一双轴向薄膜(如聚丙烯薄膜)隔开。用高纯度氢气作为驱动气体，通过机械刺激压破薄膜产生激波。每次试验时，将激波管抽真空至 10 Pa 以下，然后分别向驱动段和被驱动段注入氢气和试验气体混合物(或悬浮液滴)。分别用三个压力传感器测量激波的速度，通过计算推出低压段端面的入射激波马赫数，由激波关系计算出点火的温度、压力等状态参数。点火延迟时间定义为低压段压力传感器检测到入射波压力的时间到·OH 发射光谱信号的时间间隔。同时，采用高速摄像机通过石英玻璃窗口记录激波燃烧火焰视频和图像。

### 2.2.5　燃烧效率

燃烧效率是指样品在规定条件下测得的实际燃烧热与理论燃烧热之比[55]，主要有两种测定方法：氧弹测定法和发动机测定法。

#### 1. 氧弹测定法

用仪器自带的校准程序，使用苯甲酸标准物质作为样品，按标准检测步骤操作(其中充入气体为纯氧，压力 2.5～3 MPa)，仪器自动完成校准；然后继续使用苯甲酸标准物质作为样品，按标准测试步骤(气体为纯氧，压力 2.5～3 MPa)重复检测 5 次，考核仪器的准确度和重复性。检查氧弹罐内正负电极间的金属点火丝是否连接正常，在点火丝上缠绕引火用棉丝，在坩埚中精确称量所需质量的样品，旋紧氧弹罐的罐帽，充入气体至指定压力，检查罐体无漏气后放入仪器中，输入样品质量，仪器自动启动检测程序，点火并测定其燃烧热。燃烧效率通过式(2-12)计算获得：

$$\eta = \frac{Q_{\mathrm{e}}}{Q_{\mathrm{th}}} \times 100\% \tag{2-12}$$

式中，$Q_{\mathrm{e}}$ 为实验测定燃烧热；$Q_{\mathrm{th}}$ 为理论计算燃烧热。

### 2. 发动机测定法

基于涡轮/涡扇、冲压、火箭等实际发动机获得的燃料燃烧效率为燃料在真实工况下的燃烧效率。以小型液体火箭发动机[56-59](图 2-10)为例，主要由氧气供应、燃料供应、燃烧器以及燃烧测试系统组成。燃烧测试系统由发动机、标准力传感器、推力传感器、拉力传动机构及排气火焰管组成。发动机燃烧室的喷注面板(或喷嘴)上呈轴对称分布六个燃料喷注口，采用旋流离心式喷注燃料，中心处为氢氧点火器燃气出口，并设置一个压力测点用于测量燃烧室室压。燃烧室喷口出口处对称布置两个压力测点用于测量喷管出口静压，排气火焰管用于收集从喷管喷出的固体燃烧产物，通过推力架安装的传感器电压值测量发动机推力。

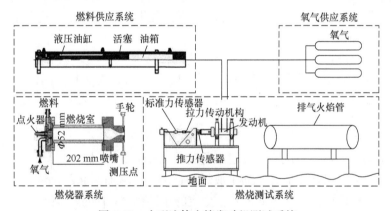

图 2-10　小型液体火箭发动机测试系统

燃烧效率由实际特征速度与理论特征速度之比获得：

$$\eta = \frac{C_{\mathrm{e}}^{*}}{C_{\mathrm{th}}^{*}} \times 100\% \tag{2-13}$$

式中，$C_{\mathrm{th}}^{*}$ 为理论特征速度；$C_{\mathrm{e}}^{*}$ 为实际特征速度。

$C_{\mathrm{e}}^{*}$ 由实验测得的燃烧室室压和流量通过计算获得：

$$C_{\mathrm{e}}^{*} = \frac{p_{\mathrm{c}} A_{\mathrm{t}}}{M} \tag{2-14}$$

式中，$p_{\mathrm{c}}$ 为燃烧室室压；$A_{\mathrm{t}}$ 为喷管喉部面积；$M$ 为推进剂总流量。

# 2.3　热安定特性及测试方法

## 2.3.1　热安定特性

安定性是指燃料在储存、运输和使用过程中能否抵抗变质的能力，具体可分为物理安定性、化学安定性和热安定性(又称热安定性)。其中，物理安定性指燃料保持物理性质不变的性质；化学安定性是指燃料抵抗氧化变质的性质。燃料在长期储存及运输中会不可避免地与空气中的氧气或者燃料中的溶解氧接触，导致燃料氧化程度不断加深并产生大量胶质，酸度也在不断增加，直至最后生成不溶性沉积物[60]，因此燃料的化学安定性决定了其储存寿命。

热安定性是指燃料在高温和氧气存在的环境下仍然能够保持良好的品质、不析出沉淀或析出沉淀较少的特性，特别是在高速飞行过程中抵抗氧化、减少氧化产物形成的性能[61,62]。随着飞行器速度的不断提升，燃料的使用面临巨大挑战：一方面燃料在高温环境下由于热氧化生成的固体沉淀物会堵塞燃料输送管线、喷嘴、过滤器进出口阀门，腐蚀密封物质，大幅度增大飞行安全隐患；另一方面高温氧化形成的沉积物会破坏换热器、紧密阀件以及发动机的正常运行。因此，燃料需要在较高温度下仍能维持良好的热安定性[63]。

燃料的氧化反应可能存在光氧化和自氧化两种机理，虽然反应机理尚未完全确定，但实质上都是烃类分子在适当条件下发生的氧化反应[61]。如式(2-15)所示，在给定温度下，烃类通过自由基链式反应，与液相和气相中的氧反应生成自由基 $R\cdot$，并放出热量。

$$RH + O_2 \longrightarrow R\cdot HO - Q \tag{2-15}$$

生成的自由基会进一步与氧反应生成过氧化物自由基 $RO_2\cdot$，如式(2-16)所示，诱导其他相对稳定的烃类分子参与反应并不断生成烃类自由基，从而引起氧化链式反应，使燃料的氧化反应能够持续进行，并最终得到较稳定的短链化合物[如醛、酮、醇、酚和羧酸，如式(2-17)所示]以及烃类分子聚合形成的高分子化合物，从而导致燃料的物理化学性质发生改变。

$$R\cdot + O_2 \longrightarrow RO_2\cdot \tag{2-16}$$

$$RO_2\cdot + RH \longrightarrow ROOH + R\cdot \tag{2-17}$$

燃料安定性受到内部因素和外部因素的双重影响。内部因素主要为燃料的具体组分。饱和烃中的烷烃和环烷烃是燃料的基本成分，性质较为稳定，但不饱和烃组分，如烯烃、芳烃等，是燃料性质不稳定的主要原因。在各种不饱和烃中，共轭二烯烃、环二烯烃和带不饱和侧链的多环烯属芳烃等是相对较不安定的组分，容易氧化沉积形成不溶物[61]。烃类氧化生成沉积物的难易程度如下：环烷烃＜单环芳烃＜双环芳烃＜烯烃＜烯基单环芳烃＜烯基双环芳烃。除此以外，杂原子化合物能够促进燃料氧化沉积物的生成，如含硫、含氮以及含氧化合物[63]。

影响燃料热安定性的外部因素主要有温度、燃料接触的气相介质组成(尤其是介质中氧气量)、燃料中的溶解氧浓度以及所接触的金属介质。首先，温度是影响燃料热安定性最大的因素。温度的升高能够增加燃料分子产生最初自由基的数目和加快燃料分子的平均运动速度，从而促使燃料自身氧化链式反应的持续进行。当温度高于 $100\sim110℃$ 时，燃料沉淀物的生成速度会急剧增加，并随着温度的不断上升，生成胶体化合物不断增加，得到的沉淀物的颗粒不断增大。其次，与燃料接触的外部气相组成也对燃料的热安定性影响较大。燃料沉积物的生成量会随着气相中氧浓度的降低而下降，当与燃料接触的气相介质中氧浓度下降到 70 ppm(1 ppm = $10^{-6}$)或更低时，热氧化沉积反应逐渐停止[61]。再次，燃料中的溶解氧浓度也会对热安定性造成影响，溶解氧能够参与链式反应中烃类自由基的生成和转换，导致燃料在高温下反应生成大量的沉积物。最后，燃料在生产、运输和使用过程中往往会接触铜、铁、锌等材料，微量溶解的金属离子不仅会对燃料的氧化起催化作用，还会参与反应，对燃料的热安定性造成明显的不利影响。

### 2.3.2　燃料热安定特性评定

热安定特性的测试分为静态法和动态法两大类[64]。静态法主要采用静态热安定性测定仪来评定燃料的热安定性。具体方法为：在氧弹装置内放置一定量燃料，在加热的同时与燃料上方的氧气充分接触并反应，通过测定测试结束后反应生成的沉积物质量来评定燃料的静态热安定性。测得的沉积物质量越低，所测燃料的热安定性越好。

目前国际通用的动态方法为 GB/T 9169—2010 所规定的热安定性测试法，采用喷气燃料热安定性测定仪(jet fuel thermal oxidation stability tester, JFTOT)测定燃料的高温氧化安定性。该方法主要用来评价燃料的耐高温稳定性能。具体过程为：一次性将 450 mL 被测试的燃料以稳定体积流速 3 mL/min 泵送至温度设为 260℃ 的加热管，根据加热管最终生成沉淀物的颜色评级以及过滤器上的压力降来评定燃料的热安定性。JFTOT 反应后加热管目视管壁评级(VTR)规定应该小于 3(范围为 0~4，数字越大，沉积越严重)，过滤器压降规定不高于 25 mmHg(1 mmHg = $1.33322 \times 10^2$ Pa)。

1. 测试方法

GB/T 9169—2010 喷气燃料热安定性的 JFTOT 测定法。

2. 热氧化试验仪

1) JFTOT 的型号

如表 2-1 所示，GB/T 9169—2010 规定了六种可适用的 JFTOT 型号。

表 2-1　JFTOT 的型号

| JFTOT 型号 | 用户手册 | 增压方式 | 泵类型 | 压差读数 |
| --- | --- | --- | --- | --- |
| 202 | 202/203 | 氮气 | 齿轮 | Hg 压力机，无自动记录 |
| 203 | 202/203 | 氮气 | 齿轮 | 压力计 + 图形记录 |
| 215 | 215 | 氮气 | 齿轮 | 压力传感器 + 打印记录 |

| JFTOT 型号 | 用户手册 | 增压方式 | 泵类型 | 压差读数 |
| --- | --- | --- | --- | --- |
| 230 | 230/240 | 液压 | 柱塞 | 压力传感器 + 打印 |
| 240 | 230/240 | 液压 | 柱塞 | 压力传感器 + 打印 |
| 230MkⅢ | 230MkⅢ | 液压 | 双柱塞(HPLC 型) | 压力传感器 + 打印 |

#### 2) JFTOT 标准加热器部件

JFTOT 标准加热器部件为内置试样管的加热器，如图 2-11 所示，主要包括加热器测试部分、试验过滤器、燃料进出口管线以及冷却管路[65]。

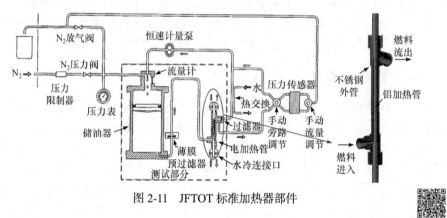

图 2-11　JFTOT 标准加热器部件

#### 3. 加热器管沉积物评定仪

燃料氧化安定性的一个评价指标是 JFTOT 加热器管目视评级，利用加热器管沉积物评定仪，参照沉积物评级颜色标准评定试验后的加热器管颜色等级。该方法用一个特殊构造的光箱来目视评定加热器管，将测试管用一个专用管夹固定在箱中，在箱中最佳光线下判断测试管的沉积物沉积状况。在光照下通过放大镜与颜色标准色板比较来评定加热器管的颜色等级，标准色板应插在紧贴加热器管的最佳位置上[66]。

#### 4. 燃料氧化安定性技术指标

表 2-2 汇总了不同液体燃料的氧化安定性技术指标，包括中国 3 号喷气燃料、中国 HD-01 燃料(美国 JP-10 燃料)、美国 Jet A(Jet A-1)喷气燃料和美国 JP-7 喷气燃料。测试条件为：加热管温度为 260℃(或 300℃或 355℃)，一次性将 450 mL(或 1 L)喷气燃料以 3 mL/min 流速持续泵送至加热管，反应时间 2.5 h(或 5.0 h)。

表 2-2　不同航空航天液体燃料氧化安定性技术指标

| 燃料种类 | 测试温度/℃ | 测试时间/h | 热安定性技术指标 | | 试验方法 |
| --- | --- | --- | --- | --- | --- |
| | | | 压力降 | 管壁评级 | |
| 中国 3 号喷气燃料 | 260 | 2.5 | 不大于 3.3 kPa | 小于 3，且无孔雀蓝色或异常沉淀物 | GB/T 9169—2010 |

续表

| 燃料种类 | 测试温度/℃ | 测试时间/h | 热安定性技术指标 | | 试验方法 |
| | | | 压力降 | 管壁评级 | |
| --- | --- | --- | --- | --- | --- |
| 中国 HD-01 燃料<br>(美国 JP-10 燃料) | 260 或 300 | 2.5 | 不大于 3.3 kPa | 小于 3，且无孔雀<br>蓝色或异常沉淀物 | GB/T 9169—2010 /<br>ASTM D3241-20c |
| 美国 Jet A(Jet A-1)<br>喷气燃料 | 260 | 2.5 | 不大于 25 mmHg | 小于 3，且无孔雀<br>蓝色或异常沉淀物 | ASTM D3241-20c |
| 美国 JP-7 喷气燃料 | 355 | 5.0 | 不大于 25 mmHg | 小于 3，且无孔雀<br>蓝色或异常沉淀物 | ASTM D3241-20c |

# 2.4　冷却能力及测试方法

随着高超声速飞行技术的发展，飞行器对燃料冷却能力的要求越来越高。热沉是反映燃料冷却能力的重要指标之一，分为物理热沉(升温显热和相变潜热)和化学热沉(化学反应吸热)两部分。根据赫斯定律，在定压或定容且不做功的化学反应体系中，化学反应热为生成物焓值与反应物焓值之差，碳氢燃料的化学热沉即为其裂解反应热(理论热沉)。从热力学角度分析，裂解生成饱和烃的反应为放热反应，生成不饱和烃的反应为吸热反应。热裂解反应对不饱和烃和氢气的选择性高，不饱和烃的生成量越大，对应的燃料化学热沉越高。实际情况下，燃料的裂解产物会生成大量的饱和烃，高度裂解时会进行一系列吸热型的二次反应，因此所测实际化学热沉与理论热沉相差较大。由于燃料的裂解产物组成复杂，且影响裂解吸热量的因素很多，如反应时间、产物分布、流率、结焦量和热交换等，为获取更准确的热沉数据，需要进行实验测量。

### 2.4.1　能量守恒热电偶测定法

通过对燃料出口处的压力、温度和反应器内的吸热量进行拟合可得到燃料的总热沉。出口处的压力和温度由传感器获得，吸热量通过计算间接获得[67-68]。根据能量守恒定律，当测量系统处于平衡状态时，进入流体中的热功率等于加热功率减去向外界散失的热功率，如式(2-18)所示：

$$Q_{oil} = UI - Q_{loss} \tag{2-18}$$

式中，$Q_{oil}$ 为燃料吸热功率，W；$U$ 为加热管两端电压，V；$I$ 为流经加热管的电流，A；$Q_{loss}$ 为加热管向周围空气散热的热功率，W。

图 2-12 为测量装置中加热管的加热段示意图。在加热管的外表面等距焊接热电偶，对于相邻两个热电偶之间的管体，平均温度选用两端温度的平均值。加热管向外界散失的热功率由对空管加热的方法进行标定。首先，向管中充入常压的空气，保持静止状态，然后对加热管进行加热。当加热管处于平衡状态时，根据热量守恒定律，由于不存在对流换热，此时加热管的加热功率等于加热管向外界散失的功率。由于加热管存在轴向导

热，因此两端的温度会低于中间段的温度。相比燃料的径向传热，轴向传热相对较小，可忽略不计。若加热管两端无轴向导热时，两端温度近似等于中间段的平均温度，对加热管中间部分的温度取平均值，即可表示全管的温度。

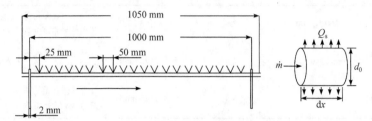

图 2-12    流动反应器加热段示意图[67]

以加热管中间段的平均温度为全管的评价温度，此温度下的散热功率即电源给加热管的加热功率，从而得到该温度下加热管的热耗散图，如图 2-13 所示。

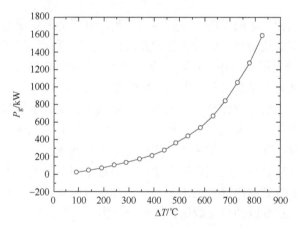

图 2-13    加热圆管外壁面热耗散与温差的关系图[69]

拟合曲线可由多项式函数(2-19)表示：

$$q_{loss} = be^{aT} \tag{2-19}$$

式中，$q_{loss}$ 为加热管散热损失热流密度，$W/m^2$；$T$ 为管外壁面温度，℃；$b$ 为回归系数；$a$ 为温度指数。

当对燃料进行加热时，总散热功率可由式(2-20)表示：

$$Q_{loss} = \int q_{loss}(x)\,dx = \int be^{aTx}(x)\,dx \tag{2-20}$$

式中，$x$ 为测温点距试验段入口的距离；$T$ 为测温点 $x$ 处的壁温，℃。

高温下加热管的散热方式主要包括热辐射和对流换热，均与表面积有关，而加热极板的表面积相比于换热管不可忽略。北京动力机械研究所提出了对极板和实验圆管的热耗散的标定方法，拟合可得换热圆管及极板的热耗散式(2-21)和式(2-22)[69]：

$$Q_g = 25.92^{0.0052(T_g - T_1)} \tag{2-21}$$

$$Q_{\mathrm{B}} = 0.208\left(T_{\mathrm{B}} - T_1\right) - 4.018 \tag{2-22}$$

式中，$Q_{\mathrm{g}}$ 为圆管热耗散功率，kW；$T_{\mathrm{g}}$ 为圆管壁面的平均温度，℃；$T_1$ 为室温，℃；$T_{\mathrm{B}}$ 为极板的平均温度，℃；$Q_{\mathrm{B}}$ 为极板热耗散功率，kW。

燃料的总热沉由式(2-23)表示：

$$\Delta H_{\mathrm{total}}\left(T, p\right) = \frac{Q_{\mathrm{oil}}}{m} = \Delta H_{\mathrm{phy}}\left(T, p\right) + \Delta H_{\mathrm{chem}}\left(T, p\right) \tag{2-23}$$

式中，$\Delta H_{\mathrm{total}}\left(T, p\right)$ 为燃料总热沉，kJ/kg；$m$ 为燃料流量，g/s；$\Delta H_{\mathrm{phy}}\left(T, p\right)$ 为燃料物理热沉，kJ/kg；$\Delta H_{\mathrm{chem}}\left(T, p\right)$ 为燃料化学热沉，kJ/kg。

由加热导致的燃料焓升，可由热力学第一定律开口系统的能量方程[式(2-24)]表示：

$$\Delta H_{\mathrm{phy}}\left(T, p\right) = h\left(T, p\right) - h\left(T_0, p_0\right) \tag{2-24}$$

式中，$\Delta H_{\mathrm{phy}}\left(T, p\right)$ 为在某一特定工况下，当工质处于某一温度 $T$ 和压力 $p$ 下的物理热沉，kJ/kg；$h\left(T, p\right)$ 为工质在温度 $T$ 和压力 $p$ 下所具有的比焓；$T_0$、$p_0$ 分别为加热段入口处的温度和压力。

化学热沉可由燃料的总热沉减去物理热沉得到，见式(2-25)：

$$\Delta H_{\mathrm{chem}}\left(T, p\right) = \Delta H_{\mathrm{total}}\left(T, p\right) - \Delta H_{\mathrm{phy}}\left(T, p\right) \tag{2-25}$$

### 2.4.2　热力学状态函数法

使用上述方法进行实验时，每次需要对系统散热进行重新标定，且受外在条件和人为操作等的影响，标定参数具有较差的可迁移性，不能分别测量物理和化学热沉。考虑到上述问题，毛佳等[70]建立了一种测定热沉的方法，燃料降温过程的升温显热和相变潜热(物理热沉)通过水冷换热的方法进行在线测定，裂解反应在 298 K 时的标准化学反应焓差(化学热沉)可通过测定冷态燃料和高温裂解冷却至室温后产物的标准燃烧焓计算得到。

根据热化学赫斯定律的热力学循环，如图 2-14 所示。燃料的总热沉可通过各过程的焓变计算得到，见式(2-26)：

$$\Delta H_1 = \Delta H_6 - \Delta H_2 - \Delta H_3 - \Delta H_4 - \Delta H_5 \tag{2-26}$$

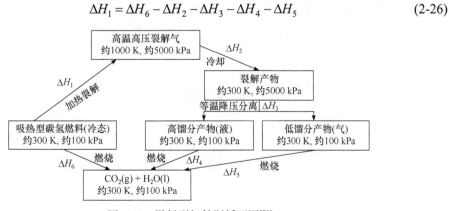

图 2-14　燃料裂解赫斯循环图[70]

式中，$\Delta H_1$ 为燃料总热沉，kJ/kg；$\Delta H_2$ 为裂解产物冷却过程的焓变，kJ/kg；$\Delta H_3$ 为裂解产物等温降压气液分离焓变，kJ/kg；$\Delta H_4$ 为液相裂解产物的标准燃烧焓，kJ/kg；$\Delta H_5$ 为气相产物的标准燃烧焓，kJ/kg；$\Delta H_6$ 为液相燃料的标准燃烧焓，kJ/kg。

通过标准燃烧焓，化学热沉可由式(2-27)计算：

$$\Delta H_{chen} = \Delta H_6 - \Delta H_4 - \Delta H_5 = \Delta H_6 - \left[ \Delta H_5 \times R_{gas} + \Delta H_4 \times \left(1 - R_{gas}\right) \right] \tag{2-27}$$

式中，$R_{gas}$ 为产气率。

物理热沉由燃料总热沉减去化学热沉计算得到，见式(2-28)：

$$\Delta H_{phy} = \Delta H_1 - \Delta H_{chem} = -\Delta H_2 - \Delta H_3 \tag{2-28}$$

$\Delta H_2$ 包括裂解产物冷却至室温的显热和相变潜热，由水冷系统的焓变得到。液相裂解产物在等压降温过程中的焓变可忽略不计；将气相裂解产物按理想气体处理，则等温降压焓变为零，故 $\Delta H_3$ 为零。$\Delta H_4$ 由氧弹热量计直接测量。$\Delta H_5$ 根据在线测定气相裂解产物的组成和美国国家标准与技术研究院(National Institute of Standards and Technology，NIST)数据库中各组分的燃烧焓直接计算得到。

本方法主要的影响因素包括水冷装置中冷凝水的流量测定、液体样品燃烧热的测定、气体组分分析、燃料裂解时的状态变化和产气率的测定等。通过采用恒高水位供水、准确称量、平行试验等手段，总热沉的测定误差可控制在 6%以内。

### 2.4.3　热导式电标定法

根据田氏方程设计相应的高温流动热导式热沉测量装置[71-72]。仪器原理可由田氏方程式(2-29)给出定量描述[73]：

$$\Omega = K\Delta + \Lambda \frac{\mathrm{d}\Delta}{\mathrm{d}t} \tag{2-29}$$

式中，$\Omega$ 为测量区域上的热功率，W；$\Delta$ 为测量区域热电势积分值，mV；$K$ 为热量常数，W/mV；$\Lambda$ 为热容常数，J/mV。当量热容器内发生一个恒定的热效应，且经过一定时间后，量热元件的内外温差保持恒定时，热电势信号不随时间变化，此时 $K = \Omega / \Delta$。

热导型热沉测量装置[73-74]如图 2-15 所示。进料计量系统向反应器中泵送燃料，加热

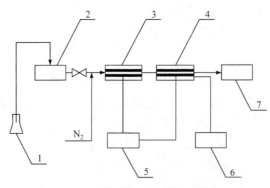

图 2-15　高温流动热导式热沉测量装置[73]

1. 燃料；2. 泵；3. 预热器；4. 反应器；5. 温度控制；6. 量热系统；7. 产物分析系统

部分由石英预热管和反应管组成，两者分别置于预热室和反应室中，预热室和反应室的温度均自动调控。在反应管外表面和反应室内表面间均匀填充热导材料并设置均匀分布的示差热电偶，在反应管后端裂解产物经冷凝、分离为气相和液相，气相通入气相色谱仪进行分析。

测量热沉主要分为两步。第一步，标定热量常数 $K$。将预热室和反应室分别设置为指定工作温度，达到热平衡后，记录笔所示的基线作为仪器的零点，记录各示差热电偶的热电势初值。供给反应管内管加热丝恒定功率，待装置达到稳定状态后，记录曲线与基线呈现平行关系，此时记录示差热电偶的热电势终值，以此计算各个示差热电偶的温差变化信号 $\Delta$。同时精确测定加热器及标准电阻两端的电压，求得加热丝的电功率 $\Omega$，最后计算热量常数 $K$。第二步，测定吸热型碳氢燃料热沉。当量热仪器达到热平衡后，调节氮气流量，记录各示差热电偶的热电势作为初值，随后泵入燃料，待量热装置达到热稳定状态，记录各示差热电偶的热电势作为终值，由此计算得热电偶的温差变化信号。由前面所求的热量常数 $K$ 即可求出燃料在此条件下的热沉。

### 2.4.4　功率补偿法

功率补偿法是在常压条件下，根据能量守恒，采用功率补偿进行积分计算得到常压下燃料的裂解反应热沉值的方法。

装置原理图如图 2-16 所示[75]。燃料热沉通过加热器的补偿功率计算得到，加热器加热功率由式(2-30)进行计算：

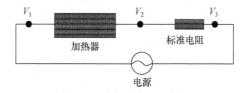

图 2-16　热沉测定原理图[75]

$$P = (V_1 - V_2)(V_2 - V_3) / R \qquad (2-30)$$

式中，$P$ 为加热器加热功率，W；$V_1$ 为加热器左端电压，V；$V_2$ 为加热器右端电压，V；$V_3$ 为标准电阻右端电压，V；$R$ 为标准电阻值，$\Omega$。

通过在线测量加热器和标准电阻两端的电压，即可积分求得燃料的热沉值；若考虑散热，则需要通过标准物质扣除向环境散热的部分。所测热沉是燃料在反应器进出口温度范围内的吸热量，因此尽可能降低进出口温差是测定某温度下热沉的关键。

测试装置包括进料系统、预热反应系统、气路系统、冷却系统和测量系统，主体部分采用真空夹套和等温绝热炉以尽量减少散热，使反应的热沉测定和控制过程更为准确。在测算过程中，通过计算机对加热器内核心加热棒加热时间及实时功率进行精准记录，以计算加热棒的累计吸热量。通过控制核心加热棒的外部固态继电器的通电时间来保证加热温度，控制过程中仪表将单位采样时间 $t$ 分成 $k\%$ 的小部分，则每个等效的加热时间记为 $k\% \times t$。单位加热的即时功率和加热的累计时间由仪表通过计算机接口记录[式(2-32)和式(2-31)]，则吸热量 $W$ 可由式(2-33)计算：

$$\sum t = t_1 + t_2 + t_3 + \cdots + t_n \qquad (2-31)$$

$$\sum k = k_1 + k_2 + k_3 + \cdots + k_n \qquad (2-32)$$

$$W = P \times \sum t \times \sum k \times 100\% \tag{2-33}$$

此方法简单易行，但只能测定燃料在常压下的热沉，而实际情况是燃料往往在加压情况下使用。

### 2.4.5　理论计算

热沉也可以通过软件进行模拟和测算。文献中常用的程序有化学反应动力学程序 Chemkin Ⅱ 和 NIST 计算机程序 SUPERTRAPP。

李国娜[76]研究了链烷烃($C_7H_{16} \sim C_{18}H_{38}$)的热裂解机理、热沉及产物分布，使用 Chemkin Ⅱ 程序的输出文件和热力学信息，结合热沉计算程序 Heatsink 计算了反应的热沉。Sun 等[77]通过电加热管式反应器测量了正构烷烃的热沉，与 Chemkin Ⅱ 得到的结果比较，最大偏差约为 7.6%。

裂解反应的吸热量可看作燃料在反应器进出口处的焓变，其中化学热沉通过反应前后不同组分的焓差计算，物理热沉通过燃料进出口温度下的焓差来确定(在计算物理热沉时通常设定碳氢燃料组成恒定)[76]，基于此，NIST 可以根据实际反应的进出口成分和温度计算所需的物理热沉和化学热沉。

天津大学燃料团队[78]以电加热管式反应器进行实验，得到了燃料裂解反应式，然后根据燃料进出口组分间的焓差及温度，使用 SUPERTRAPP 软件计算并预测了热沉值。裂解燃料中某些组分在 SUPERTRAPP 数据库中没有数据，如苯乙烯，但考虑到这些种类总量较少(小于 0.5wt%)，在计算中可忽略。Zhou 等[67]提出化学热沉可由简单的能量平衡关系确定，燃料的显热等于温度升高引起的焓变，燃料焓值用 NIST 标准参考数据库计算。Yue 等[79]以 NIST 计算机程序 SUPERTRAPP 计算了七种模型燃料(正壬烷、正癸烷、十一烷、正十二烷、正十三烷、乙基环己烷以及十氢萘)的物理热沉和化学热沉。

综上所述，热沉既可以通过实验方法测量，也可以借助计算机程序进行预测。由于燃料和裂解产物组分复杂多样，裂解吸热受多种因素影响，包括反应时间、产率、产物分布、热交换和结焦率等，因此为获得更为准确的热沉数据，最常采用的方法仍然是实验测量。

## 2.5　储存寿命及预测方法

### 2.5.1　碳氢燃料的储存期

燃料在储存过程中需要对各种指标进行严格控制，以防变质。军用燃料尤其需要具备良好的储存性能，建立燃料的储存寿命预测方法至关重要。一般来说，加氢精制后加入抗氧剂的碳氢燃料至少能在常温下储存十几年。

通过模拟常态下的储存环境，对燃料进行升温加速氧化以考察其储存性能，可以预测其储存期[80]。然而，此方法耗时较长。为缩短测量时间，可以利用燃料的抑制期和其他变量进行公式拟合，建立模型来预测燃料在常温下的储存期。此外，还可使用自氧化动力学对燃料氧化的自由基链式反应进行分析，建立相应的数学模型。用不同方法预测的结果不尽相同，近年来研究人员开始从反应的动力学方程入手，结合 Arrhenius 或

Berthelot 等方程推导液体燃料的储存期[81-83]。

### 2.5.2　预测储存期的关键指标

常温下某种燃料的储存期可用三种指标进行预测。第一种方法是以燃料中的过氧化值为指标,通过对燃料进行加速氧化处理,检测生成的过氧化物,以此建立可预测燃料储存期的数学模型。第二种方法是以抗氧剂的剩余量为指标,通过建立抗氧剂消耗时间与温度的关系式来预测燃料储存期。第三种方法是从自氧化动力学入手,将不同温度的自氧化动力学系数与 Arrhenius 方程结合,推算出常温下隔绝空气的燃料储存期。

#### 1. 过氧化值

将燃料装入带聚四氟乙烯内衬的反应釜中进行密封。选取不同的实验温度,在高低温试验箱中进行加速氧化。加速氧化实验结束后,对样品进行自然降温,完全冷却后取出燃料,测定过氧化值(参照标准 GB/T 601—2016[84]及 SH/T 0176—1992[85])。将燃料中过氧化值达到 8 ppm(MIL-T-5624P—1992[86]规定过氧化值的最大限值)对应的时间定义为该温度下的储存时间,建立该值与温度的关系式,并利用外推法预测燃料在室温下的储存期[87-90],如图 2-17 所示。

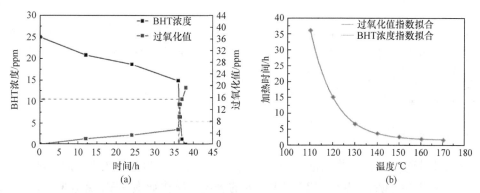

图 2-17　(a)110℃下的过氧化值和 BHT(抗氧剂)浓度曲线;(b)由过氧化值和 BHT
浓度得到的拟合曲线[90]

#### 2. 抗氧剂

抗氧剂的含量由色谱通过标准曲线法进行测定,相比过氧化值,抗氧剂更容易被检测且能避免人为的操作误差。储存后燃料的抗氧剂下限定义为过氧化值的上限所对应的抗氧剂含量[90]。在特定温度下,通过实验测量不同加热时间下的抗氧剂含量,其下限值所对应的时间定义为该温度下的储存时间。建立储存时间与实验温度的关系式,通过外推法计算在室温下的储存期,如图 2-17 所示。

#### 3. 溶解氧

燃料在常温隔绝空气条件下的储存期可由自氧化动力学方程与 Arrhenius 方程结合推算。具体实验方法为[90]:将待测燃料样品装入带聚四氟乙烯内衬的容器内,通入氮氧混合气直至溶解氧达到饱和。将容器密封放入高低温试验箱内，在氮气气氛中进行升温加速氧化，实验结束后自然降温。通过测试燃料中的氧浓度计算氧气的消耗速率，进而获得不同实验温度下燃料的自氧化动力学方程，利用方程中的反应速率常数，并结合Arrhenius方程[式(2-34)]，拟合得到反应速率常数和活化能。

$$\ln k = \ln A - \frac{E_a}{RT} \tag{2-34}$$

式中，$k$ 为反应速率常数，$h^{-1}$；$A$ 为指前因子，$h^{-1}$；$E_a$ 为活化能，kJ/mol；$T$ 为热力学温度，K；$R$ 为摩尔气体常量，$8.314 \times 10^{-3}$ kJ/(mol · K)。

由式(2-35)可求得燃料储存时间：

$$[O_2]_0 - [O_2]_a = rt \tag{2-35}$$

式中，$[O_2]_0$ 为溶解氧的初始浓度，ppm；$[O_2]_a$ 为溶解氧浓度，ppm；$r$ 为反应速率，$h^{-1}$，由燃料自氧化动力学方程各步反应的反应速率常数表示；$t$ 为燃料的氧化时间。

## 2.6　毒性及测试方法

燃料运输、加注或移除，航空器的维修和保养，冷却航空器发动机启动和设备维修等过程中均可能发生燃料的职业接触。燃料的中毒方式有多种，包括皮肤接触中毒[91]、经呼吸道中毒[92]和经口中毒等。

### 2.6.1　皮肤接触中毒

#### 1. 局部毒性

体内外试验发现 JP-8 燃料能引起皮肤炎症、免疫反应和分子变化。体外试验包括人的表皮组织-200(epiderm-200，EPI-200)、人的表皮角质化细胞(HEK 细胞)、人的表皮细胞的试验，体内试验包括豚鼠、鼠、猪和人的试验等。

1) 刺激性

皮肤刺激性是燃料与皮肤组织直接作用、与免疫无关的反应，主要研究方法有测定皮肤状态和炎症因子的释放等。

皮肤刺激性的测试方法：

(1) 检测燃料作用下密封培养 HEK 细胞的白介素-8(IL-8)的释放情况；

(2) EPI-200 体外试验；

(3) 体内裸鼠试验；

(4) 纱布浸润后敷在猪皮肤上，观察红斑、表皮增厚和表皮细胞层。

2) 过敏性

过敏性皮炎是由细胞免疫介导的延迟型Ⅳ过敏性反应。测试方法包括豚鼠试验和小鼠局部淋巴结分析实验。

3) 皮肤致癌性

使动物长期、反复接触碳氢燃料，测试其发生皮肤癌的比率。虽然啮齿类动物长期接触 JP-8 燃料会引起严重刺激性，但操作人员可通过有效的防护措施避免燃料的严重刺激。

2. 全身毒性

皮肤的全身毒性作用与通过呼吸道和经口中毒的毒性作用相似，但作用较弱。皮肤渗透性是测试全身毒性的重要方法，可估计燃料透皮进入血液中的剂量。

1) 皮肤渗透性

将燃料浸润的纱布每天覆盖猪或鼠等试验动物皮肤，连续几天，计算吸收参数，包括流量、扩散系数和渗透系数等。

2) 全身毒性的评估

对大鼠皮肤使用燃料进行染毒，可通过以下方式评估全身毒性：

(1) 使用血清优化技术检测血清中蛋白水平的变化，包括结合珠蛋白、脱辅基脂蛋白 A-Ⅳ、急性期 $\alpha2$ 巨球蛋白等；

(2) 观察外周血和骨髓涂片中多染性红细胞中微核比例；

(3) 进行组织病理学分析对心脏、肝脏和肾脏的影响；

(4) 组织免疫印迹分析对心脏、肝脏和肾脏组织中诱导的热休克蛋白(HSP-70)水平、炎症负调节蛋白 Ⅰ-κB 水平、肝脏中亚铁红蛋白氧化酶水平；

(5) 检测尿液中萘水平研究燃料的毒物代谢动力学。

### 2.6.2　经呼吸道中毒

经呼吸道中毒的染毒方式包括头/鼻和全身染毒方式[93]。根据需要确定暴露吸入时间，测定气溶胶中的颗粒粒径大小，使用溶剂载体配制相应浓度和粒径的受试物。在实验过程中，需要对暴露条件进行检测，包括染毒柜的气流速率、柜体内的温度和相对湿度等。暴露期间要对试验动物进行定期临床观察，包括动物的皮肤和被毛、眼和黏膜、呼吸系统、循环系统和中枢系统以及身体活动和行为方式等体征。

### 2.6.3　经口中毒

经口中毒的染毒方式包括灌胃、加入饮用水或加入饲料中等方式。当受试物通过饮水或饲料进行染毒时，需要保证其剂量不会对试验动物的正常营养和水平衡产生影响。试验期间要对试验动物进行定期的临床观察，包括动物的皮肤和被毛、眼和黏膜、呼吸系统、循环系统和中枢系统以及身体活动和行为方式等体征。根据试验需要，对动物进行相应的临床检查，如眼部检查、血液临床生化测定、尿液检测和血清检测等。为研究病理学和组织，对所有试验动物应进行全面详细的解剖及相应组织器官的病理检查[94]。

碳氢燃料的主要成分是脂肪烃，其中毒以经呼吸系统和皮肤系统造成中毒损伤的报道居多，同时会涉及神经系统和血液系统的损伤。然而国内外鲜有对煤油中毒损伤的毒理和救治系统的研究报道[95]。研究表明 JP-8 燃料会以气溶胶、液体和蒸气的形式刺激皮肤并造成过敏，长期刺激将引发皮肤癌[91]；同时还会引发呼吸道刺激、肺损伤[92]、神经系统损伤及慢性中毒[96]等，因此在使用 JP-8 燃料及其相似分子结构燃料的过程中需要做好相应的防护措施。33 号和 134 号煤油及其添加剂毒性较低，但长期接触仍会引发一系列神经系统的不适症状和皮肤病变，为此，我国空军航空医学研究所研制了皮肤防护膏[97]。目前已有针对部分飞机的润滑油、液压油和航空燃料及其添加剂的毒性研究。对 928 合成航空润滑油开展了急性毒性试验和豚鼠的皮肤实验、眼结膜实验及小鼠浸尾实验等，结果表明其毒性微小，无明显刺激作用，无需特殊防护[98]。

# 参 考 文 献

[1] 张香文, 米镇涛, 李家玲. 巡航导弹用高密度烃类燃料. 火炸药学报, 1999, (4): 41-45.

[2] Wang X Y, Jia T H, Pan L, et al. Review on the relationship between liquid aerospace fuel composition and their physicochemical properties. Transactions of Tianjin University, 2021, 27(2): 87-109.

[3] 刘济瀛. 中国喷气燃料. 北京: 中国石化出版社, 1991.

[4] 鄂秀天凤, 潘伦, 张香文, 等. 高能量密度液体燃料的合成研究进展//中国化学会第八届全国化学推进剂学术会议论文集. 青岛: 中国化学会第八届全国化学推进剂学术会议, 2017: 4.

[5] 邹吉军, 张香文, 王莅, 等. 高密度碳氢燃料: 从合成到应用//中国化学会第五届全国化学推进剂学术会议论文集. 大连: 中国化学会第五届全国化学推进剂学术会议, 2011: 6-9.

[6] 支小敏, 鄂秀天凤, 彭浩, 等. 高密度燃料 JP-10 促燃研究//中国化学会第一届全国燃烧化学学术会议论文集. 成都: 中国化学会第一届全国燃烧化学学术会议, 2015: 84.

[7] 潘伦, 邓强, 鄂秀天凤, 等. 高密度航空航天燃料合成化学. 化学进展, 2015, 27(11): 1531-1541.

[8] 全国石油产品和润滑剂标准化技术委员会. 原油和液体石油产品密度实验室测定法(密度计法): GB/T 1884—2000. 北京: 中国标准出版社, 2000.

[9] Chomiak J, Karlsson A. Flame liftoff in diesel sprays. Symposium (International) on Combustion, 1996, 26(2): 2557-2564.

[10] 孙万臣, 孙士龙, 王晓丹, 等. 燃料挥发性对高压共轨柴油机微粒排放粒度分布的影响. 吉林大学学报(工学版), 2013, 43(3): 619-625.

[11] Nie G K, Zhang X W, Han P, et al. Lignin-derived multi-cyclic high density biofuel by alkylation and hydrogenated intramolecular cyclization. Chemical Engineering Science, 2017, 158: 64-69.

[12] Zhang Y C, Nie J, Cao J, et al. Synthesis of high-density flammable hydrocarbon as potential hypergolic fuel and ignition additive of high-density fuels. Combustion and Flame, 2020, 222: 252-258.

[13] Xie J, Jia T, Gong S, et al. Synthesis and thermal stability of dimethyl adamantanes as high-density and high-thermal-stability fuels. Fuel, 2020, 260: 116424.

[14] 吴明清, 赵丽萍, 常春艳, 等. 喷气燃料冰点的测定方法. 石油炼制与化工, 2012, 43(7): 98-103.

[15] 全国石油产品和润滑剂标准化技术委员会. 航空燃料冰点测定法: GB/T 2430—2008. 北京: 中国标准出版社, 2008.

[16] Nie G K, Zhang X W, Pan L, et al. One-pot production of branched decalins as high-density jet fuel from monocyclic alkanes and alcohols. Chemical Engineering Science, 2018, 180: 64-69.

[17] Li Z, Pan L, Nie G K, et al. Synthesis of high-performance jet fuel blends from biomass-derived 4-ethylphenol and phenylmethanol. Chemical Engineering Science, 2018, 191: 343-349.

[18] Ma T, Feng R, Zou J J, et al. Ionic liquid catalytic rearrangement of polycyclic hydrocarbons: A versatile route to alkyl-diamondoid fuels. Industrial & Engineering Chemistry Research, 2013, 52(7): 2486-2492.

[19] 全国石油产品和润滑剂标准化技术委员会. 石油产品运动粘度测定法和动力粘度计算法: GB/T 265—1988. 北京: 中国标准出版社, 1988.

[20] 王步宇, 王志, 帅石金, 等. 低辛烷值高挥发性燃料直喷压燃宽运行范围的燃烧模式. 内燃机学报, 2015, 33(4): 289-296.

[21] 彭浩. 新型高密度燃料理化性能及材料相容性研究. 天津: 天津大学, 2017.

[22] Wei X L, Xu T M, Hui S E. Burning low volatile fuel in tangentially fired furnaces with fuel rich/lean burners. Energy Conversion and Management, 2004, 45(5): 725-735.

[23] 全国石油产品和润滑剂标准化技术委员会. 石油产品常压蒸馏特性测定法: GB/T 6536—2010. 北京: 中国标准出版社, 2011.

[24] E X T F, Pan L, Zhang X W, et al. Influence of quadricyclane additive on ignition and combustion properties of high-density JP-10 fuel. Fuel, 2020, 276: 118047.

[25] Wang J, An M, Yin B, et al. Combustion and emission characteristics of a diesel engine fueled with diesel-rocket propellant-3 wide distillation blended fuels. Journal of Energy Engineering, 2020, 146(4): 04020025.

[26] 全国危险化学品管理标准化技术委员会. 石油产品 闪点测定 阿贝尔-宾斯基闭口杯法: GB/T 27847—2011. 北京: 中国标准出版社, 2011.

[27] 刘琳, 钱建华, 张宝砚. 喷气燃料银片腐蚀抑制剂的研究. 中国腐蚀与防护学报, 2004, (6): 57-59.

[28] 全国石油产品和润滑剂标准化技术委员会. 石油产品铜片腐蚀试验法: GB/T 5096—2017. 北京: 中国标准出版社, 2017.

[29] 石油化工科学研究院. 喷气燃料银片腐蚀试验法: SH/T 0023—1990. 北京: 中国标准出版社, 1991.

[30] 杜家坤. 基于燃料特性与燃烧边界条件协同控制的高效清洁燃烧技术研究. 长春: 吉林大学, 2016.

[31] 刘金宝, 王新华, 唐士曼, 等. 关于控制喷气燃料洁净性的探讨. 炼油与化工, 2006, (4): 50-51.

[32] 李正章, 王军华, 麦明荣, 等. 应对航空涡轮燃料洁净度检验现状的措施. 科技创新与应用, 2014, (36): 108-109.

[33] 王雨墨, 胡杰, 李旺, 等. 航空煤油储运过程中质量保障有关问题探讨. 油气储运, 2020, 39(9): 971-979.

[34] 石油化工科学研究院. 喷气燃料固体颗粒污染物测定法: SH/T 0093—1991. 北京: 中国标准出版社, 1991.

[35] 孙静涵, 张利新, 王自顺, 等. 长距离管输对3号喷气燃料导电性能和清洁性能的影响. 石油炼制与化工, 2019, 50(12): 70-73.

[36] 孙新枫, 熊云, 牛明明, 等. 链格孢菌对库存喷气燃料性质的影响. 化工进展, 2019, 38(10): 4504-4510.

[37] 全国石油产品和润滑剂标准化技术委员会. 石油产品、润滑油和添加剂中水含量的测定 卡尔费休库仑滴定法: GB/T 11133—2015. 北京: 中国标准出版社, 2015.

[38] 王海燕. 车用汽柴油胶质及其含量测定方法简析. 石油库与加油站, 2015, 24(1): 29-31+12.

[39] 戎孟君. 一种燃料胶质含量测定仪的设计. 自动化仪表, 2013, 34(10): 17-19.

[40] 全国石油产品和润滑剂标准化技术委员会. 燃料胶质含量的测定 喷射蒸发法: GB/T 8019—2008. 北京: 中国标准出版社, 2008.

[41] Hong F T, Alghamdi N M, Bailey A S, et al. Chemical and kinetic insights into fuel lubricity loss of low-sulfur diesel upon the addition of multiple oxygenated compounds. Tribology International, 2020, 152: 106559.

[42] Anastopoulos G, Schinas P, Zannikou Y, et al. Investigation of the effectiveness of monoethanolamides as low sulfur marine fuel lubricity additives. Materials Today: Proceedings, 2018, 5(14): 27563-27571.

[43] 中国石油化工集团公司石油化工科学研究院. 航空涡轮燃料润滑性测定法(球柱润滑性评定仪法): SH/T 0687—2000. 北京: 中国标准出版社, 2000.

[44] 全国石油产品和润滑剂标准化技术委员会. 航空燃料与馏分燃料电导率测定法: GB/T 6539—1997.

北京: 中国标准出版社, 1997.

[45] Gong S, Jia T H, Pan L, et al. Enhanced thermal oxidation stability of jet fuel by deoxygenation treatment. Chemistry and Technology of Fuels and Oils, 2020, 56(4): 627-637.

[46] Liu Y K, Ma C, Shi C X, et al. Synthesis of strained high-energy rocket bio-kerosene via cyclopropanation of myrcene. Fuel Processing Technology, 2020, 201: 106339.

[47] 全国石油产品和润滑剂标准化技术委员会. 石油产品热值测定法: GB/T 384—1981. 北京: 中国标准出版社, 1981.

[48] 佟俊婷, 郭小岩, 李伟. 自动烟点仪校准方法及测量不确定度的评定. 工业计量, 2020, 30(S1): 58-60.

[49] 吕便变, 赵东升. 煤油和喷气燃料烟点测定法影响因素分析. 化工自动化及仪表, 2019, 46(11): 963-964.

[50] 胡志东. 煤油和喷气燃料烟点测定中手动与自动方法的对比研究. 中国石油和化工标准与质量, 2020, 40(15): 84-85+87.

[51] 全国石油产品和润滑剂标准化技术委员会. 煤油和喷气燃料烟点测定法: GB/T 382—2017. 北京: 中国标准出版社, 2017.

[52] Keshavarz M H, Monjezi K H, Esmailpour K, et al. Performance assessment of some isomers of saturated polycyclic hydrocarbons for use as jet fuels. Propellants, Explosives, Pyrotechnics, 2015, 40(2): 309-314.

[53] 中国兵器工业标准化研究所. 固体推进剂比冲测试系统检定规程: GJB/J 3346—1998. 北京: 中国兵器总公司, 1998.

[54] E X T F, Zhi X M, Zhang X W, et al. Ignition and combustion performances of high-energy-density jet fuels catalyzed by Pt and Pd nanoparticles. Energy & Fuels, 2018, 32(2): 2163-2169.

[55] 韩伟康, 孙运兰, 朱宝忠. 铝/正庚烷基纳米流体燃料的着火特性. 过程工程学报, 2018, 18(4): 769-773.

[56] 刘毅, 鄂秀天凤, 李智欣, 等. 高能量密度液体燃料的火箭发动机燃烧性能研究. 推进技术, 2019, 40(5): 1169-1176.

[57] Luo Y, Xu X, Zou J J, et al. Combustion of JP-10-based slurry with nanosized aluminum additives. Journal of Propulsion and Power, 2016, 32(5): 1167-1177.

[58] Jin Y S, Xu X, Yang Q C, et al. Numerical investigation of flame appearance and heat flux and in a deep-throttling variable thrust rocket engine. Aerospace Science and Technology, 2019, 88: 457-467.

[59] 鄂秀天凤, 张磊, 谢君健, 等. 添加纳米铝的高密度悬浮燃料点火性能. 含能材料, 2018, 26(4): 290-296.

[60] 贺越康, 史永刚, 林科宇, 等. 喷气燃料热安定性的研究综述. 当代化工, 2018, 47(1): 145-151.

[61] 张怀安. 清净分散剂提高喷气燃料热安定性研究. 北京: 北京化工大学, 2003.

[62] 刘亚飞. 燃油氧化安定性快速评价方法研究. 北京: 北京化工大学, 2014.

[63] 曹彦斌. 喷气燃料氧化脱硫及其对热安定性的影响. 天津: 天津大学, 2009.

[64] Yue L, Wu J Z, Gong Y, et al. Heat transfer and cracking performance of endothermic hydrocarbon fuel when it cools a high temperature channel. Fuel Processing Technology, 2016, 149: 112-120.

[65] Jia T H, Zhang X W, Liu Y, et al. A comprehensive review of the thermal oxidation stability of jet fuels. Chemical Engineering Science, 2021, 229: 116157.

[66] Nash L, Klettlinger J, Vasu S. Ellipsometric measurements of the thermal stability of alternative fuels. Journal of Energy Resources Technology, 2017, 139(6): 062207.

[67] Zhou W X, Jia Z J, Qin J, et al. Experimental study on effect of pressure on heat sink of $n$-decane. Chemical Engineering Journal, 2014, 243: 127-136.

[68] 周伟星, 贾贞健. 冲压发动机碳氢燃料技术. 北京: 国防工业出版社, 2019.

[69] 贾云涛, 张波. 吸热型碳氢燃料热沉测试方法的实验研究//中国航天第三专业信息网第四十届技术交流会暨第四届空天动力联合会议论文集. 昆明: 中国航天第三专业信息网第四十届技术交流会暨第四届空天动力联合会议, 2019: 45-49.

[70] 毛佳, 郑洋, 王健礼, 等. 燃料热沉测定的热力学方法及效果评价. 工程热物理学报, 2013, 34(6): 1193-1197.

[71] 朱丹阳. 吸热型碳氢燃料热沉的测定及影响因素. 天津: 天津大学, 2004.

[72] 蒋武, 郭永胜, 雷群芳, 等. 吸热型碳氢燃料热沉的测定研究. 燃料化学学报, 2022, (1): 27-32.

[73] 郭永胜, 蒋武, 林瑞森. 新型热量计的研制及其在吸热型碳氢燃料热沉测定中的应用. 化学学报, 2002, (1): 55-59+9.

[74] 周西朋, 郭永胜, 林瑞森, 等. 吸热型碳氢燃料热沉测定装置研究. 浙江大学学报(理学版), 2005, (4): 419-422+427.

[75] 贺芳, 孙云海, 李亚裕. 吸热型碳氢燃料热沉测定装置的研制//中国化学会第三届全国化学推进剂学术会议论文集. 张家界: 中国化学会第三届全国化学推进剂学术会议, 2007: 9.

[76] 李国娜. 吸热型碳氢燃料链状烷烃($C_7H_{16}$~$C_{18}H_{38}$)热裂解机理, 热沉及产物分布的理论研究. 西安: 陕西师范大学, 2013.

[77] Sun D A, Du Y M, Zhang J W, et al. Effects of molecular structures on the pyrolysis and anti-coking performance of alkanes for thermal management. Fuel, 2017, 194: 266-273.

[78] Jiang R P, Liu G Z, Zhang X W. Thermal cracking of hydrocarbon aviation fuels in regenerative cooling microchannels. Energy & Fuels, 2013, 27(5): 2563-2577.

[79] Yue L, Li G Q, He G J, et al. Impacts of hydrogen to carbon ratio (H/C) on fundamental properties and supercritical cracking performance of hydrocarbon fuels. Chemical Engineering Journal, 2016, 283: 1216-1223.

[80] Taylor W F. Deposit formation from deoxygenated hydrocarbons. I. General features. Industrial & Engineering Chemistry Product Research and Development, 1974, 13(2): 133-138.

[81] Pakdehi S G, Niknam M. Shelf life prediction of a novel liquid fuel, 2-dimethylaminoethyl azide (DMAZ). Central European Journal of Energetic Materials, 2017, 14(3): 675-687.

[82] Gorji M, Mohammadi K. Comparison of Berthelot and Arrhenius approaches for prediction of liquid propellant shelf life. Propellants, Explosives, Pyrotechnics, 2013, 38(5): 715-720.

[83] Mohammadi K, Gorji M. Prediction of amine-based liquid rocket propellant shelf life. Propellants, Explosives, Pyrotechnics, 2013, 38(4): 541-546.

[84] 全国化学标准化技术委员会. 化学试剂标准滴定溶液的制备: GB/T 601—2016. 北京: 中国标准出版社, 2016.

[85] 石油化工科学研究院. 喷气燃料过氧化值测定法: SH/T 0176—1992. 北京: 中国标准出版社, 1992.

[86] MIL-T-5624P. Military specification: Turbine fuel, aviation, grades JP-4, JP-5, and JP-5/JP-8 ST. Lakehurst: Department of Defense, 1992.

[87] 赵升红, 都长飞. 喷气燃料储存期的自由基生成速率确定法. 石油学报(石油加工), 2010, 26(S1): 226-228.

[88] 许世海, 熊云, 刘晓. 液体燃料的性质及应用. 北京: 中国石化出版社, 2010.

[89] Pande S G, Black B H, Hardy D R. A reliable and practical accelerated test method for predicting the long-term storage stabilities of aviation turbine fuels based on hydroperoxide formation. Energy & Fuels, 1995, 9(1): 183-187.

[90] Zhao L, Zhang X W, Pan L, et al. Storage period prediction and metal compatibility of endothermic hydrocarbon fuels. Fuel, 2018, 233: 1-9.

[91] 徐冰心, 刘志国, 崔彦. 煤油型航空喷气式燃料 JP-8 皮肤途径中毒的毒性研究进展. 中华航空航

天医学杂志, 2011, 22(4): 314-317.

[92] 陈慧中. 8 号喷气式发动机燃料雾化吸入诱发大鼠肺损伤. 中华儿科杂志, 1995, 33(4): 240.

[93] 全国危险化学品管理标准化技术委员会. 化学品 急性吸入毒性试验 急性毒性分类法: GB/T 28648 —2012. 北京: 中国标准出版社, 2012.

[94] 全国危险化学品管理标准化技术委员会. 化学品 啮齿类动物亚慢性经口毒性试验方法: GB/T 21763—2008. 北京: 中国标准出版社, 2008.

[95] 徐冰心, 刘志国, 徐冰珠, 等. 煤油中毒损伤及防治研究//第六届全国中西医结合灾害医学学术会议论文集. 南昌: 第六届全国中西医结合灾害医学学术会议, 2010: 350-351.

[96] Maiyoh G K, Njoroge R W, Tuei V C. Effects and mechanisms of kerosene use-related toxicity. Environmental Toxicology and Pharmacology, 2015, 40(1): 57-70.

[97] 唐桂香. 航空毒理学研究的回顾与展望. 航空军医, 2004, (5): 221-224.

[98] 唐桂香, 辛益妹, 陈立敏. 928 合成航空润滑油急性毒性评价. 卫生毒理学杂志, 1999, 13(3): 220.

# 第 3 章

# 民用航空燃料

自飞机发明以来，人们对空中交通运输的需求与日俱增。如图 3-1 所示，从 1950 年至 2015 年，空运旅客(和货运)的数量稳步增长。只有在 1973 年第一次石油价格危机、1979 年第二次石油价格危机、1991 年海湾战争、2001 年 9 · 11 袭击以及 2008～2009 年的金融和经济危机等各种危机时期，这种发展有所减缓。然而，这些危机并没有对全球民用航空交通需求的长期增长产生重大影响。从 1978 年到 2008 年，航空运输需求翻了两番，2015 年全球运送旅客约 34 亿人次，此增长趋势还在逐年持续[1-2]。

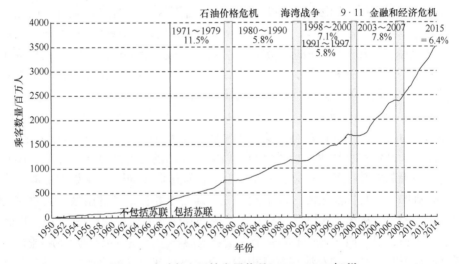

图 3-1 全球航空运输发展状况(1950～2015 年)[1]

这种强劲增长趋势有以下几个原因：①世界不同区域之间对人员和货物运输的需求增加，主要是由供应链日益增加的国际分工推动的；②航空公司之间的竞争导致机票价格下降，在趋于饱和的市场中产生了继续增长的需求；③航空运输市场的自由化以及高效运营飞机的应用使这种强劲增长成为可能[3]。

航空业的迅速发展在给人们生活带来极大便利的同时，也增加了对能源的需求[2,4]，预测航空业发展趋势对未来能源需求、环境治理等具有较大意义。根据国际民用航空组织(International Civil Aviation Organization，ICAO)研究，随着时间的推移，民航业发展会呈现不断增长的趋势，未来 30 年甚至更长时间内会呈现比过去 30 年更加显著的增势。

航空业如此迅猛的发展很大程度上是由动力系统改革推动的。航空动力系统经历了最初以柴油为航空燃料的内燃机动力系统，到以航空汽油为燃料的活塞式发动机动力系统，直到现在以航空煤油为燃料的喷气式发动机动力系统[5]。这些动力系统的发展离不开更高性能燃料的开发[6]。现今用于喷气式发动机的喷气燃料称为航空煤油(简称航煤)，是烷烃和芳烃的混合物，分子链长度为 8～18 个碳。按照制备工艺可以分为直馏航空煤油和加氢工艺航空煤油，按用途可以分为民用航空煤油和军用航空煤油。为了满足飞行器的特殊需求，军用航空煤油的要求比民用航空煤油更高[7]。本章主要介绍民用航空煤油，即民航煤油。

传统航煤为直馏无裂化煤油，是通过对石油的常压蒸馏获得的。在传统的石油精炼厂中，根据石油中各种物质的沸点不同对石油进行不同馏分的首次蒸馏常采用常压蒸馏。然后将不同的馏分通过不同的蒸馏和提纯工艺进一步加工成最终产品。从某些低硫低氮原油中提取的直馏煤油满足标准中规定的所有要求，一般无需进一步加工；但原油中其他杂原子(如 S、N 等)含量较高时，则需要对煤油进行精制。典型航煤的成分主要包括正构烷烃、异构烷烃和环烷烃、芳香族化合物和痕量杂原子化合物(如含氧、含硫和含氮化合物)。

石油基航煤作为传统的航空燃料给民航业带来很大的经济效益，但同时也面临许多问题，如石油储量有限、国际油价飙升、碳排放、温室效应、环境污染等。因此，寻求可替代航煤变得越来越重要。从煤、天然气、生物质等其他碳氢原料中提取的替代燃料——合成燃料已经存在了几十年。理想情况下，替代燃料应该能够以同样的质量和特性直接替代传统的航空燃料。这种被称为"完全替代"的替代燃料可以确保制造商不必重新设计引擎或飞机，机场也不必修改他们的燃料输送基础设施[2,8-9]。

煤基航煤是指以煤为原料，从固体煤中提取的液体替代燃料，此过程称为煤制油(coal-to-liquid，CTL)。早在 1978 年，美国国家航空航天局(National Aeronautics and Space Administration，NASA)就对煤基合成燃料在航空上应用的可能性进行了评估。煤基合成燃料作为航空燃料的替代品，可以在一定时间内保证能源供应[10]。从煤中提取液体燃料的方法主要有四种：直接液化法、费-托合成法、煤焦油精制法和热解法，其中前两种被认为更具应用前景。从第二次世界大战开始，德国和南非先后采用费-托合成法以煤为原料生产航空燃料，目前南非 Sasol 的一个大型合成燃料生产项目仍在使用费-托合成工艺生产煤基航煤[11]。与传统的石油基航煤相比，通过直接液化途径生产的煤基航煤具有较高的芳烃含量，而通过如费-托合成法等间接途径生产的燃料则具有较高的链烷烃含量，几乎不含环烷烃和芳烃[10]。

虽然拥有大量煤炭储量的国家将煤液化视为减少对原油产品依赖的大好机会，但煤液化过程会导致非常高的 $CO_2$ 排放量。新的碳捕集及封存(carbon capture and storage，CCS)系统目前还不足以缓解该过程 $CO_2$ 的排放。另外，煤液化项目高昂的资金成本、能源投入、碳捕获和储存基础设施的成本等很可能会成为大规模商业化的障碍[11]。

生物质是合成燃料的一种具有可持续性的替代原料，将生物质转化为液体燃料有助于减少温室气体排放、改善空气质量、减少对石油的依赖[12]。具有生物质利用潜力的国家通常拥有大量的植物油、非食用材料和生物醇资源。美国能源部和农业部估计，美国可生产多达 1.3 亿吨的干生物质以用于能源生产，从理论上讲，这足以取代目前美国 30%

的石油燃料消耗[13]。

用生物质作为航煤的替代原料不应威胁粮食生产和生态系统，同时不应损害环境，也不应造成森林过度砍伐[14]。有研究将非食用油料作物如亚麻、麻风树、藻类、盐生植物、城市和海洋废弃物、森林残留物等用于航煤生产[13,15]。2008 年之后，进行了大量使用生物基航煤的飞行验证，并在 2011 年达到了 ASTM 标准，允许飞机和发动机制造商在飞行器中使用生物基航煤。国际航空运输协会(International Air Transport Association，IATA)预测，到 2030 年，生物基航煤将占航空燃料的 30%。如果实现这一目标，生物质替代航空燃料将对发展中国家的经济和环境产生巨大的积极影响[13,16]。

综上所述，生物基航煤具有较大的应用潜力，有可能取代石油基航煤并有助于减少温室气体及有害气体排放，各国正在大力研究生物航空燃料，以创造更好的环境和实现能源可持续发展。我国也积极参与此方面的研究，于 2011 年在北京首都国际机场进行了首次生物航空燃料的验证飞行，并取得了较好的结果[17]。

## 3.1　石油基航空燃料

### 3.1.1　航煤组成及性质

石油基航煤的组成及性质因产地、制备工艺不同而略有差异。总体来说，航煤是分子链长度为 8～18 个碳的烷烃(饱和烃)和芳烃的混合物[18]，属于石油的中度馏分产品(图 3-2)。典型的航煤沸程为 150～270℃，介于汽油和柴油的沸点范围之间[19,20]。煤油通常占炼油总产量的 10%～15%，具体而言，一个中型至大型炼油厂的日产量约为 3000 t，然而实际产量在很大程度上取决于炼油原料(原油种类)的质量和组成，以及市场对其他燃料的需求[1]。

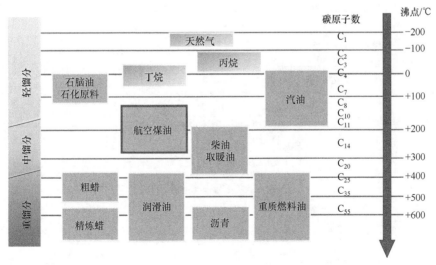

图 3-2　典型碳氢产品的链长和沸点示意图[1]

航煤由多种不同类别的碳氢化合物组成，包括正构烷烃、异构烷烃、环烷烃和芳香烃。不同种类分子燃料的特性如密度、流动性、挥发性、能量含量和燃烧特性等方面有所不同[21]。正构烷烃浓度越高,燃料质量热值越大,燃烧能力也越好,但是低温性能越差;环烷烃和芳烃浓度高可使燃料具有较高密度,但是抗火焰熄灭能力较差,也容易形成尾烟[22]。

　　燃料组成在决定其性质的同时也决定了它们的用途。例如,美国标准航煤 Jet A 是含有 9～15 个碳原子的碳氢化合物,与之相似的 Jet A-1 则具有更低的凝固点(-47℃,Jet A 为-40℃),因此 Jet A-1 使用温度可以比 Jet A 更低。军用航煤具有一套称为 JP 的系列,其中部分类型的燃料与普通航煤主组分几乎相同。例如,JP-4 由 50%的煤油和汽油混合而成,是一种含 $C_9$～$C_{15}$ 碳氢化合物的宽馏分型燃料,只在寒冷的气候中使用,与航煤 Jet B 非常相似[8,23-25]。

　　我国喷气燃料的编号为 RP 系列,它们之间组成及性质也存在差别。1 号喷气燃料(RP-1)、2 号喷气燃料(RP-2)、3 号喷气燃料(RP-3)均为煤油型燃料,应用于民航飞机和军用飞机;4 号喷气燃料(RP-4)为宽馏分型燃料,主要为备用燃料,平时不生产;而 5 号喷气燃料(RP-5)和 6 号喷气燃料(RP-6)均为重煤油型燃料,主要作为军用特种喷气燃料。RP-3 具有密度适宜、热值较大、燃烧性能好、低温流动性好、热安定性和抗氧化安定性好等特点,是我国目前最主要的航空燃料[26-29]。

　　航煤的组成很复杂,解析其组成有助于对其性质的深入了解[30-31]。Wu 等[32]利用二维气相色谱-飞行时间质谱对 RP-3 进行了组分分析,如图 3-3 所示。在 RP-3 谱图中共检测到 2476 个峰,每个峰对应的是色谱图中的一个彩色圆。因为每个峰表面上至少对应一个化合物,这表明在 RP-3 航煤中含有超过 2476 个单独的化合物。每个圆的面积与相应化合物的质量分数呈比例。RP-3 中的化合物可分为正构烷烃、异构烷烃、环烷烃、烷基苯、茚满或四氢化萘、双环芳烃类化合物等。正构烷烃的测定范围从正己烷($C_6H_{14}$)到正十

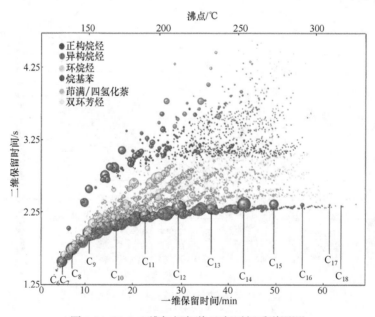

图 3-3　RP-3 二维气相色谱-飞行时间质谱图[32]

八烷($C_{18}H_{38}$)，根据正构烷烃沸点与其一维保留时间的相关性可以将色谱的一维时间转化为温标。测试结果还获得了 RP-3 中化合物的结构特征和 RP-3 的沸程。在正构烷烃类中，正十二烷($C_{12}H_{26}$)是 RP-3 中占比较高的燃料组分，故其常被用作喷气燃料的替代组分或研究模型。另外还检测到几种双环芳香族化合物，它们在 RP-3 中表现出最高的不饱和度。

无论航煤的组成如何，它们都需具备以下性能[9,33]：①较高的能量密度；②良好的雾化性能；③良好的燃烧特性，包括高空再燃能力；④较好的抗爆性能；⑤较少的燃烧污染物；⑥较强的抗结焦能力；⑦适宜的黏度和润滑性；⑧较好的低温流动性，便于高空作业；⑨良好的热稳定性和化学稳定性；⑩广泛的可用性和可接受的成本；⑪良好的地面储存和搬运性能等。

### 3.1.2　航煤标准

喷气式飞机业务的全球性要求在世界各地严格控制航空燃料的质量。标准往往是由共识组织(如 ASTM)或政府机构发布的行业规范[8]。国内和国际航空公司使用的燃料都是按照共识组织的标准等级进行生产的[1,11]。国际市场通用的航煤 Jet A-1 的标准是 DEF STAN 91-91 和 ASTM D1655，这些标准经常会被更新，修改项目不仅包括燃料理化性质的指标数值，还包括对具体项目的增减[11,34]。

当然，不同国家依据自身国情会制定适合自己的航煤标准。例如，1944 年美国颁布了 AN-F-32 标准，对应的燃料为 JP-1；1945 年颁布了 AN-F-34 标准，对应燃料为 JP-2；而 AN-F-58 是在 1947 年为了 JP-3 而制定的[35]。英国在第二次世界大战后期颁布了第一个临时标准，即 RDE/F/KER；从 1948 年开始采用 RDE/FKER 203 的高闪点煤油标准；随后在 20 世纪末又对航煤规格进行了标准化，统一采用国防标准(DEF STAN 91-91)[36]。苏联在航空领域的发展也促使其制定自己的标准，1949 年颁布了 ГOCT 4138-49 标准用于 T-1 直馏航煤[37]。

20 世纪中期，我国开始大量使用航煤，但都是从苏联进口，也一直沿用其标准。RP-3 是在 20 世纪 70 年代为了满足出口任务和国际通航的需要才开始生产的，当时采用的标准是石油部标准 SY 1008，在 1986 年被参照 ASTM D1655 制定的 GB 6537 国家标准代替[26]。虽然此标准中间经历过几次修改，但一直在沿用。我国的 RP-3 与国际市场通用的 Jet A-1 都属于航煤，但两者的产品标准存在一些差异[27]。为了与国际接轨、提高我国 RP-3 的质量，国家对 GB 6537 也不断地进行修改。经过 60 余年的不懈努力与发展，我国航空燃料标准在借鉴国外先进标准的基础上已经形成比较完善的标准体系。RP-3 标准历经 SY 1008—77S、GB 6537—1986、SINOPEC 003—1987、GB 6537—1994、GB 6537—2006 这些版本修订后迎来了最新版标准，即在 2018 年 7 月 13 日颁布的 GB 6537—2018 《3 号喷气燃料》，此标准于 2019 年 2 月 1 日开始实施[27,38]。

GB 6537—2018 是在 GB 6537—2006 的基础上对其内容进行修订而来。GB 6537—2018 引用了 53 个全文强制标准，其中包括 31 个 GB 标准、15 个 SH 标准、3 个 NB/SH 标准、2 个 ASTM 标准和 2 个 IP 标准。对比上一版本，最新标准做了如下修订[26,38]：

(1) 拓宽了 RP-3 制备的范围：将原本的"由天然原油或其馏分油加工制得的 3 号喷

气燃料"增加了"以及其与合成烃煤油馏分调和而成的 3 号喷气燃料"。这意味着 RP-3 的制备可以通过从石油中提取，也可以利用此提取成分与其他合成烃组分进行混合而得。

(2) 增加第 3 章"缩略语"：FT-SPK [费-托合成油改质工艺生产的煤油组分(Fisher Tropsch-synthesized paraffinic kerosine)]和 HEFA-SPK [酯类和脂肪酸类加氢改质工艺生产的煤油组分(hydroprocessed esters and fatty-acids-synthesized paraffinic kerosine)]。

(3) 增加了总硫、闪点、密度、黏度和净热值检验项目的测定方法，可采用 2 种或以上实验方法进行检测。

(4) 取消了辉光值检测项目及指标要求；扩大了电导率上限范围，将上限指标由原来的 450 pS/m 上调到 600 pS/m。

(5) 取消了民用航空燃料的 20℃黏度和水反应的要求。

(6) 增加了对 FT-SPK 或 HEFA-SPK 合成烃组分的 3 号喷气燃料的技术要求和组成要求，同时增加了 FT-SPK 和 HEFA-SPK 合成烃组分的技术要求。

(7) 在第 6 章中将"标志、包装、运输、贮存"内容改为"根据 GB 30000.7—2013，3 号喷气燃料属于易燃液体，产品标志、包装、运输和贮存及交货验收按 SH 0164、GB 13690 和 GB 190 进行"。

(8) 在第 7 章中增加了"安全"，内容为"根据 GB 30000.7—2013，3 号喷气燃料属于易燃液体，其危险说明和防范说明见 GB 30000.7—2013 的附录 D"。

我国现采用的 GB 6537—2018 标准与国际通用的 ASTM D1655-15 标准相比更加全面、检测项目更多、部分指标要求也更加严格。与国际通用标准相比，我国标准增加了外观、颜色、烯烃、博士试验、水反应、银片腐蚀、颗粒污染物和工艺组分等项目。另外，在总酸值、芳烃含量、硫含量、硫醇硫含量指标上要求更加严格[26,39]。GB 6537 标准的修订对促进我国航空燃料事业的发展具有重大意义。FT-SPK 和 HEFA-SPK 合成烃组分的引入在很大程度上拓宽了 RP-3 的原料来源，由传统的石油基原料可以拓展至煤基、生物基原料。另外，标准的修订能提高我国航煤的质量，方便与国际先进标准对接，也为我国航煤走向国际市场创造了有利条件。

### 3.1.3 航煤生产工艺

石油基航煤主要通过对石油进行常压蒸馏提炼获得。石油中的烃类是由碳和氢两种元素构成的化合物，它含有溶解的气体和非挥发物，分子的碳链长度从 $C_1$ 到 $C_{90+}$ 不等[1]。从分子角度来看，分子结构广泛，从线性到分支到环状，从饱和到不饱和。在精炼厂不同分子结构的烃类被分离并加工成具有不同性质的产品，航煤就是其中的产品之一[19-20]。

典型炼油厂的石油蒸馏精炼工艺如图 3-4 所示。高转化率精炼厂的结构非常复杂，各单元彼此连接。在进行炼油作业之前，原油储存在炼油厂内部或附近的储罐(罐区)中。不同等级的原油通常混合在一起以满足提炼厂的原料或规格要求和提炼厂的限制。例如，高酸性原油与低酸性原油根据炼油设备的耐腐蚀性可进行混合。

精炼厂的第一个主要处理单元是除渣器，它从混合原油中除去污垢、水、盐和其他水溶性污染物。从脱盐槽出来的原油进入常压蒸馏装置(atmospheric distillation unit, ADU)。最轻的馏分从塔顶流出，是以甲烷和乙烷为主的炼厂燃料气、以丙烷和丁烷为主

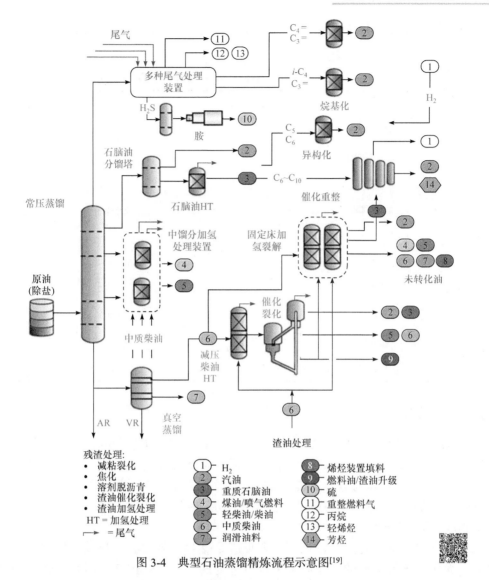

图 3-4　典型石油蒸馏精炼流程示意图[19]

的石油气，还有直馏石脑油气体。中间塔板排放的馏出物有重石脑油、煤油、轻柴油和重柴油。煤油和轻柴油通常也被称为中间馏分油或馏分燃料，包括煤油、喷气燃料和柴油。常压蒸馏塔的渣油或塔底又称减压原油，被引入减压蒸馏装置分馏成减压柴油和减压渣油。所有常压蒸馏产品都含有硫，包括硫化氢、无机硫或有机硫化合物。较重的馏分还含有氮、氧和微量污染物，利用氧化或加氢技术可以脱除燃料中的含硫物质。

　　石油蒸馏馏分的沸程列于表 3-1，不同馏分的沸程数值不是定值，会因工艺、产地等不同而有差异。石油蒸馏产品根据季节和市场需求，不同炼油厂的实际切割点可能有所不同。所有蒸馏馏分的沸程都存在重叠，在一些商业装置中，重叠非常大。炼油厂可以通过调整馏分温度来调整特定馏分产量[40]。在夏季，切割点被设定为更高的温度，以增加运输燃料的产量。在冬季，为了增加取暖油(比柴油重的燃油)的产量，可以在较低的温度下设置切点。同样也可以根据航空业需求采取相应措施来提升航煤的产量[40]。

表 3-1　石油蒸馏馏分沸程

| 馏分 | 沸程/℃ |
| --- | --- |
| 液化石油气 | −40～0 |
| 轻质石脑油 | 30～85 |
| 汽油 | 30～200 |
| 重质石脑油 | 85～200 |
| 煤油 | 170～270 |
| 轻柴油 | 180～340 |
| 重柴油 | 315～425 |
| 润滑油 | >400 |
| 减压柴油 | 340～565 |
| 减压渣油 | >540 |

### 3.1.4　航煤燃烧性能

燃气涡轮动力装置彻底改变了航空工业，它是由适应不同工作流体的蒸汽轮机发展而来的。蒸气可以由任何热源产生，而燃气涡轮需要的燃料要能够有效地产生非常热的气流，并且与涡轮机本身兼容。热气流是由燃料在压缩空气中燃烧而产生的，热气流在涡轮中以射流推力或轴功率的形式产生有用的功。因此，燃料的燃烧性能对喷气飞机来说是非常重要的[18,41-42]。

在喷气发动机燃烧室中进行的主要反应是燃料的氧化，以释放其恒定压力下的热量。涡轮喷气发动机的工作简单来说可分为四个过程：进气、压缩、燃烧和排气[19]。首先空气通过进气口进入，为燃料提供充足的氧化剂；然后进入的空气经过压缩机被压缩而进入燃烧室；在燃烧室内被雾化的燃料与压缩空气混合，经过点燃而进行燃烧；从燃烧室中流过的空气经过压缩和加热获得足够高的能量和动量，以较高的速度从推进喷管中排出。高速喷气流喷出发动机时，带动压缩机和涡轮继续旋转来维持工作循环。

液体喷气燃料通过压力雾化喷嘴或空气喷嘴注入燃烧室。这种喷雾被气流剪切成薄片和液滴，蒸发并燃烧。雾化过程对随后的混合和燃烧非常重要，因此喷油器的设计与燃料性能同样十分关键[43]。尤其是在高速下，液滴的大小主要由液体和空气之间的相对速度控制，部分由燃料黏度和密度控制，表面张力对液滴大小影响很小。当喷嘴设计成在空气和燃料之间提供最大的物理接触时，就可以实现最小的液滴尺寸[44]，促进雾化过程的主空气被引入喷嘴内，以提供涡流和剪切力。航煤需要具有合适的黏度以确保较好流动的同时还能被雾化成尺寸合适的雾滴。

蒸发后的雾滴蒸气云在湍流状态下像扩散火焰一样燃烧,而不是以单个液滴形式燃烧。液滴蒸发在喷雾的核心部位发生,这个区域存在丰富的混合物,也有煤烟的形成。空气的引入使煤烟被氧化和燃烧,从而完成燃烧过程。与未燃烧的碳氢化合物的氧化速率相比,煤烟的燃烧速率相对较慢,导致烟的形成。

芳烃也是航煤的组成部分,当氢被脱除时芳烃很容易在燃料富集的喷淋核心区中形成煤烟。相比之下,多环芳烃比单环芳烃更容易形成煤烟,表现出更强的烟熏倾向和更大的火焰光度。而正构烷烃在富燃料的喷雾芯中几乎不发生环化,使煤烟的形成和火焰辐射降至最低。其他结构烃类的煤烟和火焰辐射表现在多环芳烃和正构烷烃的极值之间[45]。

进入涡轮喷气发动机的空气可被分为主空气和次空气。主空气通过向喷管喷出的燃料中加入涡流来促进雾化过程。但是它必须是适量的,以确保火焰核心保持充足的燃料,避免火焰被吹灭并便于重新点火。次空气在燃气轮机燃烧室中占大多数,其被引导至主火焰核之外的次级反应或被热排气产物稀释,从而将温度均匀的气体提供给涡轮机。设计各组分适当混合的燃烧室对于确保无烟排气至关重要。另外,合理调控航煤中芳烃和正构烷烃比例对燃烧也是十分重要的。

燃料的点火性能也是评价燃烧性能的一个指标[46]。燃气轮机点火过程如下:首先,形成包含充足反应物并使其能够自我维持的火焰核;其次,火焰核被转移到燃烧室内部的某区域,该区域的条件有利于火焰的发展;最后火焰蔓延至整个燃烧室。要形成火焰核,必须在点火器附近有足够的气相燃料,这取决于燃料的蒸气压[9,47]。对于燃料中的烷烃来说,碳数越低,在给定温度下的蒸气压越高。煤油的馏分比柴油轻,为挥发性更强、蒸气压更高的燃料,因此具有更好的点火性能[9]。除此以外,低温点火和再点火性能对燃料评价也十分关键,它们决定着在高空低温环境下一旦发动机熄火重新引燃的可能性[48]。

在燃烧尾气排放方面,一氧化碳、未燃烧的碳氢化合物和氮氧化物的排放可以反映燃烧条件是否充分[49]。排放物中硫氧化物的浓度与燃料中含硫化合物的含量成正比。燃料中的硫浓度由原油类型和脱硫工艺决定,此含量由燃油标准和尾气排放的法律所限制。飞机排气中氮氧化物的控制受到越来越多的关注,因为氮氧化物会与存在于高空区域的臭氧发生反应。废气中的碱金属盐污染物对涡轮本身有严重的损害,它们能造成金属叶片的热腐蚀,这种腐蚀会损害叶片涂层并促进晶间腐蚀。这些盐的来源可以是燃料(溶解在水中或夹带在水中的金属盐),也可以是大量进入燃气轮机的空气。废气中的硫氧化物与碱反应生成的低熔点硫酸盐也会腐蚀设备上的氧化物涂层。此外,碳氢燃料充分燃烧排放的大量 $CO_2$ 也会造成温室效应。关于石油基航煤燃烧排放造成的环境问题将在后面讨论。

### 3.1.5　航煤添加剂

石油基航煤的组分种类多且复杂,因此不同批次产品性能会有所差异。为了改善燃料性能和稳定性以满足燃料标准的要求,向燃料中添加添加剂是重要的策略。

航空燃料添加剂的添加量一般很小，通常仅以百万分之几计量。常用的几种添加剂如下[7,50-51]。

(1) 抗爆剂：用于降低汽油的爆炸倾向。四乙基铅(TEL)是唯一被批准用于航空的抗爆添加剂，从 20 世纪 30 年代早期就被用于发动机和航空燃料添加剂，但因重金属污染问题后来被禁止使用，因此开发新型环保的抗爆剂是十分必要的。

(2) 抗氧化剂：可以抑制喷气燃料中过氧化物的形成，防止由于燃料被氧化而引起的胶质沉积。

(3) 防静电剂：可减少通过高流量燃油传输系统的燃油流动而产生静电的有害影响，也可以降低雷击的可能性。

(4) 缓蚀剂：保护燃料处理系统中的金属(如管道和燃料储罐)免受腐蚀，一些缓蚀剂也能改善喷气燃料的润滑性能。

(5) 防冻剂：可以降低燃料在高空低温时水析出的冰点，防止冰晶形成，但这种添加剂不影响燃料本身的凝固点。防冻添加剂也可以防止飞机燃油中的微生物生长。

(6) 金属失活剂：可抑制某些金属(特别是铜)对燃料氧化的催化作用。

(7) 杀菌剂：抑制喷气燃料中微生物的生长，通常直接添加到飞机油箱中。

### 3.1.6　半合成喷气燃料

合成烃类组分与石油基航煤的混合物称为半合成喷气燃料(semi-synthetic jet fuel，SSJF)。其保持了与 DEF STAN 91-91 的兼容性，并且作为商用航空燃料已被 ASTM D1655 认可。半合成喷气燃料可以拓宽喷气燃料的原料来源，在一定程度上可减轻航空业对石油资源的依赖，也可能获得比传统航煤更优异的性能。

在 1999 年 7 月约翰内斯堡国际机场引入 Sasol 的半合成喷气燃料之前，所有商业航空燃料均来自石油提炼。当时，Sasol 要求使用煤基费-托合成燃料的请求大大偏离了原有经验，并且人们对合成烃产品作为混合原料的各项性质及指标也没有清楚的认识，因此英国航空燃料委员会(Aviation Fuel Council，AFC)负责指导国防标准 DEF STAN 91-91 Jet A-1 的燃油规范，针对含合成产品作为混合原料的燃油制定了一套新的指南[52]。之后，半合成燃料的研究逐渐增多。

将煤转化为液体合成烃的第一步是气化，目的是将含碳物质转化为合成气，即 CO 和 $H_2$。其他许多原料包括天然气、石油焦、生物质也可以按照这种方法进行气化[53]。煤在气化炉(如鲁奇移动床反应器或温克勒流化床反应器)内，通过控制温度、压力和氧气的添加量，来断裂煤炭的分子结构。气化炉只允许部分煤炭燃烧，形成部分氧化的煤炭，这个反应主要产生 CO 和 $H_2$。为了调整随后的费-托合成原料气体中的氢含量，通常需要在一个单独的反应器中进行水气变换反应。在这个反应器中，水蒸气在氧化 CO 为 $CO_2$ 的情况下还原为 $H_2$，从而形成一种富含氢的合成气，该合成气被送进费-托反应器合成长链烃类[54]。一些煤炭资源丰富、液体燃料需求量大的国家，如中国、美国等，可考虑采用这一方法，实际上中国已经建成了多套生产装置。生物质也可通过气化和费-托反应合成液体烃；除此以外，生物质含有多种糖类化合物，可以经过水解、加氢脱氧等处理合成异构烷烃；也可以转化为脂肪酸，进一步通过加氢精制处理转化为酯类和脂肪酸类加氢改质工艺生产的煤油组分[55-56]。

　　上述通过煤、生物质合成的液体烃类物质通常组分较为单一，在航空发动机中的表现不如传统石油基航煤，需要与传统航煤按照一定比例混合制备成半合成喷气燃料来使用。Moses[52]比较了以天然气为原料制备的四种不同的石蜡基煤油(synthesized paraffinic kerosine, SPK)(即 syntroleum S-8、Shell GTL、Sasol GTL-1、Sasol GTL-2)与石油基 Jet A、Jet A-1 和 JP-8 燃料的性能，并将它们与传统航煤混合制备成半合成喷气燃料。Moses 将制备的半合成喷气燃料与 Sasol 以煤为原料利用费-托方法合成的已经成功服役 9 年的半合成喷气燃料 Sasol IPK 进行性能对比，结果如图 3-5 所示。虽然这五种石蜡基煤油燃料几乎全部由正构烷烃、异构烷烃和环烷烃三种饱和烃组成，但三类烷烃的比例和碳数分布存在明显差异。尽管存在这些差异，当以 50%体积比与传统喷气燃料混合时，这五种石蜡基煤油燃料制备出的半合成喷气燃料性能却彼此非常相似(除密度有一定偏差)，并且具有与传统喷气燃料非常典型的适配特性。此外，也有研究对从生物质而来的原料进行适当处理得到合成烃，然后按照一定比例与传统航煤进行混合，均得到与传统航煤相似的性质[57-60]。

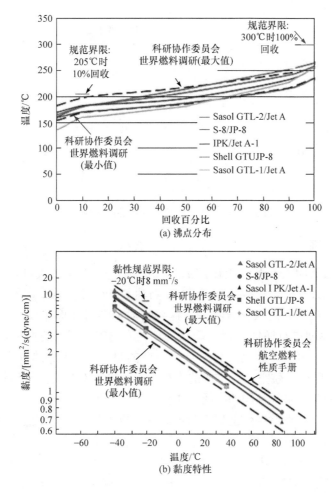

(a) 沸点分布

(b) 黏度特性

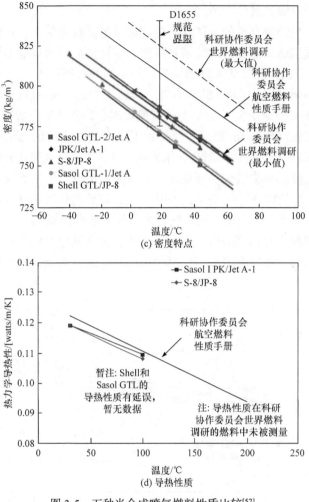

图 3-5    五种半合成喷气燃料性质比较[52]

### 3.1.7    航煤污染物排放

民用航空业虽然给人类出行带来了很多便利，但与之相伴的大量航空燃料燃烧产生的污染物对环境和人类健康也造成负面影响。石油基航煤燃烧会释放多种物质，如 $CO_2$、CO、$NO_x$、$SO_x$、煤烟和碳氢化合物等，这些物质均会对环境造成一定危害[61-62]。通过结合地球化学模型进行评估发现，全球每年约有 8000 例人类过早死亡案例与飞机活动相关[63]。此外，ICAO 预测，2050 年航空业的温室气体排放总量将比 2010 年增加 400%～600%[64]。因此，航空工业排放的多种大气污染物对当地空气质量、气候变化和人类健康的影响引起了世界各国的广泛关注。

国际上人们对航空业给气候造成影响的关注可以追溯到几十年前。例如，有关凝结尾迹的潜在影响的文献可以追溯到 20 世纪 70 年代。随后的二十年，人们开始研究氮氧化物排放($NO_x$)对臭氧层的影响。欧盟 AERONOX、美国 SASS 项目和其他研究计划确定了除 $CO_2$ 以外的航空排放可能造成的气候影响，包括颗粒物的排放以及凝结尾迹等引起的污染[65]。在评估人为活动对气候造成的影响潜力时，航空业是一个独特的行业，因为其最大的排放量是在 8～12 km 的飞机巡航高度上出现的[66]，这个海拔高度增加了排放物引起与气候变化有关的化学和气溶胶效应的影响程度[67]。

1999 年，政府间气候变化专门委员会(Intergovernmental Panel on Climate Change, IPCC)发表了具有里程碑意义的报告，即《航空与全球大气》，它使用气候度量"辐射强迫"(radiative forcing, RF)首次提出了航空对气候影响的综合评估[68]。辐射强迫是对 1750 年以来地球大气能量收支扰动的一种度量，它是由大气中痕量气体和颗粒的变化以及如反照率变化等其他影响所引起的，单位是 W/m²，其包括对 $CO_2$、$NO_x$、$H_2O$、煤烟颗粒、硫酸盐颗粒等的排放和线性凝结尾迹、航空引起的混浊进行评估。这些排放和云效应改变了高层大气的化学和粒子微观物理特性，导致地球气候系统的辐射强迫发生变化，这在一定程度上会导致气候变化并最终带来环境损害和生态系统的破坏[66,69-70]。图 3-6 展示了航空排放对气候变化造成的影响，航空排放物会造成引起海平面上升的温室效应、臭氧层破坏、酸雨、$PM_{2.5}$ 增加等问题，从而影响人类生存。政府间气候变化专门委员会在 1999 年的报告中得出结论说，航空业是引起气候变化的一个小的但潜在的重要的并在不断增加的力量。另外还指出在 1992 年航空业占人为 RF 总量的 3.5%(不包括航空引起的混浊)，预计到 2050 年，这一比例将上升至 5%[66]。

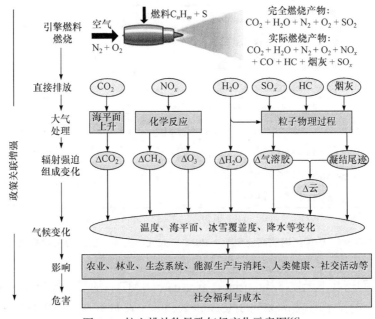

图 3-6　航空排放物导致气候变化示意图[66]

我国在受到航空业带来极大便利的同时，也面临着航空排放造成的较大环境冲击。随着经济的快速发展和全球化进程的推进，我国自 2005 年至今已经成为世界上第二大航空运输市场，紧随美国之后[53]。根据报道，2015 年我国民航运输业的运输周转量(包括货物和旅客周转量)为 559 亿吨/km，比 1980 年增长了 201 倍。其中，旅客周转量比 1980 年增长了 197 倍[64]。航空业增长率远远超过国内生产总值和其他运输方式的增长率，航空业在可预见的将来还将继续增长[71]。在过去的几年中，我国(特别是华北平原地区)经常遭受严重的秋冬雾霾问题，区域大气污染联防联控已成为我国的常规控制政策和实践。为了缓解雾霾问题，国家出台和施行越来越多的污染物减排措施。然而，大多数控制措施主要是针对与居民生活密切相关的领域，如发电、钢铁冶炼、水泥制造和居民燃煤。民用航空排放的大气污染物却很少受到重视，尽管它们对区域空气污染的影响是不容忽视的[72-74]。

Liu 等[64]调查了中国国内航空业 1980～2015 年大气污染排放量，如图 3-7 所示。结果表明从 1980 年至 2015 年，国内民用航空业燃油消耗大幅增加，碳氢化合物(HC)、CO、$NO_x$、$CO_2$、$SO_2$、$PM_{2.5}$、炭黑(BC)、有机碳(OC)、重金属(HMs)等大气排放总量也相应大幅增加。$PM_{2.5}$、$SO_2$、$CO_2$、HMs 和 $NO_x$ 的主要贡献来自于巡航过程，而起飞-着陆(LTO)循环过程主要排放 HC 和 CO，这意味着机场和周边地区是 HC 和 CO 污染物影响最严重的地区。这与之前的研究结果一致[75-77]。此外，他们发现航空业的主要污染物排放与1980 年至 2015 年的全国国内生产总值或人均国内生产总值之间存在高度相关性。以 $PM_{2.5}$ 排放为例，两者的相关系数超过 98%[64]。

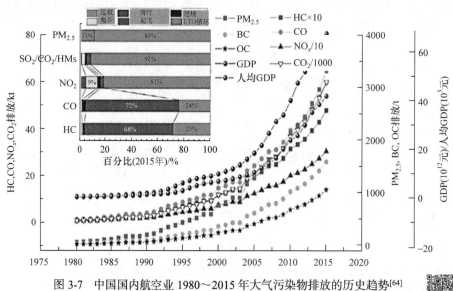

图 3-7    中国国内航空业 1980～2015 年大气污染物排放的历史趋势[64]
插图为 2015 年不同飞行模式下的排放贡献率

此外，他们还基于无控排放(business as usual，BAU)、加强管控(strengthen control，SC)、最大可行的技术削减(maximum feasible technical reduction，MFTR)三种情景下的假设，对国内航空排放的多种污染物未来排放趋势进行了预测(图 3-8)。假设航空发动机新技术或新材料没有明显发展而航空燃料继续快速增长(照常发展情景)，从 2015 年至 2050 年典型污染物预计增长近 2 倍。在这种情况下，由于国家航空燃料标准没有相关数值限制，航空业的重金属排放预计将逐年增加。在加强管控情景下计算出这些空气污染物排放(HC、$SO_2$、$PM_{2.5}$ 和 HMs)与 2015 年基准年相比呈现缓慢增长的趋势。一个可能的原因是新技术发展导致排放因子下降，但并不能抵消人类活动带来的航空燃油消耗增加和中国经济持续增长所带来的影响。尽管如此，与照常发展情景相比，重金属排放减少了11%～20%，这说明加强管控情景下的空气污染物排放有缓慢增加的趋势。在最大可行的技术削减情景下估计 HC 排放将从 2020 年的 4.46 kt 增加到 2040 年的峰值(约 4.95 kt)，然后在接下来 10 年缓慢下降。根据估计，2050 年国内航空的 HC 排放量约为 4.47 kt，与2015 年基准年相比减少了 0.3 kt 的排放量。到 2050 年，HC、$SO_2$、$PM_{2.5}$ 和 HMs 的排放量将比最大可行的技术削减方案减少 40%～66%。此外，2050 年的 $SO_2$、$PM_{2.5}$ 和 HMs排放量略高于 2015 年的基准[64]。综上所述，从 2015 年到 2050 年，新技术或新国家标准的改进所带来的减排将在很大程度上被航空燃料快速增长所带来的多种污染物排放的增加所抵消。对多种污染物的高分辨率排放清单的研究有助于更好地了解民航目前的空气污染状况，制定更有针对性的污染控制措施和政策。

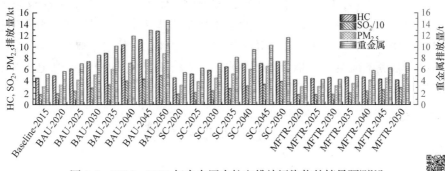

图 3-8　2015～2050 年来自国内航空排放污染物的情景预测[64]

减少航空排放对气候变化造成的影响是一项严峻的全球挑战。以跨部门航空运输行动小组(air transport action group，ATAG)为代表的航空业早在 2008 年就制定了雄心勃勃的短期、中期和长期目标来应对航空运输产生的 $CO_2$ 排放问题(图 3-9)[1]。机场、航空公司、航空导航服务提供商以及飞机和发动机制造商达成的这些目标包括：①到 2020 年，燃油效率平均每年提高 1.5%；②根据行业和政府的协调行动，通过碳中和增长从 2020

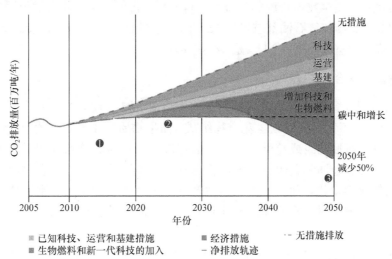

图 3-9　根据技术和法规发展预测 $CO_2$ 排放量[1]

年起稳定净排放量；③到 2050 年，将航空碳排放净额在 2005 年的基础上减少 50%。各国政府在之后的国际民航组织大会上进一步重申这些目标，并且积极探讨为国际航空制定长期全球目标的可能性[18]。在 2016 年，国际民航组织第 39 届大会最后通过了一项全球碳抵消计划，以应对国际航空的 $CO_2$ 排放问题。该计划是一种全球抵消机制，称为国际航空碳抵消和减排计划(carbon offsetting and reduction scheme for international aviation，CORSIA)。

正如在巴黎举行的第 21 届联合国气候变化大会所强调的那样，各方已在碳排放治理方面达成广泛共识，即必须在未来几年大幅限制全球 $CO_2$ 排放。这将对航空部门和石油基航煤的使用产生重大影响。目前，只有少数几种方法可以让航空业的 $CO_2$ 净排放量达到几乎为零：①可再生电力飞行，利用太阳能发电给飞机提供动力；②使用可再生的氢气作为飞机引擎的燃料；③使用生物燃料，即合成液体燃料。所有这些选择都面临着成本和技术的巨大挑战。总体来说，目前的石油基航煤具有较为优异的性能和相对较低的成本，从经济角度来看，至少在未来几十年内，任何替代品都很难取得成功。但从长远目标来说，开发新的航空燃料是十分必要的，而立法和技术发展可能是加速开发替代航煤的关键驱动力。

## 3.2　生物基航空燃料

随着我国航空航天领域的不断发展，燃料能源的消耗也不断上升。到 2004 年，我国成为仅次于美国的世界第二大航煤消费国，并且以每年 10%的速度增长[78]，与此同时，全球的航煤消费也在逐年增长。目前使用的民航煤油大多来自石油，但石油资源的日益枯竭迫使人类寻求新的能源供给来缓解石化资源危机。此外，燃烧化石能源产生的大量 $CO_2$ 加剧了全球环境污染问题，其中航空运输业产生的 $CO_2$ 排放量占全球排放量的 2%~3%[9]。生物质资源是目前唯一的可再生碳资源，具有可再生性、来源广泛易得、廉价、绿色低碳等优点，由生物质资源制备航空燃料来代替传统航煤，能有效地缓解石化资源危机。不仅如此，与传统石油基航煤相比，生物基航煤可以减少 60%~80%的 $CO_2$ 排放量，能有效降低温室气体排放[55]，减少环境污染。

### 3.2.1　生物基航煤合成工艺

尽管同为碳资源，但生物质与石油在化学组成上具有较大的差异。石油由不同分子量和不同分支/环化程度的碳氢化合物组成，而生物质除了碳氢元素外，还具有较高的氧含量。由于石油的组成特性，经过分馏和催化等较为简单的处理后就可以生产运输燃料，如汽油、柴油和航煤等。该过程通常是调整原油中碳氢化合物组分浓度，并不涉及复杂的化学变化。而对于生物质生产液体碳氢燃料的工艺，则无法直接通过对原料进行结构和分子量的调整来达到生产目的，还需要进行深入的化学反应移除原料中的含氧组分[79]。

生物基航煤的制备工艺是由生物柴油的制备路线发展起来的。目前来说，由生物质制备航煤的方法包括：费-托合成法、酯类和脂肪酸类加氢改质法(hydroprocessed esters and fatty acids，HEFA)、生物醇转化法(alcohol-to-jet，ATJ)、生物糖转化法(sugar-to-jet，STJ)。由这四种方法制备得到的合成石蜡煤油已被 ASTM D7566 认证，可以按一定的体积分数(vol%)添加到石油基喷气燃料中[80]。此外，还有热裂解、水热分解等生物基航煤的合成路径。

### 1. 气化-费-托合成路线

费-托合成反应由德国化学家 Fischer 和 Tropsch 于 1923 年提出，该反应是以合成气($CO + H_2$)为原料，在适宜的催化剂和反应条件下生成烃类及含氧有机物的过程[81]，发生的主要反应为式(3-1)和式(3-2)。煤炭、天然气、生物质等含碳资源可以通过气化-费-托反应转化为燃料和其他高附加值的化学品，是一条非石油燃料的技术路线。

$$nCO + 2nH_2 \xrightarrow{\text{催化剂}} C_nH_{2n} + nH_2O \tag{3-1}$$

$$nCO + (2n+1)H_2 \xrightarrow{\text{催化剂}} C_nH_{2n+2} + nH_2O \tag{3-2}$$

以生物质为原料通过气化-费-托合成路线制备煤油，首先需要将生物质气化，得到粗合成气。气化技术已经十分成熟，可以通过精确调控氧化气体(氧气、蒸气、空气等)进料，将碳源(煤炭、天然气和生物质)转化为含有 $CO$、$H_2$、$CO_2$、$CH_4$ 等的混合气体。合成气经移除杂质成分后在催化剂的作用下通过费-托反应得到液态烃,常见的费-托合成催化剂有金属 Fe、Co、Ni 和 Ru 基催化剂[82]。为了得到喷气燃料范围内($C_8 \sim C_{18}$)的组分，同时要满足煤油在组成、物理化学性质上的要求，还需要对费-托合成的产物进行加氢改质处理。制备生物质费-托合成煤油(FT-SPK)的工艺路线如图 3-10 所示。

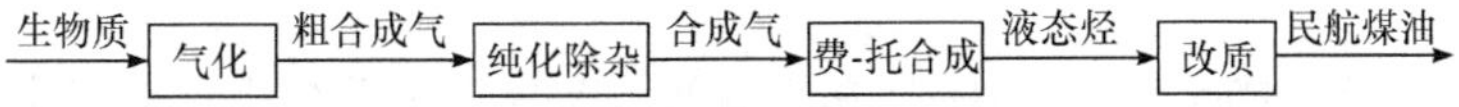

图 3-10　气化-费-托合成路线图

农林废弃物、木材废料、玉米秸秆、大豆秸秆等含有丰富木质纤维素的固体生物质废弃物是常见的费-托合成气的原料。根据反应温度的不同，可以分为高温费-托法(300～350℃)和低温费-托法(200～240℃),高温费-托合成在 Fe 基催化剂作用下得到汽油、柴油、溶剂油和烯烃等产品，低温费-托合成在 Co 基催化剂作用下得到煤油、柴油、润滑油基础油、石脑油馏分、蜡等重质烃产品[78]。

费-托合成的产物范围很广，从甲烷到长链烃都可能生成。除了烷烃和烯烃外，其产物还包括含氧组分，如醇、羧酸、醛等，高温过程中甚至还会产生芳烃和酮类，其中的航煤组分主要是烷烃(包括直链烷烃、异构链烷烃、链烯烃和环烷烃等)。费-托合成的产物选择性和产物分布不取决于其原料种类，而取决于合成过程中的操作温度以及合成气分压等条件[55]。

目前，已经有很多公司、机构对费-托合成制备生物基航煤进行了研究。2010 年，芬兰耐思特(Neste)石油公司在芬兰瓦尔考斯(Varkaus)建设的生物航空燃料和生物柴油示范装置开始投产。装置使用木材及其废料为原料，通过气化、费-托合成、加氢改质的工艺路线合成了生物基航煤和柴油[83]。Syntrol-Tyson Foods(美国)公司和 Shell Choren(德国)公司已经建立生物质费-托合成的商业化工厂，并已投入生产[84]。美国 Solena 集团公司与英国国际航空公司合作，通过气化-费-托合成工艺将农林废弃物转化成航煤，建设第一套生物基航煤的生产装置，每年可将 500 kt 生物质原料进行转化，得到超过 6 万吨的航煤，于 2014 年投入运行。此外，德国 Uhde 公司也在生物质制液体燃料工艺上进行了许多研究[85]。

金属 Fe、Co、Ni 和 Ru 基催化剂是常用的费-托合成催化剂。其中 Ru 基催化剂具有较高的催化反应活性和选择性，但昂贵的使用成本限制了它的实际应用。相比之下，Co 基和 Fe 基催化剂成本低廉、活性较好。Fe 元素含量丰富且成本较低，Fe 基催化剂可采用共沉淀法、熔融法和沉淀法制备，催化剂中的活性组分为 $\alpha$-$Fe_2O_3$[17]，用于费-托合成时具有较宽的操作温度范围(220～350℃)。Co 基催化剂常通过浸渍法和沉淀法制备，其催化活性较高，对饱和直链烃和重质烃的选择性高，兼具低水煤气变换反应等优点[86]。

费-托合成催化剂的载体和助剂、多金属掺杂催化剂等是目前费-托合成催化剂的研究热点。例如，Yan 等[87]研究了一种多功能催化剂用于橡树木屑的气化-费-托合成制备航煤。木屑经气化得到合成气(含有 47% $N_2$、21% CO、18% $H_2$、12% $CO_2$、2% $CH_4$ 以及微量的水分、氧、硫及焦油等杂质)，经纯化除杂后，合成气经催化费-托反应获得液态烃。他们设计了一种 K-Fe-Co-Mo/$\gamma$-$Al_2O_3$ 多功能催化剂，其中金属 Fe 和 Co 催化合成气经费-托反应制备烃类产物，而 Co-Mo/$\gamma$-$Al_2O_3$ 用于链烃的加氢、裂解及异构反应。另外，Co-Mo 催化剂也可促进 CO 的加氢反应制备醇类产物，$\gamma$-$Al_2O_3$ 则在醇脱水制备烯烃上表现出较高活性。多功能催化剂中所添加的碱金属 K 是一种助剂，能够提高催化剂的稳定性和选择性。使用该催化剂将合成气转化为液态烃，采用蒸馏手段获得 110～310℃ 的馏分，主要组分包括直链烷烃(14.1%)、支链烷烃(19.6%)、环烷烃(14.5%)和芳香烃(22.1%)，其密度达 0.81 g/mL，冰点为−37℃，性质与 Jet-A 喷气燃料相近，但其冰点高于航煤标准规定值。

实际上，直接分馏生物质费-托合成油得到的馏分在化学组成和物理化学性质上并不能充分满足航煤的性能要求，因此需要进行进一步加氢精制、异构和组分比例调节。经气化-费-托合成法制备的生物基航煤不能直接单独作为航空燃料使用，但可作为调和组分与传统石油基航煤混合使用。2009 年，由费-托合成路线制备的生物基航煤被认证与传统喷气燃料混合的比重可高至 50%。

表 3-2 列出了部分报道的生物质通过费-托合成路线制备的航煤以及混合燃料的物理化学性质。

### 表 3-2　费-托合成生物基航煤的性质

| 燃料 | 密度/(kg/m³) | 燃烧净热值/(MJ/kg) | 馏程/℃ | | | | 闪点/℃ | 冰点/℃ | 黏度/cSt | 参考文献 |
|---|---|---|---|---|---|---|---|---|---|---|
| | | | 10%回收 | 50%回收 | 90%回收 | 终馏点 | | | | |
| FT-SPK | 755 | 44.1 | 171 | 208 | 247 | 260 | | −50 | 4.7 | |
| 50vol%FT-SPK/Jet-A-1 | 776 | 43.7 | — | — | — | — | | −52 | 4.7 | [88] |
| FT-SPK | — | 44.1 | | | | | | | 4.65 | |
| 50vol%FT-SPK/Jet-A-1 | — | 43.6 | | | | | | | 4.4 | [89] |

续表

| 燃料 | 密度 /(kg/m³) | 燃烧净热值 /(MJ/kg) | 馏程/℃ | | | | 闪点/℃ | 冰点/℃ | 黏度/cSt | 参考文献 |
|---|---|---|---|---|---|---|---|---|---|---|
| | | | 10%回收 | 50%回收 | 90%回收 | 终馏点 | | | | |
| FT-SPK | 757 | 44.1 | — | — | — | — | 49 | −59 | 4.6 | [90] |
| FT-SPK | — | 46.2 (总热值) | 164 | 176 | 200 | 225 | — | — | — | [91] |
| FT-SPK | — | — | — | — | — | 271 | 49 | −59 | 4.6 | [92] |

注：密度为15℃下测试值；黏度为−20℃下测试值。

与煤基费-托合成和天然气费-托合成工艺相比，生物质通过气化-费-托合成工艺制备航煤由于存在成本和技术问题，尚未得到大规模的应用。生物质原料中的高氧含量和水含量使其气化过程与煤基原料和天然气原料相比更加复杂，需要更多的能量和更合适的操作条件进行预处理和气化[2]，而生物质合成气中 $H_2/CO$ 比也达不到费-托合成所需要的 $H_2/CO$ 比(大约为2)。不仅如此，得到的粗合成气含有少量的杂质气体如 $CH_4$、$CO_2$、$N_2$、$H_2S$ 等，以及灰烬、焦油等，在进入费-托反应器之前需要经过水煤气变换、净化和干燥等处理工序，才能得到满足工艺要求的合成气原料。从费-托合成反应器中得到的液态烃类产物，很多情况下需要进行下一步加氢裂解、加氢异构等处理，才能得到符合标准的油品。

总体来看，生物质气化-费-托合成航煤的路线能够利用低价值且来源广泛的生物质废弃物，对原料的要求比较低，发展潜力巨大[93]。但是该工艺路线复杂、成本昂贵，限制了大规模的工业应用，还需要对这些问题进行进一步探索。

### 2. 生物油脂加氢改质路线

生物油脂包括生物衍生的酯类物质和脂肪酸，其加氢改质即为 HEFA 工艺路线。该工艺是两步法工艺，包括原料的加氢脱氧(hydrodeoxygenation，HDO)和加氢改质，整个过程通常在较高的温度(350～450℃)和压力(4 MPa 以上)下进行[82]。对于加氢脱氧过程，氢气在催化剂的作用下将生物油脂中的氧元素以 $H_2O$ 的方式脱去，同时加氢饱和原料中的不饱和键，得到较稳定的长链烷烃产物。Ni、Mo、Co 等金属及其双金属复合物是常见的加氢脱氧催化剂[94]。根据加氢处理原料的不同，可以得到不同碳链长度的链烷烃。航煤的烷烃一般在 $C_8$～$C_{18}$，为满足良好的低温性质要求，得到的直链烷烃在催化剂的作用下进行裂化或异构反应，得到具有多支链的碳氢化合物，以改善燃料的低温流动性及低温黏度[78]。催化裂化/异构过程常用的催化剂为负载 Pt、Ni 或其他金属的活性炭、$Al_2O_3$、沸石分子筛等[94]。例如，植物油中含有具有链长较长($C_{14}$～$C_{22}$)的甘油三酯成分，无法直接使用加氢脱氧后的烃类产物作为燃料组分，需要通过加氢异构及裂化，将碳链长度降低至喷气燃料范围以内。

一直以来，通过酯类和脂肪酸的加氢脱氧-催化裂化/异构工艺制备航空燃料都受到广泛的关注和深入研究。该工艺所采用的原料可以是麻风树油、棕榈油等植物油，废弃食用油、动物脂肪等非食用油脂，具有"不与人争粮"的优点，是一条可持续发展的路线。

　　芬兰 Neste 石油公司在 2003 年提出了脂肪酸加氢脱氧-加氢异构制备生物柴油的方法，开发了一项称为 NExBTL(next generation biomass to liquid)的大量生产绿色柴油-联产 15%生物基航煤的工艺。Neste 石油公司建成了 4 套装置，可联产生物基航煤 300 kt/a [85]。美国 Syntroleum 公司开发的 Bio-Synfining™工艺是典型的生物油脂加氢制备航煤的技术。该工艺以动植物脂肪、海藻中的甘油三酯和脂肪酸为原料，首先通过预处理将原料中大部分水分、金属、磷以及其他污染催化剂的物质移除，然后通过加氢脱氧反应将脂肪酸转化为长直链烷烃，最后经过加氢裂解转化为链长在航煤范围内的支链烷烃。UOP 公司在生物燃料研制领域处于领先地位，表 3-3 列出了 UOP 公司生产的不同生物质原料经过加氢改质制得的生物基航煤的组成[95]。从表中数据可以看出，该公司合成的生物燃料具有较高的烷烃含量和较低的硫含量。UOP 公司利用油脂加氢技术建成一套 8 kt/a 的示范装置，生产出满足 ASTM D7566 标准要求的燃料产品，为多家航空公司和美国空军提供了试飞燃料；基于此，该公司为产能 $3 \times 10^5$ t/a 的阿纳科斯特斯(Anacortes)生物炼油厂进行了工业装置设计[96]。印尼国家石油公司 PT Pertamina 将利用 UOP 公司的生物油脂加氢技术在两家炼油厂生产先进的生物燃料，包括在普拉朱(Plaju)的生物炼油厂每天加工 20000 万桶植物油脂，生产航煤、柴油等生物燃料，以及对芝拉扎(Cilacap)现有的炼油厂进行改造，每天加工 6000 桶植物油脂生产生物燃料。

表 3-3　不同原料合成的生物基航煤的组成

| 组成 | 最低值或最高值 | SPK | 原料 | | | ASEM 测试方法 |
| --- | --- | --- | --- | --- | --- | --- |
| | | | 麻风树油 | 椰子油 | 油菜 | |
| 碳氢化合物/vol% | Min | 99.8 | — | — | | D2425 |
| 环烷烃/vol% | Max | 5 | — | — | | D2425 |
| 链烷烃/vol% | | | 99.3 | 99.5 | 99.5 | |
| 1. 芳香组分/vol% | Max | 0.05 | 0 | 0 | 0 | D1319 |
| 2. 芳香组分/vol% | Max | 0.53 | 0 | 0 | 0 | D6379 |
| 硫含量(总)/wt% | Max | 0.015 | 0.00009 | 0.00003 | 0.001 | D1266 或 D2622 D4294 或 D5453 |

　　中国石化在 2009 年启动了生物基航煤的研发工作，成功开发出具有自主知识产权的生物基航煤生产技术。2011 年 12 月，首次生产出以棕榈油为原料的合格生物基航煤。2012 年 10 月，又成功将餐饮废油转化为生物基航煤产品[97]。

　　生物油脂的加氢工艺研究一直受到国内外学者的关注。Verma 等[98]通过一步法工艺实现了对甘油三酯和游离脂肪酸的加氢转化。研究使用了负载在酸性 ZSM-5 上的 Ni-W 催化剂，通过一锅法实现脱氧和裂解过程，并以 77%的较高收率得到喷气燃料范围内的碳氢化合物。当以藻油为原料时，反应具有较好的异构选择性。Li 等[99]报道了一种 Ni 基介孔 Y 型沸石催化剂，可以将废弃食用油通过脱羧转化为长链烷烃产物($C_{15}$ 和 $C_{17}$)，

然后裂解为 $C_8 \sim C_{16}$ 的生物燃料。在 400℃下，得到了 40.5%的喷气燃料范围内的烷烃收率、11.3%的芳烃收率。

脂肪酸加氢转化除了可通过热转化过程实现，光转化过程也备受关注。Huang 等[100]研究了光催化反应体系中脂肪酸脱羧制备长链烷烃。通过在反应体系中引入氢气，成功提高饱和脂肪酸(硬脂酸、棕榈酸、月桂酸)脱羧制备 $C_{n-1}$ 烷烃的收率，而不饱和脂肪酸(亚油酸)则通过加氢-脱羧的顺序反应以高收率得到长链烷烃。

表 3-4 列出了部分报道的生物酯和脂肪酸加氢改质工艺制备得到的航煤及其混合燃料的物理化学性质。

表 3-4　生物酯和脂肪酸加氢改质工艺合成生物基航煤的性质

| 燃料 | 密度 /(kg/m³) | 燃烧净热值 /(MJ/kg) | 馏程/℃ | | | | 闪点/℃ | 冰点/℃ | 黏度/cSt | 参考文献 |
| --- | --- | --- | --- | --- | --- | --- | --- | --- | --- | --- |
| | | | 10%回收 | 50%回收 | 90%回收 | 终馏点 | | | | |
| Jatropha HEFA | 751 | 44.4 | 172 | 192 | 223 | 243 | 50 | −63 | — | |
| Cocount HEFA | 755 | 44.2 | 188 | 200 | 231 | 263 | 64 | −56 | — | [91] |
| Carbon/Canola HEFA | 763 | 43.5 | 189 | 214 | 248 | 261 | 62 | −52 | — | |
| Cocount HEFA-1 | 759 | 42.48 | 191 | 218 | 283 | 308 | 47 | 9.5 | 6.458 | |
| Cocount HEFA-2 | 758 | 44.97 | 150 | 211 | 275 | 306 | 45 | −18.5 | 6.94 | [101] |
| 10vol% HEFA-1/Jet-A-1 | — | — | 165.5 | 190 | 222.8 | 259.1 | — | — | | |
| Tallow HEFA | 758 | 44.1 | 179 | 210 | 243 | 255 | 55 | −62 | 5.3 | |
| Camelina HEFA | 751 | 44.1 | 161 | 182 | 237 | 259 | 43 | <−77 | 3.3 | [102] |
| HEFA | 756.7 | — | 162.9 | 210.3 | 270.8 | 277.6 | 42 | — | | |
| HEFA/A | 805.2 | — | 171.4 | 200.1 | 244.8 | 258.5 | 42.5 | — | | [103] |
| Caster HEFA | 758 | — | — | — | — | — | 55 | −62 | 5.3 | |
| 50vol% HEFA/Jet A-1 | 751 | — | — | — | — | — | 43 | <−77 | 3.3 | [104] |
| Syntroleum R-8 (HRFA) | 762 | 44.1 | — | — | — | — | 48 | −49 | 5.5 | [90] |
| Tallow HEFA | — | 46.2 (总热值) | 179 | 210 | 243 | 255 | — | — | — | [91] |
| Camelina oil HEFA | 780 | 43.7 | — | — | — | — | — | — | 5.004 | [105] |

续表

| 燃料 | 密度/(kg/m³) | 燃烧净热值/(MJ/kg) | 馏程/℃ | | | | 闪点/℃ | 冰点/℃ | 黏度/cSt | 参考文献 |
|---|---|---|---|---|---|---|---|---|---|---|
| | | | 10%回收 | 50%回收 | 90%回收 | 终馏点 | | | | |
| Used cooking oil HEFA | 760 | 44 | — | — | — | | 42 | −54.3 | 3.8 | [106] |
| Rapeseed oil HEFA-1 | 773.5 | 44.07 | 201.2 | 267.5 | 288.9 | 293.2 | 67 | −27 | 11.72 | [107] |
| Rapeseed oil HEFA-2 | 765.9 | 44.11 | 201.6 | 224.7 | 279.9 | 287.3 | 68 | −57.5 | 7.517 | |
| castor oil HEFA | 760 | — | 200~300 | | | | 46 | −60 | 32 | [108] |

注：密度为 15℃下测试值；黏度为−20℃下测试值。Cocount HEFA-1 表示未进行异构处理得到的产物；Cocount HEFA-2 表示经过异构处理的产物。

　　从上述数据中可以看出，生物酯和脂肪酸加氢工艺制备的航煤与费-托合成制备的航煤在组成上具有相似性，产品混合物中都是以链烷烃为主要成分。由于其原料的结构特性和特殊的制备过程，生物油脂加氢改质得到的产物中几乎不含芳烃组分，同时具有低硫含量的特点。由酯类和脂肪酸加氢-裂化/异构路线制备得到的生物基航煤热稳定性高、低温流动性能优异，且尾气排放量较少，但由于组成中芳烃含量较低，会导致燃料的润滑性差。

### 3. 生物醇转化路线

　　生产生物醇的原料来源广泛，如含木质纤维素的城市固体废弃物、淀粉、农林废弃物、甘蔗等。生物醇的制备方法有很多种，如可以由糖类通过简单且工艺成熟的发酵技术制备得到。与以可食用生物质如甘蔗等为原料提取糖类物质相比，以不可食用的木质纤维素为原料制醇是一个比较复杂的过程，需要经过热解或热化学转化后再发酵制备醇，也可以先气化木质纤维素，然后以发酵气化产物制备醇。在木质纤维素结构中，纤维素、半纤维素和木质素是相互交叉的，同时木质素还具有复杂的三维立体结构，要获得糖类单体首先需要破除木质纤维素的内部结构。除了通过发酵工艺制备生物醇，还可以通过糖直接催化转化制备醇[94]。

　　将生物醇转化为喷气燃料范围内的航煤需要经过四个步骤：首先生物醇脱水生成烯烃，然后烯烃在催化剂作用下发生低聚反应生成中间馏分，接下来对中间馏分进行加氢处理，得到喷气燃料范围内的烃类物质，最后分馏得到航煤。工艺路线如图 3-11 所示。

图 3-11　醇转化制航空燃料路线图

乙醇可在 $Al_2O_3$、过渡金属氧化物、沸石催化剂或者杂多酸等酸催化剂[109]的作用下脱水生产乙烯。在合适的反应条件和催化剂作用下，乙醇可以完全转化，产物乙烯的选择性可高达 100%[79]。乙烯的齐聚反应可以在均相或非均相催化作用下发生，常见的催化剂有磺酸树脂、固体磷酸、沸石，以及雪佛龙和英力士(INEOS)开发的烯烃低聚工艺中所用的 Ziegler-Natta 商用催化剂。Harvey 等[110]报道了一种将 1-己烯转化为喷气燃料和柴油燃料的高效路径，使用的己烯原料是通过生物乙醇脱水和乙烯三聚得到，然后在 $Cp_2ZrCl_2$/MAO 催化剂的作用下选择性低聚生成二聚体和三聚体的混合物，二聚体 $C_{12}$ 的冰点低至−77℃，−20℃下的黏度为 3.5 mPa·s，具有优异的低温性质。

与乙醇不同，异丁醇的脱水反应产生的烯烃种类比较复杂，包括 1-丁烯、2-丁烯、顺/反-2-丁烯和异丁烯。用于异丁醇脱水的催化剂有弱酸性$\gamma$-$Al_2O_3$、无机酸、金属氧化物、沸石、酸性树脂等，其中较为典型的是$\gamma$-$Al_2O_3$。值得注意的是，异丁醇可用于生产航煤中的芳烃组分，与只能生产链烷烃的费-托合成路线和生物油脂加氢转化路线相比，有一定优势[111]。丁醇脱水与异丁醇脱水相似，常用的催化剂有沸石、固体酸催化剂、磷钨酸(HPW)、介孔二氧化硅等。

2010 年，Gevo 公司使用微生物将纤维素转化为异丁醇，成功将异丁醇转化为生物基航煤，签订了一项为美军提供 41639L(11000 加仑)醇制喷气燃料的合同，并在休斯敦附近建立了生产醇制喷气燃料的示范装置[112]。Bygoy 公司也以乙醇等醇类为原料，开发了一种合成生物航空燃料的技术[96]。

美国能源部的西北太平洋国家实验室(PNNL)研发出一种将乙醇转化为喷气燃料的热催化工艺。LanzaTech 公司与 PNNL 合作，扩大了催化剂及燃料的生产规模。基于此，ASTM 更新了源自醇的合成石蜡煤油(ATJ-SPK)标准。2018 年 4 月，通过生物乙醇制备的航煤通过了航空涡轮机燃料的国际认证。生产的生物喷气燃料可与标准的石油基喷气燃料混合后使用，混合比从 30%提高至 50%[113]。英国维珍(Virgin)大西洋航空公司在从佛罗里达奥兰多飞往伦敦的波音 747 客机上，使用了掺入 5% LanzaTech 公司生物基航煤的燃料。

表 3-5 列出了部分报道的生物醇制备航煤的物理化学性质。

表 3-5　生物醇制备的航煤性质

| 燃料 | 密度 /(kg/m³) | 燃烧净热值/(MJ/kg) | 馏程/℃ | | | | 闪点/℃ | 黏度/cSt | 参考文献 |
| | | | 10%回收 | 50%回收 | 90%回收 | 终馏点 | | | |
| --- | --- | --- | --- | --- | --- | --- | --- | --- | --- |
| ATJ-SPK | 757.1 | — | 178 | 180.9 | 219.9 | 249.8 | 47.5 | 4.795 | |
| ATJ-SPK/A | 785.9 | — | 174.8 | 186.7 | 205.6 | 249.6 | 48.5 | — | [103] |
| ATJ-SPK | 792 | 43.6 | — | — | — | — | — | 9.8 | [114] |
| ATJ-SPK | 756.7 (20℃) | — | — | — | — | — | 49 | 2.1(20℃) | [115] |

注：密度为15℃下测试值；黏度为−20℃下测试值；ATJ-SPK/A 表示增加了芳构化处理。

生物醇制航煤路线具有原料来源广泛、价格低廉，且过程能量效率高等优点。但是该工艺路线比较复杂，生产成本较高。

### 4. 生物糖转化路线

除上述糖类转化为醇中间体后再通过生物醇制喷气燃料路线合成生物基航煤的方法外，糖类还可以通过直接转化合成烷烃燃料，称为生物糖制喷气燃料(SIP-SPK)。糖转化为喷气燃料的路径有两种，一种是通过生物化学过程——发酵法糖直接转化过程；另一种是通过热化学过程——水相重整技术[94]。

发酵法直接糖制烃过程所采用的原料包括甘蔗、甜菜、玉米以及含有木质纤维素的生物质。一个完整的直接糖制航煤路线如图 3-12 所示[116]。生物质原料经过酸和腐蚀剂的预处理后，在酶的作用下水解为含糖的悬浊液；接下来要移除悬浊液中的固体杂质并浓缩糖类物质，即水解液澄清过程；然后对浓缩糖原料进行生物发酵处理，发酵得到的主要产物是法尼烯(farnesene，$C_{15}H_{24}$)[80]，一种含有支链的烯烃；接下来对发酵的产物进行提纯，提纯后的产物若要作为航煤使用，通常还需对其进行加氢处理。最后加氢产物分馏出 $C_8 \sim C_{16}$ 的碳氢化合物，得到符合航煤使用标准的生物基航煤组分。直接糖制烃过程依赖于微生物发酵技术，发酵产物与原料、发酵条件和微生物种类有关。

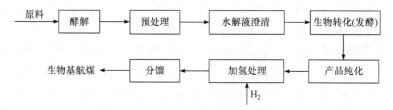

图 3-12　糖直接转化路线[116]

生物发酵过程需要在较低温度下进行，因此直接糖制烃工艺中能量输入需求较小。目前糖发酵合成的烃类产品作为燃料并没有明确的性能标准，其在航空燃料中的体积混合率也仅可达 10%。

生物糖除了通过发酵转化为烃类物质外，还可以通过水相重整过程转化为烃类物质。水相重整糖制烃路线与发酵法糖直接制烃的路线具有一定的相似性。通常生物糖水相重整制备航煤的过程如图 3-13 所示。首先需要将木质纤维素生物质原料进行预处理和酶水解处理，得到含有五碳糖和六碳糖的悬浮液；其次将悬浮液中的杂质移除并浓缩液相中的糖类物质；再次将浓缩后的糖通过加氢转化为多元醇或者氢解为短链含氧组分，然后

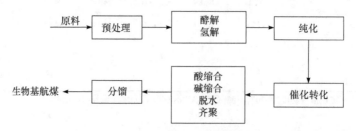

图 3-13　水相重整转化路线[94]

这些多元醇或短链含氧组分进一步通过催化水相重整技术转化为碳氢化合物；最后分馏出水相重整产物中的航煤组分，得到生物基航煤。

催化水相重整技术是将可溶性糖或多元醇首先催化转化为中间化合物，如醇类、醛类、酸类、呋喃类等含氧碳氢化合物，然后再将这些中间体化合物转化为喷气燃料范围内的烃类物质[117]。水相重整过程中主要发生酸缩合、碱缩合和脱水/齐聚反应。其中酸缩合是利用沸石等固体酸性催化剂，将醇、酮、醛、酸转化为烷烃和异构烷烃。这个过程首先为含氧化合物脱水生成烯烃，然后烯烃低聚化生成分子量较大的烯烃，接下来这些大分子烯烃通过裂解、环化、脱氢生成芳烃异构体或者烯烃环化和加氢直接生成烷烃。碱缩合是通过直接催化缩合将醇、酮和醛转化为烷烃。含氧组分首先通过羟醛缩合生成 $\beta$ 羟基酮或 $\beta$ 羟基醛，然后 $\beta$ 羟基酮和 $\beta$ 羟基醛脱水形成共轭烯醇。共轭烯醇再通过氢化转化为酮和醛，或者进一步转化为醇。最后，醇通过脱水/齐聚或氢解转化为喷气燃料[94]。

Wang 等[118]采用 Ni@HZSM-5/MCM-41 催化剂对生物质糖/多元醇的水相催化转化进行了研究，制备得到芳烃含量较高的液体燃料。反应以 60%山梨醇和 40%木糖醇为原料，经过液相重整过程后山梨醇的转化率可达 98%，液体燃料的收率达 31.8%。所生产的液体燃料产物中芳烃和环烷烃的含量高于 72%。如果对该生物燃料进行进一步加氢处理(深度脱氧、加氢不饱和键等)，则可以得到较高质量的喷气燃料组分。

通过生物糖所制备的不同航煤的物理化学性质如表 3-6 所示。

表 3-6　糖制生物基航煤的物理化学性质

| 燃料 | 密度/(kg/m³) | 燃烧净热值/(MJ/kg) | 馏程/℃ | | | | 闪点/℃ | 冰点/℃ | 黏度/cSt | 参考文献 |
| --- | --- | --- | --- | --- | --- | --- | --- | --- | --- | --- |
| | | | 10%回收 | 50%回收 | 90%回收 | 终馏点 | | | | |
| SIP-SPK | 773.1 | — | 249 | — | — | 249 | — | <-80 | 3.008 | [103] |
| SIP-SPK | 768 | 43.93 | — | — | — | — | 44.37 | — | — | [119] |
| SIP-SPK | 778 | 43.93 | — | — | — | — | 56.45 | — | — | [120] |
| SIP-SPK | 795 | 43 | — | — | — | 260 | >95 | -90 | 14.28 | |
| 20vol% SIP-SPK/ Jet A-1 | 790 | — | 205 | 235 | 290 | — | 46 | — | 5.66 | [56] |
| 50vol% SIP-SPK/ Jet A-1 | 785 | — | 220 | 260 | >330 | — | 50 | — | 8.37 | |

注：密度为15℃下测试值；黏度为-20℃下测试值。

生物糖制航煤的原料来源广泛，同时过程能耗较低。但值得注意的是，糖及其衍生物的转化过程很复杂，涉及糖的提取、氧移除和碳碳键偶联增长碳链等步骤。因此，该路线的主要挑战之一在于通过减少进行转化所需的反应器数量来降低方法的复杂性，以及需要考虑过程的经济性和环保性。

5. 其他路线

除气化-费-托合成路线、生物油脂加氢改质路线、生物醇转化路线和生物糖转化路线外，以生物质为原料生产航煤混合组分还有以下方法。

生物质热解技术(TDP)，该技术是将生物质在无氧或缺氧的条件下升温热降解得生物油，然后对生物油进行加氢处理得到航煤的过程。常用于生物质热解的原料是木质纤维素类生物质如秸秆、木材木屑、农业废弃物等，以及动植物油脂、藻油等。在较高的温度和很快的加热速率下，生物质经历快速气化-冷凝过程，得到生物油，生物油经过进一步处理得到烃类物质，可作为燃料使用。

生物质热解技术从 20 世纪 80 年代开始发展，到现在得到了实际应用。其中，UOP公司基于生物质热解开发了一种生产生物基航煤的 Envergent 技术，该技术能将固体生物质快速裂解为生物油，通过进一步加氢处理制备航煤组分[78]。

以桉树锯末和大豆油为原料热解为例，首先将原料从 28℃程序升温至 850℃进行热解，并分馏出 160~240℃温度范围内的热解油馏分。热解油含有丰富的含氧、含氮物质，这些组分会影响最终烷烃产物的性质，因此需要进行加氢处理。研究者使用 Ni-Mo催化剂对热解油进行加氢处理，反应后分馏出 160~240℃温度范围内的加氢生物油。加氢生物油的燃烧净热值、密度(25℃)、冰点、黏度(25℃)等物理化学性质与巴西国家石油公司生产的 QAV-1 型航煤非常相似。热解油、加氢生物油与常规航煤的性质比较见表 3-7[121]。

表 3-7　热解油、加氢生物油和常规航煤的物理化学性质

| 参数 | 燃料 | | |
| --- | --- | --- | --- |
| | 热解油 | 加氢生物油 | QAV-1 型航煤 |
| 密度/(kg/m³) | 857.8 | 832.5 | 835.4 |
| 燃烧净热值/(MJ/kg) | 37.1 | 43.22 | 43.4 |
| 闪点/℃ | 77 | 55 | 50 |
| 冰点/℃ | −35 | −40 | −48 |
| 黏度/cSt | 2.5243 | 1.8274 | 1.8484 |
| 初馏点/℃ | — | 160 | 168 |
| 90%回收温度/℃ | — | 230 | 219 |

热解油中含有较多的直链烃组分，导致产物的低温流动性不能满足标准要求。而芳烃组分和多支链烷烃组分能有效降低冰点，对热解油进行加氢异构或者催化芳构处理，可以提高芳烃和支链烷烃的含量，有效降低燃料的冰点和黏度[122]。

催化水热分解(catalytic hydrothermolysis)是一种温和的生物油脂转化合成航空燃料路径，也称为水热液化(hydrothermal liquefaction，HTL)[94]。生物质水热分解通常在 250~380℃、5~50 MPa 的水溶液中发生，分为三个主要步骤，包括：①藻油或植物油等原料经过共轭、环化和交联的预处理过程，改善分子结构；②预处理后的产物在水和催化剂的作用下发生水解反应，得到含有较多含氧基团的羧酸和酯类物质，再通过催化脱羧和脱水反应得到烃类产物；③最后经加氢处理和分馏，得到可作为燃料组分的烷烃[123]。

生物油脂催化水热分解制备的生物基航煤与石油基航煤在性质与组成方面具有一定

的相似性，表 3-8[123]列出了不同油脂原料制备的生物基航煤的组成与性质。可以看出，原料对产物的组成有较大影响。在性质上，生物基航煤与石油基航煤(如 JP-8)相比有优势也有不足。生物基航煤在密度和热值上均能满足航煤标准，甚至具有更高的密度，但是烟点、冰点等性质并不能完全满足要求。

表 3-8　催化水热分解制生物基航煤的组成与性质

| 燃料 | 原料 | | |
|---|---|---|---|
| | 大豆油 | 麻风树油 | 桐子油 |
| 组成/wt% | | | |
| 　芳烃 | 2.6 | 10.8 | 61.7 |
| 　链烷烃 | 40 | 32.8 | 16.2 |
| 　环烷烃 | 52 | 39.2 | 16.7 |
| 物理化学性质 | | | |
| 　密度/(kg/m³) | 793 | 804 | 839 |
| 　燃烧净热值/(MJ/kg) | 43.4 | 43.4 | 42.3 |
| 　烟点/mm | >30 | 28 | — |
| 　闪点/℃ | >38 | 45 | 39 |
| 　冰点/℃ | <−47 | −39 | <−66 |
| 　10%回收温度/℃ | — | 195 | 187 |
| 　50%回收温度/℃ | — | 202 | 210 |
| 　90%回收温度/℃ | — | 229 | 252 |
| 　酸含量/(mg KOH/g) | <0.01 | <0.01 | — |

　　总而言之，以生物质为原料制备航煤的路径有很多，不同的原料和方法得到的产物性质也有所不同。生物质转化为航空燃料的技术已经部分商业应用，部分仍处于研究阶段。生物基航煤作为常规航煤的混合组分甚至代替常规航煤是十分有潜力的。

　　表 3-9 对上述提到的不同生物基航煤的制备工艺进行了总结。

表 3-9　不同生物基航煤制备工艺对比

| 工艺 | 原料 | 特点 |
|---|---|---|
| 气化-费-托合成 | 农林废弃物、木材废料、玉米秸秆、大豆秸秆等含有丰富木质纤维素的固体生物质；城市固体废弃物 | 利用低价值且来源广泛的生物质废弃物为原料，对原料的要求比较低，并具有相对成熟的技术路线；但是原料预处理成本高、工艺路线复杂，同时还存在催化剂失活、结焦等问题，需要研发更加经济高效的催化剂；产物中链烷烃的含量较高，几乎不含芳烃、环烷烃以及氮、硫、氧等杂质；低温性质较好、燃烧净热值高，但密度较低 |
| 酯和脂肪酸加氢 | 植物油、废弃食用油和动物油脂、藻油 | 工艺路线成熟，能量效率较高。产物以链烷烃为主，几乎不含芳烃；热稳定性、低温性质较好，热值较高，密度较低 |

续表

| 工艺 | 原料 | 特点 |
| --- | --- | --- |
| 生物醇转化 | 含木质纤维素的农林废弃物、甘蔗、淀粉作物 | 原料来源广泛，过程能量效率高，但工艺路线复杂，且生产成本较高 |
| 直接糖转化 | 甘蔗、甜菜、玉米等含有淀粉、木质纤维素的生物质 | 反应条件温和，过程能量输入较低；发酵过程对生物化学技术依赖性强，且生产路线长，更适用于制备高价值化学品；产物密度较高 |
| 水相重整 | 甘蔗、甜菜、玉米等含有淀粉、木质纤维素的生物质 | 过程复杂，目前的技术缺乏更合适的催化剂 |
| 热解 | 含有木质纤维素的秸秆、木屑木材、农业废弃物等，动植物油脂、藻油 | 原料来源广泛，热解过程能耗较大；产物以直链烷烃为主，低温性能较差，但燃烧净热值较高 |
| 催化水热分解 | 植物油脂、藻油 | 过程能量效率高，生产成本较低，但操作复杂；产物组分复杂，与原料有关 |

### 3.2.2　生物基航煤试飞情况

随着生物基航煤的不断发展和成熟，民航飞行中逐渐出现生物基航煤的身影。目前全世界已经有多家航空公司使用生物基航煤进行了试飞。

英国维珍大西洋航空公司是首个使用生物基航煤试飞的公司。2008 年，该公司在一架从英国伦敦飞往荷兰阿姆斯特丹的波音 747-400 型客机上混合使用了生物基航煤，客机的四个主燃料箱中的一个使用了石油基航煤和生物基航煤的混合燃料，其中生物基航煤的体积占比为 20%。虽然生物基航煤仅为飞行提供了小部分动力，但这次试飞被看作是航空业的一项重大突破，自此拉开了全球生物航空燃料试飞的序幕。

2011 年，中国石油、中国国航、中国航油、美国 Boeing 公司和 UOP 公司在北京首都国际机场进行了中国首次可持续生物航空燃料的验证飞行。本次试飞在波音 747-400 型客机上进行，使用了来自中国石油和 UOP 公司合作生产的生物基航煤，以50%的添加量混合在常规航煤中。试飞结果令人满意，所使用的生物基航煤完全满足大型客机对燃料在飞行高度、加速性能和发动机重启等方面的各项性能要求[85]。2013 年4 月 24 日，东方航空一架添加了中国石化生物基航煤的空中客车 320 型飞机在上海虹桥国际机场起飞，经过 85 min 技术飞行测试后，平稳降落。这是我国自主研发生产的生物基航煤在商业客机首次试飞成功，标志着我国成为继美国、法国、芬兰之后第 4个拥有生物基航煤自主研发生产技术的国家，中国石化成为国内首家拥有生物基航煤自主生产技术的企业[124]。

2016 年，全球生产了约 450 万升以可再生资源为原料的航空燃料，产量为 2015 年的 2 倍。与此同时，全球范围内使用生物基航煤混合燃料进行的飞行超过 3000 次[125]。包括英国、美国、德国、墨西哥、中国、日本等国在内的很多国家都在对生物基航煤进行不断地研究。表 3-10[17,94]列出了到 2015 年使用生物基航煤进行的商业试飞情况。

表 3-10　全球生物基航煤商业试飞情况

| 航空公司 | 飞机型号 | 年份 | 原料 | 添加量/vol% | 工艺 |
|---|---|---|---|---|---|
| 英国维珍大西洋航空公司 | 波音 747-400 | 2008 | 椰子油、棕榈油 | 20 | 加氢 |
| 新西兰航空公司 | 波音 747-400 | 2008 | 小桐子油 | 50 | 加氢 |
| 美国大陆航空公司 | 波音 737-800 | 2009 | 藻油、小桐子油 | 50 | 加氢 |
| 日本航空公司 | 波音 747-300 | 2009 | 亚麻荠油、小桐子油、藻油 | 50 | 加氢 |
| 荷兰皇家航空公司 | 波音 747-400 | 2009 | 亚麻荠油 | 50 | 加氢 |
| 巴西塔姆航空公司 | 空客 A320 | 2010 | 小桐子油 | 50 | 加氢 |
| 墨西哥低成本航空公司 | 空客 A320 | 2011 | 小桐子油 | 27 | 加氢 |
| 波音公司 | 波音 747-8 货机 | 2011 | 亚麻荠油 | 15 | 加氢 |
| 荷兰皇家航空公司 | 波音 737-800 | 2011 | 废弃油脂 | 50 | 加氢 |
| 德国汉莎航空公司 | 空客 A321 | 2011 | 亚麻荠油、小桐子油等 | 50 | 加氢 |
| 芬兰航空公司 | 空客 A321 | 2011 | 废弃油脂 | 50 | 加氢 |
| 墨西哥国际航空公司 | 空客 A320-200 | 2011 | 小桐子油 | 27 | 加氢 |
| 墨西哥英特捷特航空公司 | 空客 A320 | 2011 | 麻风树油 | 27 | 加氢 |
| 墨西哥国际航空公司 | 波音 777 | 2011 | 麻风树油 | 30 | 加氢 |
| 法国航空公司 | 空客 A321 | 2011 | 废弃油脂 | 50 | 加氢 |
| 美国联合航空公司 | 波音 737-800 | 2011 | 藻油 | 40 | 加氢 |
| 阿拉斯加航空公司 | 波音 737 或 Q400s | 2011 | 废弃油脂 | 20 | 加氢 |
| 泰国国际航空公司 | 777-200 | 2011 | 废弃油脂 | 50 | 加氢 |
| 英国汤姆森航空公司 | 波音 757 | 2011 | 废弃油脂 | 10 | 加氢 |
| 中国国际航空公司 | 波音 747-400 | 2011 | 小桐子油 | 50 | 加氢 |
| 德国汉莎航空公司 | 波音 747 | 2012 | 植物油 | — | 加氢 |
| 阿联酋阿提哈德航空公司 | — | 2012 | 废弃油脂 | — | 加氢 |
| 澳洲航空公司 | 空客 A380 | 2012 | 废弃油脂 | 50 | 加氢 |
| 加拿大波特航空公司 | 庞巴迪 Q400 | 2012 | 含油作物、骆驼刺、藻油 | 50 | 加氢 |
| 智利国家航空公司 | 空客 A320 | 2012 | 废弃油脂 | 30 | 加氢 |
| 加拿大航空公司 | 空客 A319 | 2012 | 废弃油脂 | 50 | 加氢 |
| 中国东方航空公司 | 空客 A320 | 2013 | 生物油脂 | — | — |

续表

| 航空公司 | 飞机型号 | 年份 | 原料 | 添加量/vol% | 工艺 |
|---|---|---|---|---|---|
| 荷兰皇家航空公司 | 波音 777 | 2013 | 废弃油脂 | — | 加氢 |
| 智利国家航空公司 | 空客 A320 | 2014 | 亚麻荠油 | 30 | 加氢 |
| 荷兰皇家航空公司 | 空客 A330 | 2014 | 废弃油脂 | 20 | 加氢 |
| 巴西戈尔航空公司 | 波音 737 | 2014 | 废弃油脂、非食用玉米油 | 50 | 加氢 |
| 德国汉莎航空公司 | 空客 A320 | 2014 | 甘蔗 | 10 | 糖转化 |
| 芬兰航空公司 | 空客 A330 | 2014 | 废弃油脂 | 10 | 加氢 |
| 北欧航空公司 | 波音 737-800 | 2014 | 废弃油脂 | 10 | 加氢 |
| 北欧航空公司 | 波音 737-800 | 2014 | 废弃油脂 | 48 | 加氢 |
| 挪威航空公司 | 波音 737-800 | 2014 | 废弃油脂 | 50 | 加氢 |
| 海南航空公司 | 波音 747-800 | 2015 | 废弃油脂 | 50 | 加氢 |

## 3.3　煤基航空燃料

我国是一个富煤少油的国家，煤炭的消费量占我国能源消耗的 60%以上。尽管目前随着可再生资源和清洁能源的使用，煤炭在一次能源消耗中的比例逐年下降，但在未来很长一段时间内，煤炭仍将在我国能源结构中占据绝对优势。随着我国航空航天事业的不断发展，航煤的消耗量也逐年增长。煤制油工艺制备的航煤馏分与传统石油基航煤具有相似性，因此可以作为代替燃料用于航空发动机[126]。

### 3.3.1　煤基航煤合成工艺

目前煤基航煤的技术发展日趋成熟，已经部分应用于商业生产。以煤为原料合成航煤的途径主要有 5 种：直接液化法、间接液化法、煤热解法、煤焦油精制法及煤油共炼[10,127]。

#### 1. 直接液化法

煤的直接液化是指煤在较高温度(400℃以上)和较高压力(20~30 MPa)下，在氢气参与下发生催化加氢裂化反应。煤直接液化过程将原煤中的长碳链物质裂解为较短长度的碳链，得到液体烃类产物和少量气体烃类产物，同时原煤中的氮、氧和硫等杂质原子在反应过程中被脱除。

煤直接液化技术主要包括四个步骤：煤浆制备、煤浆加氢液化、粗产物分离和加氢提质过程，具体工艺流程如图 3-14 所示。

煤直接液化过程的反应机理可分为两个步骤：煤热解和热解产生自由基的加氢稳定过程。常用于煤直接液化的催化剂有 Fe 基、Mo 基和 Ni 基催化剂，Fe 基催化剂具有较

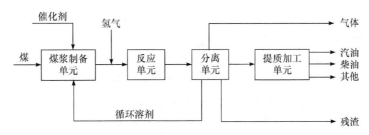

图 3-14　煤直接液化工艺流程简图[128]

好的裂解催化活性，但加氢活性较弱；Mo 基和 Ni 基催化剂具有较好的加氢活性，但成本较高。近些年来研究者逐渐将目光转向 Fe、Mo、Ni 等复合型催化剂。

典型的煤炭直接液化工艺有德国 IGOR 工艺、美国 HTI 工艺、日本 NEDOL 工艺以及中国神华集团公司开发的煤直接液化工艺等[128-129]。煤直接液化生产喷气燃料在生产成本方面与石油相比不具有竞争性，而且产品质量受煤种的影响较大。目前，煤直接液化油制备喷气燃料的研究主要集中在对煤直接液化油切割馏分的组分和性质分析等方面，成熟的制备工艺鲜有报道。

煤直接液化产物在组成上以芳烃为主，包括单芳环结构和多芳环结构，还含有氮、氧、硫等杂原子和沥青胶质等成分。由于液化产物的组成特点，煤直接液化产物不能直接作为航煤使用，但其具有高密度、高闪点、低冰点的特点[130]，而且煤直接加氢液化油的航煤馏分中含有较多的芳烃和环烷烃组分，是高安定性喷气燃料的原料，因此可以通过进一步提质工艺生产更优性能的航煤。

薛艳等[131]对煤直接液化产物进行了研究，表 3-11 列出了通过煤直接液化制备的喷气燃料的组成。结果表明，煤直接液化燃料中环烷烃和芳烃的含量很高，尤其是芳烃的含量可达到 40.8%。李军芳等[130]的研究也表明，煤直接液化油的组成以环烷烃和芳烃为主，链烷烃的含量在 10% 以下，还含有少量的烯烃组分。在物理化学性质方面，煤直接液化得到的航煤馏分具有低冰点、高闪点、高密度的优点，但由于芳烃含量大，导致热值偏低，同时还存在氮含量、硫含量及酸值偏高等问题。

**表 3-11　煤直接液化制喷气燃料原料油的组成**

| 煤液化航煤馏分 | 质量分数/% | 煤液化航煤馏分 | 质量分数/% |
|---|---|---|---|
| 链烷烃 | 5.1 | 萘 | 1.3 |
| 一环烷烃 | 19.0 | 萘类 | 2.6 |
| 二环烷烃 | 5.0 | 苊类 | 0.4 |
| 三环烷烃 | 1.4 | 苊烯类 | 0.2 |
| 总环烷烃 | 25.4 | 总双环芳烃 | 4.5 |
| 总饱和烃 | 30.5 | 三环芳烃 | 0 |
| 烷基苯 | 11.1 | 总芳烃 | 40.8 |
| 茚满或四氢萘 | 22.3 | 胶质 | 28.7 |
| 茚类 | 2.9 | 总质量 | 100 |
| 总单环芳烃 | 36.3 | | |

煤直接液化的液体燃料收率能达到煤干重的 70%，生产全过程的热效率也可达60%～70%[82]，但由于原煤中的硫、氮等杂原子最终会影响航空燃料的性能，而且过高的芳烃含量也不满足 ASTM 和我国对航煤芳烃含量的要求，因此通过煤直接液化得到的航煤组分需要经过加氢处理，去除燃料中的杂原子化合物、降低芳烃含量。

Quignard 等[132]对煤直接液化产物加氢处理前后进行了分析对比，煤直接液化产物中含有高达 50%的芳烃，几乎没有链烷烃，这导致产物的氢含量(质量分数)仅为 11.2%，同时还有较高含量的硫、氮化合物杂质。以上问题可通过加氢处理进行改善。表 3-12[132]为加氢处理前后的组成及性质变化。加氢处理后芳烃组分的含量显著降低，环烷烃的含量明显增加，链烷烃的含量也有一定程度的增加，杂质硫、氮、氧含量显著降低，产物的黏度也达到了航煤标准要求。

**表 3-12    煤直接液化油加氢处理前后性质对比**

| 性质 | 直接液化 | 直接液化-高压氢处理 | 直接液化-加氢裂解 |
|---|---|---|---|
| 黏度(20℃)/cSt | 8.05 | 5.2 | 4.05 |
| 碳含量 | 87.26% | 87.3% | 86.72% |
| 氢含量 | 11.24% | 12.7% | 13.28% |
| 氧含量 | 1.28% | 小于检测限 | 小于检测限 |
| 氮含量 | 2100 ppm | 2 ppm | <0.3 ppm |
| 碱性氮 | 1112 ppm | 小于检测限 | 小于检测限 |
| 硫含量 | 102 ppm | 9 ppm | 1.5 ppm |
| 链烷烃含量 | 4% | 5% | 11.4% |
| 环烷烃含量 | 47% | 79.5% | 83.8% |
| 芳烃含量 | 49% | 15.5% | 4.8% |
| 喷气燃料馏分含量 (150～220℃) | 16% | 16% | 18% |

注：含量指质量分数。

由此可见，煤直接液化油的加氢处理在改善航煤组成、提升航煤物理化学性能方面具有十分重要的作用。表 3-13 列出了已报道的几种煤直接液化油航煤馏分的性质。

**表 3-13    煤直接液化油航煤的性质**

| 燃料来源 | 密度 /(kg/m³) | 燃烧净热值 /(MJ/kg) | 馏程/℃ | | | | | 闪点/℃ | 冰点/℃ | 黏度/cSt | 参考文献 |
|---|---|---|---|---|---|---|---|---|---|---|---|
| | | | 初馏点 | 10% 回收 | 50% 回收 | 90% 回收 | 终馏点 | | | | |
| 直接液化 | 940.3 | 39.3 | 152 | 199.7 | 208.9 | 230.9 | 284.1 | 72 | <-55 | 3.22 (20℃) | [130] |
| 直接液化 | 898.1 | 39.3 | 131 | 172 | 202 | 237 | 260 | 65 | <-60 | 1.69 | [131] |

续表

| 燃料来源 | 密度/(kg/m³) | 燃烧净热值/(MJ/kg) | 馏程/℃ | | | | | 闪点/℃ | 冰点/℃ | 黏度/cSt | 参考文献 |
|---|---|---|---|---|---|---|---|---|---|---|---|
| | | | 初馏点 | 10%回收 | 50%回收 | 90%回收 | 终馏点 | | | | |
| 直接液化 | 828.1 | 43.232 | — | 171.9 | 193.6 | 222.2 | — | — | — | — | |
| 直接液化 | 827.4 | 43.27 | — | 171.3 | 193.4 | 224.8 | — | — | — | — | [133] |
| 直接液化 | 828.7 | 42.9 | 154.5 | 167.5 | 185 | 207.5 | 229 | 43.5 | <−70 | 4.056 | [134] |
| 直接液化-加氢 | 835~840 | 43.2 | — | — | — | — | — | 50~55 | <−65 | <8 | [132] |
| 直接液化 | 842 | — | — | 152 | — | — | 288 | 42 | −73 | — | [135] |
| 直接液化 | — | — | 158 | 213 | 259 | 310 | 357 | — | — | — | |
| 直接液化-加氢 | — | — | 127 | 196 | 248 | 294 | 336 | — | — | — | [136] |
| 直接液化-加氢 | — | — | 102 | 195 | 250 | 301 | 345 | — | — | — | |

### 2. 间接液化法

煤间接液化工艺是将煤转化为合成气(CO 和 H₂)后，通过费-托反应转化为液态烃产物的过程，其中费-托合成是煤间接液化工艺的核心步骤。首先原料通过气化或蒸气重整被部分氧化生产出合成气，经提纯除杂的合成气在费-托反应器中发生反应，生成更高分子量的碳氢化合物。最后经加氢提质和分馏得到喷气燃料范围内的烷烃产物。煤的费-托合成与前文所述的生物质费-托合成在反应流程上是一致的，其反应产物的分布与催化剂的种类和操作条件相关。按照与传统航煤的混合比例不同，可以分为煤基费-托半合成喷气燃料和煤基费-托全合成喷气燃料。

在煤制油技术方面，南非 Sasol 公司一直走在世界前沿。20 世纪 90 年代，Sasol 公司将煤基费-托合成燃料与石油基喷气燃料以体积比 1∶1 混合得到半合成煤基喷气燃料，得到英国国防部标准和 ASTM 标准的认可。美国空军的飞行测试也使用了费-托合成燃料与石油基燃料混合制备的混合喷气燃料，验证了煤基费-托半合成喷气燃料的使用性能[137]。

通过费-托合成制备的航空燃料，链烃含量很高，但几乎没有环烷烃和芳烃组分。费-托燃料中硫含量很低，燃烧后的二氧化硫和硫酸的排放量降低，有利于延长发动机的使用寿命。煤直接液化与煤间接液化生产的航煤在组成上有较大差异。表 3-14 列出了费-托合成制备的燃料组分，Sasol 公司生产的煤基费-托合成燃料中链烷烃的含量可达 87%，几乎没有芳烃成分(低于 1%)；Shell 公司和 Rentech 公司通过费-托合成制备的航煤中链烷烃的含量超过 90%，甚至可以达到 99%，环烷烃和芳烃组分的含量同样很少[102]。

表 3-14    费-托合成航煤的组分及含量(质量分数)

| 组成 | 燃料来源 | | |
|---|---|---|---|
| | Shell 公司 | Sasol 公司 | Rentech 公司 |
| 链烷烃(正构+异构) | >99 | 87 | 92 |
| 环烷烃 | <1 | 12 | 7 |
| 烷基苯 | <0.3 | 0.4 | 1.3 |
| 茚满和四氢萘 | <0.3 | <0.3 | <0.3 |
| 萘 | <0.3 | <0.3 | <0.3 |
| 总计 | 100 | 100 | 100 |

周冠宇等[138]对石油基航煤与煤基费-托合成航煤在组成、燃烧性能以及航程等方面进行了比较。在组成方面,石油基航煤成分比较复杂,除含量较多的链烷烃外,芳烃、环烷烃以及不饱和烯烃也占据较大比例。而在煤基费-托合成油中,链烷烃为主要成分,几乎不含环烷烃和芳烃。

煤基费-托合成航煤与传统 RP-3 相比,具有更低的闪点、更高的烟点以及更好的挥发性能,但其燃烧边界略窄。由于含有大量的链烷烃,煤基费-托合成航煤的密度较低,航程略低于 RP-3。除了密度低于航煤要求,还存在润滑性差、密封性差、冰点高等缺点,无法作为替代燃料直接使用,但可以作为调和组分制备混合喷气燃料。

2008 年,Sasol 公司开发出了一种煤基费-托全合成喷气燃料(FSJF)的技术路线,如图 1-7 所示[137]。在该路线中,原煤首先通过气化得到合成气(CO + H$_2$)以及副产物煤焦油。合成气经费-托合成反应制备得到碳数为 1~40 的粗合成油。粗合成油中包含的烯烃馏分、石脑油馏分和柴油馏分经分离后,又各自进行加工处理,最终制得支链烷烃煤油、重石脑油 1 号和轻馏分油 1 号产物。而原煤气化产生的副产物煤焦油则可以分馏出石脑油和柴油馏分,对这两种馏分进行进一步加工处理后,可以得到重石脑油 2 号和轻馏分油 2 号产物。将费-托合成与煤焦油加工得到的五种产物按照不同比例混合,即可得到煤基费-托全合成喷气燃料。

基于上述路线,Sasol 公司成功生产出满足储存、操作及飞行安全等性能要求的煤基喷气燃料,通过了国际商用航空认证。Sasol 煤基全合成喷气燃料在组成上以正构烷烃、异构烷烃和环烷烃等烷烃为主(其质量含量约占总组成的 90%)以及 10%左右的芳香组分,密度比直接煤基费-托合成燃料油更高[139]。

有研究者基于 Sasol 公司的煤基全合成煤油制备工艺,对不同混合比例的全合成燃料的性质进行了对比[140]。将轻馏分油 1 号、轻馏分油 2 号、重石脑油 1 号以及异构链烷烃煤油按照一定比例混合得到样品油(记为 FSJF Blend #),混合比例见表 3-15。从组成上来看,煤基全合成喷气燃料与半合成喷气燃料最大的区别在于组分中芳烃的含量,半合成航煤中几乎不含芳烃组分,但全合成喷气燃料包含一定的芳烃。不同配比的四种全合成燃料的黏度(–20℃)为 3~5 mm$^2$/s,密度(15℃)为 775~810 kg/m$^3$,燃烧净热值均超过

43 MJ/kg，满足 ASTM 的要求。与传统石油基喷气燃料 Jet A-1 相比，煤基全合成燃料具有较好的热稳定性、润滑性以及材料相容性，在发动机耐久性、低温雾化、点火、废气排放和贫油熄火等测试中，煤基费-托全合成燃料也表现出优异的性能。

表 3-15　煤基全合成喷气燃料组成

| 燃料 | FSJF Blend 1 | FSJF Blend 2 | FSJF Blend 3 | FSJF Blend 4 |
|---|---|---|---|---|
| 混合组分/vol% | | | | |
| 重石脑油 1 号 | 15 | 15 | 13 | 59 |
| 轻馏分油 1 号 | 18 | — | 10 | — |
| 轻馏分油 2 号 | — | 30 | 20 | 36 |
| 异构链烷烃 | 67 | 55 | 57 | 5 |
| 组成/vol% | | | | |
| 芳烃 | 7.2 | 13.6 | 12.5 | 16.9 |
| 饱和烃 | 92.8 | 86.4 | 87.5 | 83.1 |

表 3-16 列出了不同报道中煤基费-托合成喷气燃料的物理化学性质。

表 3-16　煤基费-托合成喷气燃料的物理化学性质

| 燃料 | 密度/(kg/m³) | 燃烧净热值/(MJ/kg) | 馏程/℃ | | | | | 闪点/℃ | 冰点/℃ | 黏度/cSt | 参考文献 |
|---|---|---|---|---|---|---|---|---|---|---|---|
| | | | 初馏点 | 10%回收 | 50%回收 | 90%回收 | 终馏点 | | | | |
| FSJF | 782 | 43.5 | 172 | 176 | 185 | 215 | 240 | 51 | −55 | 4.09 | [137] |
| FT-SPK | 762 | 44.2 | 146 | 166 | 180 | 208 | 228 | 44 | <−77 | 3.8 | [102] |
| FT-SPK | 758.2 | 47.4 | — | — | — | — | — | 39 | −47 | 2.22 (20℃) | [138] |
| FT-SPK | 761.2 | — | 166 | 171.5 | 179.5 | 198.7 | 215.2 | 46 | — | — | [103] |
| F-T 合成直馏 | 738 | — | 139.1 | 154.1 | 190.8 | — | 257.7 | 37 | −32 | 1.48 (20℃) | [141] |
| F-T 合成异构裂化 | 754 | 43.4 | 149 | 170 | 205 | — | 272 | 49 | −44.2 | 1.81 (20℃) | |
| FT-SPK | 761.2 (40℃) | 44.0 | — | — | 205.3 | — | — | — | — | — | [139] |

## 3. 煤热解法

煤热解是指在无氧条件下，煤在不同温度下发生的一系列物理、化学变化的复杂过程，煤经过热解转化为煤气、焦油、半焦及水几种产物。

最早利用煤热解制备液体燃料的方法是煤高温热解。在密闭的容器中，煤被加热至 950℃左右，在加热环境中煤被分解，挥发性物质被分离出来。这个过程与焦化过程相似，主要的副产物是煤焦油。但是这个过程的液体燃料收率很低，并且副产物煤焦油通常不直接作为燃料使用[142]。

煤热解技术可用于低品位煤的提质和脱硫过程。例如，褐煤是一种水含量较高的煤炭，在储存和加工过程中容易发生自燃。褐煤热解可以降低水含量，将其转化为高品位燃料。褐煤热解技术已经有很多报道，但尚未投入商业运行。这是由于目前的热解技术在产生煤焦油的质量方面都存在问题。最典型的问题是煤焦油中重组分含量过高，这不仅会降低煤焦油质量，更会由于结焦积碳等影响设备的连续运行。

通过对热解反应器的优化设计，能够提高煤焦油的品质，得到更便于下游利用的煤焦油产物。中国科学院过程工程研究所设计了一种耦合热解过程与气化过程的多级流化床反应器，提升褐煤的利用价值[143]。多级流化床为塔式设计，原煤在温度较低的塔顶进料，形成的焦在温度较高的塔底气化，从而得到高质量的焦、煤焦油和气体产物。与单级操作相比，多级流化床使原煤热解产生的气体产物 $H_2$、CO 和 $CH_4$ 具有更高的收率和热值，煤焦油及其中的轻质油(沸点小于 170℃)的收率增加，而酚油(沸点 170～210℃)和洗油(沸点 230～300℃)的含量降低，得到的煤焦自燃倾向明显降低。

总的来说，煤热解直接得到液体燃料的收率很低，得到的产物不能直接作为燃料组分使用，需要对其进行深度加工才能生产出符合标准的燃料。煤热解技术一般不作为航煤生产的技术单独使用，但可与煤焦油精制工艺耦合生产燃料油品。

### 4. 煤焦油精制

煤焦油是煤热解、焦化、气化等加工过程的副产品，产量占原料的 2.5%～4%[144]，我国煤炭资源消耗量巨大，每年会产生大量的煤焦油。煤焦油是一种黑褐色、黏度较大、组分复杂的混合物，含有大量的多环芳烃以及氧、硫、氮等杂原子。按照煤热解温度不同，煤焦油可分为高温煤焦油(1000℃)和中低温煤焦油(450～800℃)[129]，其中中低温煤焦油的性质相对较好，高温煤焦油因其过高的密度和较低的氢碳比，不适合作为燃料使用。

煤焦油含有相对较多的多环芳烃和重组分，且金属元素和含氮化合物的含量较高。基于此，煤焦油的精制技术集中于对重油组分的处理和移除杂原子。焦油延迟焦化-馏分油加氢精制组合工艺、全馏分煤焦油加氢改质-缓和加氢裂化组合工艺(FTH)和悬浮床加氢裂化-固定床加氢组合工艺等都已经工业应用[129]。

加氢处理包括加氢精制、加氢异构、加氢裂解，是煤焦油精制的常用手段。由于煤焦油中含有大量的多环芳烃，为了满足航煤对组分、热值以及低温流动性等的要求，加氢异构是煤焦油制喷气燃料的有效工艺。

对于煤焦油加氢处理过程，反应温度、氢气压力以及原料液体时空流速(LHSV)等条件都会对反应造成影响：较高的反应温度可以提高反应速率和原料的转化率，但由于异构反应是放热反应，较高温度对加氢异构过程有负面影响，同时还会促进裂解和结焦等副反应的发生。氢气压力对反应的影响是双向的，过高的氢气压力会增加设备费用，对催化剂活性也存在一定的抑制作用，但过低的氢气压力则无法有效控制加氢过程的裂解和积碳现象。进料速度对反应的影响和其他化学反应一样，尽管较低的进料速度能够提高反应物与催化剂的接触时间，提高原料的反应程度，但是从工业应用角度考虑，流速过低时产能太低。

Gang 等[145]对低温煤焦油加氢制备喷气燃料的工艺进行了研究。在填充 Ni-W/$\gamma$-Al$_2$O$_3$ 的固定床反应器上进行煤焦油两段加氢，考察了反应条件对产物组成和性质的影响。实验所使用的低温煤焦油中酚类物质的含量达 27.44%，烷基苯组分的含量达 17.43%，茚类和烷基萘组分的含量也相对较高，这些物质可以转化为喷气燃料所需的环烷烃组分。除此以外，低温煤焦油中链烷烃的含量也较高，通过异构反应可以得到支链烷烃，改善燃料的低温性质。在较优的反应条件下(反应温度 380℃，氢气压力 10 MPa，LHSV = 0.8 h$^{-1}$，氢/油比 = 1600)，由低温煤焦油的加氢异构制备得到性质优异的喷气燃料。图 3-15[145]显示了原料、中间产品及产物的组成分布。可以看出，随着加氢过程的进行，中间产品含有大量的烷烃、环烷烃和四氢萘，而茚和萘几乎消失，这表明加氢精炼工艺饱和了原料中的不饱和键。在产物中，异构烷烃和环烷烃的含量较高，酚类、烷基苯等物质几乎完全被饱和。

得到喷气燃料的物理化学性质见表 3-17。燃料冰点低至−51℃，优于航煤标准。加氢处理后的喷气燃料中杂质硫含量和酸含量均显著降低，各项物理化学性质均达到航煤标准的要求。因此，煤焦油精制是生产喷气燃料组分的可行路线。

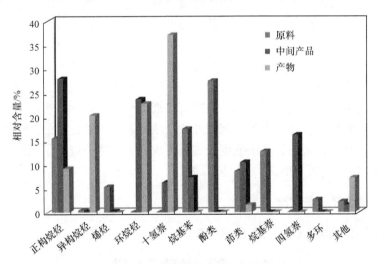

图 3-15　低温煤焦油精制工艺原料和产物的组成分布[145]

表 3-17　低温煤焦油加氢精制喷气燃料性质

| 性质 | 数据 | 性质 | 数据 |
|---|---|---|---|
| 密度(20℃)/(kg/m$^3$) | 815 | 初馏点/℃ | 172 |
| 热值/(MJ/kg) | 42 | 10%回收温度/℃ | 194 |
| 冰点/℃ | −51 | 50%回收温度/℃ | 226 |
| 闪点/℃ | 51 | 终馏点/℃ | 256.4 |
| 酸含量/(mg KOH/g) | 0.011 | 硫含量/ppm | 40.84 |

5. 煤油共炼

煤直接液化、煤间接液化、煤热解、煤焦油精制路线均是以煤炭作为唯一碳源的航煤制备路线。煤油共炼是指将煤直接加氢液化和重质石油馏分加氢技术结合起来制备燃料,其基本原理是将煤直接液化工艺中所用的循环溶剂用石油重油或煤焦油代替,如来自石油加工业的重质原油、常压渣油或减压渣油,减少循环溶剂的使用[146]。煤油共炼过程中,重油溶剂与粉煤混合形成油煤浆液,然后在温度 450~470℃、压力 20~22 MPa 的条件下,在 CoMo/Fe$_2$O$_3$ 或 NiMo/Al$_2$O$_3$ 等催化剂的催化作用下加氢裂化,生成汽油、柴油、蜡和一些轻烃产物,这些产物经加氢改质工艺后可以生产杂质含量极低的清洁燃料油。陕西延长石油集团的煤油共炼(Y-CCO)工艺、美国碳氢化合物公司的两段沸腾床深度转化 HTI 工艺、德国煤炭液化公司 PYROSOL 工艺以及加拿大矿物能源中心的悬浮床反应器一段反应 CANMET 工艺是目前典型的煤油共炼工艺[129]。

不同重质油与煤之间的协同作用对煤油共炼产品的质量有很大影响。煤炭科学研究总院对石油或石油炼制过程中产生的催化裂化油浆、常压渣油、减压渣油等附加价值低的副产品、煤焦油等与八道湾煤的煤油共炼过程进行了研究[147]。结果发现,由于减压渣油自身黏度较大,煤难以与其在常温常压下制浆,而常压渣油、催化裂化油浆、高温煤焦油则易于与煤在常温常压下制浆,所获得的煤浆浓度为 30%~40%。与煤直接液化工艺相比,煤油共炼过程能有效提高原煤的反应性能、降低过程氢耗和气体收率、提高产物油的收率。煤油共炼技术改变了石油工业中单一的重油加氢裂化和煤直接液化技术的操作模式,充分发挥了重质油和煤在共炼过程中的协同作用,达到提高原料转化率、提高反应装置利用率、改善产品质量的目的,是一种有利于石油资源充分使用和煤炭资源清洁高效利用的能源友好型炼制路线。与煤直接液化相比,煤油共炼以重质油部分或全部代替溶剂油,弥补了直接液化工艺溶剂油的短缺问题。另外,煤油共炼得到的柴油馏分相当于把煤直接液化柴油和重质油组分加氢生成的柴油馏分进行了调和,解决了煤直接液化柴油十六烷值偏低的问题[129]。

### 3.3.2　煤基航煤合成工艺对比

不同工艺制备的煤基航煤的对比如表 3-18 所示。

表 3-18　煤基航煤制备工艺对比

| 工艺 | 特点 |
| --- | --- |
| 直接液化 | 煤直接液化过程能耗低、热效率高,节能环保,对煤质要求高;液化产物以环烷烃和芳烃组分为主,硫、氮、氧等杂质含量较高;燃料密度高、闪点高、冰点低、氧化安定性好,但燃烧净热值偏低;不能直接作为航煤使用,需要进一步处理 |
| 间接液化 | 煤间接液化工艺的核心是费-托合成,工艺成熟,但流程复杂、成本较高,煤炭利用率较低;间接液化的产物主要是链烷烃,几乎不含芳烃和环烷烃,具有超低硫、氮含量;产物燃烧净热值高、热安定性好,但密度较低、冰点高、润滑性差、密封性差 |
| 热解 | 煤热解直接得到液体燃料的收率很低,工艺的效率也较差,副产物很多,得到的产物不能直接作为燃料组分使用,需要进一步改质处理 |

续表

| 工艺 | 特点 |
| --- | --- |
| 煤焦油精制 | 煤焦油加氢工艺是煤生产主要副产物煤焦油的清洁有效利用，主要是煤焦油氢处理工艺，包括加氢精制、加氢异构、加氢裂解等；产物具有较高的密度和高闪点、低冰点 |
| 煤油共炼 | 工艺流程简单、设备成本低、能源效率高；过程耗氢量低，制备得到的油品质量好；需要解决的问题是开发更加经济高效的催化剂和解决煤油共炼过程中严重的设备磨损问题 |

# 参 考 文 献

[1] Kaltschmitt M, Neuling U. Biokerosene. Heidelberg: Springer, 2018.

[2] Nygren E, Aleklett K, Hook M. Aviation fuel and future oil production scenarios. Energy Policy, 2009, 37(10): 4003-4010.

[3] Kallio P, Pasztor A, Akhtar M K, et al. Renewable jet fuel. Current Opinion in Biotechnology, 2014, 26: 50-55.

[4] Cheze B, Gastineau P, Chevallier J. Forecasting world and regional aviation jet fuel demands to the mid-term (2025). Energy Policy, 2011, 39(9): 5147-5158.

[5] 曲连贺, 朱岳麟, 熊常健. 航空燃料发展综述. 长沙航空职业技术学院学报, 2009, 9(2): 37-41.

[6] Edwards T. Advancements in gas turbine fuels from 1943 to 2005. Journal of Engineering for Gas Turbines and Power, 2007, 129(1): 13-20.

[7] 关绍春, 刘多强, 赵军, 等. 喷气燃料发展概述. 石化技术, 2008, 15(4): 48-51.

[8] Maurice L Q, Lander H, Edwards T, et al. Advanced aviation fuels: A look ahead via a historical perspective. Fuel, 2001, 80(5): 747-756.

[9] Blakey S, Rye L, Wilson C W. Aviation gas turbine alternative fuels: A review. Proceedings of the Combustion Institute, 2011, 33(2): 2863-2885.

[10] Lin Y, Zhou T Y, Wang X, et al. Component characteristics of coal-based jet fuel and petroleum-based jet fuel. Applied Mechanics & Materials, 2014, 541-542: 904-910.

[11] Schlumberger C E. Are alternative fuels an alternative? A review of the opportunities and challenges of alternative fuels for aviation. Geologiska Föreningen I Stockholm Förhandlingar, 2010, 112(4): 321-324.

[12] Nigam P S, Singh A. Production of liquid biofuels from renewable resources. Progress in Energy and Combustion Science, 2011, 37(1): 52-68.

[13] Yilmaz N, Atmanli A. Sustainable alternative fuels in aviation. Energy, 2017, 140(2): 1378-1386.

[14] Gegg P, Budd L, Ison S. The market development of aviation biofuel: Drivers and constraints. Journal of Air Transport Management, 2014, 39: 34-40.

[15] Hajjari M, Tabatabaei M, Aghbashlo M, et al. A review on the prospects of sustainable biodiesel production: A global scenario with an emphasis on waste-oil biodiesel utilization. Renewable & Sustainable Energy Reviews, 2017, 72: 445-464.

[16] Lokesh K, Sethi V, Nikolaidis T, et al. Life cycle greenhouse gas analysis of biojet fuels with a technical investigation into their impact on jet engine performance. Biomass & Bioenergy, 2015, 77: 26-44.

[17] 胡徐腾, 齐泮仑, 付兴国, 等. 航空生物燃料技术发展背景与应用现状. 化工进展, 2012, (8): 1625-1630.

[18] Zhang C, Hui X, Lin Y Z, et al. Recent development in studies of alternative jet fuel combustion: Progress, challenges, and opportunities. Renewable & Sustainable Energy Reviews, 2016, 54: 120-138.

[19] Hsu C S, Robinson P R. Petroleum science and technology. Switzerland: Springer Nature Switzerland

AG, 2019.

[20] Kuppusamy S, Raju M N, Mallavarapu M, et al. Total petroleum hydrocarbons-environmental fate, toxicity, and remediation. Switzerland: Springer Nature Switzerland AG, 2020.

[21] Lamprecht D. Fischer-Tropsch fuel for use by the US military as battlefield-use fuel of the future. Energy & Fuels, 2007, 21(3): 1448-1453.

[22] Holley A T, Dong Y, Andac M G, et al. Ignition and extinction of non-premixed flames of single-component jet fuels, and liquid hydrocarbons, their surrogates. Proceedings of the Combustion Institute, 2007, 31(1): 1205-1213.

[23] Violi A, Yan S, Eddings E G, et al. Experimental formulation and kinetic model for JP-8 surrogate mixtures. Combustion Science and Technology, 2002, 174(11-12): 399-417.

[24] Edwards T, Maurice L Q. Surrogate mixtures to represent complex aviation and rocket fuels. Journal of Propulsion and Power, 2001, 17(2): 461-466.

[25] Ritchie G D, Still K R, Rossi J, et al. Biological and health effects of exposure to kerosene-based jet fuels and performance additives. Journal of Toxicology and Environmental Health, Part B: Critical Reviews, 2003, 6(4): 357-451.

[26] 牟明仁, 沈靖文, 李巾英, 等. 我国 1 号、2 号、3 号喷气燃料标准的制修订变化. 石油商技, 2018, 36(6): 44-49.

[27] 李明. 关于修改 3 号喷气燃料国标 GB 6537 的建议. 中国标准化, 2001, 3: 18-19.

[28] 冉国朋. 中国喷气燃料的发展近况. 国际航空, 1995, (9): 35-36.

[29] 刘济瀛. 中国喷气燃料. 北京: 中国石化出版社, 1991.

[30] Yu J, Gou X L. Comprehensive surrogate for emulating physical and kinetic properties of jet fuels. Journal of Propulsion and Power, 2018, 34(3): 679-689.

[31] Mao Y B, Yu L, Wu Z Y, et al. Experimental and kinetic modeling study of ignition characteristics of RP-3 kerosene over low-to-high temperature ranges in a heated rapid compression machine and a heated shock tube. Combustion and Flame, 2019, 203: 157-169.

[32] Wu Z Y, Mao Y B, Raza M, et al. Surrogate fuels for RP-3 kerosene formulated by emulating molecular structures, functional groups, physical and chemical properties. Combustion and Flame, 2019, 208: 388-401.

[33] Armstrong F W, Allen J E, Denning R M. Fuel-related issues concerning the future of aviation. Proceedings of the Institution of Mechanical Engineers, Part G: Journal of Aerospace Engineering, 1997, 211(1): 1-11.

[34] 李明. 国内外喷气燃料产品标准的比较. 中国标准化, 2000, (11): 23-24.

[35] 毕载俊. 90 年代喷气燃料发展中的动向. 军用航油: 国外部分, 1993, (2): 1-5.

[36] 张东. 英国喷气燃料质量发展趋势. 国际航空, 2000, (6): 57-58.

[37] 李娜, 陶志平. 国内外喷气燃料规格的发展及现状. 标准科学, 2014, (2): 80-83.

[38] 中国国家标准化管理委员会. 3 号喷气燃料: GB 6537—2018. 北京: 中国标准出版社, 2018.

[39] 王国彤, 李巾英, 王群威, 等. GB 6537—2018标准修订内容及对出口航煤影响. 标准科学, 2018, 11: 127-130+135.

[40] Bruno T J, Smith B L. Improvements in the measurement of distillation curves. 2. Application to aerospace/aviation fuels RP-1 and S-8. Industrial & Engineering Chemistry Research, 2006, 45(12): 4381-4388.

[41] 黄劲东. 航空涡轮喷气发动机技术发展. 航空动力, 2020, (1): 53-58.

[42] Vukadinovic V, Habisreuther P, Zarzalis N. Experimental study on combustion characteristics of conventional and alternative liquid fuels. Journal of Engineering for Gas Turbines and

Power-Transactions of the ASME, 2012, 134(12): 121504.

[43] Sivakumar D, Vankeswaram S K, Sakthikumar R, et al. Analysis on the atomization characteristics of aviation biofuel discharging from simplex swirl atomizer. International Journal of Multiphase Flow, 2015, 72: 88-96.

[44] Kannaiyan K, Sadr R. Experimental investigation of spray characteristics of alternative aviation fuels. Energy Conversion and Management, 2014, 88: 1060-1069.

[45] Yang Y, Boehman A L, Santoro R J. A study of jet fuel sooting tendency using the threshold sooting index (TSI) model. Combustion and Flame, 2007, 149(1-2): 191-205.

[46] Vasu S S, Davidson D E, Hanson R K. Jet fuel ignition delay times: Shock tube experiments over wide conditions and surrogate model predictions. Combustion and Flame, 2008, 152(1-2): 125-143.

[47] Kumar K, Sung C J. An experimental study of the autoignition characteristics of conventional jet fuel/oxidizer mixtures: Jet-A and JP-8. Combustion and Flame, 2010, 157(4): 676-685.

[48] Hui X, Sung C J. Laminar flame speeds of transportation-relevant hydrocarbons and jet fuels at elevated temperatures and pressures. Fuel, 2013, 109: 191-200.

[49] Herndon S C, Rogers T, Dunlea E J, et al. Hydrocarbon emissions from in-use commercial aircraft during airport operations. Environmental Science & Technology, 2006, 40(14): 4406-4413.

[50] Liu J B, Shi W C, Song X X, et al. The application of T1502 anti-static additive in Daqing no.3 jet fuel. Refining and Chemicals, 2004, 15(1): 3-4+7.

[51] Taylor S E. Component interactions in jet fuels: Fuel system icing inhibitor additive. Energy & Fuels, 2008, 22(4): 2396-2404.

[52] Moses C A. Comparative evaluation of semi-synthetic jet fuels. Contract, 2008, 33415(2): 2299.

[53] Zhou W J, Wang T, Yu Y, et al. Scenario analysis of $CO_2$ emissions from China's civil aviation industry through 2030. Applied Energy, 2016, 175: 100-108.

[54] Tad W, Patzek G D C. Potential for coal-to-liquids conversion in the United States-Fischer-Tropsch synthesis. Natural Resources Research, 2009, 18(3): 181-191.

[55] Wang W C, Tao L. Bio-jet fuel conversion technologies. Renewable and Sustainable Energy Reviews, 2016, 53: 801-822.

[56] Chuck C J, Donnelly J. The compatibility of potential bioderived fuels with Jet A-1 aviation kerosene. Applied Energy, 2014, 118: 83-91.

[57] Wagutu A W, Chhabra S C, Thoruwa C L, et al. Indigenous oil crops as a source for production of biodiesel in Kenya. Bulletin of the Chemical Society of Ethiopia, 2009, 23(3): 359-370.

[58] Dagaut P, Gail S. Kinetics of gas turbine liquid fuels combustion: Jet-A1 and bio-kerosene. ASME Turbo Expo 2007: Power for Land, Sea, and Air, 2007, 2: 93-101.

[59] Dunn R O. Alternative jet fuels from vegetable-oils. Transactions of the ASAE, 2001, 44(6): 1751-1757.

[60] Llamas A, Garcia-Martinez M J, Al-Lal A M, et al. Biokerosene from coconut and palm kernel oils: Production and properties of their blends with fossil kerosene. Fuel, 2012, 102(1): 483-490.

[61] Harrison R M, Masiol M, Vardoulakis S. Civil aviation, air pollution and human health. Environmental Research Letters, 2015, 10(4): 041001.

[62] Lund M T, Aamaas B, Berntsen T, et al. Emission metrics for quantifying regional climate impacts of aviation. Earth System Dynamics, 2017, 8(3): 547-563.

[63] Barrett S R H, Britter R E, Waitz I A. Global mortality attributable to aircraft cruise emissions. Environmental Science & Technology, 2010, 44(19): 7736-7742.

[64] Liu H, Tian H, Hao Y, et al. Atmospheric emission inventory of multiple pollutants from civil aviation in China: Temporal trend, spatial distribution characteristics and emission features analysis. Science of the

Total Environment, 2019, 648: 871-879.

[65] Schumann U. The impact of nitrogen oxides emissions from aircraft upon the atmosphere at flight altitudes-results from the AERONOX project. Atmospheric Environment, 1997, 31(12): 1723-1733.

[66] Lee D S, Fahey D W, Forster P M, et al. Aviation and global climate change in the 21st century. Atmospheric Environment, 2009, 43(22-23): 3520-3537.

[67] Derwent R G, Collins W J, Johnson C E, et al. Transient behaviour of tropospheric ozone precursors in a global 3-D CTM and their indirect greenhouse effects. Climatic Change, 2001, 49(4): 463-487.

[68] Brasseur G P, Cox R A, Hauglustaine D, et al. European scientific assessment of the atmospheric effects of aircraft emissions. Atmospheric Environment, 1998, 32(13): 2329-2418.

[69] Sausen R, Isaksen I, Grewe V, et al. Aviation radiative forcing in 2000: An update on IPCC (1999). Meteorologische Zeitschrift, 2005, 14(4): 555-561.

[70] Stordal F, Myhre G, Stordal E J G, et al. Is there a trend in cirrus cloud cover due to aircraft traffic?. Atmospheric Chemistry and Physics, 2005, 5(53): 2155-2162.

[71] Chen L, Liang Z, Liu H, et al. Sensitivity analysis of fuel types and operational parameters on the particulate matter emissions from an aviation piston engine burning heavy fuels. Fuel, 2017, 202: 520-528.

[72] Han Z, Zhou B, Xu Y, et al. Projected changes in haze pollution potential in China: An ensemble of regional climate model simulations. Atmospheric Chemistry and Physics, 2017, 17(16): 10109-10123.

[73] Liu Z, Xie Y, Hu B, et al. Size-resolved aerosol water-soluble ions during the summer and winter seasons in Beijing: Formation mechanisms of secondary inorganic aerosols. Chemosphere, 2017, 183: 119-131.

[74] Yang H, Chen J, Wen J, et al. Composition and sources of $PM_{2.5}$ around the heating periods of 2013 and 2014 in Beijing: Implications for efficient mitigation measures. Atmospheric Environment, 2016, 124: 378-386.

[75] Fan W Y, Sun Y F, Zhu T L, et al. Emissions of HC, CO, $NO_x$, $CO_2$, and $SO_2$ from civil aviation in China in 2010. Atmospheric Environment, 2012, 56: 52-57.

[76] Stettler M E J, Eastham S, Barrett S R H. Air quality and public health impacts of UK airports. Part I: Emissions. Atmospheric Environment, 2011, 45(31): 5415-5424.

[77] Tian H Z, Zhu C Y, Gao J J, et al. Quantitative assessment of atmospheric emissions of toxic heavy metals from anthropogenic sources in China: Historical trend, spatial distribution, uncertainties, and control policies. Atmospheric Chemistry and Physics, 2015, 15(17): 10127-10147.

[78] 刘强, 邱敬贤, 彭芬, 等. 生物航空煤油的研究进展. 再生资源与循环经济, 2018, 11(5): 20-23.

[79] Diaz-Perez M A, Serrano-Ruiz J C. Catalytic production of jet fuels from biomass. Molecules, 2020, 25(4): 802.

[80] Yang J, Xin Z, He Q, et al. An overview on performance characteristics of bio-jet fuels. Fuel, 2019, 237: 916-936.

[81] 孙启文, 吴建民, 张宗森. 费托合成技术及其研究进展. 煤炭加工与综合利用, 2020, (2): 35-42+4.

[82] Liu G R, Yan B B, Chen G Y. Technical review on jet fuel production. Renewable & Sustainable Energy Reviews, 2013, 25: 59-70.

[83] 陶志平. 多国重视航空生物燃料开发. 中国石化, 2012, (9): 54-55.

[84] Luque R, De La Osa A R, Campelo J M, et al. Design and development of catalysts for Biomass-To-Liquid-Fischer-Tropsch (BTL-FT) processes for biofuels production. Energy and Environmental Sciences, 2012, 5(1): 5186-5202.

[85] 巩守龙, 马凌云. 低温费托合成铁基催化剂研究与应用进展. 当代化工研究, 2020, (13): 151-152.

[86] 孙予罕, 陈建刚, 王俊刚, 等. 费托合成钴基催化剂的研究进展. 催化学报, 2010, 31(8): 919-927.

[87] Yan Q G, Yu F, Liu J, et al. Catalytic conversion wood syngas to synthetic aviation turbine fuels over a multifunctional catalyst. Bioresource Technology, 2013, 127: 281-290.

[88] Timko M T, Herndon S C, Blanco E D, et al. Combustion products of petroleum jet fuel, a Fischer-Tropsch synthetic fuel, and a biomass fatty acid methyl ester fuel for a gas turbine engine. Combustion Science and Technology, 2011, 183(10): 1039-1068.

[89] Lobo P, Hagen D E, Whitefield P D. Comparison of PM emissions from a commercial jet engine burning conventional, biomass, and Fischer-Tropsch fuels. Environmental Science Technology, 2011, 45(24): 10744-10749.

[90] Hui X, Kumar K, Sung C J, et al. Experimental studies on the combustion characteristics of alternative jet fuels. Fuel, 2012, 98: 176-182.

[91] Wierzbicki T A, Lee I C, Gupta A K J A E. Performance of synthetic jet fuels in a meso-scale heat recirculating combustor. Applied Energy, 2014, 118: 41-47.

[92] Corporan E, DeWitt M J, Belovich V, et al. Emissions characteristics of a turbine engine and research combustor burning a Fischer-Tropsch jet fuel. Energy & Fuels, 2007, 21(5): 2615-2626.

[93] 涂军令, 定明月, 李宇萍, 等. 生物质到生物燃料——费托合成催化剂的研究进展. 新能源进展, 2014, 2(2): 94-103.

[94] Wei H J, Liu W Z, Chen X Y, et al. Renewable bio-jet fuel production for aviation: A review. Fuel, 2019, 254: 115599.

[95] Holmgren J. Creating alternative fuel options for aviation industry: Role of biofuels. Montreal: ICAO Alternative Fuels Workshop, 2009.

[96] 赵光辉, 姜伟, 牛欣宇, 等. 航空生物燃料制备技术及应用前景. 中外能源, 2014, 19(8): 30-34.

[97] 安蓓, 林红梅. 生物航空燃料发展现状. 经济参考, 2014-04-17[2021-08-10]. http://www.jjckb.cn/2014-04/17/ content_500587.htm.

[98] Verma D, Kumar R, Rana B S, et al. Aviation fuel production from lipids by a single-step route using hierarchical mesoporous zeolites. Energy and Environmental Sciences, 2011, 4(5): 1667-1671.

[99] Li T, Cheng J, Huang R, et al. Conversion of waste cooking oil to jet biofuel with nickel-based mesoporous zeolite Y catalyst. Bioresource Technology, 2015, 197: 289-294.

[100] Huang Z P, Zhao Z T, Zhang C F, et al. Enhanced photocatalytic alkane production from fatty acid decarboxylation via inhibition of radical oligomerization. Nature Catalysis, 2020, 3(2): 170-178.

[101] Hong T D, Soerawidjaja T H, Reksowardojo I K, et al. A study on developing aviation biofuel for the tropics: Production process-experimental and theoretical evaluation of their blends with fossil kerosene. Chemical Engineering and Processing, 2013, 74: 124-130.

[102] Corporan E, Edwards T, Shafer L, et al. Chemical, thermal stability, seal swell, and emissions studies of alternative jet fuels. Energy & Fuels, 2011, 25(3): 955-966.

[103] Scheuermann S S, Forster S, Eibl S. In-depth interpretation of mid-infrared spectra of various synthetic fuels for the chemometric prediction of aviation fuel blend properties. Energy & Fuels, 2017, 31(3): 2934-2943.

[104] Liu S Y, Zhu Q Q, Guan Q X, et al. Bio-aviation fuel production from hydroprocessing castor oil promoted by the nickel-based bifunctional catalysts. Bioresource Technology, 2015, 183: 93-100.

[105] Gawron B, Bialecki T. Impact of a Jet A-1/HEFA blend on the performance and emission characteristics of a miniature turbojet engine. International Journal of Environmental Science and Technology, 2018, 15(7): 1501-1508.

[106] Buffi M, Valera-Medina A, Marsh R, et al. Emissions characterization tests for hydrotreated renewable jet fuel from used cooking oil and its blends. Applied Energy, 2017, 201: 84-93.

[107] Starck L, Pidol L, Jeuland N, et al. Production of hydroprocessed esters and fatty acids (HEFA) - optimization of process yield. Oil & Gas Science and Technology, 2016, 71(10): 2-13.

[108] Liu S, Yan X, Li W, et al. Preparation of bio-aviation fuels by catalytic hydrogenation of castor oil. Acta Scientiarum Naturalium Universitatis Nankaiensis, 2019, 52(5): 49-54.

[109] Zhang M, Yu Y. Dehydration of ethanol to ethylene. Industrial & Engineering Chemistry Research, 2013, 52(28): 9505-9514.

[110] Harvey B G, Meylemans H A. 1-Hexene: A renewable $C_6$ platform for full-performance jet and diesel fuels. Green Chemistry, 2014, 16(2): 770-776.

[111] Chiaramonti D, Prussi M, Buffi M, et al. Sustainable bio kerosene: Process routes and industrial demonstration activities in aviation biofuels. Applied Energy, 2014, 136: 767-774.

[112] 程薇. Gevo 公司的生物基异丁醇制喷气燃料技术取得进展. 石油炼制与化工, 2012, 43(7): 79.

[113] 邓京波. PNNL 开发乙醇制喷气燃料技术. 石油炼制与化工, 2018, 49(9): 106.

[114] Atsonios K, Kougioumtzis M A, Panopoulos K D, et al. Alternative thermochemical routes for aviation biofuels via alcohols synthesis: Process modeling, techno-economic assessment and comparison. Applied Energy, 2015, 138: 346-366.

[115] Prak D J L, Jones M H, Trulove P, et al. Physical and chemical analysis of Alcohol-to-Jet (ATJ) fuel and development of surrogate fuel mixtures. Energy & Fuels, 2015, 29(6): 3760-3769.

[116] Davis R B M, Tan E, Tao L, et al. Biological conversion of sugars to hydrocarbons technology pathway. Technical Report of U.S. Department of Energy (DOE), 2013.

[117] Alonso D M, Bond J Q, Dumesic J A. Catalytic conversion of biomass to biofuels. Green Chemistry, 2010, 12(9): 1493-1513.

[118] Wang T J, Qiu S B, Weng Y J, et al. Liquid fuel production by aqueous phase catalytic transformation of biomass for aviation. Applied Energy, 2015, 160: 329-335.

[119] Stephen R N, Mcphee D J. Fuel compositions comprising farnesane and farnesane derivatives and method of making and using same: 101553558A. 2007.

[120] Brennan T C R, Turner C D, Kroemer J O, et al. Alleviating monoterpene toxicity using a two-phase extractive fermentation for the bioproduction of jet fuel mixtures in *Saccharomyces cerevisiae*. Biotechnology and Bioengineering, 2012, 109(10): 2513-2522.

[121] Shah Z, Veses R C, Vaghetti J C P, et al. Preparation of jet engine range fuel from biomass pyrolysis oil through hydrogenation and its comparison with aviation kerosene. International Journal of Green Energy, 2019, 16(4): 350-360.

[122] Li F, Jiang J, Liu P, et al. Catalytic cracking of triglycerides with a base catalyst and modification of pyrolytic oils for production of aviation fuels. Sustainable Energy & Fuels, 2018, 2(6): 1206-1215.

[123] Li L X, Coppola E, Rine J, et al. Catalytic hydrothermal conversion of triglycerides to non-ester biofuels. Energy & Fuels, 2010, 24(2): 1305-1315.

[124] 中国自主研发的生物航空燃料首次试飞成功. 硅谷, 2013, 6(9): 27.

[125] Juniac A. Annual Review. IATA (International air transport association), 2017.

[126] 林建飞. 煤化工的精细化产业发展现状及建议. 煤化工, 2018, 46(1): 20-26.

[127] Shi C, Xu J, Pan L, et al. Perspective on synthesis of high-energy-density fuels: From petroleum to coal-based pathway. Chinese Journal of Chemical Engineering, 2021, 35(1): 83-91.

[128] 许建文, 王继元, 堵文斌, 等. 煤直接液化技术进展. 化工进展, 2012, 31(S1): 119-123.

[129] 王泽洋, 王龙延. 煤基燃料油品特性与煤制油产业发展分析. 化工进展, 2019, 38(7): 3079-3087.

[130] 李军芳, 赵学社, 李文博, 等. 煤直接液化油航空煤油馏分的性质与组分分析. 煤炭转化, 2013, 36(4): 29-31.

[131] 薛艳, 王树雷, 刘婕. 煤直接液化制取喷气燃料原料油的组成分析. 石油学报(石油加工), 2010, 26(S1): 264-267.

[132] Quignard A, Caillol N, Charon N, et al. DIRECT CTL: Innovative analyses for high quality distillates. Fuel, 2013, 114: 172-177.

[133] 邓川, 肖勇, 仇义霞, 等. 煤直接液化生产的喷气燃料净热值测定方法研究. 石油炼制与化工, 2019, 50(9): 97-101.

[134] 李辉, 朴英, 曹文杰, 等. 高热安定性煤基喷气燃料理化性能的试验研究. 煤炭学报, 2016, 41(9): 2347-2351.

[135] Bauman R F, Trachte K L. Liquid fuel production process and apparatus employing direct and indirect coal liquefaction: 20140262965 A1. 2014.

[136] Zhang H Y, Chen G W, Bai L, et al. Selective hydrogenation of aromatics in coal-derived liquids over novel NiW and NiMo carbide catalysts. Fuel, 2019, 244: 359-365.

[137] Yang W, Cao W, Wu X, et al. Thermal oxidation stability of jet fuel from direct coal liquefaction process. Petroleum Processing and Petrochemicals, 2017, 48(1): 47-52.

[138] 周冠宇, 王洪波, 王智超, 等. 煤基费托航空燃料燃烧性能及航程. 北京航空航天大学学报, 2016, 42(8): 1632-1638.

[139] Schihl P, Gingrich E, Decker L. The combustion and ignition characteristics of varying blend ratios of JP-8 and a coal to liquid Fischer-Tropsch jet fuel in a military relevant single cylinder diesel engine. SAE International Journal of Fuels and Lubricants, 2015, 8(2): 501-514.

[140] Moses C A, Roets P N J. Properties, characteristics, and combustion performance of Sasol fully synthetic jet fuel. Journal of Engineering for Gas Turbines and Power, 2009, 131(4): 1-17.

[141] 薛艳, 王树雷, 曹文杰, 等. 国产费-托合成燃料用于喷气燃料馏分的试验研究. 石油炼制与化工, 2009, 40(11): 44-47.

[142] Hook M, Aleklett K. A review on coal-to-liquid fuels and its coal consumption. International Journal of Energy Research, 2010, 34(10): 848-864.

[143] Zhou Q, Zou T, Zhong M, et al. Lignite upgrading by multi-stage fluidized bed pyrolysis. Fuel Processing Technology, 2013, 116: 35-43.

[144] Tang W, Fang M X, Wang H Y, et al. Mild hydrotreatment of low temperature coal tar distillate: Product composition. Chemical Engineering Journal, 2014, 236: 529-537.

[145] Gang Y, Zhang X, Lei X, et al. Hydroprocessing of low-temperature coal tar to produce jet fuel. RSC Advances, 2018, 8(42): 23663-23670.

[146] 胡发亭, 颜丙峰, 王光耀, 等. 我国煤制燃料油技术进展及工业化现状. 洁净煤技术, 2019, 25(1): 57-63.

[147] 王学云. 八道湾煤与重油加氢反应匹配性研究. 北京: 煤炭科学研究总院, 2016.

# 第4章

# 高密度碳氢燃料

大推力运载火箭、远射程导弹、超声速飞机等航空航天飞行器对航程和载荷的要求越来越高并且对油箱体积的限制越来越严格，而航程和载荷在很大程度上取决于为其提供能量的碳氢燃料，因此迫切需要提高燃料的能量密度。燃料的能量密度(或体积热值)为密度与质量热值的乘积，对于不同类型燃料，密度对能量密度的影响远大于质量热值。因此，具有较高密度的燃料是高能碳氢燃料的重要部分，俗称为高密度燃料。

碳氢燃料的密度主要由分子结构决定，高密度燃料分子往往具有多环结构，主要包括(石油基和生物基)多环烷烃、烷基金刚烷燃料等。如表4-1所示，典型高密度燃料的密度均大于 0.90 g/mL。除了高密度外，燃料还需具有良好的低温性质以适应高空的低温环境。通过改变碳氢化合物的碳数、环数、引入烷基取代基及改变空间构型等方法，可得到密度高、低温性能良好的燃料。相比于石油炼制的大比重煤油，人工合成燃料分子的可设计性强，拥有更好的理化性能[1]。本章将重点介绍多环烷烃高密度燃料、烷基金刚烷高密度燃料和生物质高密度燃料。

**表 4-1　几种典型的多环类高密度碳氢燃料的基本性能参数[2]**

| 燃料 | 密度/(g/mL) | 黏度(−20℃)/cSt | 冰点/℃ | 闪点/℃ | 热值/(MJ/L) |
|---|---|---|---|---|---|
| JP-10 | 0.94 | 19 | −79 | 54 | 39.6 |
| RJ-4 | 0.92～0.94 | 60 | −10 | 60～79.4 | 39.0 |
| RJ-4-I | 0.936 | — | −29 | 65.5 | 38.5 |
| RJ-5 | 1.08 | 2000 | 0 | 110 | 44.9 |
| RJ-7 | 1.01 | >400 | — | — | 42.1 |

## 4.1　多环烷烃高密度燃料

### 4.1.1　典型多环烷烃高密度燃料

典型多环烷烃高密度燃料(包括二环、三环和四环燃料)按照原料类型可分为环戊二烯类高密度燃料和降冰片烯类高密度燃料[3]。

1. 环戊二烯类燃料

1) RJ-4

1960 年之前，导弹燃料以航煤为主。20 世纪 60 年代初期，美军研制了 RJ-4 燃料，是最早通过人工方法合成并投入使用的高密度燃料，开创了合成法制备高密度碳氢燃料的先河。RJ-4 是以二甲基双环戊二烯为原料，通过加氢反应获得包含桥式(*endo-*)和挂式(*exo-*)两种同分异构体的混合物(图 4-1)[4]。与传统燃料 JP-4 相比，RJ-4 体积热值提高了 17%，密度提高了 23%，具有更高的闪点，曾大量装备美国海军"黄铜骑士"导弹[5]。但 RJ-4 桥式结构的黏度和冰点比挂式高，且不同生产批次中两种异构体的比例难控制，导致性能重现性差、低温黏度指标不稳定。采用三氯化铝(AlCl₃)对桥式结构组分进行异构化处理，可以得到纯挂式二甲基四氢双环戊二烯，即 RJ-4-I 燃料，虽然其热值与 RJ-4 相比下降了 1.3%，但低温性能有所改善。然而 RJ-4-I 仍不能满足某些导弹严苛工作环境对燃料更低冰点的要求，这就促进了低温性能更优越的 JP-10 的出现[6]。

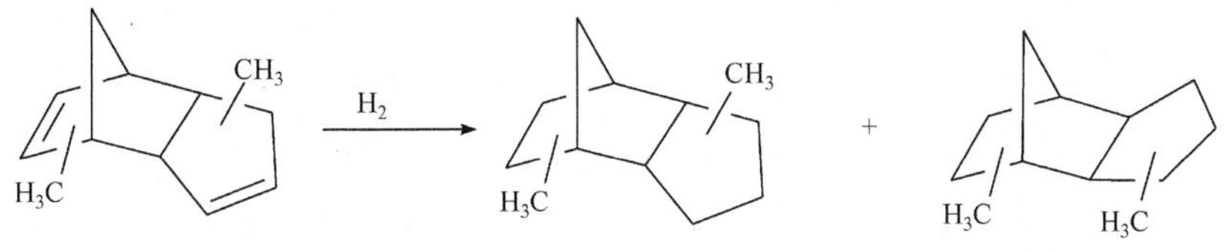

图 4-1　RJ-4 的合成路线

2) JP-10

20 世纪 70 年代，美国成功研制了 JP-10 燃料，该燃料是由挂式四氢双环戊二烯(*exo*-tetrahydrodicyclopentadiene, *exo*-THDCPD)构成的单组分燃料，不仅拥有较高的密度，低温性能也十分优异(冰点低至-79℃，低温黏度较小)，再加上其制备成本低廉，已成为当前使用量最大、用途最广的高密度燃料[1]。JP-10 还常用作添加剂或稀释剂与其他燃料混合组成新的高密度燃料[7]。

JP-10 是以石油裂解产物双环戊二烯(DCPD)为原料，通过加氢、异构及分离提纯得到的，其合成路线如图 4-2 所示[8]。

图 4-2　JP-10 的合成路线

DCPD 首先加氢得到中间产物桥式四氢双环戊二烯，催化剂多采用贵金属催化剂或过渡金属催化剂，如 Pd/C、雷尼镍，其中 Pd/C 催化剂活性较好但价格昂贵，雷尼镍价格低廉但活性相对较低。THDCPD 的异构反应早期使用 H₂SO₄ 催化，但是收率较低且成本较高，后来被 AlCl₃ 和超强酸催化剂取代。然而 AlCl₃ 存在寿命短、用量大、再生困难、产生大批废弃物等问题，超强酸也存在寿命短、用量大、成本高、反应温度偏高、反应时间长及腐蚀性强等问题，因此探索生产 JP-10 的新工艺、开拓低成本的高效催化剂成为当务之急。研究发现，分子筛作为异构反应催化剂具有较高的活性，并且使用量少，产物分离简单，对设备无腐蚀性[9-11]。例如，康卓卓等[10]用氟(F)改性的 HY 分子筛作催化剂，*endo*-THDCPD 的转化率达到 92.6%，*exo*-THDCPD 的收率为 59.4%，失活的催化剂可以通过 550℃高温焙烧再生。天津大学燃料团队[11]在 195℃下以 F 改性的 H-SSY 催化 *endo*-THDCPD 异构化反应，收率提高到 96.5%，*endo*-THDCPD 的转化率高达 96.4%。

3) 四氢三环戊二烯

四氢三环戊二烯(tetrahydrotricyclopentadiene，THTCPD)是以 DCPD 为原料，在高温下经过裂解、加成、加氢、异构反应得到的多环烷烃，具有更高的密度(1.03 g/mL)和体积热值(43.2 MJ/L)。THTCPD 的构型种类比较复杂，且各构型的性质差异较大，不同合成方法可以得到不同性质的产品。美国 Sun 公司由 DCPD 制备了 90%以上构型为 *endo-exo-exo*-的 THTCPD，合成路线如图 4-3 所示[12]。

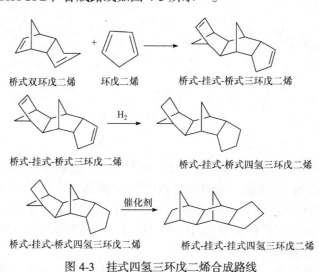

桥式双环戊二烯　　　环戊二烯　　　桥式-挂式-桥式三环戊二烯

桥式-挂式-桥式三环戊二烯　　　桥式-挂式-桥式四氢三环戊二烯

桥式-挂式-桥式四氢三环戊二烯　　　桥式-挂式-挂式四氢三环戊二烯

图 4-3　挂式四氢三环戊二烯合成路线

由 DCPD 合成 THTCPD 的关键是获得高收率的前驱体三环戊二烯(TCPD)，DCPD 先在高温下裂解生成单体环戊二烯(CPD)，而后再与未发生裂解的 DCPD 加成生成 TCPD，直接热加成很难实现DCPD 的高转化率和 TCPD 的高收率。天津大学燃料团队[13]以 DCPD 和 CPD 为原料通过 Diels-Alder 加成反应合成 TCPD，收率较 DCPD 直接聚合的 21.8%提升到 51.7%。近年来，催化聚合 DCPD 合成 TCPD 也得到了很大发展，Kim 等[14]采用基于氯化亚铜(CuCl)的离子液体为催化剂，得到 84.5%的 DCPD 转化率和 61.9%的 TCPD 收率。

2. 降冰片烯类燃料

RJ-5 是以降冰片二烯为原料，通过 Diels-Alder 加成以及加氢反应得到主要组分为全氢降冰片二烯二聚体的高密度燃料。与 JP-10 相比，RJ-5 的密度有了很大的提高，达到 1.08 g/mL，是首个密度大于 1 g/mL 的液体燃料，也是迄今公布的密度最高的液体碳氢燃料。但全氢降冰片二烯二聚体有多种性质差别很大的异构体，其中只有几种能够直接作为燃料使用，且异构化反应较难发生，生产成本较高。此外，RJ-5 低温性能不佳(低温黏度大、冰点高)，不能单独作为燃料使用，常被添加到其他燃料中，如 RJ-6、SI-80 等[15]。

降冰片二烯二聚反应复杂，同分异构体达 18 种，不同构型具有不同的熔点。其中五环二聚体的熔点都比较高，不适宜作液体燃料，而六环二聚体熔点较低，是理想的燃料组分。例如，Thomas[16]使用 3 组分的催化剂{二乙基氯化铝(DEAC)-三苯基膦(TPP)或二苯基膦乙烷(DIPHOS)-乙酰丙酮铁[Fe(Ac)₃]}合成了低温性能较好的六环桥式-桥式、挂式-挂式异构体，如图 4-4 所示。

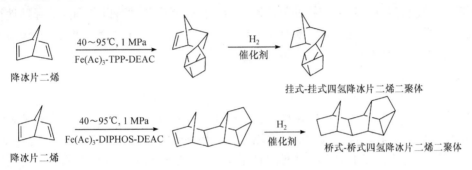

图 4-4　四氢降冰片二烯二聚体合成路线

四环十二烷(tetracyclic dodecane，TCDD)是由降冰片烯与 CPD 为原料经加成、加氢获得的桥式构型和挂式构型的混合物，为优化低温性能可将桥式结构异构为挂式结构。Yuasa 等[17]以烷基取代降冰片烯和 CPD 为原料，经加成和异构反应合成了一系列烷基取代的 TCDD，密度均在 0.97 g/mL 以上，热值大于 40 MJ/L，冰点低于–70℃。四环十四烷(tetracyclic tetradecane，TCTD)合成方法与 TCDD 类似，以茚或四氢茚与 DCPD 或丁二烯进行加成、加氢，分别获得四环[7.4.0.0$^{2,7}$.1$^{3,6}$]十四烷和四环[5.5.1.0$^{2,7}$.0$^{9,13}$]十四烷，具有较高的密度和燃烧净热值。

### 4.1.2　多环高密度燃料合成的共性反应

多环高密度燃料的合成主要是通过环烯烃加成形成多环烃结构，然后通过 C＝C 键的加氢来提高储存稳定性和氢含量，必要时还可以通过异构化来控制立体构型，使其具有更好的低温性能。因此，多环高密度燃料的合成主要包括环加成、加氢和异构这三类反应。

#### 1. Diels-Alder 环加成

Diels-Alder 反应又称为双烯加成成环反应，是由 Diels 和 Alder 在 1928 年共同发现的，具体是指通过含有共轭二烯结构的双烯体与含不饱和键的亲双烯体加成为新的六元环的反应。Diels-Alder 反应是增加碳氢化合物中六元环数最重要的方法，广泛用于高密度燃料合成[18,19]。

双环戊二烯是最早用来合成高密度燃料的原料，它是由环戊二烯自发发生 Diels-

Alder [4+2]反应生成的。以 DCPD 为原料合成的挂式四氢双环戊二烯是目前广泛使用的高密度燃料 JP-10 的主要组分。以 DCPD、降冰片烯、茚等分子为原料，通过自身或相互的加成反应，可以得到具有更高密度的多环烃类燃料，其中最典型的是以 DCPD 为原料合成的三环戊二烯类燃料[20]。天津大学燃料团队[21]以 DCPD 和 2-甲基呋喃(2-MF)为原料，经 Diels-Alder 加成反应和加氢脱氧后，得到了以 $C_{10}$ 和 $C_{15}$ 为主要成分的、含有桥环结构的多环碳氢燃料混合物，密度为 0.984 g/mL，体积净热值达 41.96 MJ/L，高于 JP-10 燃料。

通常 Diels-Alder 反应不需要催化剂即可进行，但酸催化可以大大缩短反应时间并且改变产物异构体的选择性。例如，天津大学燃料团队发现多级孔 HZSM-5 分子筛可同时催化 DCPD/CPD 的[4+2]和[2+2]加成反应，使产物种类更加丰富，有利于改善燃料的低温性质[22]，而且该反应具有较好的可调性，通过优化反应条件可以分别高选择性地得到 *exo*-DCPD(收率 50.6%、选择性 79.3%)或 TCPD(收率 36.3%、选择性 84%)，其中由酸催化生成的 *exo*-TCPD 在加成产物中的比例达到 79%。

### 2. 加氢反应

加成反应产生的多环烃类化合物中有多种不饱和双键，对燃料性能产生不利影响。对于馏分相似的碳氢燃料，氢元素含量越高，燃烧净热值越高，且更不容易产生积碳。另外，不饱和键的存在也会影响燃料的储存稳定性，使燃料容易氧化变质。为得到性能优良的饱和烷烃类燃料，需要对含大量不饱和键的烯烃加成产物进行加氢。目前，负载型贵金属非均相催化剂在加氢反应领域获得了较多的关注，主要是因为它们能在适宜的温度和压力下有效地活化 $H_2$，且具有产物易于分离的优点，但 Pt/C、Ru/C 和 Rh/C 等较高的成本促使人们研究更加廉价的催化剂，如过渡金属 Ni。例如，合成 JP-10 的 DCPD 加氢为两步反应，使用雷尼镍作催化剂时的加氢收率能达到 95%以上[23]。

### 3. 异构反应

碳氢化合物分子的立体构型对其物理和化学性质都有很大影响。经过 Diels-Alder 反应和加氢反应直接得到的多环烷烃以桥式构型为主，通常低温性能较差，虽然具有较高的密度和较高的燃烧净热值，但不能直接作为液体燃料使用。通过 Wagner-Meerwein 重排反应改变多环烷烃的立体构型，可得到低温性能更佳的同分异构体。重排过程中，多环烷烃骨架中脱氢形成的碳正离子发生 1,2-键迁移，即正电荷会迁移到邻位的碳上，形成新的更稳定的碳正离子，伴随着芳基或烷基基团的迁移，分子的骨架发生重排，形成更稳定的骨架构型结构[22]。多环烷烃的异构重排反应主要使用强酸作催化剂，对异构反应的研究也主要集中在酸催化剂的选择和对环烃立体构型的调控[1]。以 JP-10 的合成为例，DCPD 加氢产物为桥式构型，需要在酸催化下异构转化为挂式。一般情况下异构化反应分重排、翻转两个过程，具体历程如图 4-5 所示。同样地，RJ-4 经异构反应可以将其中的桥式组分转变为挂式结构，得到低温性能更加优良的 RJ-4-I 燃料。

异构反应常用的均相催化剂是硫酸和 $AlCl_3$，但它们存在腐蚀性强、产生大量废渣、不能重复利用等问题。而固体酸催化剂如分子筛更环保，其中微孔分子筛 HY、HUSY 等具有较好的异构反应活性，而且通过 F 改性后可进一步提高活性[24]。但这些催化剂的反

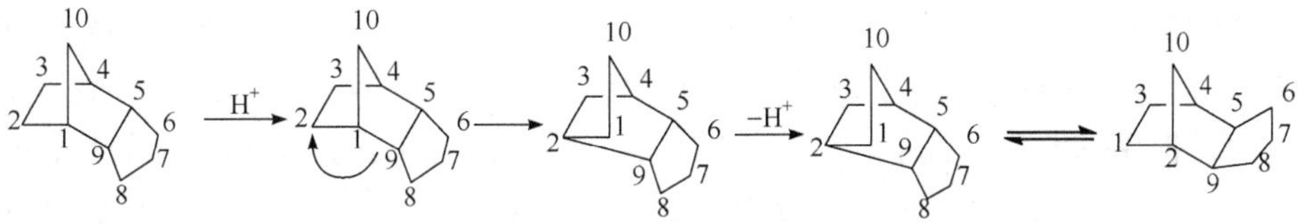

图 4-5　挂式四氢双环戊二烯的合成历程

应温度都较高(如液相 195℃、气相 130℃)，积碳失活问题较严重。天津大学燃料团队发现酸性离子液体是更好的选择，以铝氯酸离子液体为例，当 AlCl$_3$ 与阳离子的比例超过 0.5 时，会生成[AlCl$_4$]$^-$、[Al$_2$Cl$_9$]$^-$、[Al$_3$Cl$_{10}$]$^-$等酸性中心，在反应温度低于 100℃的情况下，*endo*-THDCPD 异构反应的转化率达到 99%、*exo*-THDCPD 选择性接近 100%[25]。

## 4.2　烷基金刚烷高密度燃料

金刚烷是由具有金刚石晶格结构的碳骨架组成的饱和烷烃，最早发现于石油和天然气凝结物。相比于相同碳数的多环烷烃，金刚烷分子内无张力且能量最低，是热力学最稳定的结构，可在高温条件下保持燃料分子结构稳定，即具有高热安定性；同时金刚烷具有对称紧凑的分子结构，拥有较高密度，作为高密度高热安定燃料组分受到广泛关注[26-27]。但是金刚烷的熔点较高[28]，不适合作为液体燃料。在金刚烷结构上引入烷基(即烷基金刚烷)，能够显著改善包括冰点和黏度在内的低温性质[29-32]。烷基金刚烷是高度对称的结构，相对于多环烷烃更加容易实现可控合成。近年来，烷基金刚烷的合成研究已经取得较大进展，制备方法包括酸催化多环烷烃重排反应和烷基化反应(亲电取代和亲核取代/加成反应)等[25,29-31,33-34]。

### 4.2.1　酸催化多环烷烃重排合成烷基金刚烷

金刚烷最初是从油田的石油馏分中分离得到的，但其含量仅有 0.0004%[35]。Schleyer[28]和 Donaldson[36]在研究 AlCl$_3$ 催化 *endo*-THDCPD 异构为 *exo*-THDCPD 的过程中发现有白色晶体析出，通过测定熔点、红外分析和质谱分析等手段证明了其完美的三环金刚烷结构(图 4-6)[35]，开创了多环烷烃重排合成金刚烷的先河。多环烷烃重排反应是张力释放的过程，伴随着大量碳正离子的生成。除了 THDCPD 以外，其他包含十个碳原子(C$_{10}$)的三环烷烃，如扭曲烷、三环[5.2.1.0$^{4,10}$]癸烷、挂式-1,2-三亚甲基降冰片烷以及 2,6-三亚甲基降冰片烷等，都能经过酸催化重排反应生成金刚烷[37]。

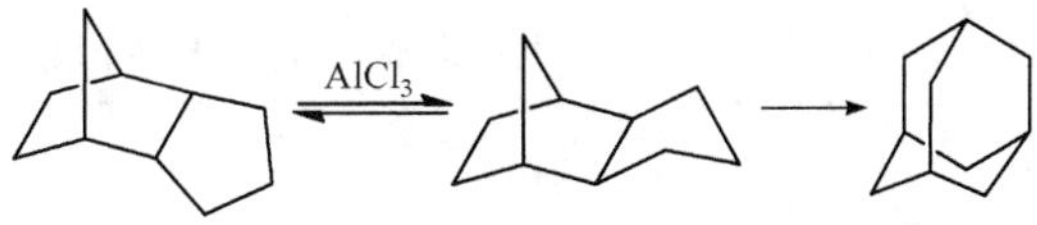

桥式四氢双环戊二烯　　挂式四氢双环戊二烯　　金刚烷

图 4-6　酸催化四氢双环戊二烯重排合成金刚烷[35]

事实上，几乎所有带有张力且含有十个以上碳原子的多环烷烃都能重排为对应碳数的烷基金刚烷[38]。例如，甲基取代的四氢双环戊二烯和挂式四亚甲基降冰片烷可以在酸催化下重排为甲基金刚烷(图 4-7)[35,38]，其收率(40%～77%)与原料中甲基取代位置及反应条件有关，但甲基取代位置不影响产物结构，1-甲基金刚烷是主要产物。同时 1-甲基金刚烷和 2-甲基金刚烷之间存在转化平衡，由于烷基取代于叔碳原子的结构比烷基取代于仲碳原子的结构更稳定(烷基取代于叔碳原子结构的能量更低)，因此 1-甲基金刚烷在热力学上更具优势[35]。但甲基金刚烷具有高度对称的结构，冰点较高(常温下为固体)，不能单独作为液体燃料使用。

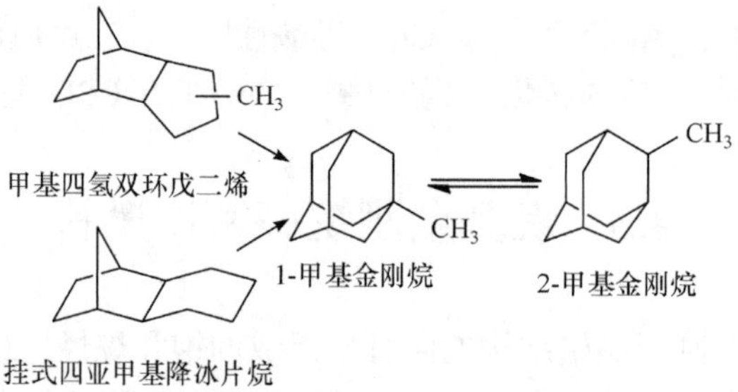

甲基四氢双环戊二烯

挂式四亚甲基降冰片烷

1-甲基金刚烷    2-甲基金刚烷

图 4-7    多环烷烃重排合成甲基金刚烷[35,38]

同理，1,3-二甲基金刚烷、1,3,5-三甲基金刚烷和 1,3,5,7-四甲基金刚烷是多甲基金刚烷中最稳定的构型。这些结构能够通过相同碳数的多环烷烃重排合成，如挂式甲基四亚甲基降冰片烷、二甲基四氢双环戊二烯和四氢双环己二烯都能重排为 1,3-二甲基金刚烷(图 4-8)[31]。虽然 1,3-二甲基金刚烷是最终产物，但在重排反应前期，仍会生成一些不稳定的构型，如 1,4-二甲基金刚烷、1,2-二甲基金刚烷、2,6-二甲基金刚烷、2,4-二甲基金刚烷和 2,2-二甲基金刚烷。重排过程受热力学控制，可以利用密度泛函理论(DFT)计算各种二甲基金刚烷的热力学相对稳定性来预测反应路径。如表 4-2 所示[31]，在不同的计算方法下，六种同分异构体的相对电子能($E_{rel}$)和吉布斯自由能变($\Delta G$)均有相同的变化趋势，

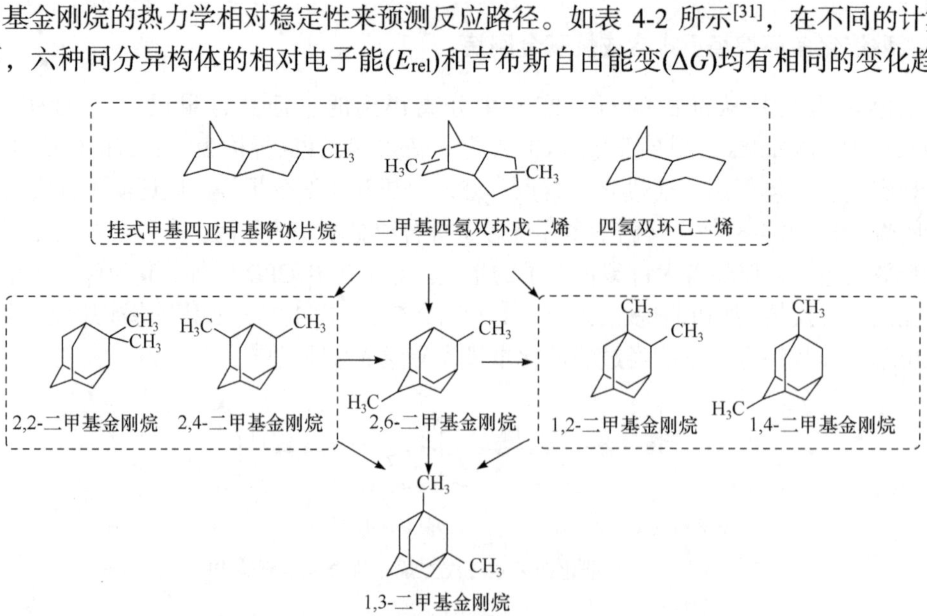

挂式甲基四亚甲基降冰片烷    二甲基四氢双环戊二烯    四氢双环己二烯

2,2-二甲基金刚烷    2,4-二甲基金刚烷    2,6-二甲基金刚烷    1,2-二甲基金刚烷    1,4-二甲基金刚烷

1,3-二甲基金刚烷

图 4-8    重排反应合成二甲基金刚烷及甲基迁移流程图[31]

生成的 1,3-二甲基金刚烷的吉布斯自由能变最小且总电子能最低,因此 1,3-二甲基金刚烷是热力学最稳定的构型。类似地,六种二甲基金刚烷的相对稳定性顺序为:1,3-二甲基金刚烷>1,4-二甲基金刚烷>1,2-二甲基金刚烷>2,6-二甲基金刚烷>2,4-二甲基金刚烷>2,2-二甲基金刚烷。随着反应的进行,这些不稳定的二甲基金刚烷会经历甲基迁移反应,最终生成最稳定的 1,3-二甲基金刚烷。结合 DFT 计算及定量监测重排过程中同分异构体含量变化,推测出可能的重排过程(图 4-8)[31]。通过优化反应条件,包括催化剂及其用量、反应温度和溶剂,二甲基金刚烷收率能达到 89%。

表 4-2　理论计算的二甲基金刚烷相对电子能及吉布斯自由能变[31]

| 二甲基金刚烷 | B3LYP/6-31g(d) | | M052X/6-31g(d) | | M052X/6-311g(d,p) | |
|---|---|---|---|---|---|---|
| | $E_{rel}$ / (kJ/mol) | $\Delta G$ / (kJ/mol) | $E_{rel}$ / (kJ/mol) | $\Delta G$ / (kJ/mol) | $E_{rel}$ / (kJ/mol) | $\Delta G$ / (kJ/mol) |
| 1,3-二甲基金刚烷 | 0 | −53.6 | 0 | −67.6 | 0 | −68.4 |
| 1,4-二甲基金刚烷 | 11.1 | −45.2 | 12.8 | −63.2 | 13.4 | −63.6 |
| 1,2-二甲基金刚烷 | 17.5 | −38.0 | 16.7 | −55.2 | 17.3 | −57.2 |
| 2,6-二甲基金刚烷 | 23.0 | −27.2 | 26.5 | −43.9 | 27.8 | −43.7 |
| 2,4-二甲基金刚烷 | 23.8 | −19.8 | 27.2 | −42.5 | 28.6 | −42.1 |
| 2,2-二甲基金刚烷 | 33.9 | −11.9 | 31.3 | −30.9 | 32.1 | −32.5 |

生物质衍生物也是制备烷基金刚烷的重要原料[39]。柏木油主要由三环结构的倍半萜烯组成,包括 $\alpha$-柏木烯、$\beta$-柏木烯、罗汉柏烯及大量的柏木醇,柏木醇经过脱水和加氢生成柏木烷,再经过 AlCl₃ 催化重排可以制备烷基金刚烷混合物,包含 1,3-二甲基金刚烷(含量为 3.6%)、1-乙基-3,5,7-三甲基金刚烷(含量为 48.6%)以及其他烷基金刚烷(图 4-9)[39]。

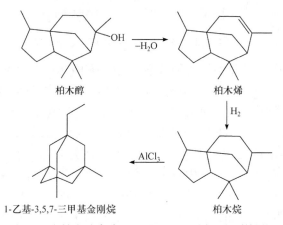

图 4-9　由柏木醇合成 1-乙基-3,5,7-三甲基金刚烷[39]

烷基取代单金刚烷密度普遍较低，而更多碳环数(四环及五环)的烷基金刚烷密度更高，可选择具有更多碳原子数和更多碳环数的多环烷烃作为原料进行重排合成。通过路易斯(Lewis)酸催化四氢三环戊二烯(THTCPD，$C_{15}$)重排反应能够合成四环及五环结构 $C_{15}$ 烷基金刚烷，包括甲基-1,2-四亚甲基金刚烷、甲基-二乙基金刚烷和甲基二金刚烷(图 4-10)[40]。从桥式到挂式的构型转变是相对容易的[41]，而合成烷基金刚烷的骨架重排反应较为缓慢，包括脱氢和多步 Wagner-Meerwein 重排，因此需在高温下(>140℃)进行。当温度从 140℃升高到 200℃时，虽然金刚烷的液相收率从 18.8%增加到 65.8%，但体系结焦严重，碳收率从 80.5%降到 70.8%。

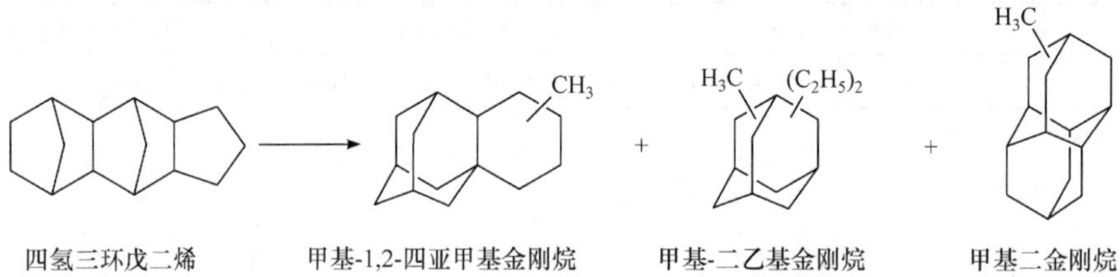

图 4-10    由四氢三环戊二烯重排合成 $C_{15}$ 烷基金刚烷[40]

### 4.2.2    离子液体催化多环烷烃重排合成烷基金刚烷

虽然通过 $AlCl_3$ 催化 *endo*-THDCPD 制备金刚烷的方法已经实现工业化，但存在一定的问题，如催化剂用量较大、酸腐蚀设备、产物分离困难和催化剂不能回收等。虽然非均相催化，如分子筛[11,42]，能够催化重排合成金刚烷的反应，但反应温度较高且收率很低。离子液体具有不易燃、酸性可调、几乎无蒸气压等特性，同时能减少溶剂的使用、有利于产物分离及催化剂重复使用，被广泛用作绿色催化剂[43-47]。同样地，氯铝酸型离子液体也能催化 *endo*-THDCPD 合成 *exo*-THDCPD(高密度燃料 JP-10 的主要成分)和金刚烷[47-48]。其中酸强度是决定催化反应活性的关键，离子液体的酸性物种取决于 $AlCl_3$ 的摩尔分数(BMIM 为 1-丁基-3-甲基咪唑氯盐)：

$$[BMIM]Cl + AlCl_3 \longrightarrow [BMIM]^+ + [AlCl_4]^-$$

$$[AlCl_4]^- + AlCl_3 \longrightarrow [Al_2Cl_7]^-$$

$$[Al_2Cl_7]^- + AlCl_3 \longrightarrow [Al_3Cl_{10}]^-$$

如图 4-11 所示[48]，这些酸性物种有不同的酸强度($[Al_3Cl_{10}]^->[Al_2Cl_7]^->[AlCl_4]^-$)。当 $AlCl_3$ 的摩尔分数小于 0.5 时($x<0.5$)，离子液体中的阴离子$[AlCl_4]^-$没有任何酸性，与纯乙腈的红外振动峰相同；当 $AlCl_3$ 的摩尔分数大于 0.5 时($x>0.5$)，$[Al_2Cl_7]^-$和$[Al_3Cl_{10}]^-$酸性物种相继出现，红外振动峰向更高波数移动，呈现出更强的酸性[48]。同时，不同的阳离子对离子液体的酸性也有影响，1538 $cm^{-1}$ 附近对应于离子液体中的布朗斯特(Brønsted)酸性位，而吡啶盐酸盐(PHC)、盐酸三乙胺(TEAC)和 1-丁基-3-甲基咪唑盐酸盐(BMIC)基的离子液体对应的路易斯酸性位分别是 1457 $cm^{-1}$、1456 $cm^{-1}$、1454 $cm^{-1}$(图 4-12)[49]，这表明酸性既能通过 $AlCl_3$ 的摩尔分数来调整，也能通过阳离子类型来调整[50]，进而增加酸催化重排反应的可调节性。

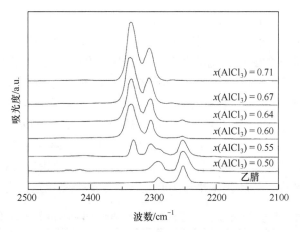

图 4-11　不同 AlCl₃ 摩尔分数的氯铝酸型离子液体傅里叶变换红外光谱[48]

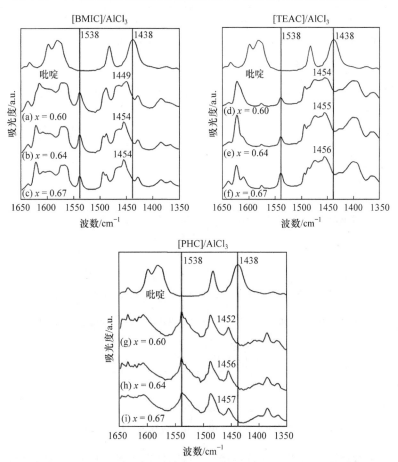

图 4-12　不同阳离子的氯铝酸型离子液体傅里叶变换红外光谱[49]

　　氯铝酸型离子液体能够催化一系列多环烷烃，包括三甲基四氢双环戊二烯、四环十二烷(TCDD)和四环十四环(TCTD)发生骨架重排合成烷基金刚烷[33]。如前所述，多环饱和烷烃重排为金刚烷的实质在于其热力学优先性，为得到相关原料及烷基金刚烷产物的相对能量，采用密度泛函函数 M05-2X 进行了理论计算，烷基金刚烷产物与它们对应的反应物之间的能量差值(同时也是标准生成焓的差值)列于表 4-3[33]。由表 4-3 可以直观地看出，相对于反应原料的能量，烷基金刚烷能量明显更低，充分说明烷基金刚烷是热力学最稳定的结构。以三甲基四氢双环戊二烯重排反应为例，由能量差的计算结果来看，该重排反应产物的热力学稳定性顺序为 1,3,5-三甲基金刚烷＞1-甲基-3-乙基金刚烷＞1,3,4-三甲基金刚烷＞三甲基四氢双环戊二烯，这说明 1,3,5-三甲基金刚烷是该体系最稳定的产物，也表示 1,3,4-三甲基金刚烷有可能通过甲基的迁移生成更稳定的 1,3,5-三甲基金刚烷。根据理论计算及实验结果推测出可能的反应路径，如图 4-13 所示[33]。在最优条件下三甲基四氢双环戊二烯转化率接近 100%，$C_{13}$ 烷基金刚烷选择性超过 80%。

**表 4-3　理论计算的烃类反应物与烷基金刚烷产物之间的能量差值[33]**

| 碳氢化合物 | $\Delta E^a$ / (kJ/mol) | $\Delta E^b$ / (kJ/mol) | $\Delta E^c$ / (kJ/mol) |
|---|---|---|---|
| 挂式-桥式-四环十二烷 | — | −159.3 | — |
| 1,3-二甲基金刚烷 | — | −3402.5 | — |
| 1,4-二甲基金刚烷 | — | −3390.8 | — |
| 1-乙基金刚烷 | — | −3380.7 | — |
| 2-乙基金刚烷 | — | −3363.2 | — |
| 1,3,5-三甲基金刚烷 | −165.6 | — | — |
| 1-甲基-3-乙基金刚烷 | −146.2 | — | — |
| 1,3,4-三甲基金刚烷 | −145.1 | — | — |
| 1,2-四亚甲基金刚烷 | — | — | −102.8 |

注：$\Delta E$ 是相对于三甲基四氢双环戊二烯(a)、*exo-exo*-TCDD(b)和 TCTD(c)的能量差值。

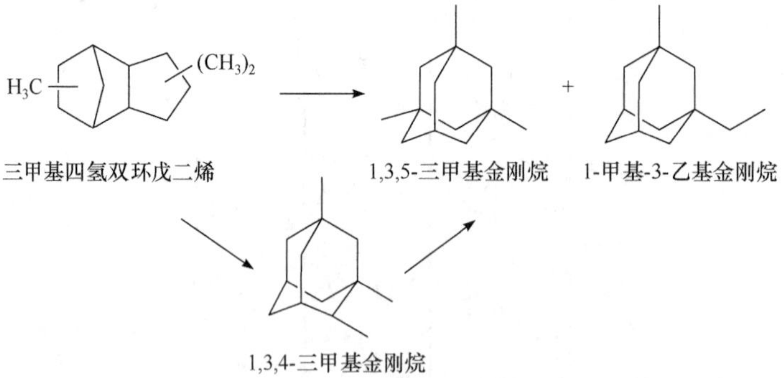

图 4-13　离子液体催化三甲基四氢双环戊二烯重排反应[33]

与甲基四氢双环戊二烯的重排反应类似，TCDD 首先经历由挂式-挂式到挂式-桥式的构型异构反应，然后骨架重排为烷基取代金刚烷(收率＞90%)，包括 1,3-二甲基金刚烷、1,4-二甲基金刚烷、1-乙基金刚烷和 2-乙基金刚烷，反应路径见图 4-14[33]。尽管二甲基四氢双环戊二烯和 TCDD 有明显不同的分子结构，但它们经重排反应生成基本相同的烷基取代金刚烷产物。这说明，尽管要经过不同的反应能垒及反应途径，多环烷烃的重排反应最终会生成热力学最稳定的烷基金刚烷。在催化 TCTD 重排的反应中，1,2-四亚甲基金刚烷是唯一的金刚烷类产物且为主产物(收率＞90%)(图 4-15)[33]。同时，氯铝酸型离子液体也能催化 THTCPD 重排为 $C_{15}$ 烷基金刚烷(原料转化率约为 70%，$C_{15}$ 烷基金刚烷选择性＞90%)，与酸催化 THTCPD 重排产物相似[25,50]。不同于传统的酸催化体系，离子液体催化多环烷烃重排制备烷基金刚烷是一种更加绿色的合成工艺，具有产物易分离且催化剂易回收等优点。

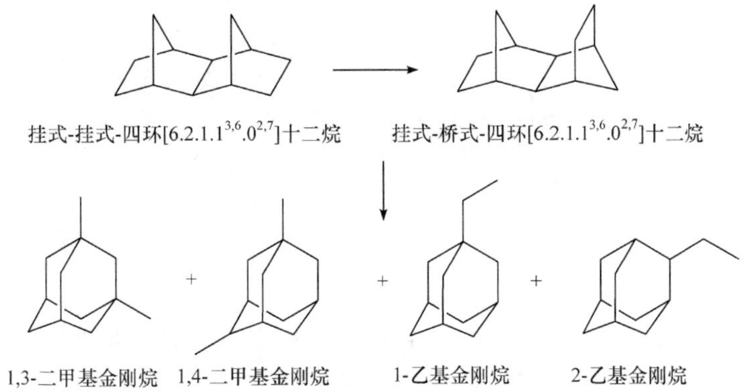
挂式-挂式-四环[6.2.1.1^3,6^.0^2,7^]十二烷
挂式-桥式-四环[6.2.1.1^3,6^.0^2,7^]十二烷
1,3-二甲基金刚烷
1,4-二甲基金刚烷
1-乙基金刚烷
2-乙基金刚烷

图 4-14　离子液体催化四环十二烷重排反应[33]

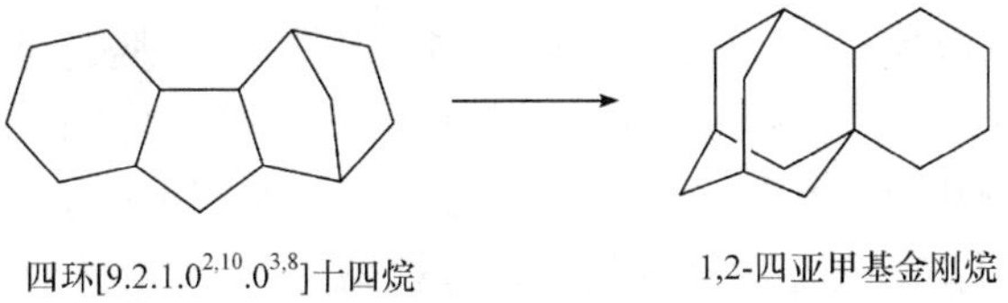
四环[9.2.1.0^2,10^.0^3,8^]十四烷
1,2-四亚甲基金刚烷

图 4-15　离子液体催化四环十四烷重排反应[33]

### 4.2.3　烷基化反应合成烷基金刚烷

除了骨架重排反应，对金刚烷进行烷基化也能合成烷基金刚烷。金刚烷分子的四个叔碳原子上的氢原子有较强的化学活性，可发生取代反应，生成系列金刚烷衍生物。不同于多环烷烃重排制备烷基金刚烷，烷基化反应产物选择性高且产物结构可控。卤代烃能作为烷基化试剂与金刚烷发生烷基化反应制备单取代烷基金刚烷(图 4-16)[50]，包括甲基(收率为 97%)、乙基(95%)、丙基(94%)、异丙基(86%)、丁基(94%)、异丁基(82%)和叔丁基金刚烷(98%)，增加烷基化试剂的剂量能够得到二取代的烷基金刚烷。

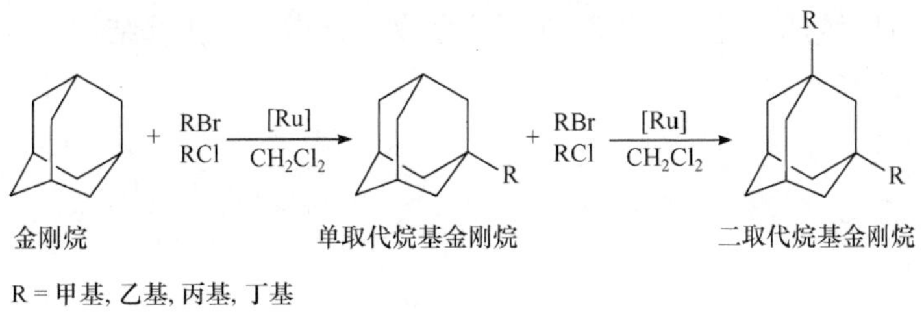
RBr
RCl
[Ru]
$CH_2Cl_2$
R
金刚烷
单取代烷基金刚烷
二取代烷基金刚烷
R = 甲基, 乙基, 丙基, 丁基

图 4-16　卤代烃与金刚烷烷基化反应[50]

　　相比较卤代烃而言，用烷烃作为烷基化试剂具有含量丰富(能够通过石油馏分和生物质衍生物碳氢化合物得到)、成本低和种类多样等优势。例如，以壬烷和庚烷作为烷基化试剂，以 AlBr$_3$ 为催化剂能够合成 C$_{11}$～C$_{13}$ 和 C$_{13}$～C$_{15}$ 的烷基金刚烷混合物(图 4-17)[30]。其他的烷基化试剂，包括烯烃和醇也能用于烷基化反应，但是存在一些缺点，如在强酸条件下，烯烃很容易异构和聚合，醇容易脱水、氧化和多聚等[51]。

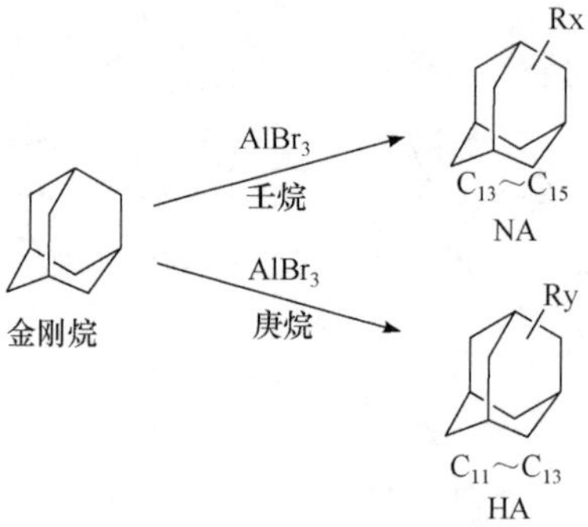

图 4-17　烷烃与金刚烷烷基化反应(NA 为金刚烷和壬烷的烷基化产物；HA 为
金刚烷和庚烷的烷基化产物)[30]

　　为了进一步合成多甲基金刚烷，采用四甲基硅烷作为烷基化试剂，与二甲基金刚烷进行烷基化反应(亲电取代)，能够进一步得到多甲基取代金刚烷，反应路径如图 4-18 所示[34]。随着反应物中二甲基金刚烷的减少，1,3,5-三甲基金刚烷作为中间产物首先生成，随后甲基取代 1,3,5-三甲基金刚烷叔碳原子上的氢，1,3,5-三甲基金刚烷逐渐减少，最终转化为 1,3,5,7-四甲基金刚烷。由于该反应区域选择性高，没有产生其他构型的四甲基金刚烷。

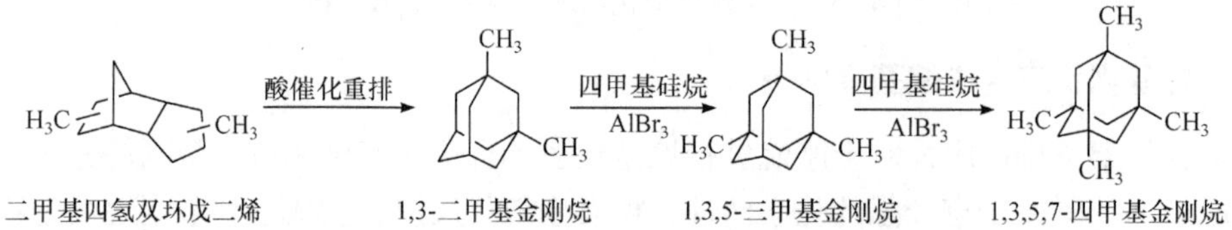

图 4-18　四甲基金刚烷合成路线[34]

　　为了可控合成不同取代烷基长度的烷基金刚烷，Harvey 等[29]以金刚烷衍生物为反应物，通过烷基化反应(亲核取代/加成)合成了不同烷基结构的烷基金刚烷，包括 2-乙基金刚烷、2-丙基金刚烷、2-丁基金刚烷和 1-戊基金刚烷(图 4-19)。相比于多环烷烃重排反应，烷基化反应具有区域选择性，能够精准可控合成具有指定取代基结构、取代基数量和取代位置的烷基金刚烷，产物组成单一。

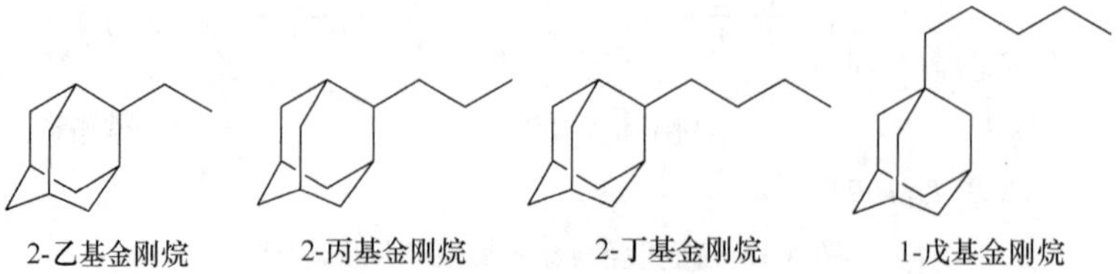

图 4-19　不同的烷基金刚烷结构[29]

#### 4.2.4 烷基金刚烷的性质

表 4-4 汇总了已报道的烷基金刚烷燃料及其性质。对于单取代烷基金刚烷，取代烷基长度越长，密度越低、黏度越大(如 2-乙基金刚烷的密度为 0.954 g/mL、−20℃黏度为 55 cSt；1-戊基金刚烷的密度为 0.915 g/mL、−20℃黏度为 100 cSt)。碳氢化合物的冰点主要取决于分子结构的对称性，对称度越低，冰点越低，如对二甲苯比邻二甲苯和间二甲苯的冰点高，而环己烷、苯、对二甲苯有相似的冰点。烷基取代位置会影响烷基金刚烷燃料的性能(密度、冰点、黏度)，如二甲基金刚烷燃料 D-B 的密度为 0.922 g/mL，比二甲基金刚烷燃料 D-A 的密度(0.903 g/mL)高，同时 D-B 燃料的体积热值也更大(38.7 MJ/L)。D-A 燃料主要由 1,3-二甲基金刚烷组成，而 D-B(混合物)组成结构更加紧凑，因此密度更高(两种二甲基金刚烷燃料组成见图 4-20[31])。在 D-B 燃料中缺乏对称中心，所以冰点比 D-A 燃料更低(表 4-4)。二甲基金刚烷燃料具有较短的甲基支链，其低温黏度比其他烷基金刚烷燃料更低(表 4-4)[31]。与多环烷烃密度规律类似，更多碳环数的烷基金刚烷密度更高。$C_{15}$ 烷基金刚烷主要由四环结构的甲基-1,2-四亚甲基金刚烷组成，其密度(0.976 g/mL)比其他以单金刚烷为母体的烷基金刚烷高；同时由于组成复杂且结构具有不对称性，$C_{15}$ 烷基金刚烷也具有优异的低温性质(冰点 <−70℃)。总的来说，燃料的密度主要与烷基结构、取代位置及碳环数有关，碳环数越多、燃料分子结构越紧凑，燃料密度越高；而燃料的冰点主要由分子的对称性及组成复杂程度决定，组成越复杂、分子结构对称性越低，燃料冰点越低。

表 4-4 烷基金刚烷的性质

| 烷基金刚烷燃料 | 密度(15℃)/(g/mL) | 冰点/℃ | 黏度(−20℃)/cSt | 净热值/(MJ/L) | 参考文献 |
|---|---|---|---|---|---|
| 三甲基金刚烷 | 0.889 | −20 | 7.0(−15℃) | 37.4 | [34] |
| 乙基-三甲基金刚烷混合物 | 0.896 | — | 18 | 37.8 | [39] |
| 二甲基金刚烷(D-A) | 0.903 | −60 | 13.4 | 37.7 | [31] |
| $C_{13}$~$C_{15}$烷基金刚烷(NA) | 0.912 | — | 60.6 | 38.5 | [30] |
| 1-戊基金刚烷 | 0.915 | −22 | 100 | 39.0 | [29] |
| $C_{11}$~$C_{13}$烷基金刚烷(HA) | 0.919 | — | 20.5 | 38.6 | [30] |
| 二甲基金刚烷(D-B) | 0.922 | <−75 | 23.4 | 38.7 | [31] |
| 2-丁基金刚烷 | 0.928 | — | 104 | 39.6 | [29] |
| 四甲基金刚烷 | 0.933(室温) | 64.5 | — | 39.5 | [34] |
| 2-丙基金刚烷 | 0.933 | −32 | 68 | 39.2 | [29] |
| 2-乙基金刚烷 | 0.954 | −24 | 55 | 40.2 | [29] |
| $C_{15}$烷基金刚烷 | 0.976 | <−70 | 83.0 | 40.6 | [40] |

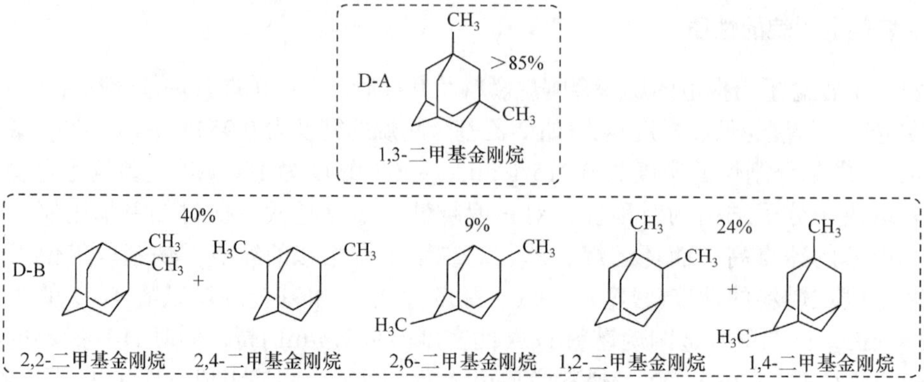

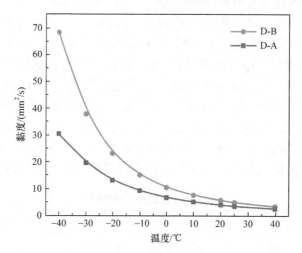

图 4-20　两种二甲基金刚烷燃料组成[31]

图 4-21　两种二甲基金刚烷燃料–40～40℃的黏度[31]

　　随着对燃料热安定性要求的提高，开展碳氢燃料热安定性的研究显得尤为重要。高压差示扫描量热仪能够测量在程序升温过程中样品的热量变化，测定燃料的起始氧化温度(onset oxidation temperature)。起始氧化温度由曲线上的热量拐点对应的温度确定，一般来说，起始氧化温度越高，燃料的热安定性越好。影响燃料热安定性最根本的原因是其化学组成，具体来讲是指碳氢化合物中的碳原子种类，其中季碳原子最稳定，各种碳原子的稳定性顺序为季碳原子＞伯碳原子＞仲碳原子＞叔碳原子[52]。图 4-22[31]给出了几类典型碳氢燃料的热安定性，包括两种二甲基金刚烷燃料(D-A 和 D-B)、JP-10 (exo-THDCPD)、RJ-4(甲基四氢双环戊二烯)、十氢萘(JP-900 的主要组成)。可以看出，二甲基金刚烷燃料 D-A 比二甲基金刚烷燃料 D-B 更加稳定(起始氧化温度更高)，原因是 D-A 燃料主要由 1,3-二甲基金刚烷组成，结构中包含两个季碳原子和两个叔碳原子，而 D-B 燃料主要由其他二甲基金刚烷同分异构体组成，包含 0～1 个季碳原子和 4～6 个叔碳原子。相比于其他多环碳氢燃料(JP-10、RJ-4、十氢萘)，二甲基金刚烷燃料 D-A 中叔碳原子更少，表现出更高的热安定性，且热安定性优于几类典型的多环碳氢燃料。真实燃料通常需要添加抗氧剂，但抗氧剂(2,6-二叔丁基对甲酚)的加入并不会改变其热安定性的顺序[图 4-22(b)]。

由此可见，不同甲基取代位置的二甲基金刚烷有不同的密度、低温性质和热安定性，甲基取代在金刚烷叔碳原子上能够明显改善烷基金刚烷的热安定性，这为可控调节烷基金刚烷的性质提供了思路。

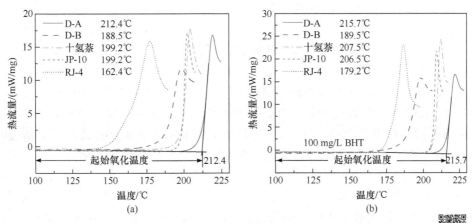

图 4-22　二甲基金刚烷燃料[(a)不含和(b)含 100 mg/L 抗氧剂]起始氧化温度[31]

为探究 1,3-二甲基金刚烷在更接近实际工况条件下的热稳定性，采用恒容和恒压热裂解实验对其进行评价(图 4-23)[32]，1,3-二甲基金刚烷在 420℃的恒容热裂解转化率小于 2%，在 470℃的恒容热裂解转化率小于 13%，因此在 420～470℃ 1,3-二甲基金刚烷热裂解程度较低，热稳定性好。恒压热裂解反应(470℃、8 h)后收集到的液体组分主要为金刚

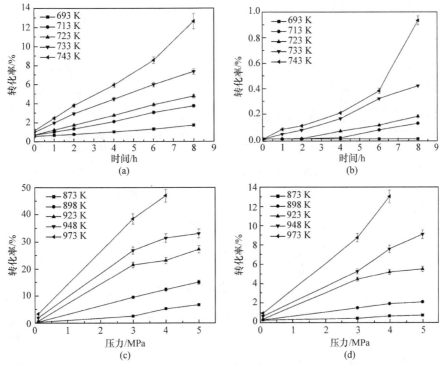

图 4-23　1,3-二甲基金刚烷燃料恒容恒压热裂解转化率及气体产率随时间的变化[32]

烷衍生物，可见即使经历了较长的反应时间，1,3-二甲基金刚烷仍然具有较高的热稳定性。芳烃化合物作为结焦前驱体，其生成量和种类的变化一定程度上反映了燃料的热稳定性变化，相比于 JP-10，1,3-二甲基金刚烷在更高的温度、压力和更长的停留时间(650℃、5.0 MPa、2.522 s)下热裂解才有双环芳烃生成，且结焦量明显低于 JP-10。同时，利用喷气燃料热安定性测定法对 1,3-二甲基金刚烷燃料进行测试(355℃、5 h)，结果表明过滤器上压力降为 0 kPa，远低于 JP-10 燃料标准(300℃、2.5 h、25 mmHg)。因此，1,3-二甲基金刚烷的热稳定性优于 JP-10。

图 4-24(a)给出了不同甲基金刚烷(包括 1-甲基金刚烷、1,3-二甲基金刚烷、1,3,5-三甲基金刚烷、1,3,5,7-四甲基金刚烷)、十氢萘(JP-900 燃料的主要组成)和 JP-10 的非等温高压差示扫描量热曲线[34]。图中各燃料氧化起始温度服从四甲基金刚烷 ≫ 三甲基金刚烷 > 二甲基金刚烷 > 十氢萘 ≈ JP-10 > 甲基金刚烷的规律，因此四甲基金刚烷和三甲基金刚烷的热安定性明显高于 JP-10 和十氢萘。在 140℃和 700 kPa 氧气气氛下进行快速小型氧化实验，测定氧化过程中氧气消耗引起的压力变化曲线，如图 4-24(b)所示。氧气压力曲线呈抛物线形状，氧化诱导时间为压降到达 10%所需的时间。氧气消耗速率(如压降所示)顺序符合甲基金刚烷 > 十氢萘 > JP-10 > 二甲基金刚烷 > 三甲基金刚烷 > 四甲基金刚烷，说明四甲基金刚烷和三甲基金刚烷的氧化速度明显低于其他燃料，这与氧化起始温度结果一致。四甲基金刚烷的氧化诱导时间为 1232.3 min，比 JP-10 提高近 10 倍[图 4-24(c)]。甲基取代在叔碳原子会降低甲基金刚烷的氧化性，甲基取代基的增加可以提高甲基金刚

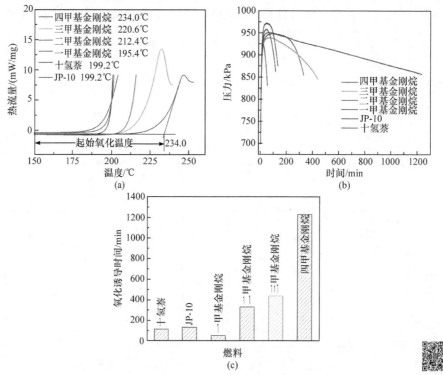

图 4-24　(a)非等温高压差示扫描量热实验曲线；(b)快速小型氧化实验的氧压信号；(c)甲基金刚烷的快速小型氧化实验氧化诱导时间[34]

烷的氧化安定性，因此在叔碳上引入甲基取代基，将碳原子的类型变为季碳，可以提高化合物氧化安定性。由于含有四个季碳原子且不含叔碳原子，四甲基金刚烷在所有燃料中表现出最好的氧化安定性(表 4-5)，而甲基金刚烷包含三个容易被氧化的叔碳原子，因此氧化安定性最差。与其他链烷烃(正辛烷、正癸烷、正十二烷、正十四烷)相比，三甲基金刚烷和四甲基金刚烷具有更好的氧化安定性，且四甲基金刚烷比多支链的烷烃(2,2,4-三甲基戊烷)氧化稳定性更好。

表 4-5　不同碳氢化合物的氧化安定性[34]

| 碳原子数量 | 碳氢化合物 | 氧化诱导时间/min |
| --- | --- | --- |
| 8 | 正辛烷 | 约 240 |
| | 2-甲基庚烷 | 约 90 |
| | 2,5-二甲基己烷 | 约 30 |
| | 2,2,4-三甲基戊烷 | 约 1200 |
| 10 | 正癸烷 | 203 |
| | 十氢萘 | 115 |
| | JP-10 | 132 |
| 11 | 1-甲基金刚烷 | 52 |
| 12 | 正十二烷 | 约 150 |
| | 1,3-二甲基金刚烷 | 329 |
| 13 | 1,3,5-三甲基金刚烷 | 437 |
| 14 | 正十四烷 | 约 132 |
| | 1,3,5,7-四甲基金刚烷 | 1232 |
| 16 | 正十六烷 | 约 120 |

四甲基金刚烷具有优异的氧化安定性，可以作为添加剂提高 JP-10 等高密度燃料的氧化安定性。将四甲基金刚烷与 JP-10 复配以探究二元混合物的氧化安定性，如图 4-25 所示[34]。随着四甲基金刚烷的加入，燃料氧化安定性呈现非线性增加的趋势。当四甲基金刚烷含量从 10wt%增加至 70wt%时，起始氧化温度从 199.2℃增加到 211.2℃，氧化诱导时间从 151.5 min 增加到 352.2 min，高氧化安定组分的加入可以减缓燃料的氧化速率，这一点表现在起始氧化温度的升高和氧化诱导时间的增长。结果表明，四甲基金刚烷是提高燃料氧化安定性的理想添加剂。但是，四甲基金刚烷是一种固体，当 50wt%四甲基金刚烷与 JP-10 混合后冰点为 3℃，在低温或高海拔地区使用时仍然偏高。为解决四甲基金刚烷冰点高的问题，可以适当降低四甲基金刚烷浓度，当然，在一些氧化安定性比低温性能更重要的情况下，将四甲基金刚烷百分比降低至 30wt%(此时冰点为−26℃)也是可以接受的。四甲基金刚烷的高熔点是由于其具有中心对称结构，可以通过另一种烷基取代其中一个甲基来打破分子结构对称性，降低冰点并保持高氧化安定性。例如，具有四个烷基取代的 1-乙基-3,5,7-三甲基金刚烷表现出良好的低温性能(−20℃时黏度为 18 cSt)。

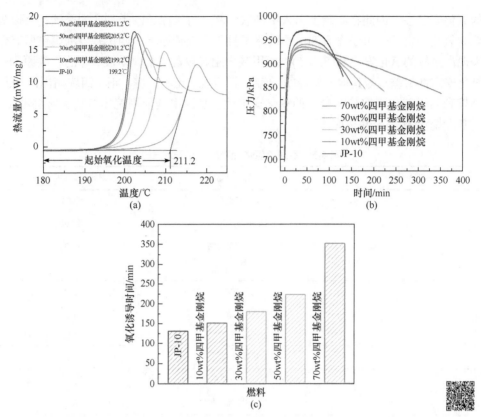

图 4-25　(a)非等温高压差示扫描量热实验曲线；(b)快速小型氧化实验的氧压信号；
(c)四甲基金刚烷/JP-10 燃料混合物的快速小型氧化实验氧化诱导时间[34]

## 4.3　生物质高密度燃料

　　人工合成的烃类燃料按照原料来源可以分为石油基高密度燃料和生物质基高密度燃料。典型的石油基高密度燃料 JP-10，密度达 0.94 g/mL，且低温性能良好，应用广泛，一些石油基燃料的密度甚至可超过 1.0 g/mL。然而随着化石能源的消耗以及环境污染问题的不断加剧，以来源丰富且可再生的生物质资源为原料制备高密度燃料逐渐引起人们的关注。

　　生物质是继煤炭、石油和天然气之后的第四大能源，也是世界上唯一的可再生碳源。与传统能源行业相比，生物质能具有可再生、污染低、分布广等特性。以生物质为原料制备液体燃料不仅可以拓展原料来源、保障能源供应安全，还可以实现生物质高效利用、提高其经济效益。因此，发展生物质基高密度燃料对提高生物质利用率、降低化石能源消耗、优化能源消费结构具有重要意义。

　　木质纤维素与萜类化合物是生物质基高密度燃料的主要原料来源。木质纤维素是植物细胞壁的主要组成成分，也是地球上最丰富的可再生资源之一。萜类化合物是一类广泛存在于植物体内的天然碳氢化合物，目前已知的萜类化合物总数超过 22000 种。按照原料来源可将生物质高密度燃料分为萜类高密度燃料及木质纤维素类高密度燃料。

### 4.3.1　生物质高密度燃料合成的共性反应

　　萜类化合物、木质纤维素及其平台化合物种类繁多、结构复杂，虽然经加氢/加氢脱氧可直接制备液体碳氢燃料，但是燃料密度较低或者低温性能较差。因此，需要基于原料的分子结构特点以及高密度燃料的分子结构特点，选择特定的碳碳偶联反应加长碳链或制备环烷烃以及多环烷烃，常用的碳碳偶联反应主要包括烷基化反应、环加成反应、Aldol 缩合反应和寡聚反应等。通过 Aldol 缩合、环加成等方式制备得到的燃料中间体通常是含有大量不饱和键的含氧化合物，这些含氧化合物的存在将会对燃料性能产生不利影响。通过化学手段对不饱和的含氧化合物进行加氢/加氢脱氧，可以提高燃料热值及稳定性，改善燃料性能。

#### 1. 烷基化反应

　　烷基化反应是合成精细化学品的常用方法之一，在石化、医药化学品等领域有广泛的应用。烷基化反应是指向有机化合物分子中的碳、氮、氧等原子上引入烷基的过程。主要分为 C-烷基化反应、N-烷基化反应和 O-烷基化反应。

　　常用的烷基化试剂包括卤烷、醇类、酯类、环氧化合物、不饱和烃、醛或酮类。卤烷、醇类和酯类化合物以取代的方式完成烷基化，不饱和烃和环氧化合物以加成的方式完成烷基化，醛类和酮类以缩合的方式完成烷基化。传统的烷基化催化剂为均相路易斯酸和质子酸，路易斯酸催化剂主要为金属卤化物，如 $AlCl_3$、$FeCl_3$、$BF_3$、$ZnCl_2$ 等，质子酸主要有氢氟酸、硫酸和磷酸。均相催化剂的催化活性较高，但存在催化剂回收困难与环境污染等问题。因此，人们更倾向于使用环境友好的固体酸催化剂，如树脂类催化剂(Nafion、Amberlyst-15 等)和分子筛催化剂(Y 沸石、β 沸石等)。

　　C-烷基化反应是直接向芳环碳原子上引入烷基的反应，又称为 Friedel-Crafts 反应，是增加环数及支链数以获得高密度燃料的重要反应之一。例如，Corma 等[53]以大孔 USY 和 ITQ-2 分子筛催化甲苯与羟甲基糠醛(HMF)的烷基化反应，得到烷基化产物以及 HMF 脱水产物，其中烷基化产物的收率在 95%以上，反应如图 4-26 所示。

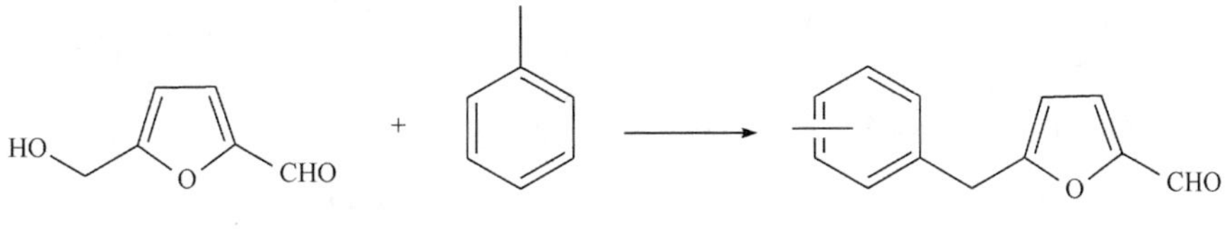

图 4-26　HMF 与甲苯烷基化示意图[53]

　　羟烷基化/烷基化反应也是构建燃料分子骨架常用的反应之一，如通过 2-甲基呋喃与醛类(羟甲基糠醛、5-甲基糠醛)、酮类(丙酮、环戊酮、环己酮)反应合成带支链的单环或者长链产物。以图 4-27 所示的环戊酮或环己酮与 2-甲基呋喃的反应为例[54]，在酸催化作用下，2-甲基呋喃中的一个氢原子加到环酮的羰基氧上形成羟基，同时环酮分子中的羰基断裂，与 2-甲基呋喃形成新的碳碳键，实现 2-甲基呋喃在环酮羰基位的加成，完成羟烷基化反应。然后，羟烷基化产物中的羟基在酸催化作用下质子化，进攻 2-甲基呋喃生成两个 2-甲基呋喃取代的环烷，完成烷基化反应。

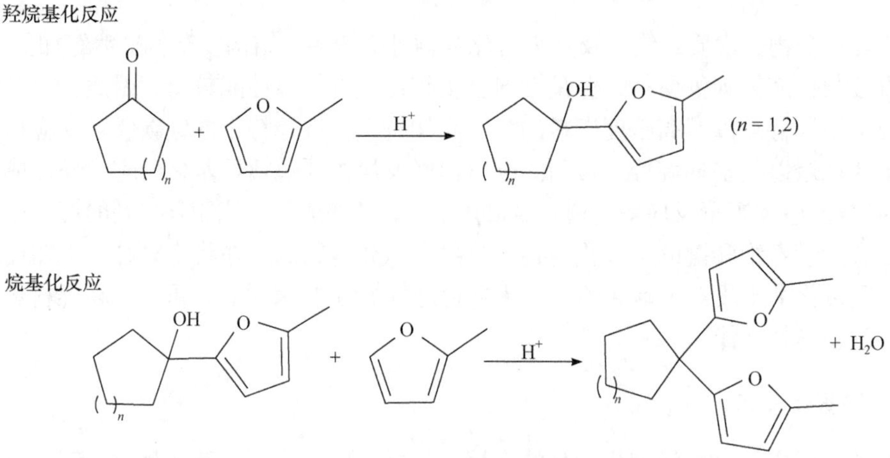

羟烷基化反应

烷基化反应

图 4-27    2-甲基呋喃与环酮的羟烷基化/烷基化反应示意图[54]

### 2. 环加成反应

环加成反应是指两个或多个不饱和分子通过双键相互加成生成环状化合物的反应，是有机化学中形成碳碳键的重要反应之一，也是由生物质衍生物制备高密度燃料的有效方法。常见的环加成反应有[4+2]环加成和[2+2]环加成。

Diels-Alder 反应又名双烯合成反应，其本质是双烯体与亲双烯体进行[4+2]环加成生成六元环。萜类化合物中常含有双键或共轭双键，是进行 Diels-Alder 反应的天然双烯体和亲双烯体。如图 4-28 所示，$\alpha$-萜品烯含有共轭双键，可与自身或者其他烯烃发生 Diels-Alder 反应生成多环化合物[55-56]。

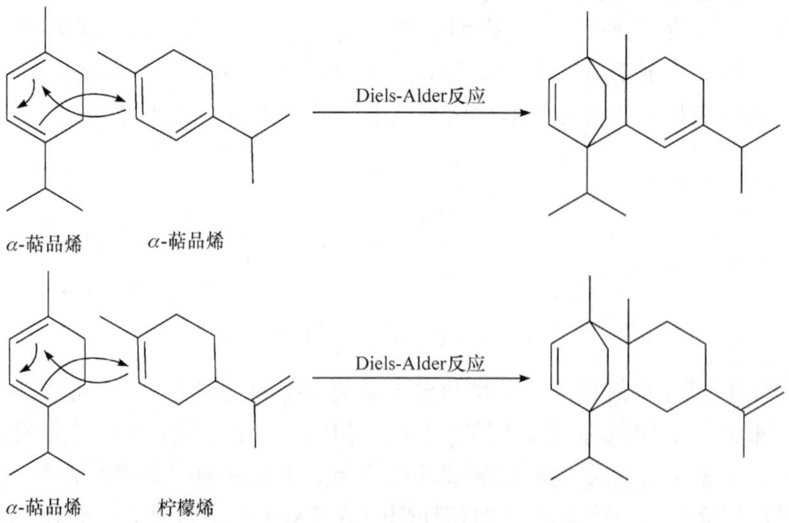

图 4-28    $\alpha$-萜品烯发生 Diels-Alder 反应示意图[55-56]

[2+2]环加成反应在加热的条件下不易发生(对称性禁阻)，而在光照的条件下可顺利进行(对称性允许)，这是由分子轨道的对称性决定的。以最简单的乙烯[2+2]环加成生成环丁烷的反应为例，在热反应中[图 4-29(a)]，一个乙烯分子的最高占据分子轨道(HOMO)为 π 轨道，另一个乙烯分子的最低未占据分子轨道(LUMO)为 π* 轨道，π 与 π* 轨道的对称性相反，因此是对称性禁阻的。在光反应中[图 4-29(b)]，处于基态的乙烯分子的 LUMO 为 π* 轨道，另一个处于激发态的乙烯分子的 HOMO 也为 π* 轨道，二者对称性相同可以重叠成键，因此是对称性允许的。

HOMO　　　　　　　　　HOMO

LUMO　　　　　　　　　LUMO

(a) 对称性禁阻　　　　　　　(b) 对称性允许

图 4-29　[2+2]环加成轨道对称性分析

光敏剂能够吸收光能并通过能量或电子转移引发光化学反应。酮类化合物如二苯甲酮、苯乙酮、丙酮等是典型的光敏剂。天津大学燃料团队[57]研究发现，木质纤维素平台化合物异佛尔酮也是良好的光敏剂，同时又可以作为反应物与一系列烯烃发生光敏化[2+2]环加成反应，合成多环燃料(图 4-30)。

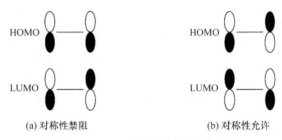

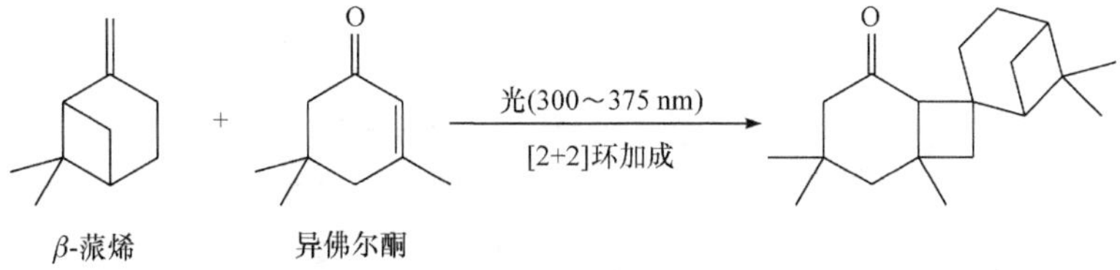

$\beta$-蒎烯　　　　异佛尔酮

图 4-30　$\beta$-蒎烯与异佛尔酮发生光敏化[2+2]环加成示意图[57]

### 3. Aldol 反应

Aldol 反应又称羟醛缩合反应，指一个醛(或酮)分子的 $\alpha$-氢加到另一个醛(或酮)分子的羰基氧原子上，其余部分加到羰基碳原子上，生成一分子 $\beta$-羟基醛或一分子 $\beta$-羟基酮。$\alpha$-氢原子比较活泼，含有 $\alpha$-氢原子的 $\beta$-羟基醛或酮容易失去一分子水形成更稳定的不饱和醛或酮。纤维素、半纤维素平台化合物大多含有羰基，可在酸性条件或碱性条件下通过 Aldol 反应形成新的碳碳键。

木质纤维素平台化合物 5-羟甲基糠醛和糠醛都含有羰基，但是二者不含 $\alpha$-氢原子而不能发生自身 Aldol 缩合，只能与其他含羰基的原料(如丙酮、异佛尔酮、环戊酮等)发生缩合反应，多用于制备链烃或者含支链的环烷烃。如图 4-31 所示，糠醛和丙酮通过 Aldol 缩合生成亚糠基丙酮和二亚糠基丙酮，加氢脱氧成为 $C_8$ 和 $C_{13}$ 的长链烷烃[58]。

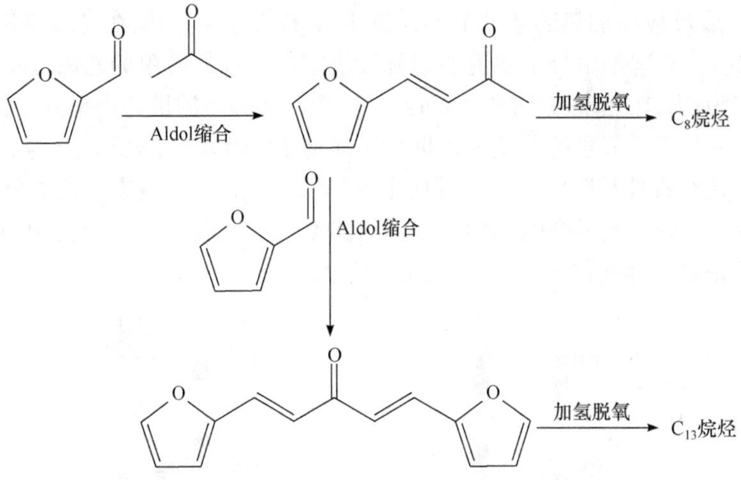

图 4-31　糠醛与丙酮的 Aldol 缩合反应示意图[58]

一些醛类或酮类化合物含有 $\alpha$-氢原子，如环戊酮和环己酮，可以发生自身 Aldol 缩合反应。如图 4-32 所示，Yang 等[59]以镁铝水滑石为催化剂，在无溶剂环境中实现环戊酮自缩合，获得含 $C_{10}$ 缩合产物，收率达 86%；天津大学燃料团队[60]以环己酮为反应物、以 MIL-101 包覆的磷钨酸为催化剂，高选择性合成双环己酮缩合物。此外，一些多酮碳链如 2,5,8-三壬酮的分子内含有 $\alpha$-氢原子，并且两个羰基间隔两个碳，可发生分子内缩合生成环烷烃[61]。

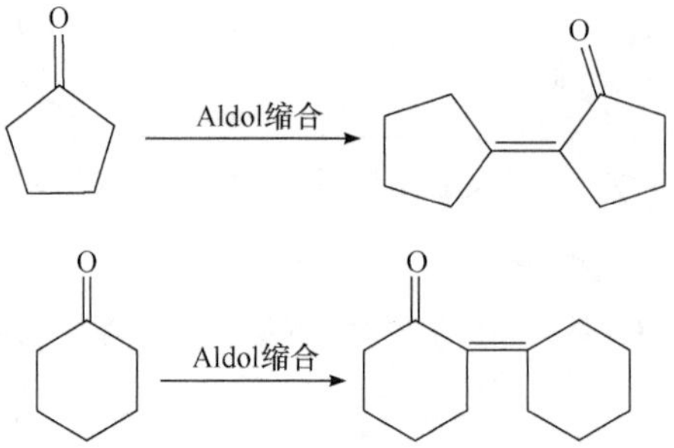

图 4-32　环戊酮及环己酮 Aldol 自缩合反应示意图[59-60]

### 4. 寡聚反应

寡聚反应是指含有不饱和键的化合物生成低分子量聚合物的过程，其本质是加成反应。烯烃寡聚制备长链烷烃是常见的生物燃料制备方法。例如，Harvey 等[62]研究发现，生物丁醇脱水产物 1-丁烯的二聚产物(2-乙基-1-己烯)在固体酸的催化下可发生寡聚反应，经 $PtO_2$ 催化加氢后得到与 JP-5 性质接近的 $C_{16}$ 链烷烃。此外，他们[63]还以生物乙醇脱水缩合得到的 1-己烯为原料(图 4-33)，经 $Cp_2ZrCl_2$/MAO 催化寡聚为 $C_{12}$ 二聚产物及 $C_{18}$ 三聚产物，加氢脱氧后得到 $C_{12}$ 及 $C_{18}$ 链烷烃燃料。

除链状烯烃外，环烯烃也可以通过寡聚反应来实现碳碳偶联。例如，Wekesa 等[64]采用路易斯酸催化剂 $FeX_3$(X=Cl 或 Br)分别实现环戊烯、环己烯、环庚烯、环辛烯的二聚，环烯烃的碳数越高二聚物收率越高，环辛烯二聚物的收率达到 59%(图 4-34)。环状单萜烯是天然的环烯烃来源，同样可通过寡聚反应生成二环或多环结构(图 4-35)。

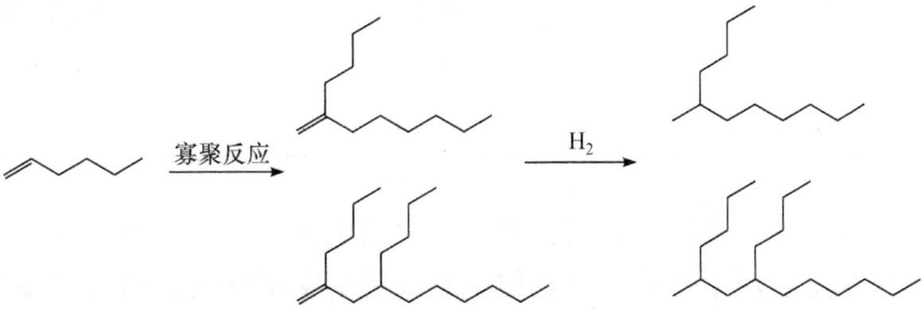

图 4-33　1-己烯寡聚反应示意图[63]

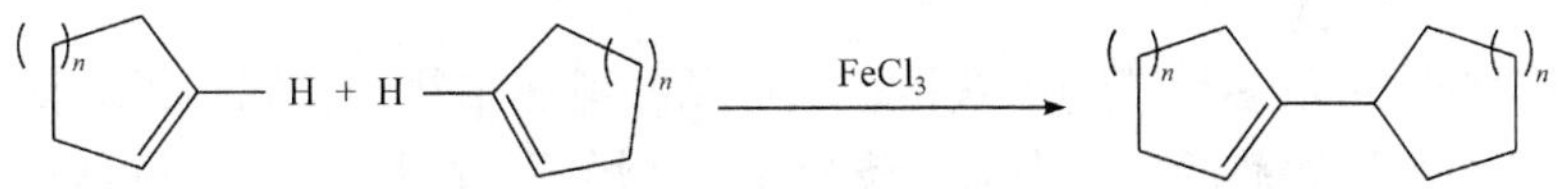

图 4-34　环烯烃寡聚反应示意图[64]

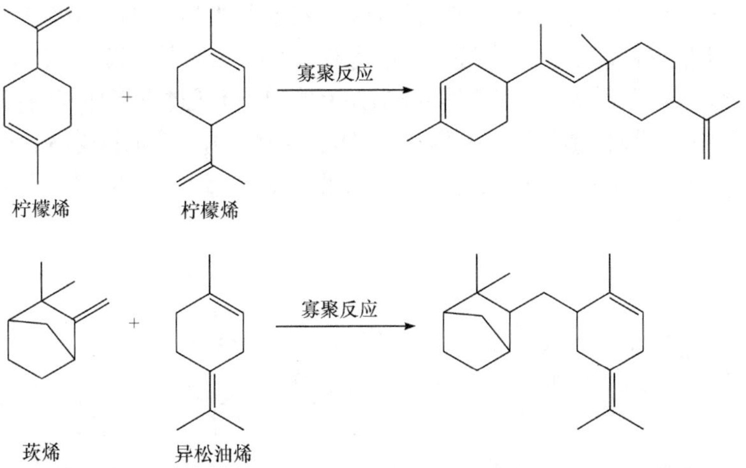

柠檬烯　　　　柠檬烯

莰烯　　　　异松油烯

图 4-35　萜烯类化合物寡聚反应示意图[65-66]

### 4.3.2　生物质高密度燃料的分类

#### 1. 萜烯类高密度燃料

萜类化合物广泛存在于植物、昆虫和微生物中，多为带有香味的液体或结晶固体。萜类化合物指由甲戊二羟酸衍生的、分子式符合$(C_5H_8)_n$通式的含氧或不含氧的化合物，根据分子中异戊二烯单位的数目可以分为半萜、单萜、倍半萜等(表 4-6)。

表 4-6　萜的分类及典型化合物

| 异戊二烯单位 | 类别 | 典型化合物 |
| --- | --- | --- |
| 2 | 单萜 | 蒎烯、柠檬烯、莰烯等 |
| 3 | 倍半萜 | 红没药烯、金合欢烯等 |
| 4 | 二萜 | 维生素 A、甜菊苷等 |

续表

| 异戊二烯单位 | 类别 | 典型化合物 |
|---|---|---|
| 5 | 二倍半萜 | 呋喃海绵素-3 等 |
| 6 | 三萜 | 羊毛缩醇等 |
| 8 | 四萜 | $\beta$-胡萝卜素等 |

萜类化合物含有不饱和键和含氧官能团，可发生多种化学反应，为制备高密度燃料提供了可能。研究主要集中在单萜类和倍半萜烯类高密度燃料，制备方法主要包括直接加氢与二聚两种形式。

1) 单萜类高密度燃料

单萜类化合物可从多种植物中获得，其中从松科属植物的松脂中提取得到的松节油富含单萜类化合物，如蒎烯、柠檬烯、莰烯和三环烯等，这些萜烯分子可以提供多元环、桥环、环内及环外双键等结构，化学性质活泼，是合成高密度燃料的重要原料。

蒎烯，分子式 $C_{10}H_{16}$，属于双环单萜化合物，有 $\alpha$-蒎烯和 $\beta$-蒎烯两种异构体(图 4-36)。二者广泛存在于植物精油中，其中松节油中含有 58%~65%的 $\alpha$-蒎烯和 30%的 $\beta$-蒎烯。$\alpha$-蒎烯与 $\beta$-蒎烯具有双环结构，密度达 0.86 g/mL[65-66]，可通过直接加氢制备高密度燃料。天津大学燃料团队[67]以蒎烯为原料，以 Ni-SiO$_2$、Pd-Al$_2$O$_3$、雷尼镍等为催化剂进行加氢处理，产物收率在 95%以上，所获得的燃料密度为 0.86 g/mL，冰点低于–75℃，低温黏度(–40℃)为 13 cSt。

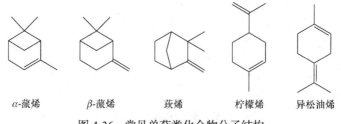

α-蒎烯　　　　β-蒎烯　　　　莰烯　　　　柠檬烯　　　　异松油烯

图 4-36　常见单萜类化合物分子结构

蒎烯分子中含有不饱和双键，可通过发生二聚反应以增加碳数，进一步提高燃料密度。Harvey 等[65]研究了 Amberlyst-15、MMT-K10、Nafion 三种酸性催化剂对 $\beta$-蒎烯二聚体的影响。Amberlyst-15 活性很低，MMT-K10 催化效果较好，但是由于生成大量异构副产物对伞花烃及莰烯，导致二聚体的收率仅为 75%。Nafion 催化二聚效果最好，收率达 90%，经过 PtO$_2$ 催化加氢后，燃料密度达到 0.938 g/mL，与石油基高密度燃料 JP-10(0.94 g/mL)相当，但是低温黏度较高，倾点为–30℃，无法单独作为液体燃料使用。天津大学燃料团队[66]制备了介孔结构的 Al-MCM-41，证明路易斯酸对蒎烯二聚同样具有催化活性，当 SiO$_2$/Al$_2$O$_3$ 的摩尔比为 20 时，$\alpha$-蒎烯、$\beta$-蒎烯聚合活性最高，反应 3 h 的收率达 65%。同时还研究了蒎烯二聚的反应路径，$\alpha$-蒎烯与 $\beta$-蒎烯均是先异构为柠檬烯和莰烯，柠檬烯又可逆转化为异松油烯与萜品烯；柠檬烯、异松油烯、萜品烯随后发生自聚或混合聚合生成二聚物，而莰烯二聚反应活性较弱，一部分转化为三环烯，具体反应路径见图 4-37。

该研究表明可以采用混合蒎烯甚至松节油直接进行高密度燃料的生产，而无需经历前期复杂的分离过程。

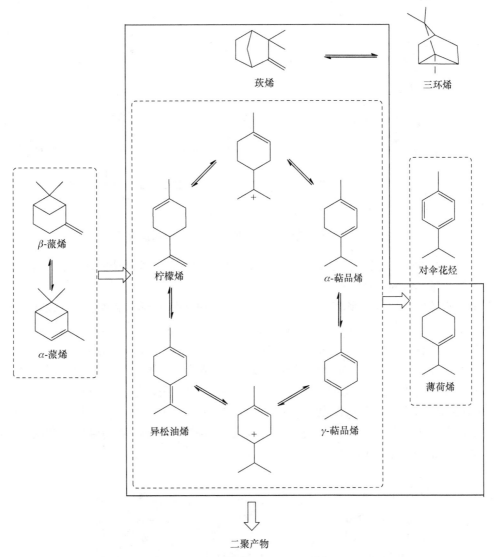

图 4-37 蒎烯异构和二聚反应路径[66]

芳樟醇属于开链单萜，分子式为 $C_{10}H_{18}O$，存在于芳樟叶油、芳樟油、伽罗木油、玫瑰木油等多种精油中，它的羟基及 C=C 键可发生多种化学反应。如图 4-38 所示，在 Ru 系催化剂催化下，芳樟醇发生闭环反应生成 1-甲基环戊基-2-烯醇(收率大于 95%)，然后经 $AlPO_4/MgSO_4$ 催化脱水生成甲基环戊二烯(收率约 78%)，再经过 Diels-Alder 环加成、加氢和异构化反应后得到二甲基四氢双环戊二烯(石油基高密度燃料 RJ-4 的主要成分)[68]。

2) 倍半萜类高密度燃料

倍半萜是指分子包含三个异戊二烯单元、含 15 个碳原子的天然萜类化合物，广泛分布于木兰目、芸香目、山茱萸目及菊目植物中。倍半萜类分子碳数较高，不少倍半萜类

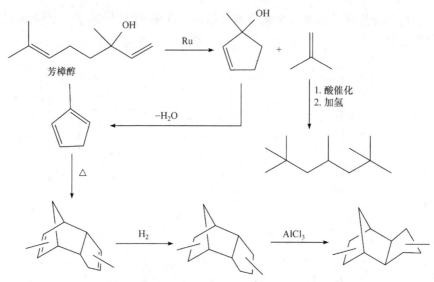

图 4-38    芳樟醇制备二甲基四氢双环戊二烯示意图[68]

化合物如金合欢烯($C_{15}H_{24}$)、红没药烯($C_{15}H_{24}$)、朱栾倍半萜、豆腐柴属螺烯、$\beta$-石竹烯都可以作为制备燃料的原料。

金合欢烯属于链状倍半萜，存在于姜、依兰、洋甘菊花等挥发油中，可以加氢转化为金合欢烷，金合欢烷与柴油性质相似，可作为柴油替代品[69]。红没药烯存在于红没药、香柠檬、大茴香油、穗薰衣草油中[70]，加氢后可得到密度(0.82 g/mL)与 Jet A 相当的单环燃料[71]。朱栾倍半萜、豆腐柴属螺烯、$\beta$-石竹烯都是双环倍半萜类化合物(图 4-39)，Harvey 等[72]将它们加氢得到燃料，如表 4-7 所示，密度都高于 0.85 g/mL，体积净热值在 37.01 MJ/L 以上，并且低温黏度较好(在−20℃下小于 60.5 cSt)。可以看出，它们的性能与 2#柴油相当、优于 Jet A。同时，采用 Nafion SAC-13 催化$\beta$-石竹烯异构和加氢后可得到密度达 0.90 g/mL 的燃料。

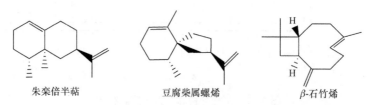

朱栾倍半萜        豆腐柴属螺烯        $\beta$-石竹烯

图 4-39    朱栾倍半萜、豆腐柴属螺烯和$\beta$-石竹烯的结构式[72]

表 4-7    倍半萜烯燃料性质表[72]

| 性质 | 朱栾倍半萜燃料 | 豆腐柴属螺烯燃料 | $\beta$-石竹烯燃料 | 2#柴油 | Jet A |
|---|---|---|---|---|---|
| 密度/(g/mL) | 0.88 | 0.88 | 0.85 | 0.85 | 0.82 |
| 热值/(MJ/L) | 37.73 | 37.78 | 37.01 | 约 36 | 约 35 |
| 黏度(−20℃)/cSt | 50.2 | 42.9 | 60.5 | — | <8.0 |

总体而言，$\alpha$-蒎烯、$\beta$-蒎烯、柠檬烯等单萜类化合物以及朱栾倍半萜、豆腐柴属螺烯、$\beta$-石竹烯等倍半萜类化合物碳数高或具有单环甚至多环结构，密度较高，可直接加氢制备高密度燃料。单萜类化合物分子中含有一个或多个双键，可通过寡聚或者Diels-Alder 反应制备多环燃料，这些燃料密度虽然都在 0.90 g/mL 以上，但是黏度较高，低温性能较差，只能与其他燃料(如 JP-10、JP-8)复配使用。

2. 木质纤维素类高密度燃料

木质纤维素广泛存在于自然界的植物中，是地球上最丰富的可再生生物质资源。木质纤维素由纤维素(35%～50%)、半纤维素(20%～35%)和木质素(10%～15%)构成[73]。

1) 纤维素半纤维素类高密度燃料

纤维素是由葡萄糖分子通过 $\beta$-(1,4)-糖苷键连接而成的大分子多糖，通式为 $(C_6H_{10}O_5)_n$。纤维素是植物细胞壁的主要成分，是自然界中分布最广、含量最多的一种多糖[74]。半纤维素在生物质中的含量仅次于纤维素[75]，组成半纤维素的糖基主要有葡萄糖、半乳糖、木糖、甘露糖、阿拉伯糖等五碳糖和六碳糖[76]。大部分半纤维素的分子量不大，聚合度不高，分子结构为线形，主链上带有短而多的支链，且主链不超过 150～200 个糖基。

纤维素与半纤维素作为聚合物难以直接用于燃料及化学品的生产，需将其转化为分子量更小的生物质平台化合物[77-79]。纤维素与半纤维素衍生的平台化合物主要包括以下几类：①糖类，如葡萄糖、果糖、木糖等；②醇类，如乙醇、丁醇、辛醇等；③醚类，如乙基糠醛醚等；④酯类，如乙酰丙酸乙酯、乙酰丙酯、丁酰丙酸乙酯、$\gamma$-戊内酯、当归内酯等；⑤呋喃类，如 2-甲基呋喃、2,5-二甲基呋喃、2-乙基呋喃、2-丁基呋喃和呋喃等；⑥四氢呋喃类，如 2-甲基四氢呋喃、3-甲基四氢呋喃、2,5-二甲基四氢呋喃、2-乙基四氢呋喃、2-丁基四氢呋喃和四氢呋喃；⑦糠醛类，如 5-羟甲基糠醛、糠醛、5-羟甲基糠醛等；⑧酸类，如乙酰丙酸、甲酸、丁酸、4-羟基戊酸等；⑨酮类，如丙酮、环戊酮等。这些化合物含有丰富的官能团，可发生多种化学反应合成生物质燃料。

链烷烃是最常见的喷气燃料组分，可通过羰基化合物如丙酮、丙酮醇、糠醛、5-羟甲基糠醛、5-甲基糠醛等制备。Hubert 等[80]、Zhang 等[81]及 Corma 等[82]课题组以这些原料合成了一系列 $C_7$～$C_{16}$ 链烷烃，然而受链烷烃结构限制，燃料的密度较低(<0.80 g/mL)，难以满足高密度燃料的要求。为提高密度，可以在燃料分子中引入碳环，按照燃料分子碳环数量可分为单环燃料与多环燃料。

目前，由纤维素半纤维素平台化合物制备单环烷烃的方法主要有三种：①在环酮分子中引入支链；②在芳环分子中引入支链；③多酮长链分子进行分子内环化。甲基呋喃、糠醛、5-羟甲基糠醛等可以经羟烷基化/烷基化、烷基化、Aldol 缩合反应向其他木质纤维素衍生物如环戊酮、环己酮、异佛尔酮及含氧芳烃等引入支链。

如图 4-40(a)所示，Zhang 等[54]以含磺酸根和氟磺酸根的疏水介孔酸性树脂为催化剂进行 2-甲基呋喃和环酮类化合物(环己酮、环戊酮)的羟烷基化/烷基化反应，产物经过加氢脱氧后得到以双戊基取代环烷烃为主的燃料，密度为 0.82～0.83 g/mL。天津大学燃料团队[22]报道了 2-甲基呋喃与环己酮的羟烷基化/烷基化反应，当以酸性较弱的 Amberlyst-15

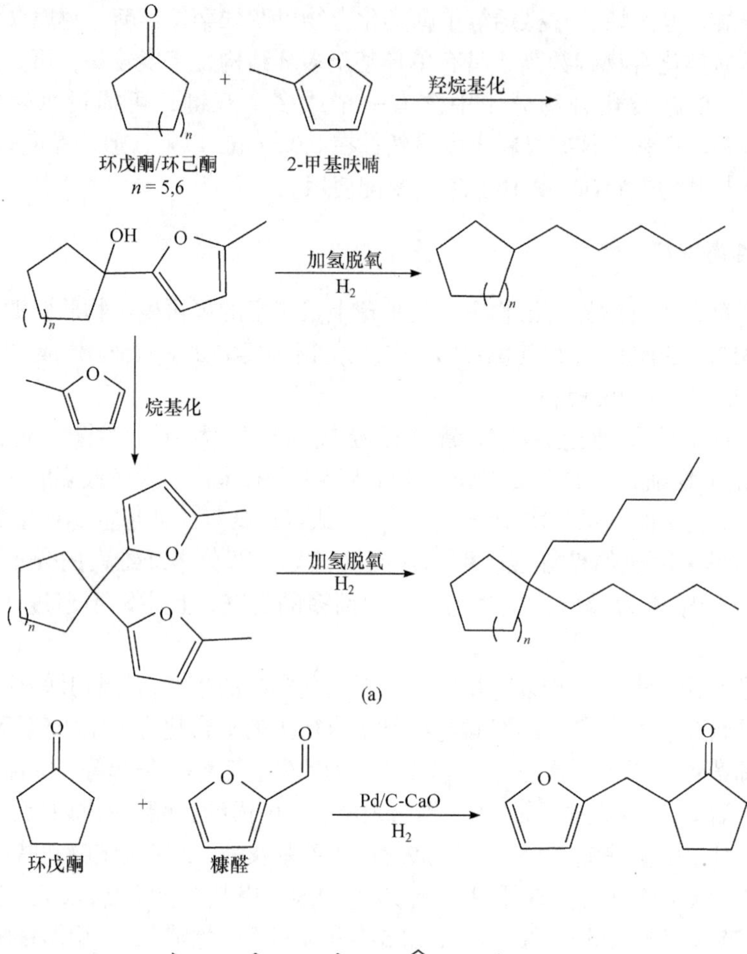

图 4-40　环状酮制备单环烷烃燃料[54,83-84]

树脂为催化剂时，可以将反应控制在羟烷基化阶段，加氢脱氧后主要得到单戊基取代的环己烷，收率达 76.0%，密度为 0.804 g/mL；当以 Nafion-212 为催化剂时，烷基化反应会进一步发生，加氢脱氧后获得 89.1%的双戊基取代环己烷，密度达 0.825 g/mL。Wang 等[83]以环戊酮和糠醛为反应物，在无溶剂条件下经 Pd/C-CaO 催化 Aldol 缩合及加氢中间产物，经 Pd/HZSM 催化加氢脱氧后得到密度为 0.82 g/mL、冰点为 31℃的 $C_{15}$ 支链取代单环烷烃燃料，收率达 86.1%[图 4-40(b)]。天津大学燃料团队[84]利用 5-羟甲基糠醛或糠醛与异佛尔酮发生羟醛缩合，经加氢脱氧后分别得到密度为 0.813 g/mL、0.846 g/mL 的燃料，冰点均低于−75℃[图 4-40(c)]。

　　木质素衍生的平台分子如甲苯、苯酚、愈创木酚等含有芳环，羟甲基糠醛及其衍生物可与之发生烷基化反应，得到支链取代的单环燃料。Corma 等[53]发现平面层状分子筛(ITQ-2)能够高效催化甲苯和 5-羟甲基糠醛的烷基化反应，选择性达 99%，进一步采用 Pt/C 和 Pt/TiO$_2$ 混合催化剂对烷基化产物加氢脱氧反应后，得到带支链的 $C_{12}$ 和 $C_{13}$ 环己烷燃料(图 4-41)。天津大学燃料团队[85]以 AlCl$_3$ 或 FeCl$_3$ 催化芳族含氧化合物(苯甲醚、愈创木酚和苯酚)和糠醇(糠醇和 5-羟甲基糠醛)的烷基化反应，再经 Pd/C 与 HZSM-5 混合催化剂加氢脱氧，制备了以戊基环己烷为主的生物质燃料(图 4-42)，密度为 0.804 g/mL，凝固点低于−80℃，在−60℃下的黏度为 34.4 cSt。虽然该燃料的密度并不高，但是低温性质良好，可以与其他高密度燃料复配使用。

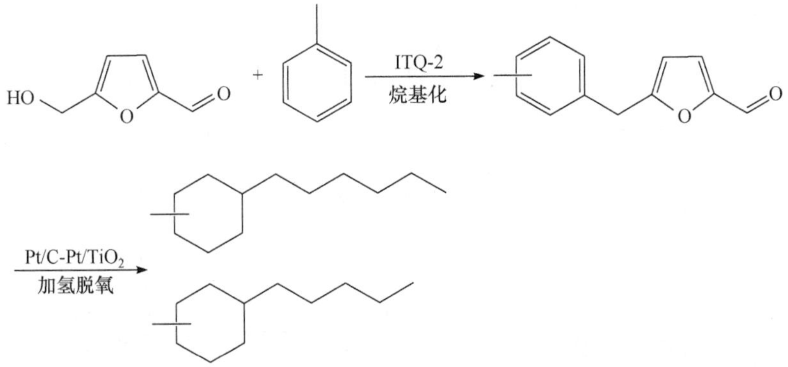

图 4-41　甲苯与 5-羟甲基糠醛制备单环烷烃燃料[53]

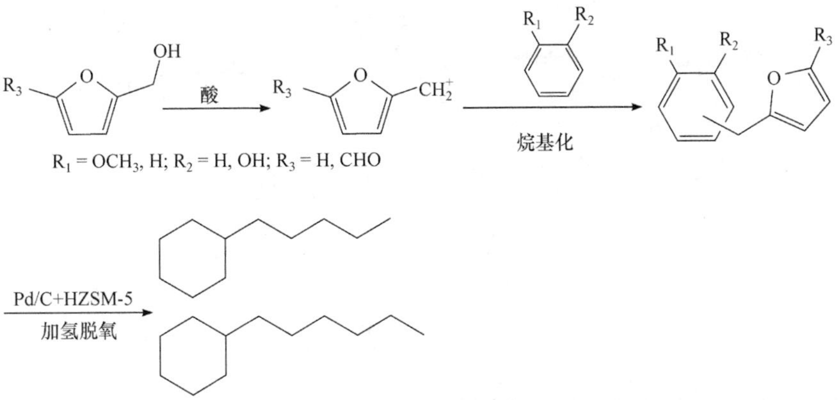

图 4-42　芳族含氧化合物(苯甲醚、愈创木酚和苯酚)和糠醇(糠醇和 5-羟甲基糠醛)制备单环烷烃燃料[85]

除了采用环酮、芳环等环状分子构筑含环燃料分子外，长链多酮分子内缩合也可以制备碳环化合物。如图 4-43 所示，Li 等[61]以丙酮、2-戊酮、2-甲基呋喃、甲基异丁酮和 5-羟甲基糠醛为原料，通过多步 Aldol 反应和加氢反应得到 $C_9 \sim C_{12}$ 链状三酮，它们在碱催化剂的作用下发生分子内 Aldol 反应，再经加氢脱氧反应生成含支链的环戊烷，密度为 $0.81 \sim 0.82 \, \text{g/mL}$。

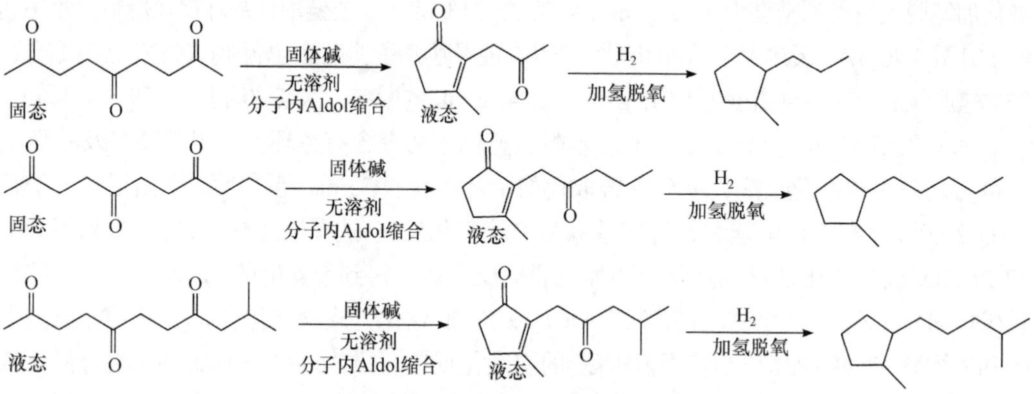

图 4-43 三酮化合物制备单环烷烃燃料[61]

环酮或环醇本身具有环状结构，是合成多环烷烃燃料的重要原料。如图 4-44～图 4-46 所示，目前已制备了含有 2～4 个碳环的联环、螺环、稠环烷烃燃料。

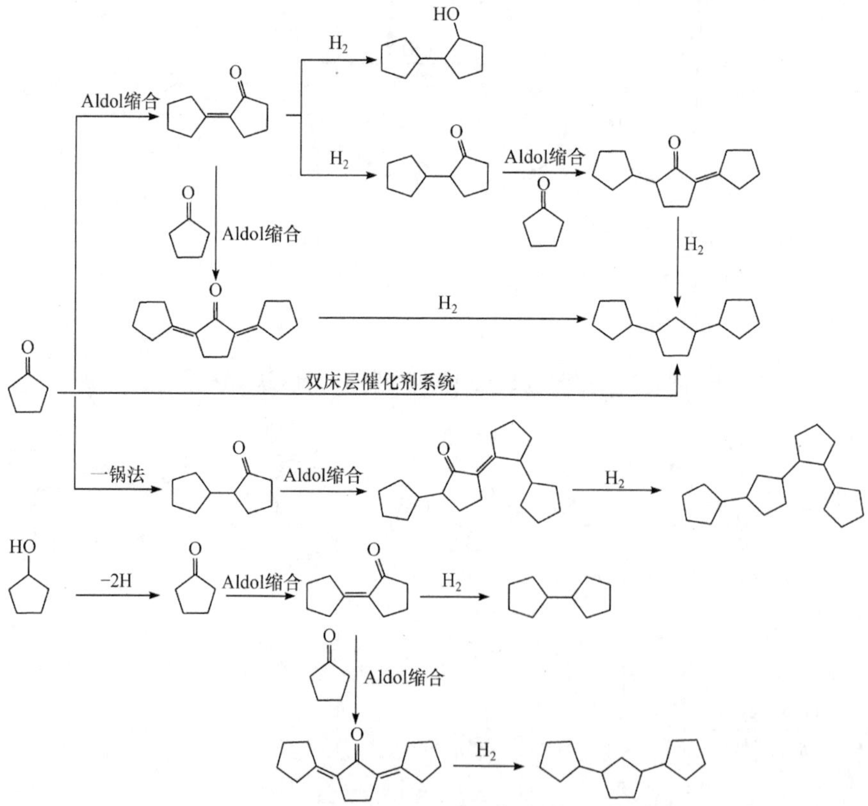

图 4-44 环戊酮与环戊醇制备联环烷烃示意图[59,86-88]

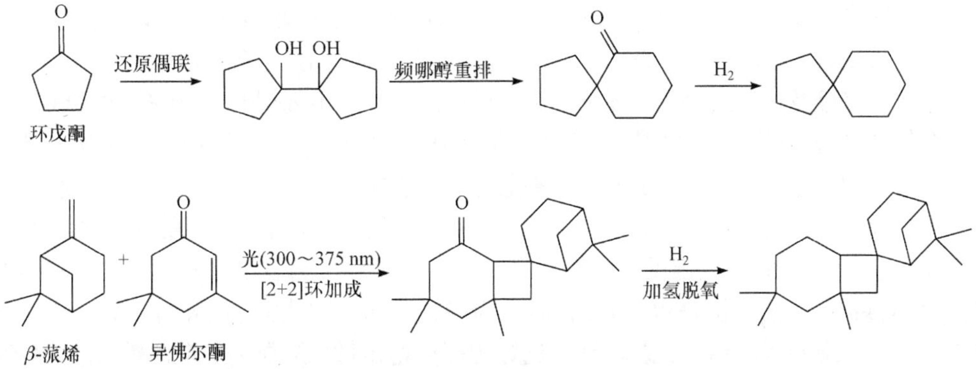

图 4-45 环酮合成螺环烷烃示意图[57,89]

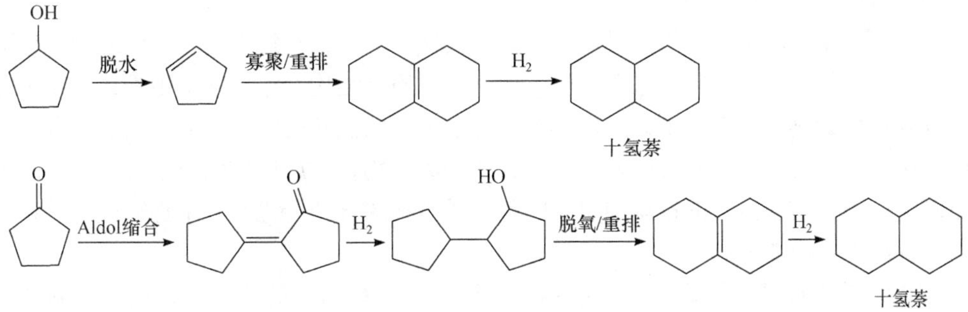

图 4-46 环戊酮及环戊醇制备十氢萘示意图[90-91]

关于联环烷烃的制备研究较多(图 4-44)。Yang 等[59]在无溶剂条件下以镁铝水滑石催化环戊酮的自缩合，再经 Pd-SiO$_2$ 或 Ni-SiO$_2$ 催化加氢脱氧，制备了双环戊烷，总收率约 80%。该液体燃料密度高(0.866 g/mL)、冰点较低(−38℃)、燃烧热较高(42.6 MJ/kg)，可作为高密度燃料使用。三环戊烷的密度更高(0.91 g/mL)，可以通过双层床连续反应制备[86]，第一床层以 Pd-镁铝水滑石催化环戊酮 Aldol 缩合生成三聚产物，第二床层以 Ni-Hβ-DP 催化三聚产物加氢脱氧，碳收率为 80.0%。此外，Sheng 等[87]利用镁铝水滑石和雷尼镍协同催化环戊醇进行 Guerbet 反应，得到碳收率为 96.7%的 C$_{10}$(二聚)和 C$_{15}$(三聚)产物，经过 Ni-SiO$_2$ 催化加氢脱氧后得到双环戊烷和三环戊烷。为进一步提高燃料密度，Wang 等[88]采用三步法合成了四环戊烷。首先，以碱金属氧化物和雷尼金属为催化剂，采用一锅法羟醛缩合及加氢反应将环戊酮转化为 2-环戊基环戊酮；然后在碱金属氢氧化物的催化下，得到 2-环戊基环戊酮二聚物；最后用 Ni-SiO$_2$ 催化 2-环戊基环戊酮二聚物加氢脱氧得到四环戊烷，密度达 0.943 g/mL。

虽然联环燃料密度较高，但是普遍存在冰点高、低温性质差的问题。螺环烷烃两个环共用一个碳原子，具有紧凑的双环结构和不对称结构，相较联环烷烃具有更高的密度和更好的低温性质。如图 4-45 所示，天津大学燃料团队[89]利用环戊酮、环己酮分别制备螺[5,6]十二烷和螺[4,5]癸烷，密度分别为 0.893 g/mL 和 0.870 g/mL，冰点分别为−51℃和−76℃，性质均优于相同环数的联环烷烃。此外，异佛尔酮也可用于制备螺环燃料，如图 4-45 所示，β-蒎烯与异佛尔酮在光照条件下进行光敏化[2+2]环加成，在此反应中异佛尔酮既是反应物又是光敏化剂，加成产物经加氢脱氧后得到螺环燃料，总收率为 85%。燃料密度达 0.911 g/mL，冰点为–51℃，低温黏度显著低于 $\beta$-蒎烯二聚燃料。

除联环烷烃及螺环烷烃外，环戊酮和环戊醇还可用于制备结构更为紧凑的稠环烷烃。Tang 等[90]在无溶剂条件下利用镁铝水滑石催化环戊酮自缩合，自缩合产物在双床层反应器上经 Ru/C 催化加氢，Amberlyst-15 催化脱水/重排后生成 1,2,3,4,5,6,7,8-八氢萘，再经 Pd/C 催化加氢得到十氢萘(图 4-46)。此外，环戊醇可在 Amberlyst-36 催化下脱水生成环戊烯并发生环戊烯寡聚/重排反应，产物经 Pd/C 加氢后得到以十氢萘为主要产物的 $C_{10}$ 和 $C_{15}$ 混合烷烃，密度为 0.896 g/mL，冰点为–37℃[91]。十氢萘比螺[4,5]癸烷以及双环戊烷具有更加紧凑的双环结构，同时具有良好的高温稳定性，是高热安定性燃料(如 JP-900)的重要组分。

2) 木质素类高密度燃料

木质素是植物界中除纤维素外含量最高的天然高分子，与纤维素、半纤维素一起形成植物的主要结构，含量丰富，来源广泛。但由于木质素结构稳定、解聚困难，木质素的应用仍面临很大的挑战。根据统计，每年制浆造纸工业的蒸煮废液中提取出的工业木质素达 4000 万～5000 万吨，但 98%的木质素直接作为废弃物排放或用作低热值燃料[92-93]。不仅污染环境，还造成了巨大的资源浪费。因此，木质素的合理转化和利用是解决木质素污染问题、提高生物质能量利用效率的关键。

木质素是由羟基、甲氧基取代的苯丙烷构成的三维结构的高分子，包含愈创木基丙烷、紫丁香基丙烷和对羟苯基丙烷 3 种苯丙烷结构单元(图 4-47)，这些结构单元通过 C—O 键($\beta$-O-4、$\alpha$-O-4、4-O-5 等)以及 C—C 键($\beta$-5、5-5、$\beta$-1、$\beta$-$\beta$ 等)结合[94]。

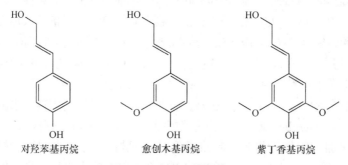

对羟苯基丙烷　　　　愈创木基丙烷　　　　紫丁香基丙烷

图 4-47　木质素结构单元

木质素转化为生物燃料主要有三种途径(图 4-48)[92]：①将木质素转化为合成气，由合成气制备燃料；②以木质素平台化合物为原料制备生物燃料；③将木质素直接转化为生物燃料。

木质素气化可生产合成气，其主要成分包括一氧化碳、氢气、二氧化碳和甲烷[95]。合成气可以用作内燃机的燃料或直接燃烧发电，还可以通过费-托合成转化为喷气燃料。但是通过费-托合成制备的燃料主要成分为链烷烃，几乎不含芳烃或环烷烃，密度偏低[96]。

由木质素直接制备生物质燃料需要历经木质素解聚以及解聚产物加氢脱氧两个主要步骤。木质素解聚的主要手段有催化热裂解、催化水解、催化氧化和催化氢解[97]。木质

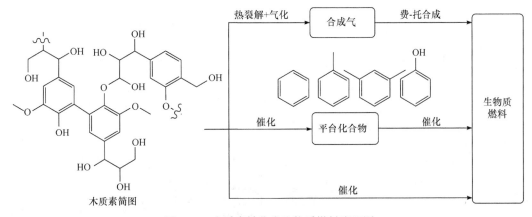

图 4-48　木质素转化为生物质燃料流程图

素解聚可得到含有单体、二聚体及多聚体的生物油，成分复杂，富含酚类单体(苯酚、愈创木酚、甲基愈创木酚、儿茶酚、丁香酚等)、芳烃类单体(苯、二甲苯等)、萘类单体(萘、甲萘等)，采用不同处理方式制备得到的生物油成分各有差异。这些生物油氧含量较高，稳定性、黏度及酸性等性质较差，难以直接作为燃料使用，需要进一步加氢脱氧[98]。

贵金属催化剂对木质素衍生油加氢脱氧表现出良好的性能。Zhang 等[99]以乙醇为溶剂，以 Ru/$\alpha$-Al$_2$O$_3$ 为催化剂对木质素衍生油进行加氢脱氧，在一锅中同时发生解聚、脱羧、脱羰、氢化及加氢脱氧反应，烃类液体燃料收率为 23.1%。除贵金属催化剂外，非贵金属的镍基催化剂也有很高的加氢脱氧活性。Zhang 等[100]以十二烷为溶剂，以 Ni/SiO$_2$-ZrO$_2$ 催化木质素衍生油转化，烷烃收率为 54.9%，芳烃收率为 7.8%，产物辛烷值较高。Zhao 等[101]使用 Ni/HZSM-5 催化剂对木质素衍生油进行水相催化提质，生物油中的主要芳族成分均有效加氢脱氧，生成不含 O、S 和 N 的汽油范围烃类，其中 C$_5$～C$_6$ 链烷烃含量低于 10%，C$_5$～C$_9$ 环烷烃及 C$_6$～C$_9$ 芳烃分子含量超过 90%。

将木质素解聚与解聚产物加氢脱氧反应结合在一起可以实现木质素向生物燃料的一锅转化，这种方法虽然简单、经济，但需要催化剂体系同时具备解聚以及加氢脱氧双重功能。Wang 等[102]以 ZnCl$_2$ 溶液为催化剂，在 200℃和 4 MPa H$_2$ 压力下处理工业木质素 6 h 后，得到大量苯酚、甲基苯酚和乙基苯酚等酚类化合物。这些含有酚羟基的产物易于聚合积碳，降低解聚收率。为了除去酚羟基和其他含氧官能团，他们向 ZnCl$_2$ 催化体系中加入 Ru/C，Ru 能够有效催化氢解及氢化反应，不仅能去除木质素解聚中间体中的含氧官能团，还能促进芳环加氢以提高解聚产物的稳定性。由此方法制备的产品均在汽油或柴油范围内，可以直接作为生物燃料使用(图 4-49)。此外，Kong 等[103]将镍负载在非晶态-氧化硅-氧化铝载体上，实现木质素一锅法转化为碳氢化合物。镍基催化剂具有多种功能，可以裂解木质素的 C—O—C 键，破坏裂解产物中芳环上的 C—O 键以及酯基中的 C—O 键，在 573 K 和 6 MPa H$_2$ 的条件下，液体产品的收率达到 46.2%，C$_3$～C$_9$(汽油范围)的选择性为 80.8%，C$_{10}$～C$_{14}$(煤油范围)的选择性为 6.5%，C$_{14}$～C$_{17}$(柴油范围)的选择性为 12.7%。

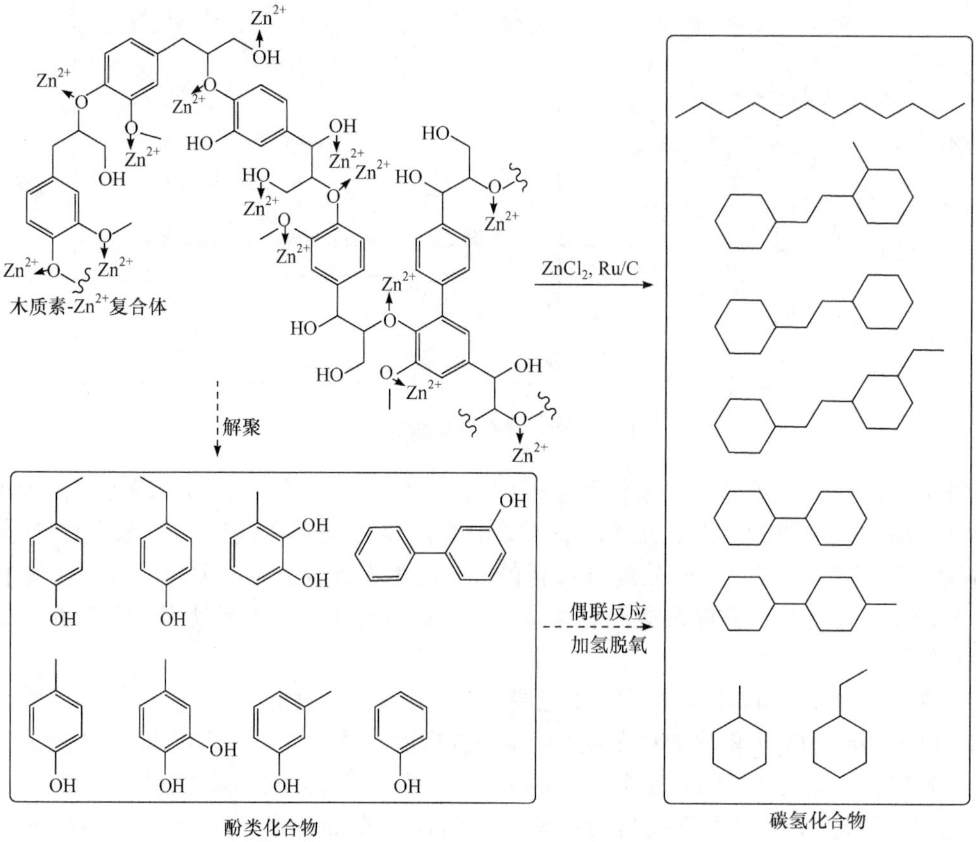

图 4-49　木质素向生物燃料的一锅转化[102]

　　木质素衍生的生物油富含酚类及芳烃单体，可提纯得到苯酚、愈创木酚、甲苯等木质素平台化合物，再经碳碳偶联及加氢脱氧制备性能更优的燃料分子。Zhao 等[104]以水为溶剂，采用同时具有金属位点与酸性位点的双功能催化剂 Pd/Beta，实现苯酚及取代苯酚(4-甲基苯酚、愈创木酚等)的加氢烷基化以及加氢脱氧反应，得到 $C_6 \sim C_9$ 及 $C_{12} \sim C_{18}$ 的单环及多环烷烃混合物。以苯酚转化为例，其转化率为 100%，双环己烷产物的选择性达73%。天津大学燃料团队[105]以 MMT-K10 催化木质素衍生平台化合物(苯酚、苯甲醚、愈创木酚)与二苄醚或苄醇的烷基化反应，得到多取代双苯基甲烷产物，经 Pd/C 与 HZSM-5的混合催化剂加氢处理得到双环己基甲烷(31.4%)和全氢芴(68.6%)混合燃料(图 4-50)，密度达 0.93 g/mL，冰点为 −40℃。全氢芴的生成表明多取代双苯基甲烷在加氢脱氧过程中会发生分子内环化。在此基础上，他们[106]以苯酚与 2-苄基苯酚(二苄醚或苄醇的烷基化产物)为模型化合物进一步研究了机理。2-苄基苯酚初步加氢产物 2-苯基环己醇为分子内环化加氢和加氢脱氧两个路径的共同中间体，当反应体系内仅存在 Pd/C 时，2-苯基环己醇上的羟基会与苯环上邻近的氢发生脱水反应，形成新的五元环，得到收率高达 96%的全氢芴。当采用 Pd/C 和 HZSM-5 混合催化剂时，酸性分子筛 HZSM-5 会加速 2-苯基环己醇的脱氧，不利于分子内环化，得到双环己基甲烷和全氢芴混合燃料。研究还表明，含有羟基和甲氧基等取代基的双苯基甲烷均能在加氢催化剂(Pd/C、雷尼镍)的作用下以大于 96%的高选择性转化为全氢芴。全氢芴的密度为 0.96 g/mL，高于广泛使用的高密度燃料 JP-10，但黏度和凝固点偏高，不适合直接作为燃料使用。将 JP-10 与全氢芴 1∶1 混合后，燃料的密度为 0.95 g/mL，黏度为 17.4 cSt(20℃)，冰点低于−75℃，说明全氢芴是一种非常有前景的高密度燃料添加剂。

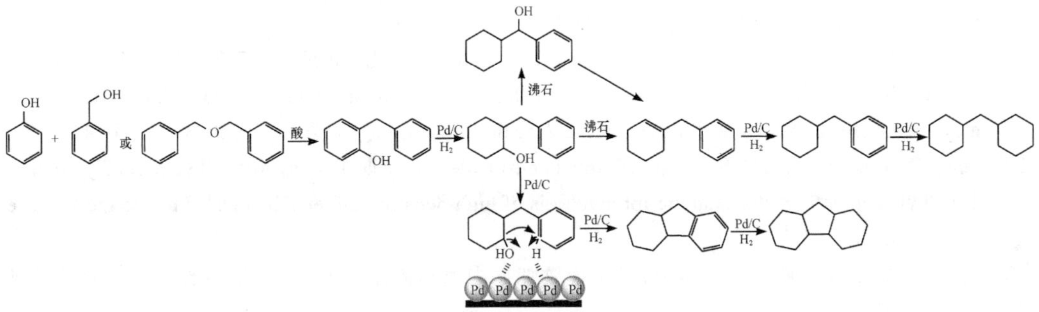

图 4-50　双环己基甲烷和全氢芴制备示意图[105-106]

# 参 考 文 献

[1] 郭成. 多环及烷基金刚烃高密度燃料制备研究. 天津: 天津大学, 2015.

[2] 邓强. 基于木质纤维素合成高密度烷烃燃料研究. 天津: 天津大学, 2016.

[3] 王贞, 卫豪, 贺芳, 等. 高密度合成烃类燃料研究进展. 导弹与航天运载技术, 2011, (3): 41-46.

[4] Burdette G W, Hall L. Low viscosity air breathing missile fuel-containing tetrahydromethyl-cyclopentadiene dimer and *exo*-tetrahydro-dicyclopentadiene: 4427467-A. 1984-01-24.

[5] 邹吉军, 张香文, 王莅, 等. 高密度液体碳氢燃料合成及应用进展. 含能材料, 2007, 15(4): 411-415.

[6] 鄂秀天凤, 潘伦, 张香文, 等. 高能量密度液体燃料的合成研究进展//中国化学会第八届全国化学推进剂学术会议论文集. 青岛: 中国化学会第八届全国化学推进剂学术会议, 2017: 20-23.

[7] Chenoweth K, van Duin A C T, Goddard Ⅲ W A. ReaxFF reactive force field for molecular dynamics simulations of hydrocarbon oxidation. Journal of Physical Chemistry A, 2008, 112(5): 1040-1053.

[8] Schneider A, Ware R E, Janoski E J. Isomerization of *endo*-tetrahydrodicyclopentadiene to a missile fuel diluent: 4086284-A. 1978-04-25.

[9] 黄彩凤. 挂式四氢双环戊二烯的合成与应用进展. 化工与医药工程, 2018, 39(4): 15-18.

[10] 康卓卓, 武文良, 周志伟. F/HY 催化剂用于挂式四氢双环戊二烯的制备. 南京工业大学学报(自然科学版), 2011, 33(4): 58-62.

[11] Xing E, Zhang X, Wang L, et al. Greener synthesis route for Jet Propellant-10: The utilization of zeolites to replace AlCl₃. Green Chemistry, 2007, 9(6): 589-593.

[12] 孙彩霞, 王文涛, 丛昱, 等. 高密度烃类燃料的合成、性能及应用//中国化学会第五届全国化学推进剂学术会议论文集. 大连: 中国化学会第五届全国化学推进剂学术会议, 2011: 60-64.

[13] Xiong Z, Mi Z, Zhang X. Study on the oligomerization of cyclopentadiene and dicyclopentadiene to tricyclopentadiene through Diels-Alder reaction. Reaction Kinetics and Catalysis Letters, 2005, 85(1): 89-97.

[14] Kim S J, Jeon J K, Han J, et al. Synthesis of tricyclopentadiene using ionic liquid supported mesoporous silica catalysts. Applied Chemistry for Engineering, 2016, 27(2): 190-194.

[15] 邹吉军, 郭成, 张香文, 等. 航天推进用高密度液体碳氢燃料：合成与应用. 推进技术, 2014, (10): 1419-1425.

[16] Thomas J R. Process for the production of *exo-exo* hexacyclic dimer of norbornadiene: 4094917-A.

1978-06-13.

[17] Yuasa H, Matsuno M, Satoh T. High-density liquid fuel: 4762092-A. 1988-08-09.

[18] Linclau B, Clarke P J, Light M E. Synthesis and diastereoselective Diels-Alder reactions of homochiral C 2-symmetric butane-1,2-diacetal-based 1,3-dienes. Tetrahedron Letters, 2009, 50(51): 7144-7147.

[19] Huertas D, Florscher M, Dragojlovic V. Solvent-free Diels-Alder reactions of in situ generated cyclopentadiene. Green Chemistry, 2009, 11(1): 91-95.

[20] 潘伦, 邓强, 鄂秀天凤, 等. 高密度航空航天燃料合成化学. 化学进展, 2015, 27(11): 1531-1541.

[21] Xie J, Zhang X, Liu Y, et al. Synthesis of high-density liquid fuel via Diels-Alder reaction of dicyclopentadiene and lignocellulose-derived 2-methylfuran. Catalysis Today, 2019, 319: 139-144.

[22] Deng Q, Han P J, Xu J S, et al. Highly controllable and selective hydroxyalkylation/alkylation of 2-methylfuran with cyclohexanone for synthesis of high-density biofuel. Chemical Engineering Science, 2015, 138: 239-243.

[23] 安高军, 鲁长波, 熊春华. 双环戊二烯连续加氢用镍基催化剂研究. 化学推进剂与高分子材料, 2016, 14(3): 34-38.

[24] Sun C, Li G. Vapor-phase isomerization of *endo*-tetrahydrodicyclopentadiene to its *exo* isomer over zeolite catalysts. Applied Catalysis A: General, 2011, 402(1-2): 196-200.

[25] Wang L, Zou J J, Zhang X, et al. Rearrangement of tetrahydrotricyclopentadiene using acidic ionic liquid: Synthesis of diamondoid fuel. Energy & Fuels, 2011, 25(4): 1342-1347.

[26] Edwards T. Advancements in gas turbine fuels from 1943 to 2005. Journal of Engineering for Gas Turbines and Power, 2007, 129(1): 13-20.

[27] Zhang X, Pan L, Wang L, et al. Review on synthesis and properties of high-energy-density liquid fuels: Hydrocarbons, nanofluids and energetic ionic liquids. Chemical Engineering Science, 2018, 180: 95-125.

[28] Schleyer P V R. A simple preparation of adamantane. Journal of the American Chemical Society, 1957, 79(12): 3292.

[29] Harvey B G, Harrison K W, Davis M C, et al. Molecular design and characterization of high cetane alkyl diamondoid fuels. Energy & Fuels, 2016, 30(12): 10171-10178.

[30] Harrison K W, Rosenkoetter K E, Harvey B G. High density alkyl diamondoid fuels synthesized by catalytic cracking of alkanes in the presence of adamantane. Energy & Fuels, 2018, 7: 7786-7791.

[31] Xie J, Jia T, Gong S, et al. Synthesis and thermal stability of dimethyl adamantanes as high-density and high-thermal-stability fuels. Fuel, 2020, 260: 116424.

[32] Qin X, Yue L, Wu J, et al. Thermal stability and decomposition kinetics of 1,3-dimethyladamantane. Energy & Fuels, 2014, 28(10): 6210-6220.

[33] Ma T, Feng R, Zou J J, et al. Ionic liquid catalytic rearrangement of polycyclic hydrocarbons: A versatile route to alkyl-diamondoid fuels. Industrial & Engineering Chemistry Research, 2013, 52(7): 2486-2492.

[34] Xie J, Liu Y, Jia T, et al. Regioselective synthesis of methyl-substituted adamantanes for promoting oxidation stability of high-density fuels. Energy & Fuels, 2020, 34(4): 4516-4524.

[35] Fort R C, Schleyer P V R. Adamantane: Consequences of the diamondoid structure. Chemical Reviews, 1964, 64(3): 277-300.

[36] Schleyer P V R, Donaldson M M. The relative stability of bridged hydrocarbons. II. *endo*-and *exo*-trimethylenenorbornane. The formation of adamantane. Journal of the American Chemical Society, 1960, 82(17): 4645-4651.

[37] Mckervey M A. Adamantane rearrangements. Chemical Society Reviews, 1974, 3(4): 479-512.

[38] Schleyer P V R, Nicholas R D. Further examples of the adamantane rearrangement. Tetrahedron Letters, 1961, 2(9): 305-309.

[39] Harrison K W, Harvey B G. Renewable high density fuels containing tricyclic sesquiterpanes and alkyl diamondoids. Sustainable Energy & Fuels, 2017, 1(3): 467-473.

[40] Xie J W, Zhang X W, Xie J J, et al. Acid-catalyzed rearrangement of tetrahydrotricyclopentadiene for synthesis of high density alkyl-diamondoid fuel. Fuel, 2019, 239: 652-658.

[41] Wang L, Zhang X, Zou J J, et al. Acid-catalyzed isomerization of tetrahydrotricyclopentadiene: Synthesis of high-energy-density liquid fuel. Energy & Fuels, 2009, 23(5): 2383-2388.

[42] Navrátilová M, Sporka K. Synthesis of adamantane on commercially available zeolitic catalysts. Applied Catalysis A: General, 2000, 203(1): 127-132.

[43] Huang M Y, Wu J C, Shieu F S, et al. Isomerization of *endo*-tetrahydrodicyclopentadiene over clay-supported chloroaluminate ionic liquid catalysts. Journal of Molecular Catalysis A: Chemical, 2010, 315(1): 69-75.

[44] Pârvulescu V I, Hardacre C. Catalysis in ionic liquids. Chemical Reviews, 2007, 107(6): 2615-2665.

[45] Rogers R D, Seddon K R. Ionic liquids-solvents of the future?. Science, 2003, 302(5646): 792-793.

[46] Olivier-Bourbigou H, Magna L, Morvan D. Ionic liquids and catalysis: Recent progress from knowledge to applications. Applied Catalysis A: General, 2010, 373(1): 1-56.

[47] Huang M Y, Wu J, Shieu F, et al. Isomerization of *exo*-tetrahydrodicyclopentadiene to adamantane using an acidity-adjustable chloroaluminate ionic liquid. Catalysis Communications, 2009, 10(13): 1747-1751.

[48] Wang L, Zou J J, Zhang X, et al. Isomerization of tetrahydrodicyclopentadiene using ionic liquid: Green alternative for Jet Propellant-10 and adamantane. Fuel, 2012, 91(1): 164-169.

[49] Kim S G, Han J, Jeon J K, et al. Ionic liquid-catalyzed isomerization of tetrahydrotricyclopentadiene using various chloroaluminate complexes. Fuel, 2014, 137: 109-114.

[50] Khusnutdinov R I, Schchadneva N A, Malikov A I, et al. Alkylation of adamantane with alkyl halides catalyzed by ruthenium complexes. Petroleum Chemistry, 2006, 46(3): 159-163.

[51] Olah G A, Farooq O, Krishnamurthy V V, et al. Superacid-catalyzed alkylation of adamantane with olefins. Journal of the American Chemical Society, 1985, 107: 7541-7545.

[52] Chatelain K, Nicolle A, Ben Amara A, et al. Structure-reactivity relationships in fuel stability: Experimental and kinetic modeling study of isoparaffin autoxidation. Energy & Fuels, 2018, 32(9): 9415-9426.

[53] Arias K S, Climent M J, Corma A, et al. Synthesis of high quality alkyl naphthenic kerosene by reacting an oil refinery with a biomass refinery stream. Energy & Environmental Science, 2015, 8(1): 317-331.

[54] Zhang X W, Deng Q, Han P J, et al. Hydrophobic mesoporous acidic resin for hydroxyalkylation/alkylation of 2-methylfuran and ketone to high-density biofuel. AIChE Journal, 2017, 63(2): 680-688.

[55] Fernandes C, Catrinescu C, Castilho P, et al. Catalytic conversion of limonene over acid activated Serra de Dentro (SD) bentonite. Applied Catalysis A: General, 2007, 318: 108-120.

[56] Harvey B G, Wright M E, Quintana R L. High-density renewable fuels based on the selective dimerization of pinenes. Energy & Fuels, 2010, 24(1): 267-273.

[57] Xie J J, Pan L, Nie G, et al. Photoinduced cycloaddition of biomass derivatives to obtain high-performance spiro-fuel. Green Chemistry, 2019, 21(21): 5886-5895.

[58] 黄晓明, 章青, 王铁军, 等. MgO/NaY 催化糠醛和丙酮合成航空燃料中间体的性能研究. 燃料化学学报, 2012, 40(8): 973-978.

[59] Yang J F, Li N, Li G Y, et al. Synthesis of renewable high-density fuels using cyclopentanone derived from lignocellulose. Chemical Communications, 2014, 50(20): 2572-2574.

[60] Deng Q, Nie G K, Pan L, et al. Highly selective self-condensation of cyclic ketones using

MOF-encapsulating phosphotungstic acid for renewable high-density fuel. Green Chemistry, 2015, 17(8): 4473-4481.

[61] Li S S, Chen F, Li N, et al. Synthesis of renewable triketones, diketones, and jet-fuel range cycloalkanes with 5-hydroxymethylfurfural and ketones. ChemSusChem, 2017, 10(4): 711-719.

[62] Harvey B G, Quintana R L. Synthesis of renewable jet and diesel fuels from 2-ethyl-1-hexene. Energy & Environmental Science, 2010, 3(3): 352-357.

[63] Harvey B G, Meylemans H A. 1-Hexene: A renewable $C_6$ platform for full-performance jet and diesel fuels. Green Chemistry, 2014, 16(2): 770-776.

[64] Arias-Ugarte R, Wekesa F S, Schunemann S, et al. Iron(Ⅲ)-catalyzed dimerization of cycloolefins: Synthesis of high-density fuel candidates. Energy & Fuels, 2015, 29(12): 8162-8167.

[65] Meylemans H A, Quintana R L, Harvey B G. Efficient conversion of pure and mixed terpene feedstocks to high density fuels. Fuel, 2012, 97: 560-568.

[66] Zou J J, Chang N, Zhang X W, et al. Isomerization and dimerization of pinene using Al-incorporated MCM-41 mesoporous materials. ChemCatChem, 2012, 4(9): 1289-1297.

[67] 邹吉军, 张香文, 王莅, 等. 一种含生物质燃料的混合喷气燃料及其制备方法: CN103013589A. 2013-04-03.

[68] Meylemans H A, Quintana R L, Goldsmith B R, et al. Solvent-free conversion of linalool to methylcyclopentadiene dimers: A route to renewable high-density fuels. ChemSusChem, 2011, 4(4): 465-469.

[69] 安东尼奥·雷格拉多. 寻找生物燃料的"甜蜜区". 科技创业, 2010, (5): 35-41.

[70] 唐松云. 香料生产技术与应用. 广州: 广东科技出版社, 2000.

[71] Peralta-Yahya P P, Ouellet M, Chan R, et al. Identification and microbial production of a terpene-based advanced biofuel. Nature Communications, 2011, 2: 483.

[72] Harvey B G, Meylemans H A, Gough R V, et al. High-density biosynthetic fuels: The intersection of heterogeneous catalysis and metabolic engineering. Physical Chemistry Chemical Physics, 2014, 16(20): 9448-9457.

[73] Isikgor F H, Becer C R. Lignocellulosic biomass: A sustainable platform for the production of bio-based chemicals and polymers. Polymer Chemistry, 2015, 6(25): 4497-4559.

[74] 王恒禹, 刘玥, 姜猛, 等. 多糖在食品工业中的应用现状. 食品科学, 2013, 34(21): 431-438.

[75] 陈洪雷, 黄峰, 杨桂花, 等. 草木半纤维素的研究进展. 林产化学与工业, 2008, 28(1): 119-126.

[76] 王海涛, 耿增超, 孟令军, 等. 半纤维素酯化和醚化改性研究进展. 西北林学院学报, 2012, 27(5): 146-152.

[77] Ulonska K, Voll A, Marquardt W. Screening pathways for the production of next generation biofuels. Energy & Fuels, 2016, 30(1): 445-456.

[78] Motagamwala A H, Won W, Maravelias C T, et al. An engineered solvent system for sugar production from lignocellulosic biomass using biomass derived gamma-valerolactone. Green Chemistry, 2016, 18(21): 5756-5763.

[79] 袁正求, 龙金星, 张兴华, 等. 木质纤维素催化转化制备能源平台化合物. 化学进展, 2016, 28(1): 103-110.

[80] Huber G W, Chheda J N, Barrett C J, et al. Production of liquid alkanes by aqueous-phase processing of biomass-derived carbohydrates. Science, 2005, 308(5727): 1446-1450.

[81] Yang J F, Li N, Li G, et al. Solvent-free synthesis of C-10 and C-11 branched alkanes from furfural and methyl isobutyl ketone. ChemSusChem, 2013, 6(7): 1149-1152.

[82] Corma A, De La Torre O, Renz M, et al. Production of high-quality diesel from biomass waste products.

Angewandte Chemie International Edition, 2011, 50(10): 2375-2378.

[83] Wang W, Sun S Y, Han F A, et al. Synthesis of diesel and jet fuel range cycloalkanes with cyclopentanone and furfural. Catalysts, 2019, 9(11): 886.

[84] Xie J W, Zhang L, Zhang X W, et al. Synthesis of high-density and low-freezing-point jet fuel using lignocellulose-derived isophorone and furanic aldehydes. Sustainable Energy & Fuels, 2018, 2(8): 1863-1869.

[85] Han P J, Nie G K, Xie J J, et al. Synthesis of high-density biofuel with excellent low-temperature properties from lignocellulose-derived feedstock. Fuel Processing Technology, 2017, 163: 45-50.

[86] Sheng X R, Li G Y, Wang W T, et al. Dual-bed catalyst system for the direct synthesis of high density aviation fuel with cyclopentanone from lignocellulose. AIChE Journal, 2016, 62(8): 2754-2761.

[87] Sheng X R, Li N, Li G Y, et al. Synthesis of high density aviation fuel with cyclopentanol derived from lignocellulose. Scientific Reports, 2015, 5: 9565.

[88] Wang W, Li N, Li G Y, et al. Synthesis of renewable high-density fuel with cyclopentanone derived from hemicellulose. ACS Sustainable Chemistry & Engineering, 2017, 5(2): 1812-1817.

[89] Xie J J, Zhang X W, Pan L, et al. Renewable high-density spiro-fuel from lignocellulose-derived cyclic ketones. Chemical Communications, 2017, 53(74): 10303-10305.

[90] Tang H, Chen F, Li G Y, et al. Synthesis of jet fuel additive with cyclopentanone. Journal of Energy Chemistry, 2019, 29: 23-30.

[91] Chen F, Li N, Yang X F, et al. Synthesis of high density aviation fuel with cyclopentanol. Scientific Reports, 2016, 4(11): 6160-6166.

[92] Zakzeski J, Bruijnincx P, Jongerius A L, et al. The catalytic valorization of lignin for the production of renewable chemicals. Chemical Reviews, 2010, 110(6): 3552-3599.

[93] Dou X M, Jiang X, Li W Z, et al. Highly efficient conversion of Kraft lignin into liquid fuels with a Co-Zn-beta zeolite catalyst. Applied Catalysis B: Environmental, 2020, 268: 118429.

[94] Calvo-Flores F G, Dobado J A. Lignin as renewable raw material. ChemSusChem, 2010, 3(11): 1227-1235.

[95] 周自圆, 赵雪冰, 刘德华. 木质素能源转化的研究进展. 生物产业技术, 2019, (5): 5-14.

[96] Liu G R, Yan B B, Chen G Y. Technical review on jet fuel production. Renewable & Sustainable Energy Reviews, 2013, 25: 59-70.

[97] 舒日洋, 徐莹, 张琦, 等. 木质素催化解聚的研究进展. 化工学报, 2016, 67(11): 4523-4532.

[98] Li X P, Chen G Y, Liu C X, et al. Hydrodeoxygenation of lignin-derived bio-oil using molecular sieves supported metal catalysts: A critical review. Renewable & Sustainable Energy Reviews, 2017, 71: 296-308.

[99] Zhang X H, Tang W W, Zhang Q, et al. Production of hydrocarbon fuels from heavy fraction of bio-oil through hydrodeoxygenative upgrading with Ru-based catalyst. Fuel, 2018, 215: 825-834.

[100] Zhang X H, Zhang Q, Wang T J, et al. Hydrodeoxygenation of lignin-derived phenolic compounds to hydrocarbons over Ni/SiO$_2$-ZrO$_2$ catalysts. Bioresource Technology, 2013, 134: 73-80.

[101] Zhao C, Lercher J A. Upgrading pyrolysis oil over Ni/HZSM-5 by cascade reactions. Angewandte Chemie International Edition, 2011, 51(24): 5935-5940.

[102] Wang H L, Zhang L B, Deng T S, et al. ZnCl$_2$ induced catalytic conversion of softwood lignin to aromatics and hydrocarbons. Green Chemistry, 2016, 18(9): 2802-2810.

[103] Kong J C, He M Y, Lercher J A, et al. Direct production of naphthenes and paraffins from lignin. Chemical Communications, 2015, 51(99): 17580-17583.

[104] Zhao C, Camaioni D M, Lercher J A. Selective catalytic hydroalkylation and deoxygenation of

substituted phenols to bicycloalkanes. Journal of Catalysis, 2012, 288: 92-103.

[105] Nie G K, Zhang X W, Han P, et al. Lignin-derived multi-cyclic high density biofuel by alkylation and hydrogenated intramolecular cyclization. Chemical Engineering Science, 2017, 158: 64-69.

[106] Nie G K, Zhang X W, Pan L, et al. Hydrogenated intramolecular cyclization of diphenylmethane derivatives for synthesizing high-density biofuel. Chemical Engineering Science, 2017, 173: 91-97.

# 第5章

## 高热值碳氢燃料

发动机的推进性能很大程度上取决于所用燃料的理化性质，其中最重要的特征是密度和热值[1]。对于体积受限的航空航天飞行器，其油箱必须设计得尽可能小，以便为电子设备和其他组件提供足够的空间[2]。因此，高能量密度(HED)液体燃料被合成并得到应用，它比传统的航煤具有更高的密度和体积燃烧净热值(NHOC)。但是，大多 HED 燃料分子是含有一个或多个五元环或六元环结构的多环饱和烃，其 H/C 摩尔比偏低，导致燃料质量热值和比冲较低。三元环或四元环的张力能很大，远高于五元环和六元环，因此具有高张力环分子结构(三元环和四元环)的燃料兼具高体积热值、高质量热值和高比冲，比高密度碳氢燃料更有优势，称为高热值碳氢燃料。

## 5.1 三元环高热值碳氢燃料

燃料分子中三元环结构的 C—H 键角处于扭曲状态(键角小于 109.5°)，含有很高的张力能(如一个三元环的张力能高达 115 kJ/mol)，相比普通五、六元环燃料可储存额外的能量，成为一类很有前景的高热值碳氢燃料[3-6]。

三元环燃料一般是通过烯烃的环丙烷化反应获得的，该方法一般以多环烯烃作为原料。例如，双环戊二烯(DCPD)、降冰片二烯(NBD)、降冰片烯(NBE)等的双键可以发生环丙烷化反应，大幅增加燃料的密度和热值[3]。环丙烷化采用的最经典反应为 Simmons-Smith 反应，对于不同的金属类卡宾体(如锌类、铝类、钐类卡宾体)参与的环丙烷化反应，其机理以亚甲基转移机理或卡宾金属化机理为主，如图 5-1 所示。亚甲基转移机理是经过一个蝴蝶形过渡态[1+2]协同加成过程。此外，研究人员还提出了一种经过四中心过渡态的碳正离子金属化机理。

### 5.1.1 环丙烷反应机理

Simmons-Smith 反应被广泛应用于合成各种环丙烷基化合物。其中多环烯烃(如 DCPD)的环丙烷化产物是很具潜力的高热值燃料。通常情况下，环丙烷化反应在含氧溶剂中进行，溶剂效应不仅会改变类卡宾体的结构，还可能对反应路径、活化能垒及优势产物产生影响。例如，在固态条件下，正丁基锂($n$-BuLi)以六聚体($n$-Bu$_6$Li$_6$)形式存在[7]，但在乙醚(Et$_2$O)等极性溶剂中主要以四聚体($n$-Bu$_4$Li$_4$)和二聚体($n$-Bu$_2$Li$_2$)形式存在。Lawrence 的计算结果表明[8]，锂类卡宾体单体、二聚体、三聚体甚至四聚体能共存于四

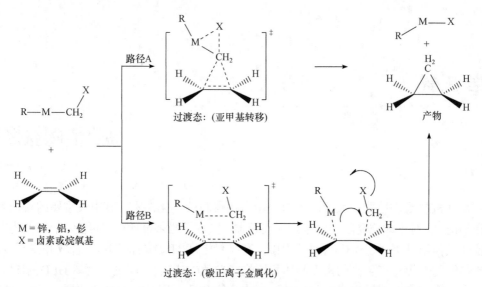

图 5-1　Simmons-Smith 反应机理：亚甲基转移机理和卡宾金属化机理

氢呋喃(THF)溶剂中。Ke 等[9]认为锂类卡宾体的多聚体能促进亚甲基转移反应。Simmons 等[10]发现，在 Et$_2$O 溶剂中，锌类卡宾体单体(IZnCH$_2$I)和二聚体[(ICH$_2$)$_2$Zn]混合物以 Schelenk 平衡存在。Fabisch 等进一步利用核磁共振(nuclear magnetic resonance，NMR)检测到(ICH$_2$)$_2$Zn 的存在，但这些类卡宾体是否能促进环丙烷化反应仍然值得研究[11]。天津大学燃料团队利用密度泛函理论对气相条件下桥式双环戊二烯(endo-DCPD)与 IZnCH$_2$I 的环丙烷化反应进行了研究，并解析了 Et$_2$O 的溶剂化效应[12]。

1. 气相条件下 endo-DCPD 与 IZnCH$_2$I 环丙烷化反应

1) IZnCH$_2$I 的结构特征

气相条件下，IZnCH$_2$I 的二面角 I$^2$—C$^1$—Zn—I$^1$ 为–0.246°，说明 I$^1$、Zn、I$^2$、C$^1$ 四个原子几乎处在同一平面上，C$^1$—I$^2$、C$^1$—Zn、Zn—I$^1$ 键长分别为 2.183 Å、1.932 Å、2.429 Å。Zn—C$^1$—I$^2$、I$^2$—C$^1$—H、Zn—C$^1$—H 和 H—C$^1$—H 键角分别为 105.3°、106.1°、114.3°和 109.7°(图 5-2)，表明 IZnCH$_2$I 中的 C 原子几乎为 sp$^3$ 杂化，不同于 LiCH$_2$I 和钐类卡宾体(ISmCH$_2$I)的 sp$^2$ 杂化。

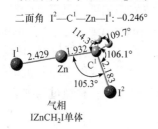

图 5-2　气相条件下 IZnCH$_2$I 的结构
图中键长单位为 Å

endo-DCPD 含有两个双键，分别位于降冰片烯单元和环戊烯单元(记为 NB 和 CP)，并且结构对称性较低。理论上类卡宾体可以从 NB 或 CP 的外侧或内侧分别进攻双键，得到初步环丙烷化产物(P1～P4)，若继续进行下一步反应则生成完全环丙烷化产物(P5～P8)，如图 5-3 所示。亚甲基反应路径更有利于 Simmons-Smith 环丙烷化反应，因此以下讨论均是基于此反应路径。下面分别讨论 endo-DCPD 两步环丙烷化反应得到完全环丙烷化产物的反应过程，分析两步环丙烷化过程动力学上的优势路径及其对应的优势产物。

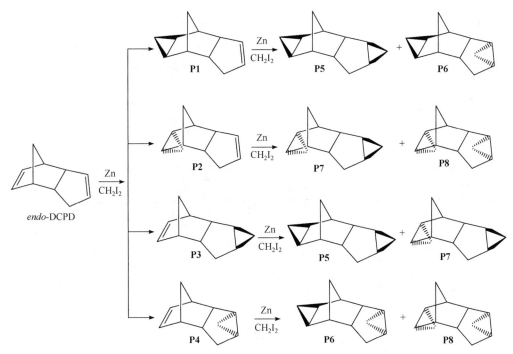

图 5-3　*endo*-DCPD 与 IZnCH2I 反应可能的环丙烷化产物[12]

2) 第一步(初步)环丙烷化反应

图 5-4 给出了初步环丙烷化过程中各过渡态(TS)、反应络合物(RC)及初始反应物(SM)的结构及其零点校正后的能量(ZPE)。当 IZnCH2I 接近 NB 双键时，C=C 双键上的 π 轨道和 Zn 原子上的空 p 轨道重叠，促使 π 络合物(RC1，RC2)形成。自然键轨道理论(NBO)[13-14]计算结果表明：与 IZnCH2I 中 Zn 原子和 $C^1$ 原子的电荷值(0.871、−1.155)相比，RC1 和 RC2 中 Zn 原子的电荷值分别降低至 0.854 和 0.815，$C^1$ 原子的电荷值分别下降至−1.168 和−1.182。π 络合物中 $C^1$ 和 Zn 电荷密度的增加使反应体系(R1，R2)的能量分别下降 8.00 kcal/mol(1 cal=4.184 J)和 11.92 kcal/mol，使反应体系更加稳定。接着，RC1 和 RC2 转变为过渡态 TS1 和 TS2，能垒分别为 10.43 kcal/mol 和 19.21 kcal/mol。随后，IZnCH2I 中的 $C^1$—$I^2$ 和 $C^1$—Zn 键的断裂促使 $C^1$—$C^3$、$C^1$—$C^2$ 成键，最终形成环丙烷产物，释放出碘化锌(ZnI2)。RC1、RC2 转变为 TS1、TS2 的过程中，$C^2$=$C^3$ 双键中 π 轨道的电子转移到 $C^1$—$I^2$ 键 σ*轨道上，并驱动 $C^1$—$I^2$ 键 σ 轨道上的电子向 $I^2$ 上转移。接近过渡态的过程中，来自 $C^1$—$I^2$ σ 键上的电子促使 Zn—$I^2$ 键形成。此外，电子转移也促使 $C^1$—$C^2$、$C^1$—$C^3$ 键形成和 $C^1$—$I^2$ 键断裂。过渡态 TS1、TS2 中 $C^1$—$C^2$ 键长和 $C^1$—$C^3$ 键长略微不同，说明 IZnCH2I 中的 $C^1$ 原子优先与 $C^3$ 原子成键，接着再与 $C^2$ 原子成键。这和低对称性的钛、锌、铝、硒和锂类卡宾体与亚甲基的加成方式相同。并且，平面型的亚甲基发生明显的三角锥化转变(TS1 中，$C^2$ 为 5.57°，$C^3$ 为 4.71°；TS2 中，$C^2$ 为 21.25°，$C^3$ 为 19.85°)，表明在环丙烷化过程中，$C^2$、$C^3$ 原子从 sp² 杂化转化为 sp³ 杂化。

发生在 CP 碳碳双键上的反应类似于 NB 双键，如图 5-4 所示。RC3、RC4 比 SM2 分别低 7.79 kcal/mol 和 11.74 kcal/mol。TS3、TS4 的 $C^1$—$C^2$ 比 $C^1$—$C^3$ 键更长，说明环丙烷

化过程中亚甲基与 CP 双键上两个碳原子的成键是略微不同步的。

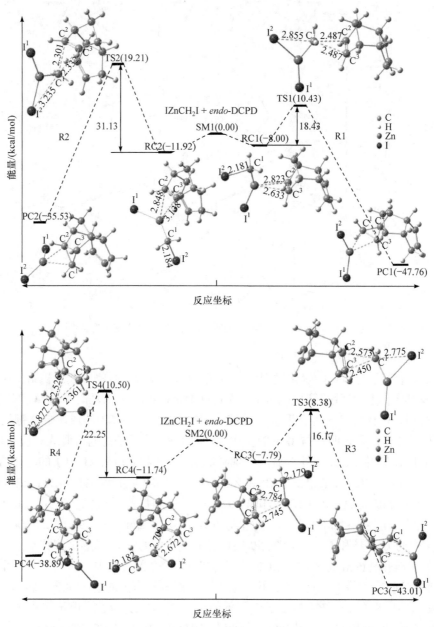

图 5-4　气相条件下，IZnCH₂I 与 *endo*-DCPD 中 NB(R1，R2)和 CP(R3，R4)双键第一步(初步)环丙烷化反应路径图(括号中为其相对能量值)[12]

反应路径 R1、R3(18.43 kcal/mol 和 16.17 kcal/mol)的能量值低于 R2、R4(31.13 kcal/mol 和 22.25 kcal/mol)，说明 IZnCH₂I 趋于从双键上方进攻。从过渡态的结构可以发现：IZnCH₂I 从 *endo*-DCPD 下方进攻碳碳双键(R2、R4)时，以 C²、C³ 为中心的原子团发生比从上方进攻时更明显的三角锥化结构转变(TS2 中，C² 为 21.25°，C³ 为 19.85°；TS4 中，C² 为 7.33°，

$C^3$ 为 10.18°)。因此，IZnCH$_2$I 从 *endo*-DCPD 下方进攻其双键时，需要克服更高的能垒。另外，产物 P1 和 P3 的最低未占轨道和最高占据轨道的能量差值(LUMO–HOMO)分别比 P2 和 P4 的高 0.006 a.u.和 0.008 a.u.，如表 5-1 所示。这也说明 **P1** 和 **P3** 在热力学上更加稳定，为理论上的优势产物，表现出良好的立体选择性。实际上，实验结果表明 *endo*-DCPD 第一步(初步)环丙烷化产物只有 **P1** 和 **P3**，且收率大致相同。

表 5-1　产物 P1～P7 的 LUMO 和 HOMO 能量及其对应的差值 $E_g$[12]

| 产物 | 气相 | | | 乙醚溶剂 | | |
| --- | --- | --- | --- | --- | --- | --- |
| | LUMO | HOMO | $E_g$/a.u. | LUMO | HOMO | $E_g$/a.u. |
| **P1** | −0.028 | −0.252 | 0.224 | −0.027 | −0.253 | 0.226 |
| **P2** | −0.030 | −0.248 | 0.218 | −0.030 | −0.248 | 0.218 |
| **P3** | −0.028 | −0.253 | 0.225 | −0.027 | −0.254 | 0.227 |
| **P4** | −0.030 | −0.247 | 0.217 | −0.029 | −0.247 | 0.218 |
| **P5** | −0.028 | −0.267 | 0.239 | −0.027 | −0.267 | 0.240 |
| **P6** | −0.029 | −0.263 | 0.234 | −0.028 | −0.263 | 0.235 |
| **P7** | −0.030 | −0.266 | 0.236 | −0.029 | −0.267 | 0.238 |

注：$E_g$ = LUMO−HOMO。

3) 第二步(完全)环丙烷化过程

如图 5-5 所示，IZnCH$_2$I 分别进攻 **P1** 和 **P3** 的另一个双键时，仍然先形成能量较低的 π 络合物(RC5～RC8)，然后 RC 克服一定能垒转变为 TS。TS5～TS8 中，$C^1$—$C^3$ 键长和 $C^1$—$C^2$ 键长的差异仍然显示出加成过程在时间上的不同步性。从 RC 到 TS 过程中，结构参数的变化也影响反应路径的能垒。例如，与对应的 RC 结构中 $C^1$—$I^2$ 键长相比，

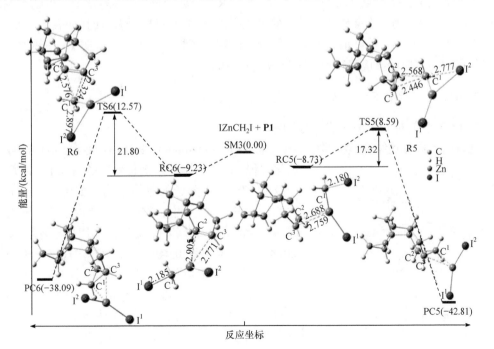

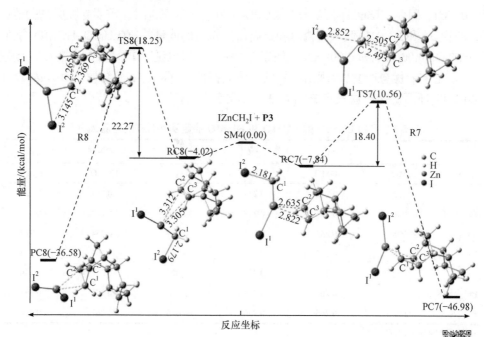

图 5-5    **P1**、**P3** 与 IZnCH₂I 进一步环丙烷化的反应路径图[12]

TS6 中 C¹—I² 键的伸长量比 TS5 中的大 0.115 Å,因此路径 R6 的能垒比 R5 高 4.5 kcal/mol。同样地,RC8 到 TS8 的转变过程中,C¹—I² 的伸长量比 RC7 到 TS7 过程大 0.295 Å,R8 的能垒比 R7 高 3.9 kcal/mol。

从图 5-5 中可以看出,相比于路径 R6 和 R8,R5 和 R7 路径所需的能垒较低,分别为 17.32 kcal/mol 和 18.40 kcal/mol,路径 R5 和 R7 在动力学上更容易发生。也就是说,IZnCH₂I 更容易从另一个碳碳双键的外侧进攻得到立体专一性产物,而且如表 5-1 所示,产物 **P5** 的 LUMO–HOMO 值是所有可能的环丙烷化产物中最大的,表明 **P5** 在热力学上是最稳定的,对应的反应路径也是最有可能发生的。

2. 溶剂存在情况下的 *endo*-DCPD 与 IZnCH₂I 环丙烷化反应

1) Et₂O 溶剂对 IZnCH₂I 结构的影响

通过引入极化连续介质模型(polarizable continuum model,PCM)探究了溶液中的环丙烷化过程。仅考虑隐性溶剂化效应的情况下,溶剂并未改变 IZnCH₂I 分子的总体结构,如图 5-6 所示。例如,在 Et₂O 溶剂中,IZnCH₂I 结构中的 C¹—Zn、C¹—I² 和 Zn—I¹ 键长仅比气相时分别增长了 0.018 Å、0.004 Å 和 0.049 Å;I²—C¹—H、Zn—C¹—H 和 H—C¹—H 键角分别仅比气相时小 0.7°、0.7° 和 0.2°。二面角 I²—C¹—Zn—I¹ 为 0.530°,说明 IZnCH₂I 中的 Zn、C¹、I¹、I² 四原子仍在同一平面上。

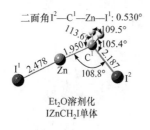

图 5-6    Et₂O 溶剂中 IZnCH₂I 的结构
图中键长单位为 Å

2) Et₂O 溶剂对环丙烷化反应能垒及产物选择性的影响

类似地，在仅考虑隐性溶剂化效应的情况下，反应中过渡态结构几乎没有因为溶剂的引入发生改变。在 TS1′～TS8′中，$C^1$—$C^2$、$C^1$—$C^3$ 键长仍不相同，说明在溶剂中双键和卡宾体的加成在时间上仍是不同步的，如图 5-7 所示。

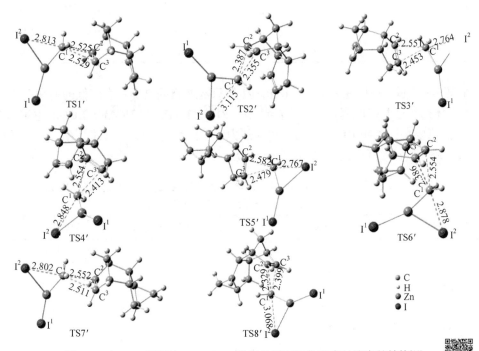

图 5-7　在 Et₂O 溶剂中，IZnCH₂I 参与的环丙烷化反应过渡态的结构[12]

在 Et₂O 溶剂中，尽管每个 RC 和 TS 的能量都比在气相时低，但它们相对于起始反应物的能量却升高了。且 RC 能量的升高值要高于 TS，即 RC 比 TS 结构变得更加不稳定，导致能垒下降。例如，RC1′的能量比 RC1 的能量高 3.8 kcal/mol，然而 TS1′只比 TS1 高 2.5 kcal/mol。因此，溶剂中 R1′的能垒反而由 18.43 kcal/mol 下降到 17.14 kcal/mol。

NBO 电荷分析表明，Et₂O 溶剂中 RC1′～RC8′的 $C^1$ 和 Zn 原子的电荷，比对应气相中 RC1～RC8 的 $C^1$ 和 Zn 原子的电荷高，如表 5-2 所示。例如，$C^1$ 的电荷由 $RC^1$ 中的 −1.179 增长至−1.168；Zn 的电荷由 RC1 中的 0.854 提高至 0.949。$C^1$ 和 Zn 正电荷的增加导致反应络合物中 IZnCH₂I 亲电性的增加，提高了反应活性。

表 5-2　反应络合物中 $C^1$ 和 Zn 的 NBO 电荷值[12]

| 反应路径 | 气相 IZnCH₂I(RC) | | 乙醚溶剂 IZnCH₂I(RC′) | | 乙醚溶剂 (ICH₂)₂Zn(RC″) | |
| --- | --- | --- | --- | --- | --- | --- |
| | $C^1$ | Zn | $C^1$ | Zn | $C^1$ | Zn |
| R1 | −1.179 | 0.854 | −1.168 | 0.949 | −1.160 | 1.194 |
| R2 | −1.168 | 0.815 | −1.160 | 1.011 | −1.161 | 1.217 |
| R3 | −1.182 | 0.856 | −1.172 | 0.964 | −1.158 | 1.238 |
| R4 | −1.176 | 0.819 | −1.167 | 0.895 | −1.163 | 1.218 |

| 反应路径 | 气相 IZnCH$_2$I(RC) | | 乙醚溶剂 IZnCH$_2$I(RC′) | | 乙醚溶剂(ICH$_2$)$_2$Zn(RC″) | |
|---|---|---|---|---|---|---|
| | C$^1$ | Zn | C$^1$ | Zn | C$^1$ | Zn |
| R5 | −1.176 | 0.854 | −1.168 | 0.974 | −1.157 | 1.241 |
| R6 | −1.168 | 0.810 | −1.169 | 0.868 | −1.165 | 1.224 |
| R7 | −1.179 | 0.857 | −1.169 | 0.960 | −1.158 | 1.192 |
| R8 | −1.169 | 0.844 | −1.168 | 1.023 | −1.165 | 1.224 |

如表 5-3 所示，即使在溶剂中，IZnCH$_2$I 从双键外侧进攻仍具有较低的能垒，意味着反应的立体选择性并未改变。另外，溶液中，**P1**、**P3**、**P5** 的 HOMO–LUMO 值比 **P2**、**P4**、**P6** 的值要高，说明 **P1**、**P3**、**P5** 仍为热力学上的稳定产物。因此，在 Et$_2$O 溶剂中，**P1**、**P3**、**P5** 仍为最终的优势产物，符合实验结果。

**表 5-3　Et$_2$O 溶剂中，*endo*-DCPD 与锌类卡宾体环丙烷化各路径的能垒和对应的 RC、TS 相对于起始反应物的能量值**[12]

| 反应路径 [a] | 能量(RC)/(kcal/mol) | 能量(TS)/(kcal/mol) | 能垒/(kcal/mol) |
|---|---|---|---|
| R1′ | −4.19 | 12.95 | 17.14 |
| R2′ | −2.06 | 21.30 | 23.35 |
| R3′ | −4.07 | 11.60 | 15.68 |
| R4′ | −5.76 | 14.00 | 19.77 |
| R5′ | −3.84 | 11.78 | 15.62 |
| R6′ | −3.94 | 15.73 | 19.67 |
| R7′ | −4.10 | 13.00 | 17.10 |
| R8′ | −2.53 | 20.32 | 22.85 |
| R1″ | −5.20 | 10.26 | 15.47 |
| R2″ | −5.54 | 18.39 | 23.93 |
| R3″ | −4.10 | 9.27 | 13.37 |
| R4″ | −6.96 | 12.95 | 19.91 |
| R5″ | −3.83 | 10.09 | 13.92 |
| R6″ | −4.92 | 14.57 | 19.49 |
| R7″ | −5.60 | 9.93 | 15.53 |
| R8″ | −6.09 | 17.42 | 23.51 |

a. R1′～R8′表示在 Et$_2$O 溶剂中 IZnCH$_2$I 的路径；R1″～R8″表示在 Et$_2$O 溶剂中对(ICH$_2$)$_2$Zn 的路径。

此外，考虑 Et$_2$O 分子和 IZnCH$_2$I 之间的短程相互作用，也模拟了一个 Et$_2$O 分子配位的 IZnCH$_2$I 分别从 NB 和 CP 双键外侧进攻的反应路径。如图 5-8 所示，在 TS1$^C$、TS3$^C$ 中，配位键 Zn—O 键长分别为 2.143 Å 和 2.142 Å。尽管 TS1$^C$、TS3$^C$ 中的 C$^1$—I$^2$、C$^1$—C$^2$ 和 C$^1$—C$^3$ 的键长与 TS1′、TS3′中的几乎相同，但前者二面角 C$^1$—I$^2$—Zn—I$^1$ 分别为 140.7° 和−137.8°，而后者二面角 C$^1$—I$^2$—Zn—I$^1$ 均为 180°。这表明，当一分子的 Et$_2$O 中 O 配

位至 Zn 时，平面型的单锌卡宾体结构转变为角锥形结构，这归因于 O 和两个 I 原子的电子排斥作用。

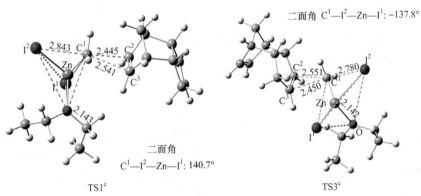

图 5-8　一 Et$_2$O 分子配位的 IZnCH$_2$I 参与环丙烷化反应过渡态的几何结构[12]

在 RC1$^C$ 中，C$^1$ 和 Zn 原子的电荷值分别为−1.182、0.887；在 RC3$^C$ 中，C$^1$ 电荷为−1.189，Zn 为 0.897，与 RC1′和 RC3′中 C$^1$ 和 Zn 的电荷值相比并没有提高。Et$_2$O 分子和 IZnCH$_2$I 的配位作用并未使 π 络合物 RC1$^C$、RC3$^C$ 中 IZnCH$_2$I 的亲电性增加。因此，R1$^C$、R3$^C$ 的反应能垒(17.9 kcal/mol 和 15.8 kcal/mol)比 R1′、R3′(17.1 kcal/mol 和 15.7 kcal/mol)略高。这也表明长程的 PCM 比溶剂分子的短程配合作用更有利于 IZnCH$_2$I 进攻 NB、CP 双键的环丙烷化过程，PCM 比短程的显性溶剂化模型更适合 IZnCH$_2$I 和 *endo*-DCPD 的环丙烷化过程。

3. IZnCH$_2$I 二聚体(ICH$_2$)$_2$Zn 对环丙烷化反应的影响

1) (ICH$_2$)$_2$Zn 结构特征

理论和实验研究表明，(ICH$_2$)$_2$Zn 在溶液中通过 Schelenk 平衡存在。如图 5-9 所示，在(ICH$_2$)$_2$Zn 中，二面角 I$^2$—C$^1$—Zn—I$^1$ 为 110.4°，说明 I$^2$ 和 I$^1$ 不在同一平面上，完全不同于 IZnCH$_2$I 的平面结构。两个碘原子在空间中相距最远，导致它们之间的电荷和位阻排斥作用最小，因此在所有可能的构型中最稳定。相比之下，Zn—C$^{1(2)}$—H、H—C$^{1(2)}$—H、I$^2$—C$^{1(2)}$—H 和 Zn—C$^{1(2)}$—I$^2$ 键角则与 IZnCH$_2$I 中的一致。另外，C$^2$—Zn、C$^2$—I$^1$ 的键长分别与 C$^1$—Zn、C$^1$—I$^2$ 的键长一致，因此在(ICH$_2$)$_2$Zn

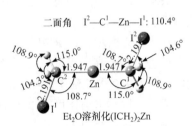

图 5-9　Et$_2$O 溶剂中(ICH$_2$)$_2$Zn 的结构

中，两个亚甲基是等效的，都可以和碳碳双键发生环丙烷化反应。

2) (ICH$_2$)$_2$Zn 参与的 *endo*-DCPD 两步环丙烷化过程

在(ICH$_2$)$_2$Zn 与 *endo*-DCPD 两步环丙烷化反应的过渡态 TS1″~TS8″中，C$^1$—C$^3$ 键长和 C$^1$—C$^4$ 的键长不一致，这说明(ICH$_2$)$_2$Zn 仍以非同步的方式接近碳碳双键。

与 IZnCH$_2$I 的反应机理相同，(ICH$_2$)$_2$Zn 与 *endo*-DCPD 反应也经过一个蝴蝶形的过渡态，如图 5-10 所示。过渡态中，(ICH$_2$)$_2$Zn 亚甲基中的 C$^1$ 原子和双键上的两个碳原子部分成键，形成环丙烷的前驱体。随后，$C^1$—$I^2$ 键完全断裂，$I^2$ 和 Zn 原子成键，形成 $IZnCH_2I$。

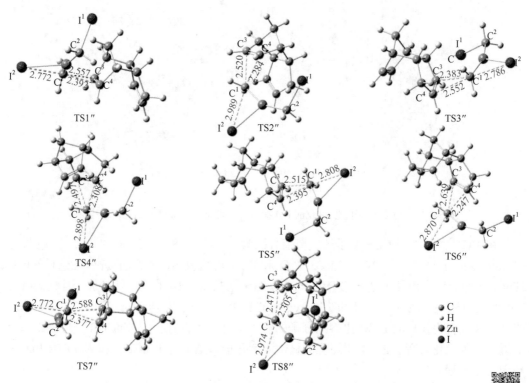

图 5-10　$(ICH_2)_2Zn$ 参与环丙烷反应过渡态的几何结构(图中键长单位为 Å)[12]

对于大部分可能的反应路径，$(ICH_2)_2Zn$ 的参与使反应能垒进一步下降 0.18～2.31 kcal/mol，如表 5-3 所示，并且 R1″、R3″、R5″、R7″的能垒比它们的竞争反应路径 R2″、R4″、R6″、R8″更低。也就是说，$(ICH_2)_2Zn$ 的参与可促进反应的进行并保持反应的选择性。

如表 5-2 所示，在 RC″中 $C^1$ 和 Zn 的电荷数比 RC′中的更大，表明 RC″中$(ICH_2)_2Zn$ 亲电性进一步提高。以反应途径 R1 为例：$C^1$ 电荷从 RC1′中的–1.168 增长到–1.160，Zn 的电荷从 0.949 增长到 1.194。亲电性的提高被认为是高反应活性的原因，因此在实际反应过程中，锌类卡宾体可能以$(ICH_2)_2Zn$ 和 $IZnCH_2I$ 的形式参与反应。然而，确定哪种形式对于反应的贡献更大是比较困难的。

### 5.1.2　环丙烷燃料合成

Syntin 煤油是俄罗斯研制的一种高能煤油[15-16]，其燃烧净热值和比冲比火箭煤油分别提高 2%和 7～10 s，具有热值高、比冲大、黏度小、绿色无毒和常温可储存等优点，曾用于苏联/俄罗斯联盟号 U2 运载火箭的助推级和第一级、质子号运载火箭上面级以及"暴风雪"航天飞机芯级。

Oh 等[3]以 NBE、NBD 和 DCPD 为原料，通过环丙烷化反应合成了多种高热值燃料，这些燃料同时具有较高的密度和燃烧净热值。如图 5-11 所示，合成环丙烷燃料有三条路径。路径 A 为：在–40℃时向 2,4,6-三氯苯酚(2,4,6-TCP)(1 mmol)的二氯甲烷(CH₂Cl₂)(10 mL)溶液中加入二乙基锌(Et₂Zn)(1 mmol)，搅拌 15 min 后加入原料 **1(1a-NBE 或 1c-DCPD)**(0.5 mmol)，在室温下搅拌 12 h，经过分离提纯得到环丙烷燃料 **2(2a/2c/2d)**，为无色液体。路径 B 为：将分散于 1,2-二甲氧基乙烷(80 mL)中的锌粉(210 mmol)超声活化 2 h，向上述溶液中快速加入原料 **1a** 或 **1c**(100 mmol)，加热至回流，加入二碘甲烷(CH₂I₂) (200 mmol)后回流 12 h，经过分离提纯得到环丙烷燃料 **2(2a/2c/2d)**，为无色液体。路径 C：将原料 **1**(0.2 mol)、CH₂Cl₂/Et₂O(40 mL/40 mL)和约 80 mL KOH 水溶液(40%)置于配备有搅拌器、循环冷凝器的烧瓶中，然后在 10~20℃下加入 N-甲基-N-亚硝基脲(2~3 g)和乙酸钯[Pd(OAc)₂，0.3 mmol]的 CH₂Cl₂(5 mL)溶液，待氮气(N₂)停止释放后，在 30 min 内分步添加 N-甲基-N-亚硝基脲(约 1.5 g/min，总量 30~40 g)，经过分离提纯得到环丙烷燃料 **2(2b/2e)**，为无色液体。

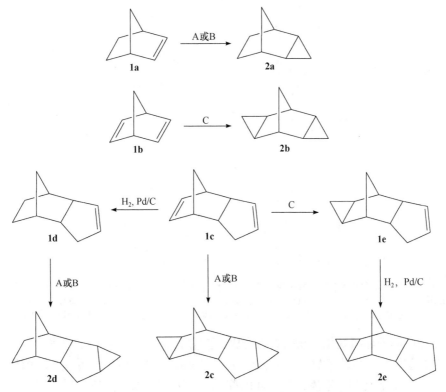

图 5-11　NBE、NBD 与 DCPD 的环丙烷化反应[3]

路径 A 试剂及条件：Et₂Zn，2,4,6-TCP，CH₂Cl₂，–40℃至室温；路径 B 试剂及条件：锌粉(超声)，1,2-二甲氧基乙烷，回流；路径 C 试剂及条件：N-甲基-N-亚硝基脲，Pd(OAc)₂，KOH，CH₂Cl₂，室温

降冰片烯 **1a** 通过路径 A 和 B 制备的产物 **2a** 收率分别为 20% 和 40%。DCPD 可以通过路径 C 合成单环化合物 **1e**，然后通过加氢反应将 CP 双键饱和，合成环丙烷燃料 **2e**；或者先通过加氢反应将 NB 双键饱和形成 **1d**，然后通过路径 A 或 B 将 CP 双键环丙烷化合成环丙烷燃料 **2d**；或者直接通过路径 A 或 B 将 NB 和 CP 双键环丙烷化，合成双环丙

烷燃料 **2c**。

　　Bojase 等[17]报道了交叉共轭烯烃通过环丙烷化反应合成多环环丙烷燃料的方法。如图 5-12 所示，原料为交叉共轭烯烃([n]dendralene)，环丙烷化产物为[n]ivyane，这些环丙烷化反应的步骤基本一致。以[6]ivyane 的合成为例，其合成方法为：在 N$_2$ 气氛下，0℃时向装有干燥 CH$_2$Cl$_2$(40 mL)的圆底烧瓶中加入 1 mol/L Et$_2$Zn 的正己烷溶液，缓慢滴加三氟乙酸(TFA)和 CH$_2$Cl$_2$ 的混合溶液，剧烈搅拌 20 min，再缓慢滴加 CH$_2$I$_2$ 和 CH$_2$Cl$_2$ 的混合溶液，剧烈搅拌 20 min，然后加入原料([6]dendralene)和 CH$_2$Cl$_2$ 的混合溶液，缓慢升至室温，搅拌 5 h，反应结束后经过分离提纯得到产物。

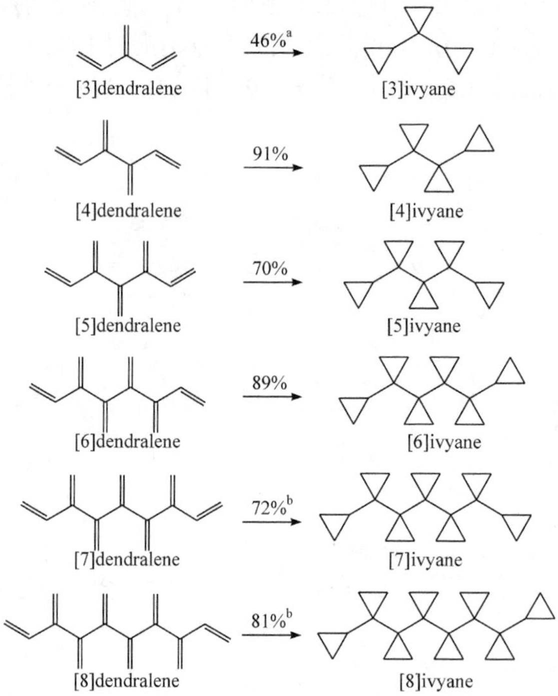

图 5-12　[3]dendralene～[8]dendralene 通过环丙烷化反应合成[3]ivyane～[8]ivyane[17]

反应试剂及反应条件：Et$_2$Zn(1.2 mol)，TFA(1.2 mol)，正己烷-CH$_2$Cl$_2$，0℃，20 min；CH$_2$I$_2$(1.2 mol)，20 min，之后添加原料交叉共轭烯烃(1 mol)，升至室温，2 h。a：每摩尔烯烃对应 1.5 mol 试剂。b：反应时间为 18 h

　　该方法可用于环丙烷化产物的克级合成，且[4]ivyane～[8]ivyane 的收率较高。环丙烷化产物对布朗斯特酸较为敏感，[3]ivyane 是最敏感的，因此收率最低。三环丙烷～六环丙烷产物在常温下是油状液体，而七环丙烷、八环丙烷产物是固体，后两者可以在正戊烷中生长出适合单晶 X 射线分析的晶体，其分子结构如图 5-13 所示。

　　天津大学燃料团队[18]以生物质衍生物月桂烯为原料，通过环丙烷化反应合成了高热值的环丙烷燃料。月桂烯是一种含有三个碳碳双键的生物质衍生烯烃，它可以由 β-蒎烯热分解获得，而 β-蒎烯是松节油的主要成分，松节油是植物中生产最广泛的次生代谢产物，年生产量约为 33 万吨。另外，月桂烯具有长链结构，其环丙烷燃料具有良好的低温性能。如图 5-14 所示，反应包括锌类卡宾体的制备和月桂烯的环丙烷化反应两部分。锌类卡宾体 RZnCH$_2$I 的制备方法为：在 0℃下将有机酸试剂和 CH$_2$Cl$_2$ 的混合溶液缓慢滴加到 Et$_2$Zn

图 5-13　通过单晶 X 射线分析获得的产物分子结构：(a)八环丙烷；(b)七环丙烷[17]

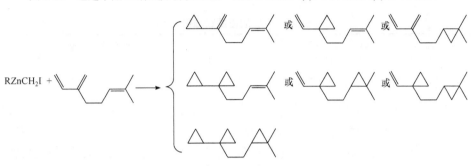

图 5-14　月桂烯的环丙烷化反应[18]

和 $CH_2Cl_2$ 的混合溶液中，搅拌 20 min，然后将 $CH_2I_2$ 和 $CH_2Cl_2$ 的混合溶液缓慢加入上述混合物中，继续搅拌 20 min。月桂烯环丙烷化方法为：将月桂烯和 $CH_2Cl_2$ 的混合溶液添加到 $RZnCH_2I$ 溶液中，升温至 25℃，反应 6 h。

通过核磁共振(NMR)谱图与傅里叶变换红外光谱(FTIR)等手段对产物结构进行表征，证明产物为三环丙烷化合物。对反应条件如温度、酸的种类、反应时间、溶剂种类、摩尔比等条件进行了优化，在最佳反应条件下，三环丙烷燃料收率可达 69.8%。此燃料具有良好的低温性能，冰点低于−70℃；燃烧净热值为 43.4 MJ/kg，高于 JP-10(42.1 MJ/kg)；比冲远高于 JP-10 和 RP-1(分别为 328.25 s、323.30 s 和 324.73 s)。

## 5.2　四元环高热值碳氢燃料

除了 5.1 节介绍的三元环分子结构，四元环结构的 C—C 键角为 90°，扭曲的 C—C 键使分子处于不稳定的张力状态，在燃烧过程中分子结构坍塌释放出大量的张力能，具有较高的燃烧净热值。常见的含有四元环的高张力燃料有四环[2.2.1.0$^{2,6}$.0$^{3,5}$]庚烷(分子式 $C_7H_8$，以下简称 QC)、五环[5.4.0.0$^{2,6}$.0$^{3,10}$.0$^{5,9}$]十一烷(分子式为 $C_{11}H_{14}$，以下简称 PCU)及其衍生物、立方烷以及其他含有四元环的笼状燃料。

### 5.2.1　四环庚烷

四环庚烷通常由降冰片二烯(NBD)光异构化合成，1 mol NBD 转化为 QC 可储存 89 kJ 太阳能。在催化剂或加热(＞127℃)条件下，QC 发生逆反应生成 NBD，并将储存的能量以热能的形式释放出来。因此，QC-NBD 体系是一种研究较早的太阳能储能体系，在太阳能储存领域备受关注。同时，QC 因其高密度、高体积热值和高质量热值特性，可用于火箭推进和导弹姿态调控，也可以作为添加剂加入其他燃料中提高能量或促进燃烧。

### 1. 四环庚烷的基本性质

QC 是一种具有高张力笼状结构和较大密度的液态烷烃，其主要物性如表 5-4 所示[19]。QC 的质量热值为 44.35 MJ/kg，远高于目前使用的高密度燃料 JP-10 (42.10 MJ/kg)。同时，–40℃下 QC 黏度仅为 0.03 cSt，具有优异的低温流动性。

**表 5-4　QC 的主要物理性质**[19]

| 密度/(g/mL) | 质量净热值/(MJ/kg) | 体积净热值/(MJ/L) | 冰点/℃ | 黏度(–40℃)/cSt | 闪点/℃ |
|---|---|---|---|---|---|
| 0.982 | 44.35 | 43.55 | –44 | 0.03 | 11 |

图 5-15 为 QC 分子结构示意图，可以看出，QC 含有 2 个三元环、1 个四元环以及 2 个五元环。三元环和四元环的 C—C 键角分别为 59.9°～60.1°和 90°，远小于正常 C—C 键角的 109.5°。得益于这样的高张力笼状结构，QC 具有高体积热值和高质量热值特性。

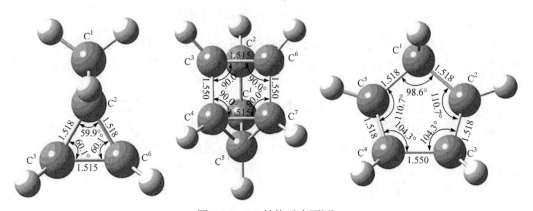

图 5-15　QC 结构示意图[19]

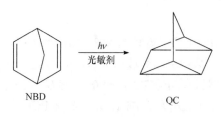

图 5-16　NBD 光合成 QC 反应式

### 2. 四环庚烷的合成方法

如图 5-16 所示，在光照(一般为紫外光)以及光敏剂存在的条件下，NBD 异构为 QC。

NBD 及其衍生物的光敏化异构反应使用的敏化剂有两种：一种是均相敏化剂，另一种是非均相光催化剂。

### 3. 均相敏化剂

均相敏化剂一般分为三重态能量传递敏化剂、过渡金属络合物敏化剂以及电子转移敏化剂。

1) 三重态能量传递敏化剂

三重态能量传递敏化剂(如苯乙酮、二苯甲酮等)是 NBD 光异构反应常用的一类敏化剂。三重态敏化剂光敏化 NBD 异构反应的机理如式(5-1)～式(5-4)所示[20]，敏化剂首先受光激发形成单重激发态 $^1S^*$，经过系间穿越后生成三重态敏化剂 $^3S^*$，三重态敏化剂将能量传递至 NBD(N)，NBD 受能量激发成三重态 $^3N^*$，而敏化剂三重态 $^3S^*$转变为基态敏化剂 S，激发后的 NBD 三重态 $^3N^*$再经过价键异构反应生成 QC(Q)。

$$S \xrightarrow{\ hv\ } {}^1S^* \tag{5-1}$$

$$^1S^* \longrightarrow {}^3S^* \tag{5-2}$$

$$^3S^* + N \longrightarrow {}^3N^* + S \tag{5-3}$$

$$^3N^* \longrightarrow Q \tag{5-4}$$

NBD 三重态能量为 257 kJ/mol，因此只有三重态能量高于 257 kJ/mol 的敏化剂才能实现上述三重态-三重态能量转移过程；同时，敏化剂也需要较长的三重态寿命，提高能量转移的效率。

Hammond 等[21]首次将三重态敏化剂苯乙酮、丙酮和苯甲酮用于 NBD 的光致价键异构反应，成功合成了 QC，但其量子效率仅为 0.08。随后，许多研究者进一步优化了反应工艺和敏化剂类型以提高效率。Smith[22]采用苯乙酮作敏化剂、Et₂O 作溶剂，在 N₂ 气氛下反应 48 h，产物收率达到 80%。Cahill 等[23]用四乙基米氏酮和米氏酮两种敏化剂作为对比，发现在无溶剂条件下四乙基米氏酮可以缩短反应的诱导时间，使 QC 的收率提高将近 40%；而且采用不纯的 NBD 原料也能得到很高的产物收率(约为 99.5%)。王文涛等[24]以低沸点石油醚(PET)/丙酮混合溶剂作溶剂、二苯甲酮作敏化剂，发现在敏化剂加入量为 6%时，1.0 mol/L 原料的异构转化率为 93%、选择性接近 100%。天津大学燃料团队[25]对 QC 的合成工艺进行了放大：使用容积为 2.5 L 的内照式石英反应器，将 2 L NBD 与 10 g 四乙基米氏酮混合溶解，在 1000 W 中压汞灯下室温反应 16 h，将产物在 60～62℃和 100 kPa 下蒸馏得到纯度为 99.5%的 QC，总收率为 96.2%，单批产量约为 2 kg，具备批量生产的潜力。

虽然三重态敏化剂作用下的光异构反应具有较高的转化率和选择性，但仍然存在一些缺点。例如，反应后所得反应体系中产物与敏化剂的分离比较困难、部分光敏剂会参与光化学反应生成副产物等。

2) 过渡金属络合物敏化剂

除了三重态能量传递敏化剂，研究者也研究了过渡金属络合物敏化剂，其敏化机理如式(5-5)～式(5-8)所示，可以看出，过渡金属络合物参与光敏化反应大多遵循以下几步：经激发和系间能量穿越后形成的三重态敏化剂 $^3S^*$与 NBD(N)形成过渡态络合物[$^3S—N$]$^*$，然后经异构反应后分解成基态的敏化剂 S 和产物 QC(Q)。

$$S \xrightarrow{\ hv\ } S^* \tag{5-5}$$

$$S^* \longrightarrow {}^3S^* \tag{5-6}$$

$${}^3S^* + N \longrightarrow [{}^3N{-}S]^* \tag{5-7}$$

$$[{}^3N{-}S]^* \longrightarrow Q + S \tag{5-8}$$

Bren 等[26]提出过渡金属作为 NBD 异构化反应的敏化剂，应满足以下要求：

(1) 过渡金属必须具有低的氧化态，并且能与 NBD 形成配位键；

(2) [${}^3S{-}N$]$^*$配合物应在可见光区有吸收；

(3) S 不可催化 QC 价键异构成 NBD(Q→N)的逆反应；

(4) S 不可敏化其他副反应。

虽然许多过渡金属都能与 NBD 形成配合物，但只有 Cu(Ⅰ)等少数金属符合上述要求。

Trecker 等[27]首先采用卤化亚铜(CuX)进行 NBD 异构化为 QC 的反应，发现反应过程中含有 NBD-CuX 配合物中间体。Schwendiman 等[28]进一步研究了 CuCl 在该反应中的光敏化作用，在 313 nm 光照、氯仿(CHCl$_3$)和乙醇(C$_2$H$_5$OH)溶剂条件下，NBD 转化率可达 90%以上，反应的量子产率分别可达 0.3~0.4 和 0.2~0.3。同时，光反应过程表现出明显的溶剂依赖性：反应在 CHCl$_3$ 和 C$_2$H$_5$OH 中可高效进行，而在乙腈(CH$_3$CN)中几乎无反应。Fife 等[29]采用(Ph$_3$P)$_3$CuX、(MePh$_2$P)$_3$CuX、(Ph$_2$PCH$_2$CH$_2$PPh$_2$)CuX 三种铜磷配合物作为 NBD 异构反应的敏化剂，研究发现电子激发态能量最低的(MePh$_2$P)$_3$CuX 敏化效果最佳，QC 的收率达到 100%。Franceschi 等[30]设计了四种过渡金属 Cu 的络合物[Cu$_2$L$_2$($\mu$-NBD)]、[Cu$_2$L$_2'$($\mu$-NBD)]、[Cu$_2$L$_2''$-($\mu$-NBD)]和[Cu$_2$L$_2'''$($\mu$-NBD)]，其中 L 为 2-甲基-8-氧基喹啉，L$'$ 为 2-甲基-5,7-二氯-8-氧基喹啉，L$''$ 为 4-氧基吖啶，L$'''$ 为 2-(2-氧基-3,5-二-三丁基苯)苯并三唑。在甲醇(CH$_3$OH)溶液中，实现大于 405 nm 的可见光激发的 NBD 异构化反应，其中[Cu$_2$L$_2$($\mu$-NBD)]的敏化效果最佳，量子产率为 0.029。Sluggett 等[31]采用钌基配合物 Rh(phen)$_3^{3+}$ 和 Rh(phi)$_2$(phen)$^{3+}$作为 NBD 异构化的敏化剂，其中 phen 为 1,10-邻二氮杂菲，phi 为 9,10-菲醌二胺。研究发现 Rh(phen)$_3^{3+}$敏化 NBD 异构化反应是一个可逆过程，NBD 在光照下生成 QC，而当反应体系中存在 QC 时，又异构成 NBD；但 Rh(phi)$_2$(phen)$^{3+}$只能使 QC 转化为 NBD，却不能实现逆转化。

3) 电子转移敏化剂

敏化剂受光激发后，与 NBD 之间发生电子转移，使 NBD 价键异构化并生成 QC，这类敏化剂被称为电子转移敏化剂。电子转移敏化剂在反应过程中不受三重态能量高低的限制，只要其与 NBD 的氧化还原电势匹配便能通过电子转移敏化其异构反应过程。

Grutsch 等[32]研究铱金属化合物敏化 NBD 到 QC 的光异构化反应，发现敏化剂激发态虽低于 NBD，仍可得到光异构产物且具有较高的量子产率。进一步研究证实，激发态敏化剂与 NBD 形成一种存在电荷转移的稳定复合物，其经过解离得到三重态 NBD 与基态敏化剂，进而异构化得到 QC。研究人员选择甲基咪唑(NMI)作为敏化剂对三种 NBD 衍生物进行异构化反应，通过分析不同入射波长所得异构产物以及 NMR 实验[33]，证实异构反应首先是通过电子转移形成正负离子自由基对，再经过电子复合过程形成 NBD 三重态。进一步得到如式(5-9)~式(5-13)所示的反应机制：经激发后形成的单重态敏化剂 $^1S^*$ 与 NBD(N)形成过渡态的离子对 $^1[S^+{-}N^-]^*$，经过系间能量穿越得到过渡态离子对 $^3[S^+{-}N^-]^*$，其随后分解为三重态 $^3N^*$ 与基态敏化剂 S，$^3N^*$ 经异构化反应得 QC(Q)。

$$S \xrightarrow{\ h\nu\ } {}^1S^* \tag{5-9}$$

$$^1S^* + N \longrightarrow {}^1[S^+ - N^-]^* \tag{5-10}$$

$$^1[S^+ - N^-]^* \longrightarrow {}^3[S^+ - N^-]^* \tag{5-11}$$

$$^3[S^+ - N^-]^* \longrightarrow {}^3N^* + S \tag{5-12}$$

$$^3N^* \longrightarrow Q \tag{5-13}$$

总体来说，采用均相敏化剂敏化 NBD 向 QC 异构转化具有较好的收率。三重态敏化剂对光异构化反应表现出优良的敏化效果，但敏化剂与产物和溶剂的分离比较复杂；过渡金属络合物敏化剂的合成相对复杂，敏化效果相对于三重态能量传递敏化剂较差；电子转移敏化剂虽不受三重态能量的限制，但其成本较高，限制了其应用。

### 4. 非均相光催化剂

相较于均相敏化剂，非均相光催化剂易于与反应体系分离，有利于其重复使用。同时光催化剂化学稳定性高，价格相对便宜，能够通过掺杂、表面贵金属沉积等方法进行光催化性能调控，具有更高的经济性和实用性。

Lahiry 等[34]使用氧化锌(ZnO)、硫化镉(CdS)、硫化锌(ZnS)和锗(Ge)等光催化剂催化 NBD 异构化反应，提出有关 $O^-$ 参与的反应机制。Ghandi 等[35]研究将 $K^+$、$Cs^+$ 等重金属离子引入到 Y 分子筛上，在浆态条件下进行 NBD 光催化异构化反应。由于重原子在三重态状态下可提高光物理和光化学反应的进程，所以在用 KY、CsY 等作为光催化剂时，反应 3 h 后 QC 的收率可达到 90%。

天津大学燃料团队[4]制备了负载 La 的 $ZnO/TiO_2$ 复合物用于 NBD 的光异构反应。研究表明，La 掺杂 $ZnO/TiO_2$ 在形成钛酸锌($ZnTiO_3$)混晶的基础上，增大了紫外吸收强度，提高了光异构反应的活性。此外，该团队通过将 Ti 物种以及 $TiO_2$ 量子点负载于分子筛 MCM-41 上[6,36]、过渡金属掺杂[37]等方式进一步提升光催化剂活性，实现了 NBD 的高效光异构反应。

### 5. 四环庚烷的应用

QC 含有非常高的张力能和化学反应活性，其可与氧化剂匹配作为双组元自燃推进剂[25]。如表 5-5 所示，QC/硝酸(NA)二元体系的点火延迟时间为 98 ms，而 QC/四氧化二氮($N_2O_4$)二元体系的点火延迟时间仅为 29 ms。此外，在 QC 燃料中添加纳米硼(B)或碳(C)作为含能添加剂和点火促进剂，可以有效地提高 QC 的自燃性能。向 QC 中加入 0.25wt%的纳米颗粒可显著降低其点火延迟时间，特别是纳米 B 的添加，QC/$N_2O_4$ 的点火延迟时间可从 29 ms 减少到 18 ms，QC/NA 的点火延迟时间从 98 ms 减少到 68 ms。

表 5-5　四环庚烷基液态燃料的点火延迟时间[25]

| 序号 | 燃料 | 氧化剂 | 点火延迟时间/s |
| --- | --- | --- | --- |
| 1 | QC | $N_2O_4$ | 29 |
| 2 | QC | NA | 98 |
| 3 | QC + C | $N_2O_4$ | 27 |
| 4 | QC + C | NA | 73 |
| 5 | QC + B | $N_2O_4$ | 18 |
| 6 | QC + B | NA | 68 |

　　进一步计算了 QC/$N_2O_4$ 的推进性能。如表 5-6 所示，由于燃烧热较高，QC 的理论比冲明显高于偏二甲肼(UDMH)和亚乙烯基冰片(EN)。此外，QC 的密度远高于 UDMH，因此其体积比冲比 UDMH 高 15%，这对体积受限的飞行器至关重要。不仅如此，QC 的蒸气压远低于 UDMH，降低了推进剂应用中的闪爆风险和危害性，而且 QC 易于大规模放大制备，操作、运输、储存安全，是一种很有前途的高能燃料。

表 5-6　QC、UDMH、EN 的理论计算推进性能[25]

| 燃料 | 生成热/(kJ/mol) | 燃烧热/(MJ/kg) | 燃料密度/(g/mL) | 推进剂密度/(g/mL) | 比冲/s | 体积比冲/[(kg·s)/L] |
| --- | --- | --- | --- | --- | --- | --- |
| QC | 307.8 | −44.35 | 0.982 | 1.32 | 305 | 402 |
| UDMH | 84.0 | −31.02 | 0.793 | 1.14 | 297 | 337 |
| EN | 102.3 | −43.01 | 0.896 | 1.30 | 298 | 388 |

### 5.2.2　PCU 单体、二聚体及其衍生物

1. PCU 单体及其聚合物

五环[5.4.0.0$^{2,6}$.0$^{3,10}$.0$^{5,9}$]十一烷(缩写为 PCU，$C_{11}H_{14}$)的分子结构如图 5-17 所示，其分子中含有 1 个四元环、4 个五元环和 1 个六元环，结构紧凑，是高密度笼状烃中极具应用潜力的一种化合物。

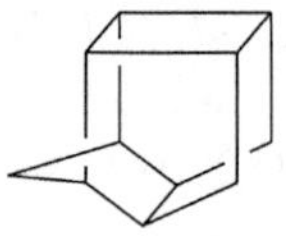

图 5-17　PCU 分子结构示意图

　　PCU 及其衍生物是目前研究比较广泛的单笼碳氢化合物，其合成路线有以下两条。

　　合成路线一[38]：如图 5-18 所示，2,3,4,5-四氯环戊二烯酮乙二醇缩酮和 1,4-环己二烯首先经 Diels-Alder 反应得到中间体 **a**，经光环加成反应得中间体 **b**，完成 PCU 的骨架构建；进一步对骨架上的氯原子还原以及水解两步反应得到 PCU-4-酮，最后通过 Wolff-Kishner-黄鸣龙还原反应将羰基还原成亚甲基得到 PCU，反应过程总收率约为 16%。

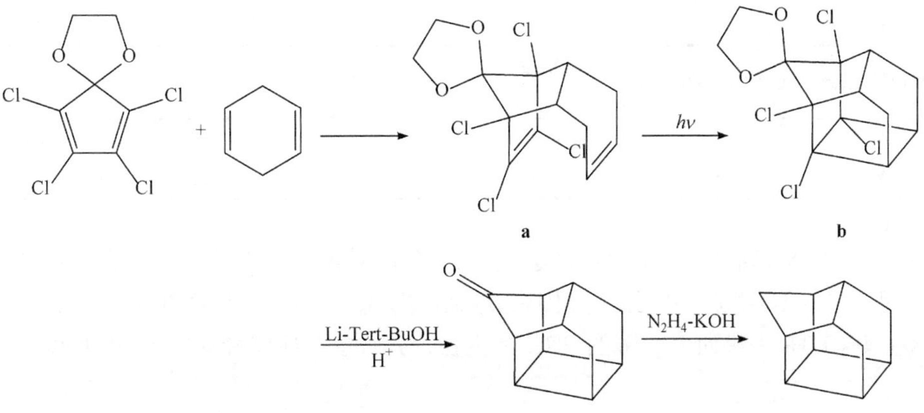

图 5-18  PCU 的合成路线一[38]

合成路线二: Marchand 等[39]重新设计了 PCU 的合成路线,仅三步反应即可完成 PCU 的合成,反应原料采用环戊二烯(CPD)和对苯醌(PBQ)。如图 5-19 所示,第一步, CPD 和 PBQ 经 Diels-Alder 反应得到中间体 **a**,收率为 93%;第二步,用中压汞灯进行光催化[2+2] 加成反应,将中间体 **a** 转化为中间体 **b**;第三步,在碱性条件下,联氨($N_2H_4$)加氢脱氧制得无色蜡状固体 PCU,全程产率提升至 47%。

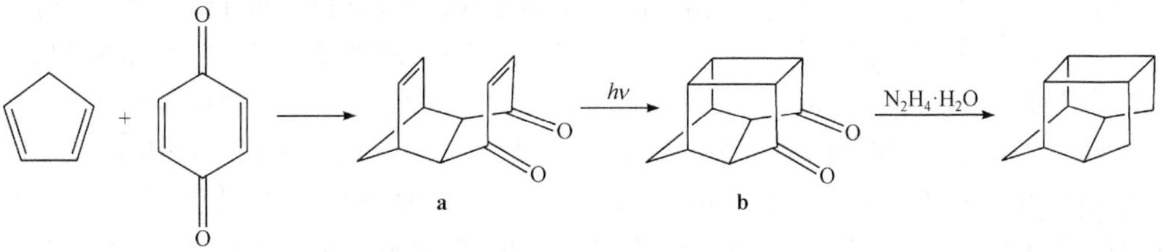

图 5-19  PCU 的合成路线二[39]

PCU 的密度为 1.23 g/mL,体积热值高达 51.66 MJ/L,但其熔点高(204.0～204.5℃), 在常温下以固体形式存在,很难直接作为燃料使用。将其作为高能添加剂溶解到液体燃料中,可以增加燃料的密度和燃烧净热值。例如,将 PCU 与航煤复配可以提升其能量[40], 25℃下 PCU 在航煤中的溶解度可达 44.6%(质量分数),复配燃料的理化性能见表 5-7。当 PCU 质量分数为 25%时,复配燃料密度达到 0.853 g/mL,与航煤相比密度提高 7.8%、体积热值提高 9.5%。PCU 的加入对复配燃料的闪点和冰点影响不大,但黏度(-40℃)增加至 13.64 $mm^2/s$。

表 5-7  PCU/RP-3 复配燃料的理化性能[40]

| PCU 质量分数/% | 密度(20℃)/(g/mL) | 体积净热值/(MJ/L) | 闪点/℃ | 冰点/℃ | 黏度(-40℃)/($mm^2$/s) |
|---|---|---|---|---|---|
| 0 | 0.791 | 37.50 | 48 | -59 | 6.99 |
| 5 | 0.807 | 38.97 | 50 | -60 | 7.54 |
| 10 | 0.819 | 39.78 | 51 | -61 | 8.58 |
| 15 | 0.829 | 40.02 | 51 | -62 | 9.54 |

续表

| PCU 质量分数/% | 密度(20℃)/(g/mL) | 体积净热值/(MJ/L) | 闪点/℃ | 冰点/℃ | 黏度(–40℃)/(mm²/s) |
|---|---|---|---|---|---|
| 20 | 0.840 | 40.61 | 49 | −62 | 11.42 |
| 25 | 0.853 | 41.06 | 49 | −62 | 13.64 |

PCU 在液体高密度燃料中的溶解度不够大，其作为液体高密度燃料添加剂的效果并不突出，可通过在 PCU 结构中引入烷基基团调节其结构以增加溶解性。甲基五环[5.4.0.0$^{2,6}$.0$^{3,10}$.0$^{5,9}$]十一烷(MPCU)是一种研究较多的 PCU 衍生物，其合成反应路径如图 5-20 所示。

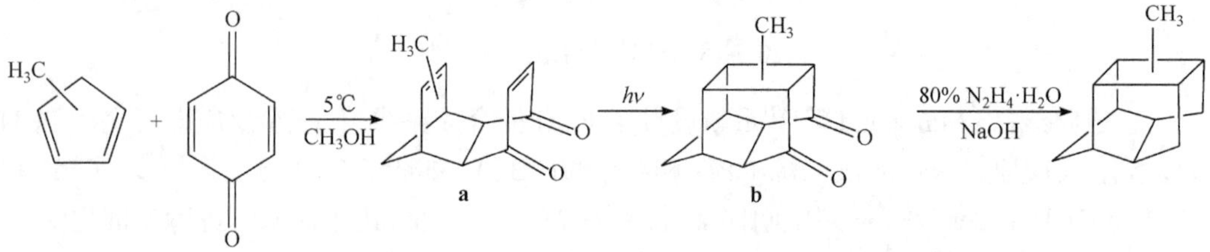

图 5-20　MPCU 的合成路线[41]

对比图 5-19 与图 5-20 可以看出，MPCU 是在 Marchand 等合成 PCU 的反应路径基础上将 CPD 替换为甲基环戊二烯(MCPD)得到的。首先，MCPD 和 PBQ 经 Diels-Alder 反应得到中间体 a(转化率 87%)[41]；然后，在光照条件下进行[2+2]光催化环加成反应，将中间体 a 转化为中间体 b(转化率 80%)；最后通过 Wolff-Kishner-黄鸣龙还原反应将羰基转化为亚甲基，得到 MPCU。MPCU 的密度为 1.20～1.30 g/mL，体积燃烧净热值约为 50.60 MJ/L，将 MPCU 与 HD-01 和 RP-3 进行复配后燃料的密度和体积热值如表 5-8 所示。可以看出，随着 MPCU 的质量分数增加，复配燃料的密度和体积热值也随之增加，当 MPCU 添加量为 50%时，两种燃料的密度分别增加 4%和 13%，而体积热值分别提升 4%和 10%。

表 5-8　复配燃料的密度和体积热值[41]

| MPCU 质量分数/% | 密度(20℃)/(g/mL) | 体积净热值/(MJ/L) |
|---|---|---|
| 溶于 HD-01 | | |
| 10 | 0.937 | 41.43 |
| 20 | 0.946 | 42.02 |
| 30 | 0.956 | 42.15 |
| 40 | 0.965 | 42.51 |
| 50 | 0.974 | 42.79 |
| 溶于 RP-3 | | |
| 10 | 0.806 | 36.87 |
| 20 | 0.827 | 37.57 |
| 30 | 0.847 | 38.27 |
| 40 | 0.868 | 38.92 |
| 50 | 0.893 | 39.78 |

除了较高的密度和燃烧净热值，闪点和低温性能同样是液体燃料需要重点关注的性能参数。表 5-9 为复配燃料体系的闪点、冰点和低温黏度性能。随着 MPCU 加入质量的增加，燃料的闪点也随之升高，提升了燃料的使用安全性，但是燃料的冰点和黏度也随之增加，不过大部分复配燃料仍能满足航空燃料的低温性能要求。与 RP-3 复配时，MPCU 相较于 PCU 具有更优良的低温性能，同时 MPCU 在 RP-3 的溶解度(质量分数＞50%)相较于 PCU(质量分数 44.6%)也有提高。

表 5-9　复配燃料闪点、冰点和黏度[41]

| MPCU 质量分数/% | 闪点/℃ | 冰点/℃ | 黏度(-20℃)/cSt |
| --- | --- | --- | --- |
| 溶于 HD-01 | | | |
| 10 | 49 | <-70 | 9.29 |
| 20 | 49 | <-70 | 11.51 |
| 30 | 51 | <-70 | 14.17 |
| 40 | 53 | -45.0 | 18.30 |
| 50 | 56 | -34.7 | 23.88 |
| 溶于 RP-3 | | | |
| 10 | 48 | <-70 | 3.32 |
| 20 | 49 | <-70 | 4.11 |
| 30 | 52 | <-70 | 5.26 |
| 40 | 52 | <-70 | 7.06 |
| 50 | 50 | <-70 | 10.21 |

MPCU 的合成路线简单、相对于 PCU 成本低、收率高，可以作为高能添加剂以提高整个燃料体系的能量密度，是一类具有良好应用前景的高密度笼状烃类燃料。

2. PCU 双笼烃

PCU 的熔点很高，在常温下以固体形式存在，而且在室温下容易升华，不易储存，限制了其应用。研究发现，PCU 双笼烃结构可以克服单体易升华的缺点，而且还保有高密度和高燃烧净热值的优异性能。目前所设计合成出的双笼烃种类较少，且合成路线复杂，常见的有 PCU 烯烃二聚体、螺 PCU 与联 PCU。

1) PCU 烯烃二聚体

将 PCU 进行二聚得到 PCU 烯烃二聚体($C_{22}H_{24}$)，克服了 PCU 单体易挥发的缺陷[42]。合成路线如图 5-21 所示，在 PCU 的 Marchand 合成路线的双酮产物之后进行改进，首先用乙二醇(EG)将 PCU-8,11-二酮中的一个羰基保护起来形成单缩酮产物，然后经黄鸣龙还原反应以及酸化水解脱去保护基团，得到单酮产物。单酮产物在三氯化钛-氢化铝锂(TiCl$_3$-LiAlH$_4$)作用下反应得到四种 PCU 烯烃二聚同分异构体(**a1**，**a2**，**a3**，**a4**)，四种异构体混合物密度为 1.2～1.3 g/mL，体积热值为 49.58～53.72 MJ/L。

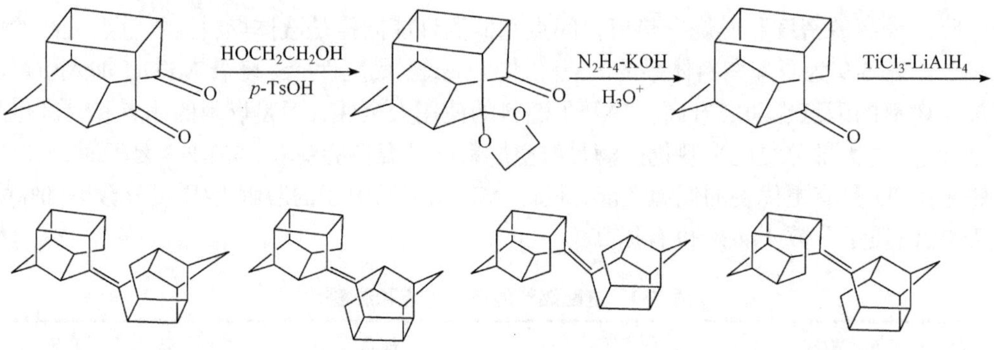

图 5-21　PCU 烯烃二聚体的合成路线[42]

另一类烯烃二聚体，又称三高立方烷烯烃二聚体，其结构以及合成方法与 Marchand PCU 烯烃二聚体类似[43]。合成路线如图 5-22 所示。使用锌粉和四氯化钛(TiCl₄)使单酮化合物发生 McMurry 偶联反应即可获得三高立方烷烯烃二聚体，产物为 **b1** 和 **b2** 的两种混合异构体。通过柱层析和重结晶后可分别得到 **b1** 和 **b2** 异构体的纯品，两者生成的比例相同。两者的熔点分别为 246℃ 和 186℃，相差较大；密度分别为 1.302 g/mL 和 1.269 g/mL，较为接近。

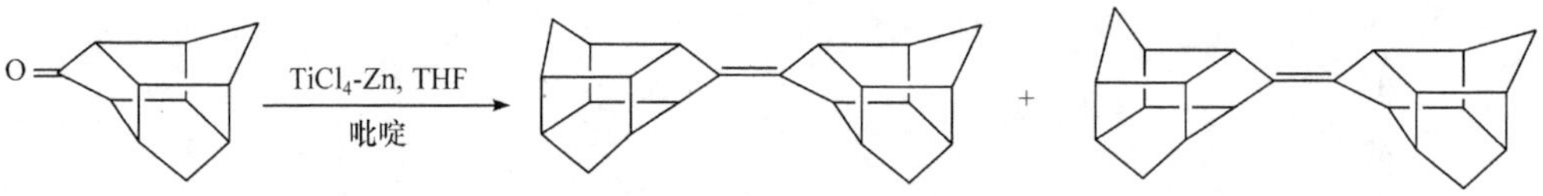

图 5-22　三高立方烷烯烃二聚体的合成路线[43]

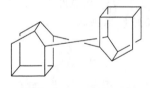

图 5-23　4,4′-螺 PCU
分子结构示意图

**2) 螺 PCU 与联 PCU**

将 PCU 引入烷基及二聚也可以解决其熔点过高和易挥发等问题，合成螺 PCU 和联 PCU 结构同样有效。受烯烃二聚体合成路线的启发，Shi 等以螺[4.4]壬四烯为原料与 1,4-对苯醌经过 Diels-Alder 反应、[2＋2]环加成以及黄鸣龙还原反应得到 4,4′-螺 PCU[44]，其分子结构如图 5-23 所示。

相较于 PCU 烯烃二聚体，PCU 联二聚体($C_{22}H_{26}$)是一种更难合成的化合物，研究人员在对 PCU 烯烃二聚体处理过程中偶然得到联二聚体[45]。在对 PCUD 烯烃二聚体的四个异构体进行分离时，得到了两种熔点差异较大的联 PCU 化合物 **c1** 和 **c2**，如图 5-24 所示。化合物 **c1** 的熔点为 114～115℃，化合物 **c2** 的熔点为 74～75℃，两者的熔点相差较大。通过晶体数据计算出 **c1** 的密度为 1.290 g/mL，是一类典型的高密度笼状烃。

进一步，受螺 PCU 合成思路的启发，研究人员利用联环戊二烯合成了一种联 PCU 高密度笼状烃，即 4,4′-联五环[5.4.0.0²,⁶.0³,¹⁰.0⁵,⁹]十一烷[46]，其合成的关键步骤在于中间体 5,5′-联环戊二烯的合成，如图 5-25 所示。

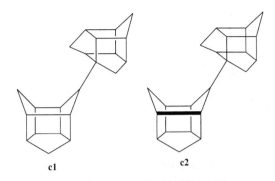

**c1**　　　　　　　　**c2**

图 5-24　联 PCU 分子结构示意图

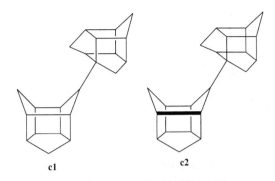

图 5-25　新型联 PCU 合成路线[46]

上述几类 PCU 二聚体的密度和热值如表 5-10 所示，可以看出，双笼烃(PCU 烯烃二聚体、螺 PCU 和联 PCU)均兼具高密度和高燃烧净热值的特点，在高能燃料方面有广阔的应用前景。

表 5-10　PCU 双笼烃的密度和体积热值[44-46]

| 物质名称 | 密度(20℃)/(g/mL) | 体积热值/(MJ/L) |
| --- | --- | --- |
| PCU 烯烃二聚体 **a1** | 1.244 | 50.536 |
| 4,4-螺 PCU 二聚体 | 1.266 | 53.353 |
| 4,4-联 PCU 二聚体 | 1.232 | 51.570 |

### 3. MPCU 双笼烃

受到 PCU 烯烃二聚体合成过程的启发，研究人员又合成了 MPCU 烯烃二聚体。如图 5-26 所示，MPCU 单酮化合物在钛基催化剂的催化作用下二聚生成 MPCU 烯烃二聚体，产物是 64 种异构体的混合物[47]。图 5-27 为其中一种易于分离出来的异构体结构，它的熔点为 256~257℃，密度为 1.286 g/mL。

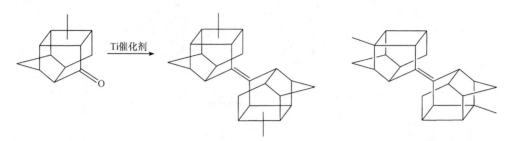

图 5-26　MPCU 烯烃二聚体示意图[47]　　　图 5-27　MPCU 烯烃二聚体一种易分
离异构体结构示意图

常温下 MPCU 烯烃二聚体是蜡状固体，甲基的引入以及大量异构体的存在使 MPCU 烯烃二聚体的熔点(55℃)比 PCU 烯烃二聚体的熔点低 60%，在液体燃料中具有良好的溶解性，可用作高密度燃料的添加剂。

**4. PCU 衍生物**

基于 Marchand 等的合成方法，以 CPD 类衍生物和醌类衍生物为底物可以合成笼烃。如图 5-28 所示，这些底物经 Diels-Alder 反应和[2+2]光环加成反应可合成 PCU-8,11-二酮衍生物[48]，进一步还原得到一系列 PCU 衍生物。

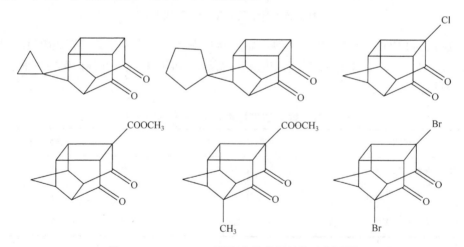

图 5-28　PCU-8,11-二酮衍生物分子结构示意图[48]

PCU-8,11-二酮是重要的合成中间体。例如，利用 2,5-二溴对苯醌与 CPD 为底物合成二溴代的 PCU-8,11-二酮，在高立方烷衍生物合成中起重要作用。研究人员经过大量的底物调整以及反应合成，发现不同的衍生底物合成 PCU 中间体衍生物时的反应条件基本一致，但随着底物取代基团的不同稍有变化。

目前，基于 PCU 骨架化合物的研究非常广泛，除了作为高密度燃料外，在高能量密度(HED)炸药领域和医学领域也有重要的应用。例如，在 HED 炸药领域合成了多硝基取代的 PCU，典型的分子如四硝基取代和六硝基取代的 PCU 如图 5-29 所示。

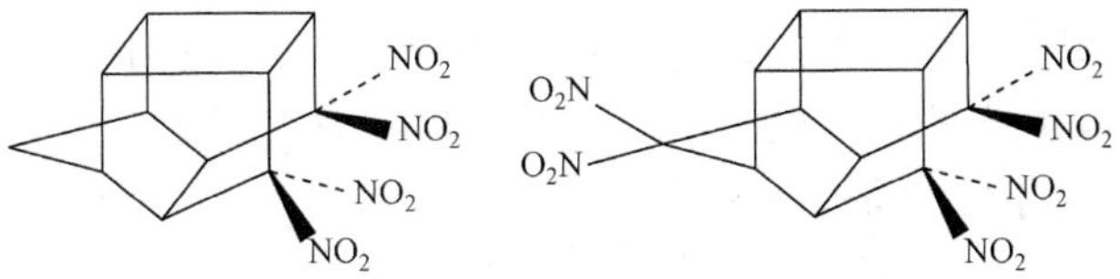

图 5-29　多硝基取代的 PCU 分子结构图

### 5.2.3　立方烷与高立方烷

1. 立方烷

立方烷，即五环[4.2.0.0$^{2,5}$.0$^{3,8}$.0$^{4,7}$]辛烷，分子中的碳碳键夹角为 90°，张力能高达 693.9 kJ/mol，密度为 1.29 g/mL，燃烧净热值为 59.9 kJ/mol[49]。Eaton 等[50]合成了立方烷骨架结构，合成路线如图 5-30 所示，并进一步得到立方烷，但收率仅为 2.3%。

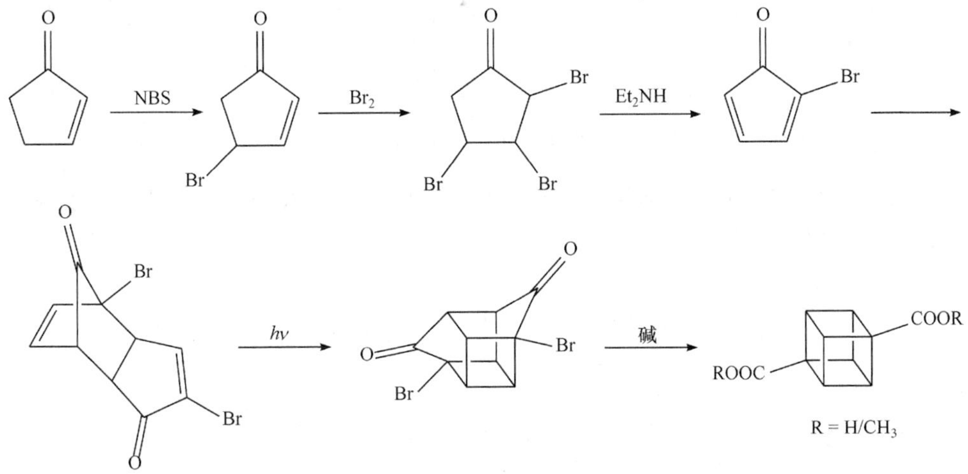

图 5-30　立方烷骨架的合成路线[51]

虽然最初的立方烷收率非常低，但其成功合成具有重要意义。之后，研究人员对立方烷的合成路线进行不断改进，力求提高收率。Eaton 等[51]利用 Barton 脱羧消除立方烷骨架上的羧基，如图 5-31 所示，该脱羧过程既可以得到脱除一个羧基的 1-羧基立方烷，又

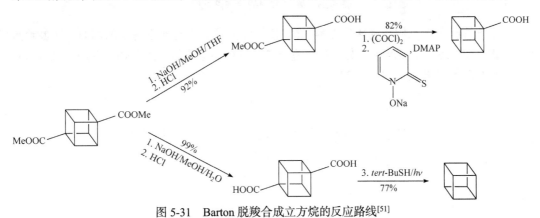

图 5-31　Barton 脱羧合成立方烷的反应路线[51]

可脱除两个羧基得到立方烷。但是，Barton 脱羧要求两个羧基不能位于同一四元环，因此反应可以采用 1,4-立方烷二羧酸而不能采用 1,3-立方烷二羧酸。借助可控 Barton 脱羧反应，立方烷的收率得到大幅提高(1-羧基立方烷收率 82%，立方烷收率 77%)。

De Meijere 等通过两步反应合成了八环丙基立方烷结构[52]，如图 5-32 所示。使用的原料为二环丙基乙炔，经催化反应得到笼状加成产物，然后利用光环加成反应得到八环丙基立方烷，反应总收率为 32%。相比立方烷，八环丙基立方烷的笼状结构上引入了八个三元环，张力能是立方烷的 2.35 倍，达到 1633 kJ/mol，如此高的张力能使八环丙基立方烷在高能燃料领域具有极高的应用价值。

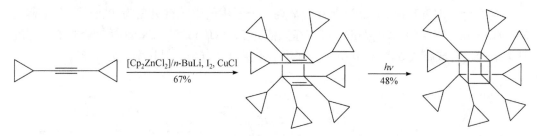

图 5-32　八环丙基立方烷的合成路线[52]

与 PCU 类似，立方烷同样也可以通过联二聚体结构进行改性，更方便作为燃料添加剂使用，其合成路线如图 5-33 所示。

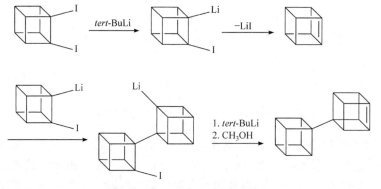

图 5-33　联立方烷的合成路线[53]

立方烷除了可以用作高密度燃料，在 HED 炸药领域也有非常重要的用途，其多硝基取代化合物不断被合成出来，如二硝基立方烷、三硝基立方烷、四硝基立方烷、六硝基立方烷和八硝基立方烷，如图 5-34 所示。

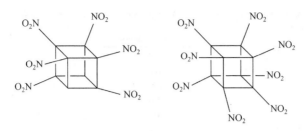

图 5-34　多硝基立方烷的分子结构

### 2. 高立方烷

### 1) 单高立方烷

在立方烷之后，Dunn 等合成出比立方烷多一个碳原子的单高立方烷，以 2-环戊二烯酮及 CPD 为原料，经数步反应合成得到如图 5-35 所示的五环[4.3.0.0$^{2,5}$.0$^{3,8}$.0$^{4,7}$]壬烷[54]。

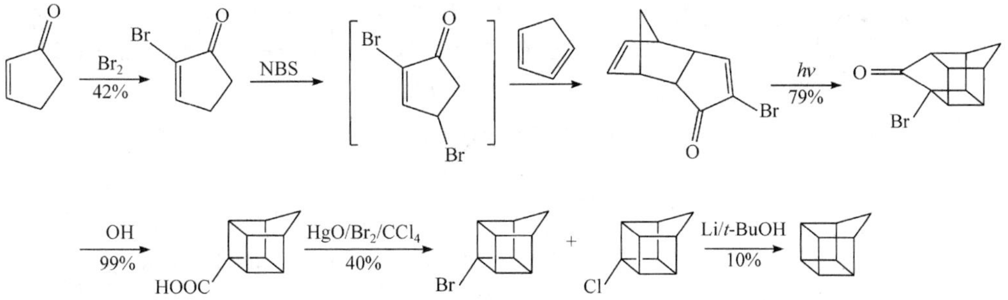

图 5-35　单高立方烷的合成路线[54]

单高立方烷的熔点为 104～106℃，密度为 1.411 g/mL。因分子中含有一个五元环，其张力能相较于立方烷减小，但热稳定性得到提高。同样，Marchand 等合成了单高立方烷烯烃二聚体[55]，但是合成原料昂贵，成本很高。

### 2) 双高立方烷

邱贤平等[56]合成了双高立方烷(BCU)。分别以丙酮、二苯甲酮和苯乙酮为敏化剂，在高压汞灯照射下，DCPD 发生分子内[2+2]环加成反应即可得到 1,3-BCU，合成路线如图 5-36 所示。

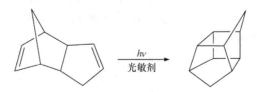

图 5-36　双高立方烷合成示意图[56]

将 BCU 与燃料 RP-3 复配，所得燃料表现出优异的性能[57]。如表 5-11 所示，当 BCU 质量占比达 50%时，燃料密度和燃烧净热值相比 RP-3 均提高 15%左右。

表 5-11　双高立方烷/RP-3 复配燃料的密度和体积净热值[56]

| BCU 质量分数/% | 密度(20℃)/(g/mL) | 体积净热值/(MJ/L) |
| --- | --- | --- |
| 0(RP-3) | 0.79 | 37.8 |
| 10 | 0.81 | 38.6 |
| 20 | 0.84 | 39.1 |
| 30 | 0.86 | 41.8 |
| 40 | 0.88 | 42.2 |
| 50 | 0.91 | 43.5 |

3) 篮烷

五环[4.3.0$^{2,5}$.0$^{3,8}$.0$^{4,7}$]癸烷俗称篮烷，是一种新型的高立方烷，相较于单高立方烷，其五元环变成了六元环，分子内张力继续缓解，热稳定性进一步提高。Dauben 等以环辛四烯(COT)和马来酸酐(MA)为原料合成了篮烷[58]，合成路线如图 5-37 所示。之后经过改进，基于廉价原料开发了第二条篮烷合成路线，如图 5-38 所示[59]。

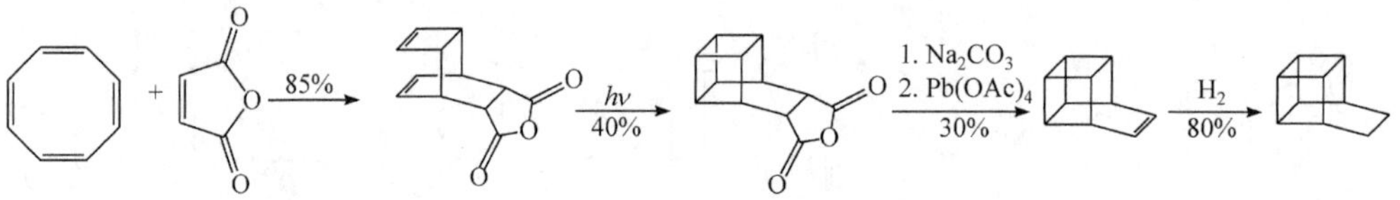

图 5-37　篮烷合成路线一[58]

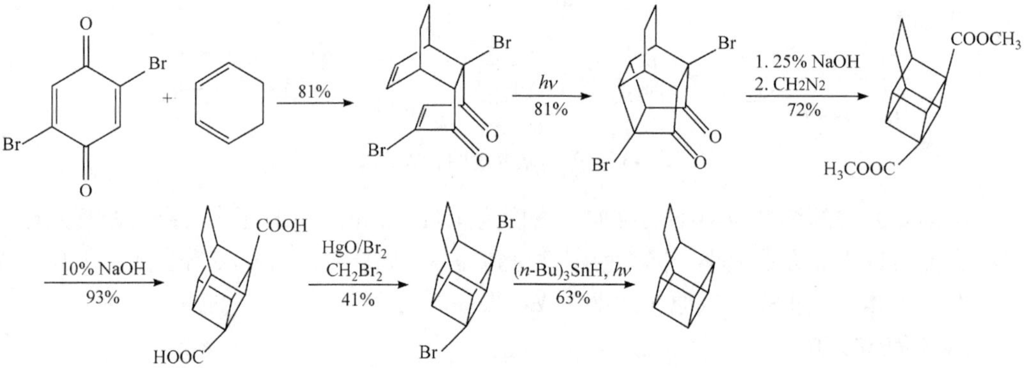

图 5-38　篮烷合成路线二[59]

由于篮烷合成过程中存在烯烃中间产物，研究人员采用环加成方法合成了篮烯二聚体。Jones 等[60]将两分子具有篮烷骨架的篮烯分子通过分子间[2+2]环加成得到二聚体，收率为 27%，合成路线如图 5-39 所示。篮烷烯烃二聚体的密度为 1.36 g/mL，熔点为 248~250℃，具有作为高能燃料添加剂的潜力。

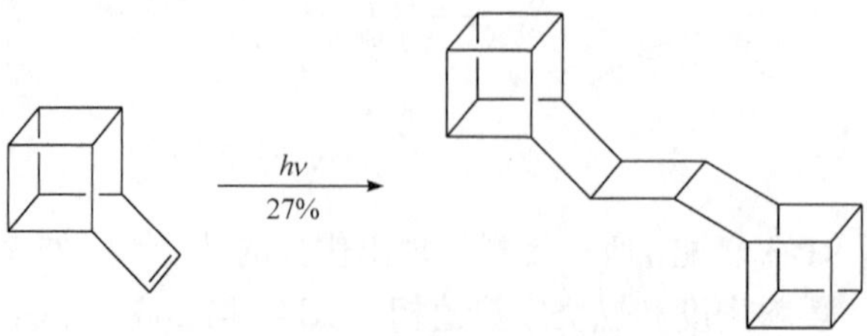

图 5-39　篮烯二聚体的合成示意图[60]

# 参 考 文 献

[1] Zhang X W, Pan L, Wang L, et al. Review on synthesis and properties of high-energy-density liquid fuels: Hydrocarbons, nanofluids and energetic ionic liquids. Chemical Engineering Science, 2017, 180: 95-125.

[2] Gao H X, Shreeve J M. Azole-based energetic salts. Chemical Reviews, 2011, 111(11): 7377-7436.

[3] Oh C H, Park D I, Ryu J H, et al. Syntheses and characterization of cyclopropane-fused hydrpcarbons as new high energetic materials. Bulletin of Korean Chemical Society, 2007, 28(2): 322-324.

[4] Zou J J, Zhu B, Wang L, et al. Zn- and La-modified $TiO_2$ photocatalysts for the isomerization of norbornadiene to quadricyclane. Journal of Molecular Catalysis A: Chemical, 2008, 286(1-2): 63-69.

[5] Zou J J, Zhang M Y, Zhu B. Isomerization of norbornadiene to quadricyclane using Ti-containing MCM-41 as photocatalysts. Catalysis Letters, 2008, 124(1-2): 139-145.

[6] Zou J J, Liu Y, Pan L, et al. Photpcatalytic isomerization of norbornadiene to quadricyclane over metal (V, Fe and Cr)-incorporated Ti-MCM-41. Applied Catalysis B: Environmental, 2010, 95(3-4): 439-445.

[7] Kottke T, Stalke D. Structures of classical reagents in chemical synthesis: ($n$-BuLi)$_6$, ($t$-BuLi)$_4$, and the metastable ($t$-BuLi·Et$_2$O)$_2$. Angewandte Chemie International Edition, 1993, 32(4): 580-582.

[8] Pratt L M, Trn P T T, Nguyễn N V, et al. Cyclopropanation reactions of halomethyllithium carbenoids: A computational study of the effects of aggregation and solvation. Bulletin of the Chemical Society of Japan, 2009, 82(9): 1107-1125.

[9] Ke Z F, Zhao C Y, Phillips D L. Methylene transfer or carbometalation? A theoretical study to determine the mechanism of lithium carbenoid-promoted cyclopropanation reactions in aggregation and solvation states. The Journal of Organic Chemistry, 2007, 72(3): 848-860.

[10] Blanchard E P, Simmons H E. Cyclopropane synthesis from methylene iodide, zinc-copper couple, and olefins. Ⅱ. The nature of the intermediate. Journal of the American Chemical Society, 1964, 86(7): 1337-1347.

[11] Fabisch B, Mitchell T N. An inexpensive modification of the Simmons-Smith reaction: The formation of bromomethylzinc bromide as studied by NMR spectroscopy. Journal of Organometallic Chemistry, 1984, 269(3): 219-221.

[12] Feng R, Zou J J, Zhang X, et al. Theoretical study on cyclopropanation of *endo*-dicyclopentadiene with zinc carbenoids: Effects of solvent and (ICH$_2$)$_2$Zn. The Journal of Organic Chemistry, 2012, 77(22): 10065-10072.

[13] Reed A E, Curtiss L A, Weinhold F. Intermolecular interactions from a natural bond orbital, donor-acceptor viewpoint. Chemical Reviews, 1988, 88(6): 899-926.

[14] Reed A E, Weinhold F, Curtiss L A, et al. Natural bond orbital analysis of molecular interactions: Theoretical studies of binary complexes of HF, H$_2$O, NH$_3$, N$_2$, O$_2$, F$_2$, CO, and CO$_2$ with HF, H$_2$O, and NH$_3$. Journal of Chemical Physics, 1986, 84(10): 5687-5705.

[15] Sutton G P. History of liquid-propellant rocket engines in Russia, formerly the Soviet Union. Journal of Propulsion and Power, 2003, 19(6): 1008-1037.

[16] Edwards T. Liquid fuels and propellants for aerospace propulsion: 1903-2003. Journal of Propulsion and Power, 2003, 19(6): 1089-1107.

[17] Bojase G, Nguyen T V, Payne A D, et al. Synthesis and properties of the ivyanes: The parent 1,1-oligocyclopropanes. Chemical Science, 2011, 2(2): 229-232.

[18] Liu Y K, Ma C, Shi C X, et al. Synthesis of strained high-energy rocket bio-kerosene via cyclopropanation

of myrcene. Fuel Processing Technology, 2020, 201: 106339.

[19] Pan L, Feng R, Peng H, et al. A solar-energy-derived strained hydrocarbon as an energetic hypergolic fuel. RSC Advances, 2014, 4(92): 50998-51001.

[20] Maruyama K, Terada K, Yamamoto Y. Exploitation of solar energy storage systems. Valence isomerization between norbornadiene and quadricyclane derivatives. Journal of Organic Chemistry, 1981, 46(26): 5294-5300.

[21] Hammond G S, Wyatt P, DeBoer C D, et al. Photosensitized isomerization involving saturated centers. Journal of the American Chemical Society, 1964, 86(12): 2532-2533.

[22] Smith C D. Quadricyclane. Organic Syntheses, 1971, 51: 133.

[23] Cahill P A, Steppel R N. Process of quadricyclane production: 20040031675-A1. 2004-02-19.

[24] 王文涛, 丛昱, 王晓东, 等. 四环庚烷的合成. 含能材料, 2014, 22(2): 141-143.

[25] 潘伦, 鄂秀天凤, 邹吉军, 等. 四环庚烷的制备及自燃性. 含能材料, 2015, 23(10): 959-963.

[26] Bren V A, Dubonosov A D, Minkin V I, et al. Norbornadiene-quadricyclane-an effective molecular system for the storage of solar energy. Russian Chemical Reviews, 2007, 60(5): 451.

[27] Trecker D J, Foote R S, Henry J P, et al. Photochemical reactions of metal-complexed olefins. Ⅱ. Dimerization of norbornene and derivatives. Journal of the American Chemical Society, 1966, 88(13): 3021-3026.

[28] Schwendiman D P, Kutal C. Catalytic role of copper(Ⅰ) in the photoassisted valence isomerization of norbornadiene. Journal of the American Chemical Society, 1977, 99(17): 5677-5682.

[29] Fife D J, Moore W M, Morse K W. Photosensitized isomerization of norbornadiene to quadricyclane with (arylphosphine)copper(Ⅰ) halides. Journal of the American Chemical Society, 1985, 107(24): 7077-7083.

[30] Franceschi F, Guardigli M, Solari E, et al. Designing copper(Ⅰ) photosensitizers for the norbornadiene-quadricyclane transformation using visible light: An improved solar energy storage system. Inorganic Chemistry, 1997, 36(18): 4099-4107.

[31] Sluggett G W, Turro N J, Roth He D. Rh(Ⅲ)-photosensitized interconversion of norbornadiene and quadricyclane. Journal of Physical Chemistry A, 1997, 101(47): 8834-8838.

[32] Grutsch P A, Kutal C. Charge-transfer sensitization of the valence photoisomerization of norbornadiene to quadricyclene by an orthometalated transition-metal complex. Journal of the American Chemical Society, 1986, 108(11): 3108-3110.

[33] 王雪松, 张宝文, 曹怡. 降冰片二烯衍生物光敏异构化反应的机理研究. 物理化学学报, 1996, 12(5): 423-428.

[34] Lahiry S, Haldar C. Use of semiconductor materials as sensitizers in a photochemical energy storage reaction, norbornadiene to quadricyclane. Solar Energy, 1986, 37(1): 71-73.

[35] Ghandi M, Rahimi A, Mashayekhi G. Triplet photosensitization of myrcene and some dienes within zeolite Y through heavy atom effect. Journal of Photochemistry and Photobiology A: Chemistry, 2006, 181(1): 56-59.

[36] Pan L, Wang S B, Zou J J, et al. $Ti^{3+}$-defected and V-doped $TiO_2$ quantum dots loaded on MCM-41. Chemical Communications, 2014, 50(8): 988-990.

[37] Pan L, Zou J J, Zhang X W, et al. Photoisomerization of norbornadiene to quadricyclane using transition metal doped $TiO_2$. Industrial & Engineering Chemistry Research, 2010, 49(18): 8526-8531.

[38] Stedman R J, Miller L S, Davis L D, et al. Synthetic studies related to the bird-cage system. Ⅲ. Derivatives of pentacyclo[5.4.0.0²,⁶.0³,¹⁰.0⁵,⁹]undecane, tetracyclo[4.4.0.0³,⁹.0⁴,⁸]decane, and pentacyclo[4.4.0.0²,⁵.0³,⁹.0⁴,⁸]decane. Journal of Organic Chemistry, 1970, 35(12): 4169-4175.

[39] Marchand A P, Allen R W. Improved synthesis of pentacyclo[5.4.0.0²,⁶.0³,¹⁰.0⁵,⁹]undecane. Journal of

Organic Chemistry, 1974, 39(11): 1596.

[40] 邱贤平, 韦伟, 王亚, 等. 五环[5.4.0.0$^{2,6}$.0$^{3,10}$.0$^{5,9}$]十一烷/航空煤油复配燃料性能. 含能材料, 2015, 23(1): 33-36.

[41] 叶丹阳, 陈克海, 韦伟, 等. MPCU 的合成和性能研究. 化学推进剂与高分子材料, 2008, 6(6): 50-53.

[42] Segal C, Shyy W. Energetic fuels for combustion applications. Journal of Energy Resources Technology, 1996, 118(3): 180-186.

[43] Marchand A P, Reddy G M, Deshpande M N, et al. Synthesis and reactions of *meso*- and *dl*-D$_3$-trishomocubylidene-D$_3$-trishomocubane. Journal of the American Chemical Society, 1990, 112(9): 3521-3529.

[44] Shi Y J, Jiang J Y, Wang J Z, et al. Synthesis of 4,4′-spirobi [pentacyclo[5.4.0.0$^{2,6}$.0$^{3,10}$.0$^{5,9}$]undecane]. Tetrahedron Letters, 2015, 56(48): 6704-6706.

[45] Alan P M, Deshpande N, Madhusudhan R G. Novel C$_{22}$H$_{24}$ alkene dimers formed via titantium-promoted reductive dimerization of polycyclic cage ketones. Potential new fuels for airbreathing missiles. American Chemical Society, Division of Fuel Chemistry, 1989, 34: 946-954.

[46] Shi Y J, Jiang J Y, Ma L, et al. Synthesis of 4,4′-bipentacyclo [5.4.0.0$^{2,6}$.0$^{3,10}$.0$^{5,9}$] undecane. Tetrahedron Letters, 2017, 58(14): 1376-1378.

[47] 熊中强, 米镇涛, 张香文, 等. 合成高密度烃类燃料研究进展. 化学进展, 2005, (2): 359-367.

[48] 石义军. 新型双 PCUD 笼烃及其相关衍生物的设计与合成研究. 大连: 大连理工大学, 2018.

[49] 李伟. 联 PCUD 的合成研究. 大连: 大连理工大学, 2018.

[50] Eaton P E, Cole T W. The cubane system. Journal of the American Chemical Society, 1964, 86(5): 962-964.

[51] Eaton P E, Nordari N, Tsanaktsidis J, et al. Barton decarboxylation of cubane-1,4-dicarboxylic acid: Optimized procedures for cubanecarboxylic acid and cubane. Synthesis, 1995, 26(49): 501-502.

[52] De Meijere A, Redlich S, Frank D, et al. Octacyclopropylcubane and some of its isomers. Angewandte Chemie International Edition, 2007, 46(24): 4574-4576.

[53] Eaton P E, Maggini M. Cubene (1,2-dehydrocubane). Journal of the American Chemical Society, 1988, 110(21): 7230-7232.

[54] Dunn G L, DePasquo V J, Hoover J R E. Synthesis of pentacyclo[4.3.0.0$^{2,5}$.0$^{2,8}$.0$^{4,7}$]nonane (homocubane) and some of its derivatives. Journal of Organic Chemistry, 1968, 33(4): 1454-1459.

[55] Marchand A P, Vidyasagar V, Watson W H, et al. Pinacol condensation of homocubanone. Synthesis and chemistry of homocubylidenehomocubane. Journal of Organic Chemistry, 1991, 56(1): 282-286.

[56] 邱贤平, 韦伟, 金凤, 等. 新型碳氢燃料双高立方烷合成和性能研究//中国化学会第五届全国化学推进剂学术会议论文集. 大连: 中国化学会第五届全国化学推进剂学术会议, 2011: 27-30.

[57] Masamune S, Cuts H, Hogben M G. Strained systems. Ⅶ. Pentacyclo [4.2.2.0$^{2,5}$0$^{3,8}$.0$^{4,7}$] deca-9-ene, basketene. Tetrahedron Letters, 1966, 7(10): 1017-1021.

[58] Dauben W G, Whalen D L. Pentacyclo [4.4.0.0$^{2,5}$.0$^{3,8}$.0$^{4,7}$] decane and pentacyclo [4.3.0.0$^{2,5}$.0$^{3,8}$.0$^{4,7}$] nonane. Tetrahedron Letters, 1966, 7(31): 3743-3750.

[59] Gassman P G, Yamaguchi R. 1, 8-Bishomocubane. Journal of Organic Chemistry, 1978, 43(24): 4654-4656.

[60] Jones N J, Deadman W D, Legoff E. Synthesis and structure of basketene photodimer, C$_{20}$H$_{20}$. Tetrahedron Letters, 1973, 14(23): 2087-2088.

# 第6章

# 含能纳米流体燃料

含能纳米流体燃料是指通过向液体碳氢燃料中添加高能量密度的含能纳米粒子所形成的高密度悬浮燃料，该燃料具有比纯液体燃料高很多的密度和体积热值，成为高能燃料发展的重点方向。

## 6.1 含能纳米材料

### 6.1.1 含能纳米材料的概念

含能材料是一类含有爆炸性基团或含有氧化剂和可燃物，能独立地进行化学反应并输出能量的化合物或混合物[1]。理想的含能材料在具有高能量和高热稳定性质的同时，应当具有较低的感度。含能材料被广泛应用于炸药、烟火剂和推进剂中[2]。

与传统含能材料相比，含能纳米颗粒(NPs)具有更高的比表面积和表面能等特点，因此具有更高的燃烧速率、更低的冲击灵敏度和更高的能量释放率[3]。高能金属或类金属纳米粒子被认为是潜在的二次能源，这主要是因为它们的质量和/或体积热值高于碳氢燃料。这些高能粒子可经氧化反应产生大量热量，因此常被用作含能材料中的还原剂(燃料)，其中许多高能粒子在提高燃烧效率和减少废气排放方面发挥了有益的作用[4]。表 6-1 中列出了几种典型金属或类金属含能纳米颗粒的性质。从表 6-1 中可以看出，金属铍(Be)具有最高的质量热值，然而铍及其氧化物具有剧毒，因此很少作为燃料使用。硼(B)的质量热值仅次于铍，同时具有最高的体积热值，被认为是一种优异的类金属燃料，但硼在燃烧过程中会产生黏稠的液态硼氧化合物，阻碍硼进一步燃烧并降低其燃烧效率。金属铝(Al)具有较高的体积热值，是使用和研究最多的金属燃料，随着纳米技术的快速发展，纳米铝粉相比普通铝粉具有更高的燃烧速率。

表 6-1    几种典型含能颗粒的性质[5]

| 化学式 | 氧化物 | 密度/(g/mL) | 熔点/℃ | 沸点/℃ | 质量热值/(kJ/g) | 体积热值/(kJ/mL) |
|---|---|---|---|---|---|---|
| Li | $Li_2O$ | 0.54 | 179 | 1336 | 43.16 | 23.05 |
| Be | BeO | 1.86 | 1285 | 2970 | 66.46 | 122.95 |
| B | $B_2O_3$ | 2.34 | 2074 | 2550 | 58.74 | 137.45 |
| Mg | MgO | 1.74 | 650 | 1117 | 24.73 | 43.03 |

续表

| 化学式 | 氧化物 | 密度/(g/mL) | 熔点/℃ | 沸点/℃ | 质量热值/(kJ/g) | 体积热值/(kJ/mL) |
|---|---|---|---|---|---|---|
| Al | $Al_2O_3$ | 2.70 | 660 | 2447 | 31.06 | 83.86 |
| C | $CO_2$ | 2.25 | — | — | 32.78 | 73.76 |
| Fe | $Fe_2O_3$ | 7.86 | 1538 | 2862 | 7.39 | 58.09 |
| Ti | $TiO_2$ | 4.54 | 2000 | 3530 | 19.73 | 89.57 |
| W | $WO_3$ | 19.3 | 3410 | 5555 | 4.59 | 88.82 |
| Zr | $ZrO_2$ | 6.44 | 2120 | 5770 | 12.04 | 78.14 |

由于纳米硼粉和纳米铝粉具有较为优异的含能性质和能量释放性能，本节主要以这两者为例介绍其制备方法及其在含能纳米流体燃料方面的应用。

### 6.1.2　纳米铝粉的制备方法及应用

1. 纳米铝粉的制备方法

纳米铝粉具有高表面能和表面活性，极易与空气中的氧发生自燃反应。通常需要在制备过程中对其表面进行钝化处理，产生一层钝化的三氧化二铝薄层以阻止内层铝的进一步氧化。除了表面钝化层外，如何制备粒度分布均匀、颗粒分散较好的纳米铝颗粒是铝粉生产的重点。纳米铝粉的主要制备方法有电爆炸丝法、蒸发冷凝法、等离子体法等。

1) 电爆炸丝法

电爆炸丝法是一个自上而下的制备纳米粉体的方法，其本质上是一个物理制备过程。电爆炸丝法是一种惰性气体蒸发技术：在惰性气体中，通过向金属导体施加大电流使其蒸发产生纳米粒子[6]，具有能量效率高、产品纯度高等优点。该法于 20 世纪 70 年代由苏联研究人员率先开发并用于制备纳米铝粉[7]，随后在 20 世纪 90 年代，美国阿戈奈德(Argonide)公司采用该方法实现了纳米铝粉的商业化制备。图 6-1 为典型的基于电爆炸丝

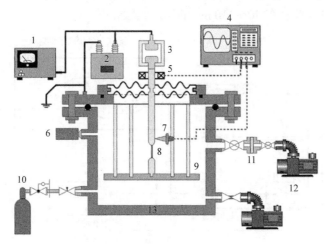

图 6-1　电爆炸丝法制备纳米颗粒的装置图[9]

1. 高压直流发电机；2. 电容器；3. 气体开关；4. 示波器；5. Rogowski 线圈；
6. 压力表；7. 高压探针；8. 金属丝；9. 回线；10. 气体补充装置；11. 滤膜；12. 油泵；13. 真空室

法的纳米粉体生产与收集装置：在惰性气体条件下，通过电爆炸丝法制备纳米铝粉并用微孔膜过滤器收集纳米铝粉。电爆炸丝法制备的纳米铝粒子具有不同的颗粒直径，且颗粒的粒度分布遵循对数正态概率分布。在较低压力下的氩气环境中所得到的纳米铝颗粒的粒径比在氦气(He)和氮气(N$_2$)环境中要小，因为其电爆炸过程中产生的等离子体温度较高[8]。

2) 蒸发冷凝法

蒸发冷凝法是在真空条件下将铝丝加热至沸点以上使铝蒸发形成铝蒸气，随后通入惰性气体使铝蒸气迅速降温冷却得到纳米铝颗粒的方法。该制备方法简单易行但生产能耗较高，而且纳米铝颗粒的粒度分布不均匀。如图 6-2 所示，采用高频感应蒸发冷凝装置，将原料铝盛放于石墨-氧化铝(Al$_2$O$_3$)复合坩埚中，对蒸发室抽真空，并用高纯惰性气体清洗多次以进一步降低真空室内杂质气体浓度，然后充入一定压力的高纯惰性气体；启动高频感应电源，缓慢提升感应电流，使坩埚内的铝块熔化直至蒸发，并保持一定的蒸发时间，最后通入少量空气进行钝化处理。该法可以制备粒径 100 nm 以下的纳米铝粉，粒径大小可通过调整高频感应电流及惰性气体压力来控制[10]。通过求解颗粒在非等温条件下颗粒成核、凝聚的动力学方程和凝聚形成及生长模型，可以得到工艺参数(如气化温度、冷却速度、系统压力)对纳米铝粉颗粒直径的影响[11]。

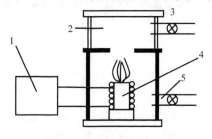

图 6-2    高频感应电流实验装置[12]
1. 高频感应器；2. 收集室；3. 抽真空；
4. 坩埚；5. 气体充入管

3) 等离子体法

等离子体法与蒸发冷凝法类似，通过电弧放电产生高温等离子体将铝蒸发，随后冷凝制备纳米铝颗粒。该法解决了传统蒸发冷凝法的颗粒粒径分布不均及团聚等问题。如图 6-3 所示，通过改进的高能脉冲电热枪装置将高速脉冲铝等离子体蒸气在氩气中放电和淬火，制备了平均粒径在 40～110 nm 的纳米铝颗粒[13]。

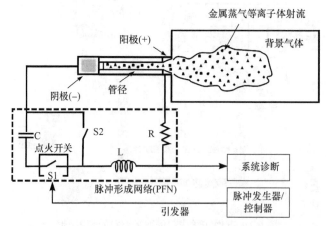

图 6-3    脉冲金属蒸气放电和纳米粒子合成实验装置原理图[13]

**2. 纳米铝粉的应用**

纳米铝粉作为一种十分重要的含能纳米颗粒，广泛应用于火炸药和推进剂。

1) 纳米铝粉在火炸药中的应用

含铝炸药是一种高能量、高爆热、高威力的炸药，广泛应用于武器弹药。如图 6-4 所示，铝的质量热值和体积热值都远远高于传统的单分子含能炸药[如三硝基甲苯(TNT)]，因此添加铝粉到炸药中可增强后期效果，如提高热稳定性和爆炸热量、增加水下武器的气泡能量、降低炸药的点火延迟时间等[14]。

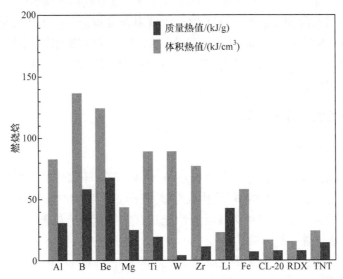

图 6-4　金属和单分子含能材料在纯氧中化学计量条件下燃烧的体积和质量热值[15]

奥克托今(HMX)是一种猛(性)炸药，具有优异的爆炸性能，但其机械感度高、熔点高，难以单独使用。将纳米铝粉加入 HMX 中，能够有效增大 HMX 的比表面积，改善 HMX 的爆轰性能，大幅度提高其爆炸热量和爆炸功率，为武器的小型化和高效杀伤提供了有利条件[16]。对于六硝基六氮杂异伍兹烷(CL-20)炸药的水下爆炸性能，添加纳米铝粉对其爆轰反应和二次反应都有影响，在升高冲击波能量的峰值压力和降低气泡能量的同时，提高了铝粉与爆轰产物的反应速率，缩短了反应时间，最终降低了二次压力波的峰值压力和脉冲宽度。纳米铝粉和微米铝粉均能提高炸药的能量输出，纳米铝粉可以提高冲击波压力，而微米铝粉能够保持较高的气泡能量[17]。纳米铝粉的添加不仅能够增加炸药的爆炸热量还可以缩短炸药的点火延迟时间，以纳米铝为光敏剂可以提高季戊四醇四硝酸酯(PETN)、TNT 和 $\varepsilon$-CL-20 的加热和起爆效率。在部分含能材料中添加纳米铝可使激光热效率在 0.98 μm 波长下提高 10～100 倍，加纳米铝可以使 $\varepsilon$-CL-20 在 0.98 μm 波长连续辐射下的点火延迟减少 100 倍以上[18]。

2) 纳米铝粉在推进剂中的应用

含能材料的纳米化是改进固体火箭推进剂的一个重要方向。在这一方向，推进剂的燃速规律可能发生本质的变化，推进剂的性能可能发生极大的提升，近十年来，各国研究人员在纳米铝基推进剂燃烧过程方面进行了大量研究[19-20]。铝是固体火箭推进剂中常用的燃料补充剂，能够提高火箭发动机的整体性能。在复合火箭推进剂中加入铝，可以增加推进剂的总能量密度。在推进剂基质中用纳米铝粉代替微米铝粉，可使推进剂燃速提高，这可能是由于纳米铝的点火温度更低，且具有更短的点火延迟时间[21]。

端羟基聚丁二烯(HTPB)/高氯酸铵(AP)/铝基复合推进剂是最常见的含铝固体推进剂，铝粉颗粒尺寸对 HTPB 浆体和 AP 基复合推进剂浆料的流变性能和机械感度有较大影响。含有纳米颗粒的推进剂配方对冲击和摩擦敏感，而普通铝粉基推进剂对摩擦不敏感，纳米添加剂可以提高推进剂的燃速[22]。另外，可以通过添加燃烧速率调节剂，如过渡金属氧化物或其配合物等，降低 AP 和黏结剂的热分解温度来提高燃速[23]。将 0.25%～1%的纳米四氧化三钴加入含 86%固体的 HTPB/AP/Al 基复合推进剂配方中能够有效地降低成分的热分解温度。与浓度为 1%的微米四氧化三钴相比，添加纳米四氧化三钴的推进剂燃烧速率提高了 20%。此外，在复合推进剂配方中添加纳米四氧化三钴和微米四氧化三钴后，压力指数值均略有增加[24]。

### 6.1.3 纳米硼粉的制备方法及应用

#### 1. 纳米硼粉的制备方法

硼具有非常高的体积燃烧净热值(137.45 MJ/L)和仅次于氢气和铍的质量燃烧净热值(58.74 MJ/kg)，因此硼常被用作燃料或作为含能粒子添加到燃料中。硼粉的主要存在形式有晶态和无定形两种，硼粉结构对其反应性能具有重要影响，晶态硼惰性较强而无定形硼具有较好的燃烧性能。纳米硼粉粒径更小、比表面积更高，具有更高的能量释放性能，纳米硼粉的制备方法主要有金属热还原法、硼烷裂解法和熔融盐电解法等。

1) 金属热还原法

金属热还原法是采用较活泼的金属单质通过高温热还原将氧化硼还原制备单质硼的方法，以金属镁热还原法最为常见。采用金属热还原法制备纳米硼颗粒的设备简单、成本较低，但所制备的纳米硼粉中往往含有较多杂质。通过金属镁还原氧化硼($B_2O_3$)可以制备出纯度高于 94%、平均粒径为 0.5～0.7 μm、比表面积为 4～6 $m^2/g$ 的超细无定形硼粉[25]。然而氧化硼和镁混合物的绝热燃烧温度约为 2780℃，高于硼的熔点(2076℃)，无法在反应条件下直接形成纳米颗粒，因此必须将绝热燃烧温度降低到硼的熔点以下。降低绝热燃烧温度可通过添加惰性材料来稀释反应混合物，其中氯化钠(NaCl)被认为是一种合适的添加剂[26]。

2) 硼烷裂解法

硼烷裂解法也是一种制备纳米硼颗粒的方法，该方法是使硼烷化合物在放电或激光加热的高温条件下裂解成为纳米硼颗粒，常用的硼烷化合物为二硼烷($B_2H_6$)或十硼烷($B_{10}H_{14}$)。该工艺的缺点在于原料为剧毒和易燃的硼化合物(二硼烷、十硼烷和三溴化硼)，同时其收率偏低，限制了工业应用。二硼烷是最常见的裂解原料，采用电弧分解二硼烷的方法(>2500℃)可以制备球形粒径约为 75 nm、具有较窄的尺寸分布(55～95 nm)的无定形纳米硼颗粒[27]。十硼烷是一种空气中稳定的无色晶体，也可以作为制备纳米硼颗粒的原料[28]。

3) 熔融盐电解法

熔融盐电解法生产硼已有一个世纪的历史,该方法工艺简单、成本低、无镁杂质[5]。当使用含氧化合物的熔融盐时,因为产品受到氧气的污染而不会产生高纯度硼;而使用混合氯化物-氟化物熔融盐可以在相对较低的温度下获得不含氧杂质的高纯度硼[29]。

2. 纳米硼粉的应用

硼作为含能添加剂被广泛用作火炸药和推进剂的添加剂,以获得更高的爆热、做功能力和比冲。

1) 纳米硼粉在火炸药中的应用

在炸药中加入高热值可燃剂能提高爆热,而硼因其极高的体积热值和质量热值备受关注。西安近代化学研究所对黑索金基含硼炸药的能量释放特性进行了一系列研究。在水相爆炸实验中,硼-铝炸药比气泡能和总能量均有明显提高,但比冲击波能有所降低,这是由于硼粉虽具有高能量,但燃烧反应速率低于铝粉。空中爆炸实验结果表明硼粉能有效提高炸药的热效应和纵火效应,可利用硼-铝混合炸药所产生的爆炸波和持续的高温火球对目标进行毁伤[30]。随后研究了不同硼粉含量的(质量分数 8%~25%)黑索金炸药的爆热、水下能量和做功能力,结果表明,含硼炸药的爆热和做功能力明显提升,当硼粉含量为 20%时爆热值最高为 7162 kJ/kg;当硼粉含量为 10%时,含硼炸药具有最高的做功能力,为 1.649 倍 TNT 当量[31]。

2) 纳米硼粉在推进剂中的应用

硼基富燃料推进剂是理想的固体燃料,燃料和氧化剂的质量分数高达 80%,被认为是最具前途的固体冲压发动机(图 6-5)推进剂。固体推进剂的一次燃烧发生在燃气发生器中,随后含有大量可燃成分的固体推进剂燃烧产物从燃气发生器进入二次燃烧室,二次燃烧室中的空气由环境供给,两者在二次燃烧室中形成可燃混合物,通过燃烧为冲压发动机提供推力。当固体推进剂的化学能主要在二次燃烧室中释放时,火箭冲压发动机的理论比冲达到最大。为此,固体推进剂的可燃组分在燃气发生器的燃烧室内必须表现为惰性,完全燃烧应在二次燃烧室内与空气混合时进行[32]。但硼的熔点和沸点高,不易点燃,产物在燃烧过程中会团聚,导致实际应用中燃烧效率低。要充分发挥硼的优异性能是十分困难的,因此硼基推进剂的高效燃烧和改性一直是重要课题[33]。

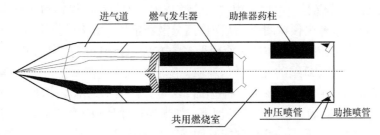

图 6-5 整体式固体冲压发动机示意图[34]

为了阐明燃气发生器压力对硼基富燃料推进剂一次燃烧产物的物理化学、氧化和燃烧特性的影响,Ao 等[35]研究表明,高压环境降低了单质硼和单质碳的含量,提高了碳化硼的含量，在产物中观察到许多直径约为 100 nm 的球形碳颗粒，硼块的表面部分或几乎完全被碳颗粒覆盖。当压力为 3～8 MPa 时，硼的起始温度保持在 500℃；而当压力为 0.2 MPa 时，硼的起始温度升高到 583℃；当压力从 0.2 MPa 增加到 8 MPa 时，硼和碳的发射光谱强度提高了约 25%，硼的点火延迟时间明显缩短了 515 ms，说明较高的燃气发生器压力有利于一次燃烧产物的二次点火和燃烧。

### 6.1.4 含能纳米流体燃料的制备方法

含能纳米流体燃料是含能纳米颗粒悬浮在液体燃料中"拟均相"稳定存在的混相体系，这既通过含能粒子添加提高能量，又能保持液态燃料的流动和雾化性能。在液体燃料中添加纳米颗粒有诸多优点：液体燃料的能量密度因含能纳米粒子而显著增加[36]，纳米颗粒促燃作用使点火延迟时间更短[37]，纳米颗粒可提高液体燃料导热性能[38]。目前制备纳米流体燃料的方法包括一步制备法和两步制备法[39]。

1. 一步法制备含能纳米流体燃料

一步法是以液体基础燃料为溶剂同时完成含能纳米粒子的生成和分散的过程。这种方法可避免纳米粒子的额外干燥、储存、运输和再分散步骤以减少纳米粒子的团聚，从而获得稳定悬浮的纳米流体燃料。采用无氧等离子体分解有机铝化合物，然后用液体燃料快速冷却分解产物，可以制备含铝纳米粒子的正癸烷基纳米流体燃料[40]。在混合装置中，三乙基铝先被蒸发，与氩气混合后输送到放电室，在放电室中通过放电产生等离子体射流，随后通过喷射脱气正癸烷来冷却有机铝分解所产生的纳米铝颗粒，从而得到纳米流体燃料。等离子体射流的急冷阻止了粒子的生长，保证粒子的平均直径为 20 nm。该工艺实现了三乙基铝的等离子体分解和分解产物——正癸烷的混合这两个过程在一个紧凑反应器中进行，简化了纳米流体的制备过程。虽然一步制备方法可以避免颗粒制备过程中的纳米粒子团聚问题，但含能纳米颗粒制备的条件苛刻、成本较高，目前更常用的方法为两步制备方法。

2. 两步法制备含能纳米流体燃料

两步法是将纳米颗粒的制备和纳米流体燃料的制备分开进行的过程，为了使颗粒更加均匀地分散在液体燃料中可以采用适当分散技术，如超声波搅拌和向液体燃料中添加表面活性剂，以尽量减少颗粒团聚，从而提高分散稳定性。由于操作简单、重复性好等优点，两步法是合成含能纳米流体燃料使用最多的方法。Guerieri 等[41]首先采用静电喷雾技术制备了纳米铝和硝化纤维的复合微米颗粒，随后以三正辛基氧化膦(TOPO)作为表面活性剂，制备了煤油基纳米流体燃料。通过沉降法定性评估了纳米流体燃料的储存稳定性。如图 6-6 所示，在没有表面活性剂的情况下，微米颗粒样品确实能够悬浮，但在 1 天后会有大量的沉淀物产生；而表面活性剂能够增强微米颗粒纳米流体的悬浮稳定性。

### 6.1.5 含能纳米流体燃料稳定性的评价方法

金属纳米颗粒在液体基础燃料中团聚会对纳米流体燃料的流动和燃烧性质有不利影

图 6-6　(a)使用 TOPO 表面活性剂 1 周后，nAl 与微米颗粒纳米流体燃料；(b)在没有 TOPO 表面活性剂的情况下，6.9wt% nAl、nAl/5% NC-MPs 和 nAl/20% NC-MPs 在 1 天后的纳米流体燃料[41]

响，因此对含能纳米流体燃料稳定性的评价非常重要。常用于评价含能纳米流体燃料稳定性的方法包括沉降法、离心法、Zeta 电位分析法等。

### 1. 沉降法

沉降法是表征纳米流体稳定性最简单、最直接的方法。沉降法是通过将纳米流体静置，随着时间的变化采用拍照记录沉淀的效果或分别取静置后的纳米流体上、下层悬液进行烘干称量来判断纳米流体稳定性的方法。Du 等[42]采用硅烷偶联剂对硼纳米颗粒进行表面改性，改性硼颗粒可以在十氢萘中稳定分散 2 个月，而未改性的硼纳米颗粒在静置 2 个月后完全沉淀。

### 2. 离心法

离心法是在高速离心机的作用下使纳米流体中的纳米颗粒加速沉降的过程。相比于沉降法，对纳米流体进行离心能缩短观察颗粒自然沉降所需的时间。如图 6-7 所示[43]，采用 TOPO 对硼纳米颗粒进行表面改性，并将改性后的硼纳米颗粒分散在 JP-10 中形成纳米流体燃料。采用粒度仪分析确定了 JP-10 中纳米颗粒的粒径分布。当加入 JP-10 中时，约 70% 的原始纳米颗粒聚集成大于 190 nm 的粒子，这些粒子将不可避免地形成沉积物[图 6-7(a)]。而 TOPO 保护的硼纳米颗粒以 10～50 nm 的单颗粒形式分散良好[图 6-7(b)]，表明表面改性可以有效地抑制纳米颗粒的接触和团聚，大大提高其在燃料中的分散性。在 8000 r/min 转速下离心 10 min 后，上清液中的颗粒大小仍然为 15～30 nm[图 6-7(c)]，证实表面改性后的硼纳米颗粒在 JP-10 中分散良好。

### 3. Zeta 电位分析法

颗粒的 Zeta 电位是指颗粒剪切面的电位，又称电动电位或电动电势，它是表征胶体

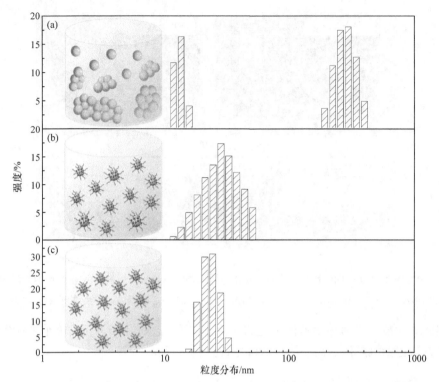

图 6-7　(a)初始硼纳米颗粒(1wt%)/JP-10悬浮液；(b)TOPO改性的硼纳米颗粒
(1wt%)/JP-10悬浮液；(c)在8000 r/min转速下离心后的(b)上清液的粒径分布[43]

分散系稳定性的重要指标[44]。对于在低离子强度液体的分散体系，通常认为Zeta电位的绝对值大于30 mV时足以确保分散粒子的胶体稳定性。测量Zeta电位的方法有电泳法、电渗法、流动电位法及超声波法，其中电泳法应用最广。Zeta电位分析仪是最常用的Zeta电位测试装置，具有较高的灵敏度，可同时满足低浓度和高浓度样品的测试。

纳米流体的稳定性可以通过Zeta电位来评估。通过研究超声时间对不同体积浓度的$\gamma$-$Al_2O_3$/水纳米流体Zeta电位的影响，发现随着超声时间的增加，Zeta电位增大，这是由于纳米颗粒团聚尺寸的减小和纳米团簇表面静电电荷的增强所导致的。在纳米流体制备过程中，纳米颗粒发生团聚，形成不同尺寸的纳米团簇，而通过超声分散可以降低纳米团簇的尺寸以增加纳米流体的稳定性[45]。

## 6.2　含能颗粒表面包覆技术

为了保持纳米材料在纳米级尺寸所特有的性质(如比表面积大、反应活性高等)，必须有效防止颗粒的团聚，提高其分散稳定性。表面包覆技术便是因此而发展起来的一项技术，它通过表面添加剂与颗粒发生化学反应或表面吸附来改变颗粒的表面状态，从而大幅改善粉体的分散性能。如果将原始颗粒看作"核"，表面包覆层看作"壳"，则颗粒经包覆后具有"核-壳"的结构，呈现出某些新的特性和功能。目前，凡是具有优良性能的纳米材料几乎都进行过表面包覆或修饰，而且对表面修饰的研究有助于对纳米尺度材料表面基团功能的认识[46]。

由于纳米颗粒对温度、振动、光照、磁场和气氛等周围环境特别敏感，无论是在反应过程还是储存过程中都极易发生化学反应和物理聚结来降低位能，即纳米颗粒极易氧化和团聚，失去纳米级颗粒的优势，影响其在燃料中的应用效果。因此，在纳米颗粒的制备过程中需要同时进行表面保护，或制备完成后再对颗粒表面进行改性，防止氧化和团聚现象。对含能纳米颗粒进行表面修饰和包覆的作用主要有以下几点：

(1) 不仅可以消除纳米颗粒表面的带电效应，防止团聚，同时形成一个势垒，避免纳米颗粒长大；

(2) 提高含能纳米颗粒的表面活性；

(3) 赋予纳米颗粒表面新的物理、化学、机械性能及新功能，如提高纳米分散体系的稳定性；

(4) 改善纳米颗粒与介质之间的相容性，提高颗粒的使用寿命，如耐腐蚀、耐光、耐热等。

### 6.2.1　表面活性剂

含能纳米颗粒在液体燃料中团聚会对纳米流体燃料的流动和燃烧性质有显著的影响。目前，通过表面活性剂对颗粒进行表面改性被认为是实现纳米流体长期稳定性的最佳方式。表面活性剂是指加入少量即能使溶液体系的界面状态发生明显变化的物质，具有固定的亲水亲油基团，在溶液的表面能够定向排列。表面活性剂的分子结构具有两亲性：一端为亲水基团，另一端为疏水基团。亲水基团常为极性基团，如羧酸、磺酸、硫酸、氨基或胺基及其盐，此外，羟基、酰胺基、醚键等也可作为极性亲水基团；而疏水基团常为非极性烃链，如 8 个碳原子以上的烃链。表面活性剂分子既亲水又亲油，表现为独特的双亲性质，通常称为双亲结构。表面活性剂分为离子型表面活性剂(包括阳离子与阴离子表面活性剂)、非离子型表面活性剂、两性表面活性剂等[47]。

添加表面活性剂是增强纳米流体稳定性的简便而经济的方法。含能纳米颗粒由于范德华力作用而相互吸引发生聚集，表面活性剂可以通过改变纳米颗粒的表面性质来克服范德华力，表面活性剂附着在纳米颗粒的表面还有助于增加固体颗粒与基础流体之间的界面接触。此外，附着在颗粒表面的表面活性剂的尾部可以作为空间屏障，防止颗粒凝聚，这种作用称为空间位阻。

表面活性剂的选择取决于颗粒和液体流体的特性。如果液体是极性溶剂，则应使用水溶性表面活性剂；如果液体是非极性溶剂，则应使用油溶性表面活性剂。这种特性通常用表面活性剂的亲水亲油平衡(HLB)值表示，该值描述了表面活性剂的亲水基团和疏水基团的大小和强度之间的平衡。通常情况下，HLB 值大于 10 的表面活性剂在水溶液中具有更大的亲和力，而 HLB 值小于 10 的表面活性剂则具有更好的油溶性。油溶性表面活性剂的一个典型例子是油酸，它的 HLB 值极低，已广泛用于制备非极性纳米流体(如变压器油、硅油和煤油等)。水溶性表面活性剂的典型例子是 HLB 值为 40 的十二烷基硫酸钠(SDS)，已用于制备各种水性纳米流体。表面活性剂的选择不一定必须与 HLB 一致，使用油酸作为表面活性剂也可制备出水溶性纳米银。此外，大多数表面活性剂是有机化学物质，在高温下容易降解。

### 6.2.2  表面包覆技术

目前，对含能纳米颗粒进行表面包覆的方法按照介质环境可大致分为固相包覆法、气相包覆法和液相包覆法，下面介绍几种与含能纳米颗粒相关的表面包覆方法，重点介绍纳米铝、纳米硼、纳米碳颗粒的表面包覆技术。

#### 1. 纳米铝表面包覆技术

纳米铝颗粒表面本身就极易氧化生成一层致密的氧化层阻碍其进一步氧化，且纳米铝颗粒由于比表面积大，生成的氧化层占比大，影响纳米铝颗粒点火特性。虽然纳米铝颗粒在煤油中较硼颗粒更易分散，但是铝颗粒和液体燃料存在的密度差仍会导致纳米流体燃料不稳定。因此，需要对纳米铝颗粒进行表面改性。

纳米铝颗粒的包覆可在制备过程中或制备后进行，鉴于纳米铝颗粒极易氧化，常在制备过程中进行改性。其中，最简单的包覆方法是在采用机械球磨法的研磨过程中添加表面活性剂。制备铝颗粒的液相化学法有三类：第一类是通过 $AlCl_3$ 与 $LiAlH_4$ 反应生成氢化铝，催化加热后可以得到纳米铝颗粒；第二类是催化分解铝的有机化合物制备纳米铝颗粒，在制备过程中将改性配体和催化剂加入氢化铝或铝的有机化合物的溶液中得到改性纳米铝颗粒；第三类则是直接对纳米颗粒进行液相加热回流。前两类还可以通过控制制备条件来控制纳米铝颗粒的粒径[48]。此外，在直流热等离子体反应器中蒸发改性配体使其包覆在纳米铝颗粒上也能对纳米铝颗粒进行改性。

常用于制备纳米流体燃料的改性配体为油酸、油胺和 TOPO 等表面活性剂，除此以外还有环氧化合物、聚乙烯基吡咯烷酮、聚甲基丙烯酸甲酯(PMMA)和三苯基膦(PPh$_3$)等。采用 PPh$_3$、$AlCl_3$ 和氢化铝锂在三甲基苯溶剂中加热反应可制备粒度为 50～120 nm 的纳米铝颗粒[49]，其中 PPh$_3$ 包覆层厚约 3 nm。还可以先制得中间体氢化铝，再加入保护剂(聚合环氧化物/油酸/油胺)和催化剂加热分解制得约 30 nm 的铝颗粒[50]。采用乙酰丙酮铝和氢化铝锂在三甲基苯溶剂加热反应制备粒度为 50～250 nm 的纳米铝颗粒，其中乙酰丙酮铝分解的有机物可包覆在纳米铝颗粒表面[51]。在醚中先合成中间体，再加入异丙醇钛加热分解得到约 35 nm 的油酸包覆纳米铝[52]。以上这些方法对设备要求不高，但存在制备过程中产物易氧化、易团聚、颗粒大小分布不均、杂质(如副产物氯化锂)不易分离等缺点。天津大学燃料团队[53]将油酸、油胺和 TOPO 等改性配体与 $AlH_3 \cdot Et_2O$ 的混合物搅拌加热回流 5 min 后加入钛酸异丙酯，搅拌 1 h 后离心得到改性的纳米铝颗粒，颗粒平均粒径为 16 nm，分布均匀，在 JP-10 中稳定分散，静置 6 个月后沉降率仍较低。

#### 2. 纳米硼表面包覆技术

与纳米铝相比，硼具有更高的质量热值和体积热值，但硼自身熔、沸点高，需氧量大，表面易氧化生成氧化硼，使硼的点火和燃烧性能很差，实测比冲小；批量生产的硼粉纯度仅为 90%，表面的杂质硼酸($H_3BO_3$)和氧化硼会与燃料中羟基反应生成硼酸酯，引起燃料凝胶化反应，并且硼粉与液体碳氢燃料不相容。为了改善含硼燃料的燃烧性能和稳定性能，已经探索了多种硼颗粒的表面处理技术，主要有提纯、包覆和团聚，其中表面包覆是硼粉表面处理的核心。目前，多采用氟化锂(LiF)、氟橡胶(Viton A)、硅烷、碳化硼、高氯酸铵、钛、锆及聚叠氮缩水甘油醚(GAP)等材料对硼颗粒进行包覆，而包覆方法因包覆材料而异。例如，LiF 包覆采用中和沉淀法，Viton A 等则采用相分离法，碳化硼包覆采用热反应法，高氯酸铵包覆则采用重结晶法[54]。然而，上述这些方法所处理的硼颗粒通常较大(微米级或更大)，对小于 100 nm 的纳米硼表面处理方法较少。有报道[55]通过干法和湿法球磨的方法，采用油酸、二氧化铈包覆制备约 50 nm 的纳米硼颗粒，能较好地分散在正己烷和 JP-5 中。但从图 6-8 也可以看出，纳米硼颗粒大小并不均一，这也是制备纳米级表面改性硼颗粒的技术难点。

图 6-8　硼颗粒扫描电镜图[55]

(a)未研磨的硼原料；(b)干法球磨制备的硼颗粒；(c)己烷中湿法球磨制备的硼颗粒；(d)湿法球磨制备的油酸改性硼颗粒

天津大学燃料团队[43]在氮气气氛和磁力搅拌下将油酸、油胺、TOPO、三辛基膦(TOP)、十二烷基胺、十二烷腈或三聚磷酸盐(TPP)等改性配体与硼纳米颗粒和 JP-10 的混合物加热至 186℃熟化 6 h，离心、洗涤、再分散纯化颗粒后，在 80℃下干燥 24 h 得到改性硼颗粒。将改性硼颗粒再分散到 JP-10 中，油胺、油酸、TOP 和 TOPO 作为改性配体可以短时间稳定燃料中的硼纳米颗粒，而 TOPO 保护的颗粒在 JP-10 中均匀分散时间超过一周。

陈冰虹等[56]先后采用重结晶法分别制备了氧化剂、硝酸钾、高氯酸锂、硝酸铵等包覆的硼颗粒。重结晶的一般方法是先配制氧化剂的饱和溶液，将溶液与硼颗粒以一定的质量比混合，利用超声波振荡器水浴加热，在一定温度下蒸干混合液后获得包覆氧化剂的硼颗粒。

### 3. 碳纳米管表面包覆技术

碳纳米管易团聚成束或缠绕，且其表面缺少活性基团，难溶于有机溶剂或水，严重制约了其应用。近年来，表面修饰成为一种对碳纳米管进行改性的基本方法。碳纳米管的表面功能化可增强碳纳米管在溶剂中的溶解性和其他基质材料中的分散性，扩大碳纳米管的应用范围。

一种方法是通过共价化学反应进行表面改性。例如，采用强酸对碳纳米管进行酸化，引入羧基，并将羧基转变为酰卤基，然后再通过酯化或酰胺化反应在碳纳米管顶端或侧壁连接上有机物质，实现碳纳米管表面改性，但这种方法会破坏碳纳米管功能化位点的sp²结构，使碳纳米管失去部分电子特性[57]。为了避免这种现象，文献报道了非共价化学反应功能化方法，包括超分子功能化(如聚合物功能化、淀粉功能化、环糊精功能化等)、生物分子功能化(如 DNA、金属蛋白酶、肽螺旋等生物分子的非共价修饰)、纳米金属或半导体性质的纳米簇功能化等[58]。研究者[59]采用聚苯乙烯-聚丙烯酸对碳纳米管进行包覆并实现了碳纳米管可控的可逆弹性变形(图 6-9)。另一种方法则是采用向液体溶剂中添加

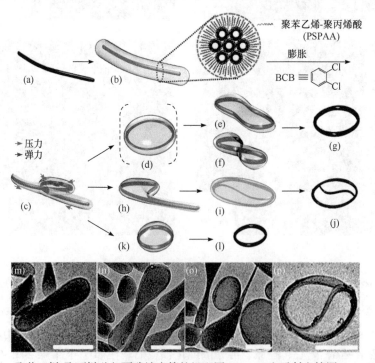

图 6-9　聚苯乙烯-聚丙烯酸包覆碳纳米管的机理图[(a)～(l)]和透射电镜图[(m)～(p)][59]

图中比例尺：200 nm

表面活性剂来分散碳纳米管,虽然这种方法利用表面活性剂在溶剂中形成胶束,对碳纳米管本身性质不会有太大影响,但不同溶剂需要不同的表面活性剂,且对表面活性剂的用量要求十分苛刻,因此不具备普适性。

# 6.3　燃料凝胶化技术

添加含能纳米粒子的液体燃料具备良好的应用前景,但纳米颗粒无法在液体燃料中长期稳定地分散,存放时容易团聚沉降。凝胶燃料是一种具有非牛顿流变特性的胶体燃料,可以有效提升纳米粒子在燃料中的稳定性,使其长期稳定分散。

## 6.3.1　凝胶燃料

新型航空航天动力系统对燃料的性能及安全性提出了更高要求,传统的固体及液体燃料无法从根本上克服自身的缺点,难以同时满足易于控制、大载荷比、可控制燃速、储存安全等要求。将凝胶剂加入到液体燃料中,可以形成空间网络结构的凝胶,在静置时保持不流动的半固体状态,当施加剪切力时,黏度降低、出现流体的特征。

凝胶燃料结合了固体燃料和液体燃料的优点。相比于固体燃料,凝胶燃料能量和比冲高,在施加剪切力或加热时具备流动性,可以像液体燃料一样通过调节流量实现发动机的推力控制和多次启动。不同于液体燃料,凝胶燃料在储存和运输过程中更加稳定,降低了泄漏、溢出和晃动问题带来的风险。由于挥发性和蒸气压比液体燃料低,对于有毒和易挥发的燃料来说,凝胶燃料能降低毒性和火灾隐患。如果储箱损坏导致凝胶燃料与氧化剂接触,燃烧会被限制在燃料/氧化剂界面处,凝胶独特的流变特性会阻止其进一步流动和燃烧[60]。更重要的是,可以在凝胶燃料中添加铝、硼或镁等含能颗粒提高燃料的能量密度和比冲。颗粒可以在凝胶燃料中稳定分散,解决了颗粒在液体燃料中沉降的问题,使用时凝胶在剪切作用下变成短时间内稳定的液体悬浮液。

## 6.3.2　凝胶剂

凝胶化主要是通过凝胶剂之间以及凝胶剂与溶剂间的相互作用实现的。凝胶剂分为有机凝胶剂和无机凝胶剂,其中有机凝胶剂又分为有机大分子凝胶剂和有机小分子凝胶剂(LMMGs)。有机大分子凝胶剂既可以通过化学交联,也可以通过物理交联来形成胶凝燃料[61]。化学交联形成凝胶的网络结构是通过强的共价键连在一起的,它们在加热时不会再溶解于溶剂中,所以化学凝胶是不可逆的,但可以随外界条件的变化发生膨胀或收缩。有机小分子凝胶剂是通过较弱的非共价相互作用在燃料中自组装形成纤维状、棒状或球状聚集体,聚集体进一步缠绕形成三维网络结构,属于物理凝胶,具有可逆性。无机凝胶剂只需在常温下与液体燃料混合即可得到凝胶。

凝胶剂作为形成凝胶燃料的关键组分,其作用是为母液提供足够的机械性能,并在对系统能量性能影响最小的情况下提供长期稳定性。凝胶过程一般是通过分子间而不是单一的某种作用力实现，凝胶形成的驱动力主要包括氢键、π-π 堆积作用、范德华力、配位作用、亲/疏水效应、静电效应等弱相互作用[62]。

### 6.3.3 含能凝胶燃料的合成及特性

#### 1. 含能凝胶燃料的合成

含能凝胶燃料主要由常温液体燃料或氧化剂、凝胶剂以及含能纳米粒子组成。液体燃料包括肼及其衍生物、烃类燃料(RP-1、JP-10、Jet A-1、JP-8)、硝基甲烷、乙醇等。液态氧化剂包括白色发烟硝酸(WFNA)、抑制红色发烟硝酸(IRFNA)、红色发烟硝酸(RFNA)、过氧化氢($H_2O_2$)、3-硝基-1,2,4-三唑-5-酮(NTO)、二硝酰胺铵(ADN)水溶液和硝酸铵(AN)等。为了增加能量密度，可在凝胶燃料中加入含能纳米粒子，如铝、硼等。

无机凝胶剂在常温下与液体燃料充分混合即可得到凝胶，但是混合过程会影响凝胶燃料的流变性能和稳定性能。有机凝胶燃料大多采用加热-冷却的方式制备。纳米粒子的添加量会影响凝胶的流变性能和热力学性能，其颗粒尺寸对凝胶的燃烧效率有很大影响。

含能凝胶燃料的合成过程通常是将凝胶剂溶于液体燃料中，加热使凝胶剂完全溶解，然后再加入含能纳米颗粒，充分搅拌后冷却，在冷却过程中体系黏度会逐渐上升，当温度低于凝胶的相转变温度($T_{gel}$)时，整个体系可以固定不动并支撑自己的重量，变成具有一定强度的胶状或者果冻状，将盛放凝胶的容器倒置后若没有液体流下就表明凝胶形成[63]。凝胶的形成过程是凝胶剂通过相互作用先自组装形成一维结构，然后再通过分子间作用力形成三维网络结构，其大致过程如图 6-10 所示。

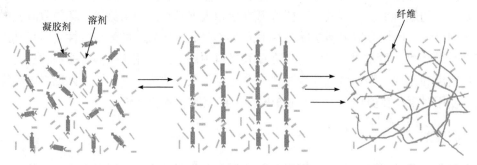

图 6-10　凝胶的形成过程[64]

部分凝胶具有热可逆性，即在加热到相转变温度以上时会逐渐转变为液态，停止加热后又重新形成凝胶。有机小分子凝胶剂形成的凝胶一般具有热可逆性，而有机大分子凝胶剂和无机凝胶剂形成的凝胶一般没有该性能。

#### 2. 含能凝胶燃料的特性

凝胶兼具液体黏性和固体的弹性。凝胶燃料的黏性在很大程度上与其液体燃料的性质相关。在弹性方面，有机凝胶剂凝胶的弹性更为明显，在烘干后仍可以保持一定弹性，而无机凝胶剂凝胶的弹性较弱，在溶剂被烘干后会失去弹性而变脆。

凝胶燃料是依赖于时间的非牛顿流体，具有剪切变稀和触变性。剪切变稀特性是指凝胶的黏度随着剪切应力的增加而降低。触变性则指凝胶在恒定剪切应力作用下黏度随时间降低；还体现在凝胶被施加应力的过程中其黏度降低，当应力逐渐消失后又逐渐恢复到原状态的特性，这一过程可以看作是剪切变稀和复凝过程的结合，即触变性是一种可逆的凝胶现象。新制备的凝胶在放置一段时间后，其中一部分液体会缓慢从凝胶中分离出来，体积也会因此发生变化，这一现象称为离浆或胶液收缩，这种性质直接反映了凝胶的稳定性，对于长期储存和使用有很大影响，而且会由于外界刺激的强度而发生变化。

凝胶燃料相比于普通液体燃料和固体燃料在安全、能量性能、储存等方面都表现出更好的特性。

1) 安全方面

与液体燃料相比，当进料或储存过程中发生故障时，凝胶燃料的泄漏率会大大降低。对于燃料罐和氧化剂罐的损坏而造成的意外泄漏，如果燃料是自燃的，燃烧只会发生在燃料-氧化剂接口处。凝胶的挥发性明显低于液体，当发生泄漏时，释放出的蒸气要少得多，从而降低毒性危害。

与固体燃料相比，凝胶燃料对于冲击、摩擦和静电放电的敏感性较低，这一性能与液体相近，不会像固体燃料一样燃爆。固体燃料颗粒的裂纹会增加燃烧面积，可能导致燃烧和爆炸失控，而凝胶燃料可以避免这一问题。

2) 能量性能方面

凝胶燃料的比冲与液体燃料接近，显著高于固体燃料的比冲。同时，凝胶燃料的密度随着金属颗粒的添加而提升，接近甚至超过固体燃料。

3) 储存方面

凝胶燃料具有很好的稳定性，一般可以稳定储存近十年。凝胶结构的稳定性可以抑制纳米颗粒的沉降，粒子沉降与液体悬浮燃料相比明显较低，而且相分离只发生在非常高的加速度下，这使金属颗粒能够在燃料中充分发挥作用。凝胶燃料具有很好的黏弹性，可以实现柔性包装，运输效率相比于固体燃料有所提升。

### 6.3.4　含能凝胶燃料评价及研究进展

1. 含能凝胶燃料的评价

凝胶的成胶性能指标主要包括最低凝胶浓度和相转变温度，凝胶的基础物性如密度、黏度、离心稳定性等，流变性是衡量凝胶性能的关键指标，这些都对凝胶的应用有很大影响。此外，凝胶的自组装过程及其驱动力、凝胶微观结构等对于评估制备过程和应用性能也很有帮助，结合理论计算模拟凝胶的形成机理及自组装模型可以深入理解凝胶结构及性能[65]。

1) 成胶性能

凝胶燃料的成胶性能的评价主要包括最低凝胶浓度、凝胶的相转变温度以及凝胶的状态三个方面。

最低凝胶浓度是指凝胶剂可使液体燃料形成凝胶所需的最低浓度，一般用 wt%或

mol/L 表示，其大小反映的是凝胶剂对燃料体系胶凝能力的强弱。对于给定的燃料，最低凝胶浓度越低说明凝胶剂的胶凝能力越强。

凝胶的相转变温度是指使凝胶在加热过程中刚好转变成溶胶时的温度，其大小反映了凝胶体系的热稳定性，该值越大说明凝胶体系的热稳定性越好。目前凝胶相转变温度的测定方法主要有落球法、倒转试管法和差示扫描量热法。落球法：将已知直径和质量的小球轻轻置于试管中凝胶的表面中心处，以一定的温度梯度对试管进行加热，小球被凝胶完全淹没或落入试管底部时的温度即为相转变温度。倒转试管法：将装有凝胶的试管倒置，并对其进行加热，当试管中出现流动液体时的温度为相转变温度，该方法需要封管操作。差示扫描量热法：把待测凝胶样品和对照样品放在相同环境中，以相同速率进行加热和冷却，仪器会自动记录过程中吸热和放热的情况，最终获得准确的凝胶相转变温度。差示扫描量热法结果最为精准，但操作过程相对复杂且需要专门仪器，在实际中大多采用比较准确且方便操作的落球法。

同一凝胶剂在不同燃料中不一定都可以形成凝胶，而形成的凝胶也往往会表现出不同状态。凝胶的状态主要观察体现凝胶光学性质的透明度，是否出现分层和断裂，是部分凝胶还是形成整体凝胶。

2) 基础物性

凝胶燃料的基础物性评价主要包括凝胶的密度、黏度、稳定性等。

密度是评价燃料能量水平的关键指标。液体经过凝胶化后一般会出现体积收缩，即密度会增大。凝胶燃料中的凝胶剂只是少量添加剂，其密度更多地取决于基础燃料及添加的含能纳米颗粒。密度的测定方式很多，一般采用简单方便的比重计来测量。

黏度也是衡量燃料流动性的重要指标，直接影响流体的储存、运输和使用。凝胶燃料是非牛顿流体，在使用过程中就是利用外界干扰使凝胶转变为液态，然后进行流动输送和雾化后燃烧，因此液态或溶胶态下的黏度非常重要。增加凝胶剂含量可以提高凝胶的稳定性，但同时也会使黏度增加。凝胶黏度的测量需要利用剪切力将凝胶转变为液态，同时在测定的过程中也需要保持一定的剪切力作用，一般采用旋转黏度计。

许多凝胶往往具有多重刺激响应，如温度、机械力、超声、酸碱等。这些因素对凝胶的长期稳定储存不利。因此需要考虑凝胶在特定储存条件下的稳定性，可以通过施加外界刺激条件进行测试。主要考虑的是离心稳定性，这是由于燃料在储存、运输和使用过程中可能受到较大的离心力作用，高速离心可以模拟这一过程。离心稳定性测试相对简单，通过向凝胶施加一定时间和强度的离心作用后，对液体渗出量进行分析。

3) 流变性能

流变学是用来研究物质的流动和形变的一门科学。流动是描述液体和气体的特性，流动的难易程度取决于流体本身的黏性；形变是描述固体的特性，在外力作用下固体的形状、体积会发生改变，当撤去外力时固体因其本身的弹性而恢复[66]。当需要定量描述流体或熔体的流动阻力或黏度时，流变学是首选的表征手段。凝胶是介于液体和固体之间的一种软材料，因此表现出黏性和弹性双重特性。

凝胶流变性采用流变仪测试，通过对材料施加一定剪切、振动、应力松弛和蠕变可以获得材料的力学参数，其中最常用的参数包括复数模量($G^*$)、储能模量或弹性模量($G'$)、损耗模量或黏性模量($G''$)。凝胶流变性能的测试包括剪切变稀性能和本构方程的拟合、触变性及复凝性测试、频率扫描、应力应变扫描等。

4) 自组装机理

对于凝胶自组装机理的研究主要是利用多种波谱学分析方法，主要包括核磁共振(NMR)波谱、傅里叶变换红外光谱(FTIR)、紫外-可见(UV-vis)光谱、荧光(PL)光谱等。通过这些波谱技术，可以得到凝胶因子在分子层面的自组装信息，利用这些信息可以分析凝胶自组装过程的机理及相应的驱动力。NMR 可以检测凝胶剂中分子间的氢键以及 $\pi$-$\pi$ 堆积作用，FTIR 可以表征凝胶形成过程中氢键和范德华力的作用效果。UV-vis 可得到在紫外到可见光谱范围内凝胶剂的吸收光谱和反射光谱，从而推断 $\pi$-$\pi$ 堆积作用和金属配位作用。PL 光谱用于检测凝胶剂中疏水基团的排列方式和方向基团的堆积方式。

此外，X 射线衍射(XRD)也是研究凝胶剂分子堆积方式的有效工具。XRD 没有破坏性，可以揭示晶体结构、化学组成、材料和薄膜的物理性质等信息，可表征聚集体的结构基元，这对于理解分子间弱相互作用对聚集体的影响是至关重要的。但此分析一般需要使用干凝胶样品，这与实际的有机凝胶结构存在一定的差异，因此结果与实际凝胶会存在偏差。

### 2. 含能凝胶燃料的研究进展与应用

根据推进剂储存状态不同，凝胶燃料(推进剂)可以分为两种：氧化剂/燃料凝胶在点火前相互混合的双组元凝胶推进剂和氧化剂/燃料组分混合的膏体推进剂。前者是由液体推进剂发展而来，后者则是由固体推进剂发展而来。

20 世纪 40 年代，美国提出了"添加固相颗粒的液体燃料"的理念，研制了液体悬浮燃料，虽然当时燃料的性能与凝胶燃料不同，但推动了凝胶燃料的研发和应用。膏体推进剂是苏联于 20 世纪 60 年代由固体推进剂发展演变而来的[67]。1970 年，研究者提出最具潜力的可储存推进剂是那些通过添加凝胶剂来改变内部结构的推进剂，以便在保持均匀性的同时添加金属颗粒。此外还指出凝胶可用于低温推进剂发动机和混合动力发动机以增加能量密度[68]。

1) 国外研究进展

美国早期研究主要集中在碳氢燃料/金属(主要是硼和镁)浆态悬浮燃料在冲压发动机上的应用，但硼的燃烧效率低，镁不能显著增加航程，阻碍了其进一步发展。20 世纪 60 年代，美国空军用铝和铍制造了用于液体火箭和先进推进系统的肼凝胶，美国海军研究了肼类/硝酸凝胶双组元推进剂。20 世纪 70 年代早期，随着远程导弹对添加高能粒子碳氢燃料需求的提升，凝胶燃料得到进一步研究，主要集中在液体氧化剂和燃料凝胶化、金属化配方等方面。20 世纪 70 年代中期，研究者对凝胶燃料的兴趣有所下降[69]。20 世纪 70 年代后期，美国军方和 NASA 资助了导弹和航天运载系统应用方面的凝胶火箭推进技术研究，包括配方研究、性能研究、生产技术和生产设备研究、凝胶推进系统研究、地面试验和飞行试验等。美国陆军主要对非金属化的双组元凝胶推进剂进行了研究；美国 NASA 对金属化的双组元凝胶推进剂进行了大量研究，发现这些推进剂在降低发射成本和扩展空间任务方面具有巨大潜力。2007 年，美国提出要开发一种用于战术双推进系统的含纳米可燃燃料的叔胺基凝胶推进剂,与常规凝胶推进剂相比,该配方的体积能量更高,而凝胶剂含量降低。该凝胶推进剂将用于陆军战术导弹、导弹拦截器转向和高度控制系统以及载人和无人飞行器[70]。

俄罗斯(苏联)在膏体推进剂方面研究最为成熟,也最先提出由固体推进剂衍生膏体推进剂。当时研制的膏体推进剂黏度及流动性能接近聚合物熔体,膏体推进剂发动机的推力可调。当前,膏体推进剂有快燃膏体推进剂、高比冲膏体推进剂、低特征信号膏体推进剂及膏体燃气发生剂等。部分膏状推进剂已完成全套地面试验,相关技术已达到实用化水平[67]。

乌克兰对双组元凝胶推进剂的研究虽未见报道,但膏体推进剂技术相对成熟,使用的是多乙烯多胺硝酸盐乙二醇溶液等凝胶剂及一些工艺助剂,具有配方组分选择范围宽、燃速可调范围广、装填系数高和比冲高的特点。

德国凝胶推进剂的基础研究始于 20 世纪 90 年代,2001 年启动了凝胶技术项目,旨在开发建造凝胶推进剂火箭发动机所需的技术。2007 年,德国 ICT 研究院研究了 ADN/水凝胶推进剂,通过选择合适的凝胶剂及其配方,提高了热稳定性和安定性,延长了储存期。ADN 浓度较高的情况下,推进剂比冲在 7 MPa 压力下高达 1550 N·s/kg[70]。

2001 年的文献[71]对 20 世纪末出现的有关凝胶推进剂的研究进行了总结,包含了大量的凝胶推进剂配方以及流变性能信息。从这些统计信息中可以看出,早期的凝胶推进剂主要研究方向包括燃料凝胶、氧化剂凝胶及单元推进剂,选用的凝胶剂主要有纤维素衍生物、天然胶类、合成高分子及无机小分子,固体颗粒添加剂主要包括铝、铍、镁、硼、碳等(表 6-2)。

表 6-2　凝胶推进剂和凝胶剂[71]

| | 推进剂 | 凝胶剂 | 添加剂 |
|---|---|---|---|
| 燃料 | 肼($N_2H_4$) | 卡波普 | Al |
| | | 硅溶胶 | |
| | | 硫酸化半乳糖聚合物(<2.5%) | Al(0%,40%) |
| | | 果胶(6%) | |
| | | 黄原胶(2%) | |
| | 偏二甲肼(UDMH) | 甲基纤维素(4.48%,2%~4%) | Al(30%,5%~40%) |
| | | 羟乙基纤维素(5.57%) | Mg(5%~40%) |
| | | 羟甲基纤维素(7%) | |
| | | 乙基纤维素(6.40%) | |
| | | 琼脂(0.64%~12%) | |
| | | $SiO_2$(5%) | |
| | 甲基肼(MMH) | "沙子"(约 5%) | Al(<60%) |
| | | 羟丙基纤维素 | |
| | | 纤维素(<5%) | |
| | | 羟乙基纤维素(7%) | Al(0%~40%) |
| | | 羟丙基纤维素(1.4%) | Al(60%),二甲基脲(0.1%) |

续表

| | 推进剂 | 凝胶剂 | 添加剂 |
|---|---|---|---|
| 燃料 | N₂H₄/UDMH(1/1~1/4) | 羟丙基纤维素醚 | Al(10%~30%)，Be，B |
| | N₂H₄/MMH/UDMH | 羟乙基纤维素(<1%) | |
| | | 醋酸纤维素(<5%) | |
| | N₂H₄(<25%) | 半乳甘露多聚糖(<1.5%) | Be(16%) |
| | 硝酸肼(<58%) | | Cr₂O₃(<2%) |
| | MHF-3，MHF-5，MGGP-1 | 黄原胶(1%~5%)  羟乙基纤维素(<0.5%) | Al(0%~80%)，Zr(<70%) |
| | H₂ | 1,2-双三甲氧基硅基乙烷(BTMSE) | Al(60%) |
| | RP-1 | SiO₂(3.5%~6.5%) | Al(0%~55%) |
| | JP-10 | 纤维素化合物  聚乙烯共聚物 | B₄C，Al(55%~60%) |
| | 煤油 | 亲油性黏土复合物+丙二醇(6%~7%) | Al(30%~40%) |
| 氧化剂 | IRFNA | SiO₂(3%~4.5%)，P₄O₁₀(0.5%~3%) | LiNO₃(28%)，HF |
| | RFNA | Na₂SiO₃(4.25%)  硅胶(4%) | AP(0%~30%) |
| | ClF₅ | SiO₂ | |
| | H₂O₂ | SiO₂(3.5%) | B₄C(19.3%) |
| 推进剂单体 | 液氧 | SiO₂(2%~3%)  Al₂O₃ | Al，Mg(29%~35%)  Si(33%) |
| | TEGDN/TMETNH₂O₂  HN/AN | SiO₂(1%~2%) | AP(35%)/AN & Al(25%)  Al(40%)H₂O& Al |
| | N₂H₄(57.5%)  RFNA(74%) | 硅胶(2.5%~3%) | AP(40%)  Al(23%) |
| | N₂H₄(40%)  N₂H₄(30.8%) | 硅胶(3%) | Be(15.3%)，N₂H₅NO₃(25%)  Be(17%)，HN(18%)，H₂O(25%) |
| | N₂H₄(30%~50%) | 聚丙烯酰胺(2%~5%) | N₂H₅ClO₄(30%~50%)  Al(10%~25%) |
| | 高氯酸钠+羟铵高氯酸盐(40%/10%) | 硅凝胶(2.9%，5%) | B(12%，33%)  H₂O(33%，12%) |
| | 硝酸乙酯(40%)  硝酸丙酯(40%) | 乙基纤维素(3%) | 聚乙二醇(18.6%) |
| | N₂H₄(74%) | SiO₂(1.5%) | B₄C(<25%) |
| | HIRFNA(76%) | 碳(3.5%) | B₄C(<21%) |

注：HIRFNA 中 HNO₃(72wt%)，N₂O₄(26.8wt%)，微量 HF(0.7wt%)和 H₂O(0.8wt%)。

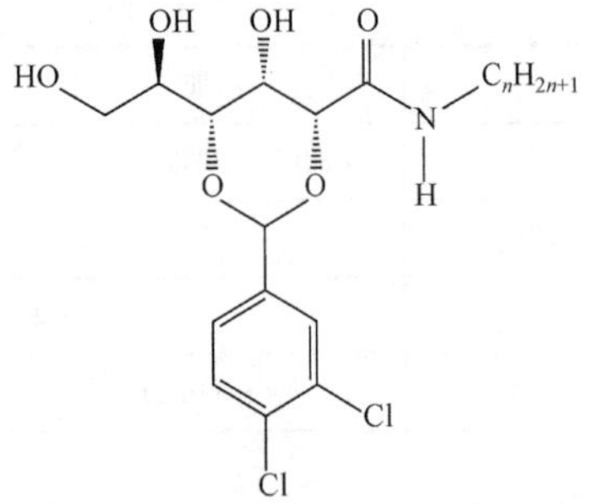

图 6-11　葡萄糖衍生物凝胶剂 Gn[72]

2) 国内研究进展

国内在凝胶推进剂方面的工作包括配方研究、流变学特性研究、点火与燃烧性能研究、雾化性能研究、发动机试验研究等。20 世纪 90 年代，国内多家单位相继开展膏体推进剂配方及性能研究。

在凝胶剂的研究方面，我国的研究目前也主要在有机小分子凝胶剂上。有研究报道了用于凝胶燃料制备的 Gn 凝胶剂(结构如图 6-11 所示[72])，测试了凝胶剂对 JP-10 和 RP-1 燃料的凝胶能力、在 JP-10 中的最低凝胶浓度和相转变温度，并分析了相应的流变性能与微观结构。结果表明，随着凝胶剂侧链长度的增加，对燃料的凝胶化能力逐渐增强。其中，凝胶因子 G18 可在室温下胶凝 JP-10。

天津大学燃料团队报道了另一种高触变性凝胶剂，将 HD-01、HD-03、HD-03-I(基于 HD-03 复配的燃料)、QC 四种液体高密度燃料制备为相应的凝胶燃料，研究了所需凝胶剂的最小添加量，测定了燃料的物理性质及流变性能[73]。结果表明该凝胶剂具有明显优于气相二氧化硅凝胶燃料的流变性和触变性，更利于燃料运输和雾化。团队[74]还以双丙酮甘露醇为凝胶因子，制备了含有纳米铝颗粒的 JP-10 凝胶燃料，测定了最低凝胶剂含量和凝胶相转变温度，探讨了凝胶剂含量和纳米铝颗粒含量对物理化学性能的影响。图 6-12 为脲基凝胶 HDIT-18，可用于 JP-10 凝胶燃料的制备[75]。

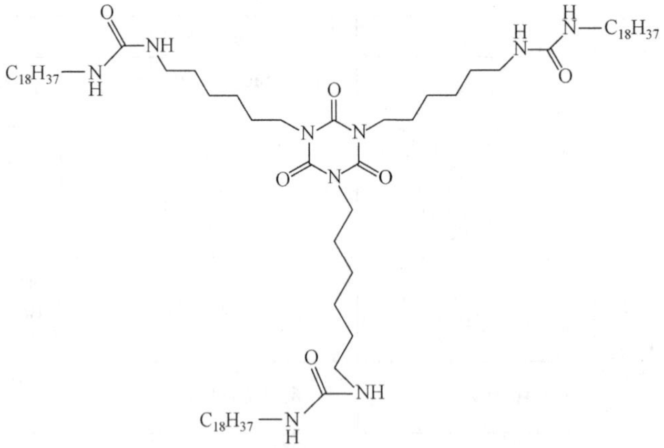

图 6-12　脲基凝胶 HDIT-18[75]

在添加含能颗粒方面，研究了凝胶推进剂的性能与含能颗粒的添加量和尺寸的关系。含能颗粒的添加量主要影响凝胶推进剂的流变性能和热力学性能，颗粒尺寸越小，推进剂燃烧效率越高[67]。

为研究膏体推进剂挤压流动特性，国内研制了相关的挤压流动试验装置。空空导弹研究院从发动机工作原理出发设计了推进剂输送及调节试验系统，针对所采用的膏体富燃料推进剂开展试验研究。

在凝胶推进剂的数值模拟研究方面，国内的研究重点集中于管道模型中流体的数值模拟，主要原因在于管道模型的建立相对简单且对称性好，可以利用轴对称等方法减少计算量，实现高效计算[76]。

总体来说，凝胶燃料的相关研究还不完善，还有许多机理和性质有待深入研究，燃料性能也有较大的提升空间。但随着新技术和新材料的发展，凝胶燃料的性能将进一步改善，更加有利于实用性能的提升。

2021年，天津大学燃料团队[77]进一步总结了近三十年来国内外凝胶燃料的研究进展。

## 6.4　流变、雾化和燃烧特性

### 6.4.1　流变特性

**1. 纳米流体燃料的流变特性**

纳米流体燃料的流变特性对于燃料的流动以及雾化行为具有重要影响。添加纳米颗粒会影响流体的黏度，表现出非牛顿型流体的流变行为。因此，纳米流体的黏度在很大程度上取决于颗粒的浓度、粒径、温度以及燃料的制备和稳定方法[78]。当添加纳米铝颗粒时，燃料变得更加黏稠，特别是当纳米颗粒含量大于 20%时更加明显。当 Al-NPs/JP-10 燃料的颗粒浓度达到 30%时，黏度为 62.5 mPa·s。Al-NPs/桥式四氢三环戊二烯(HDF-T1) 和 Al-NPs/混合燃料(70% HDF-T1+30% JP-10)的黏度增加更明显,当 Al-NPs 浓度达到 30%时，黏度分别为 2000 mPa·s 和 400 mPa·s，但含有 30%纳米颗粒的 HDF-T1 仍能像液体一样滑过玻璃斜坡(图 6-13)。同样地，含 30wt%纳米硼颗粒的 JP-10 燃料仍然可以像纯液体燃料一样沿表面自由流动，但随着纳米颗粒的增加，滑过表面的时间不断增加，表明燃料变得黏稠。实际上，在 25℃下燃料的动态黏度随着纳米颗粒浓度的增加而增加，从 JP-10 的 3.2 mPa·s 增加到 30wt%纳米颗粒的 13.5 mPa·s[43,79]。

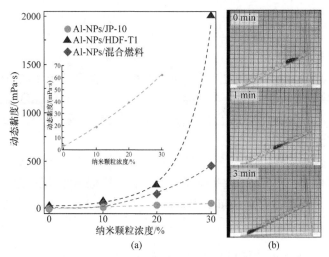

图 6-13　(a)不同 Al-NPs 含量的纳米流体燃料的动态黏度；

(b)50 mg 含 30% Al-NPs 的 HDF-T1 沿 30°、7 cm 玻璃斜坡向下流动时间变化图[79]

除了对纳米流体的黏度进行实验测试外，采用黏度计算模型也可以得到纳米流体的黏度。然而，目前还没有一个最佳的理论模型能够对纳米流体的黏度进行准确预测，很多学者将经典的悬浮体黏度理论应用于纳米流体黏度的预测，而这些理论原理来源于Einstein 的小球模型。Einstein[表 6-3，式(6-1)]的小球模型是将纳米流体建立在无限稀释的线性悬浮体中，同时假设悬浮颗粒是表面无负载电荷的刚性球，且颗粒与颗粒之间无相互作用的基础上，以此表示黏度与悬浮粒子体积分数的简单函数[80]。考虑到颗粒的相互作用及颗粒在流体层上的布朗运动，Batchelor 拓展了 Einstein 模型，得到了 Batchelor模型[式(6-2)]。Brinkman 基于 Einsten 模型并对高黏度进行修正，提出式(6-3)。其他经验公式见表 6-3。

**表 6-3  纳米流体黏度经验计算公式[80]**

| 模型 | 黏度公式 | | 说明 |
|---|---|---|---|
| Einstein | $R = 1 + 2.5\varphi$ | (6-1) | 未考虑粒子间相互作用 |
| Batchelor | $R = 1 + 2.5\varphi + 6.25\varphi^2$ | (6-2) | 考虑颗粒相互作用 |
| Brinkman-Boscoe | $R = (1-\varphi)^{-2.5}$ | (6-3) | 针对硬球颗粒悬浮液，采用 DEMA 方法，将体积分数的范围扩大到 4% |
| Mooney | $R = e^{\left[2.5\varphi\left(1-\varphi/\varphi_c\right)\right]}$ | (6-4) | 针对硬球颗粒悬浮液，采用 DEMA 方法 |
| Goddard-Miller | $R = e^{2.5\varphi}$ | (6-5) | 针对硬球颗粒悬浮液，采用 DEMA 方法 |
| Krieger | $R = (1-\eta/\eta_c)e^{-2.5\varphi}$ | (6-6) | 针对硬球颗粒悬浮液，采用 DEMA 方法 |
| Nielsen | $R = (1+1.5\varphi)e^{\varphi(1-\varphi_c)}$ | (6-7) | 考虑了球形颗粒无规则堆砌时的 $\varphi_c$ 值，球形颗粒无规则松散和紧密堆砌时的取值中分别为 0.061 和 0.637 |
| De Kruif | $R = 1 + 2.5\varphi + (4\pm2)\varphi^2 + (42\pm10)\varphi^3$ | (6-8) | 低浓度悬浮液黏度通用计算式 |

注：式中，$R$ 为相对黏度；$\varphi$ 为固体颗粒体积分数。

2. 凝胶燃料的流变特性

1) 本构方程与剪切变稀性能

凝胶燃料的流变特性对燃料的流动、雾化和燃烧性能有着重要的影响，同时为发动机系统的设计提供重要支撑。凝胶在储存过程中应具有足够高的黏度，以防止在储存和处理过程中流动，并降低泄漏和溢出的风险。但是，凝胶在雾化过程中黏度应尽可能低，增加流动性和雾化效果。

对于非牛顿流体，黏度 $\eta$ 取决于所施加的剪切速率 $\gamma$。有许多模型可用于预测恒定剪切速率条件下流体的流变特性，这些模型可分为有屈服应力和无屈服应力模型。对于无屈服应力的模型，幂律模型[Ostwald-de Waele 模型，表(6-4)，式(6-9)]是最简单和常用的：

$$\eta = K\gamma^{n-1} \tag{6-9}$$

式中，$K$ 为流体黏度大小的流体稠度系数；$n$ 为流型参数。

当幂律指数 $n=1$ 时对应牛顿流体，$0<n<1$ 对应剪切稀化流体，$n>1$ 对应剪切稠化流体。该模型适用于中等剪切速率的剪切，但不适用于非常低或非常高的剪切速率。整个剪切速率范围可以用 Carreau-Yasuda 模型[表 6-4，式(6-10)]和 Cross model 模型[表 6-4，式(6-11)]来描述。

表 6-4　非牛顿流体黏度经验计算公式

| 流体类型 | 模型 | 黏度公式 | | 说明 |
|---|---|---|---|---|
| 无屈服应力的非牛顿流体 | Ostwald-de Waele | $\eta = K\gamma^{n-1}$ | (6-9) | 适用于中等剪切速率，但不适用于非常低或非常高的剪切速率 |
| | Carreau-Yasuda | $\dfrac{\eta-\eta_0}{\eta_0-\eta_\infty}=\left[1+(\lambda\gamma)^2\right]^{\frac{n-1}{2}}$ | (6-10) | 可用于描述整个剪切速率范围 |
| | Cross | $\dfrac{\eta-\eta_0}{\eta_0-\eta_\infty}=\dfrac{1}{\left[1+(\lambda\gamma)^m\right]}$ | (6-11) | 可用于描述整个剪切速率范围 |
| 有屈服应力的非牛顿流体 | Bingham | $\sigma = \sigma_0 + \eta_B\gamma$ | (6-12) | 是 Herschel-Bulkley 模型的一个例子，对于具有屈服应力的非牛顿流体的特性，在屈服应力 $\sigma_0$ 以上的剪切应力和剪切速率之间呈线性关系 |
| | Herschel-Bulkley | $\sigma = \sigma_0 + K\gamma^n$ | (6-13) | 剪切应力大于屈服应力 $\sigma_0$ 时的非线性行为描述。只适用于中低剪切速率 |
| | Herschel-Bulkley-Extended | $\eta = \sigma_0 + K\gamma^{n-1} + \eta_\infty$ | (6-14) | 考虑了在非常高的剪切速率下的最小黏度 $\eta_\infty$ |

注：式中，$K$ 为流体稠度系数；$\eta_0$ 为流型参数最低黏度；$\eta_\infty$ 为最大黏度；$\lambda$ 为特征时间。

对于具有屈服应力的非牛顿流体的表征，在屈服应力曲线 $\sigma_0$ 以上剪切应力和剪切速率呈线性关系的材料称为 Bingham 流体，可以用 Bingham 模型建模[式(6-12)]。对 Bingham 模型进行进一步推广可得到 Herschel-Bulkley 模型[式(6-13)]，该模型是具有屈服应力的非牛顿流体最常用的模型：

$$\sigma = \sigma_0 + K\gamma^n \tag{6-13}$$

式中，$\sigma_0$ 为非牛顿流体的屈服应力。经验公式的汇总见表 6-4。

凝胶燃料的黏度随剪切速率的增大而减小，剪切变稀特性是使凝胶燃料转变为液体的关键。天津大学燃料团队[73]探究了以二氧化硅和 Gn 作为凝胶剂的凝胶燃料在不同剪切速率下的黏度变化情况(图 6-14)，相较于二氧化硅凝胶燃料，Gn 凝胶燃料随着剪切速率增加的黏度下降幅度更为显著。当剪切速率从 0～120 s$^{-1}$ 时，1% Gn/QC 凝胶燃料的黏度从 650 mPa·s 降至 8 mPa·s，与液态 QC 燃料的黏度相当，出现明显的剪切变稀现象。随后采用非牛顿流体幂律模型[式(6-9)]对不同凝胶燃料进行参数拟合，Gn 凝胶燃料的 $n$ 值比二氧化硅凝胶燃料小两个数量级，说明 Gn 凝胶具有更显著的剪切变稀性能。团队[74]进一步合成了一种小分子凝胶剂(LMWG)，实现了含纳米金属颗粒液体燃料的凝胶化并保持较好的流变特性。剪切变稀结果表明，随着凝胶剂和铝颗粒含量的增加，凝胶体系的黏度显著增加。采用非牛顿流体幂律型本构方程近似表征凝胶燃料黏度与剪切速率之间的关系，凝胶体系的 $n$ 值都为负值，说明小分子凝胶剂制备的凝胶比典型剪切变稀流体($0<n<1$)的稀化能力更强。而且，相较于 Gn 凝胶剂，小分子凝胶剂具有更小的流型参数 $n$ 值，说明该凝胶燃料具有更好的剪切变稀能力。

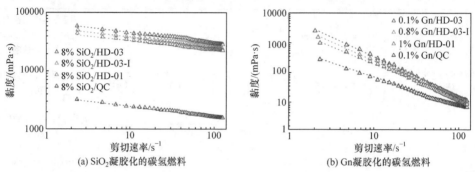

(a) SiO₂凝胶化的碳氢燃料　　　　(b) Gn凝胶化的碳氢燃料

图 6-14　SiO₂ 和 Gn 凝胶碳氢燃料在 $0\sim120~s^{-1}$ 剪切速率下的黏度变化图[73]

### 2) 触变性能

本构方程如幂律模型仅描述了剪切速率对黏度的影响，而忽视了时间的因素。随着剪切速率的增大，剪切变稀非牛顿流体的黏度逐渐减小；当保持恒定的剪切速率时，触变性流体的黏度也会随时间而降低。为研究凝胶燃料对剪切时间的依赖性，即触变性测试，Chen 等[72]报道了一系列能与高密度燃料 JP-10 形成凝胶的 D-葡萄糖缩醛超分子有机凝胶剂(G1~G18)，通过破坏和恢复流变学测试，研究了 G8/G18 基 JP-10 凝胶的触变性能。结果表明，G8 和 G18 基 JP-10 凝胶均具有触变特性，而前者具有更加优异的触变性能。

### 3) 动态黏弹性

凝胶燃料的动态黏弹性是表征凝胶燃料机械强度和结构稳定性的重要指标，复数模量($G^*$)常被用来描述黏弹性凝胶的微观结构，$G^*$可以分为两个函数，分别是储能模量 $G'$(弹性模量)和损耗模量 $G''$(黏性模量)。$G'$与凝胶(弹性成分)储存的变形能量成正比，而 $G''$与凝胶(黏性成分)耗散的能量成正比。

$$|G^*|=\sqrt{\left(G'\right)^2+\left(G''\right)^2} \tag{6-15}$$

振动剪切实验是确定凝胶燃料动态黏弹性的有效方法。在振动实验中，确定与应变无关的凝胶线性黏弹性区是非常重要的。在恒定频率下采用应变梯度来确定临界应变(定义线性黏弹性区域的上限)是最常用的方法，一旦超过临界应变，则储能模量与应变有关。通过应变扫描实验和频率扫描实验可以分别研究凝胶体系的力学强度和稳定性，确定储能模量 $G'$和损耗模量 $G''$与频率的依赖性，即凝胶结构的黏弹性和时间尺度之间的关系。天津大学燃料团队[81]采用小分子凝胶剂将系列高密度燃料凝胶化，并研究了其动态黏弹性。图 6-15 描述了在 298 K 和 1 Hz 的应用频率下小分子凝胶剂/JP-10 凝胶的储能模量 $G'$的应变依赖性，在低应变值下储能模量保持恒定，大于临界应变的应变会破坏凝胶的网络结构，导致储能模量降低。$G'$与应变无关的范围即为样品的线性黏弹性(LVE)区域。从图 6-15(a)可以看出，凝胶剂浓度对临界应变没有显著影响。然而，随着凝胶剂浓度的增加，储能模量 $G'$的大小也随之增大。如图 6-15(b)所示，2%小分子凝胶剂/QC 具有更大范围的黏弹性区域，说明凝胶 QC 具有优异的机械强度。四种凝胶燃料中，凝胶 QC 的黏度和强度最高，凝胶 RP-3 的黏度和强度最低。图 6-15(c)展示了储能模量 $G'$和损耗模量 $G''$对频率的依赖性，在整个研究范围内，所有样品均表现出比损耗模量 $G''$更高的储能模量 $G'$(大弹性特性)。

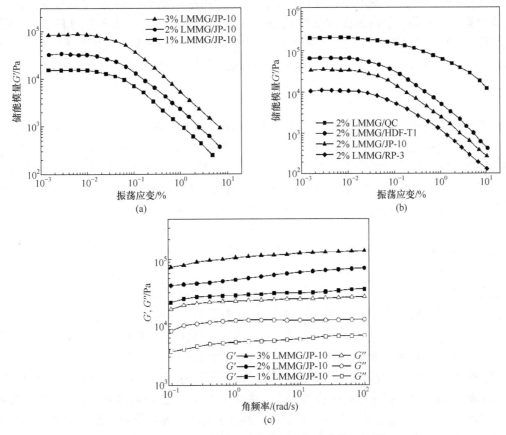

图 6-15　JP-10 凝胶的储能模量 $G'$的应变依赖性[81]

(a)JP-10 凝胶的储能模量与振荡应变的关系；(b)四种凝胶燃料的储能模量与振荡应变的关系；(c)在 0.01%应力下 JP-10 凝胶燃料的储能模量 $G'$和损耗模量 $G''$与角频率(0.1～100 rad/s)的变化关系

### 6.4.2　雾化特性

1. 纳米流体燃料的雾化行为

在纳米流体燃料的喷雾环境中，液滴水平的输运对燃烧效率影响很大，良好的一次雾化是保证燃烧性能的关键。虽然人们对纳米流体燃料的燃烧特性进行了大量的研究，但对其雾化特性的研究却很少。通过在 0.3 MPa 喷射压力下纳米流体燃料与航煤(Jet A-1)薄膜破裂长度的比较发现，随着基础燃料中 $Al_2O_3$ 纳米颗粒浓度的增加，燃料的黏度和密度增大，表面张力减小。在喷雾性能上，纳米颗粒浓度的增加会减小液膜破裂长度。尽管喷雾锥角对黏度的依赖性较弱，但纳米流体燃料和航煤在喷雾过渡阶段的喷雾锥角的确存在差异。随着纳米颗粒浓度的增加，在确定液滴特性中起关键作用的片状破碎长度减小。此外，液膜表面上的穿孔看起来更接近喷嘴出口，这反过来有助于纳米流体燃料的液膜更快地分解。纳米流体燃料的平均液滴直径始终低于航煤，这可能是由于纳米流体燃料的液膜崩解速度更快，二次雾化时间更长[82]。

为了获得更好的雾化性能，一种解决方法是施加电场来增强液滴的二次破碎。静电雾化是一种完全依靠电荷的燃料雾化技术。通常，喷嘴毛细管中的液体可以被压力挤压形成射流。当不稳定射流再次被电场作用时，电场引起的切向应力加速射流的破碎，形成液滴。同时，电晕充电使不稳定液滴发生二次破碎。燃料的物理性质(如密度、表面张力和黏度、介电常数、电导率等)、流动和电场条件综合决定喷射直径和破碎液滴的直径[83-85]。

### 2. 凝胶燃料的雾化行为

更加细小的雾化液滴是发动机高效燃烧的前提。然而，屈服应力的存在和黏度的增加使凝胶燃料很难雾化，也很难有效点火和产生燃烧的细喷雾。为此，需要对凝胶燃料进行特殊的雾化设计，充分考虑流变特性、喷嘴几何结构和工作条件对雾化特性的影响。常用于表征雾化特性的参数如下：喷雾角度(离开喷嘴后的流动扩散度)、喷嘴破碎长度(离开喷射表面完全破碎成液滴的流动或液膜长度)、喷雾细度[表征雾化质量的一个重要指标，常用的平均粒径为 SMD(Sauter 平均直径)、$D_{32}$、$D_{30}$、$D_m$]、雾化均匀性(指雾化后液滴粒径的接近程度，粒径差越小，雾化均匀性越好)。研究者从实验、理论和数值模拟等方面对凝胶燃料的雾化进行了研究。最常见的雾化器包括撞击式喷嘴和同轴式喷嘴，这些雾化装置能提供高冲击力和剪切力，使凝胶在喷射器出口处黏度接近其对应牛顿流体的黏度，并产生尺寸约 50 μm 的液滴，可用于凝胶燃料的雾化。

撞击式雾化器结构简单、雾化混合性能好，是应用最广泛的凝胶雾化的喷射器，其由两个等长圆柱的共面射流发生撞击，在垂直于包含轴线的平面上产生一个薄的膨胀流体液膜。根据射流速度、冲击角、流体性质等参数的不同，这种液膜以不同的方式分解产生雾化液滴。温度会对凝胶燃料的物性效果产生较大影响，随着温度的升高，黏度系数减小，流动指数增大。通过锥形孔注入可以降低液体的黏度，提高质量流量，使锥形孔喷射器的液膜更加不稳定。一般情况下，随着液体温度的升高，液体薄片的破碎长度减小，扰动波长增大[86]。

采用线性稳定性分析方法可以从理论上确定撞击射流形成的液膜的破碎特性。液膜临界破碎长度的经验公式如式(6-16)所示，在高黏性流体的情况下，理论结果和实验结果在临界波长和破裂长度上都有很好的一致性[87]。

$$L_D = \frac{U_0}{\Omega_{max}} \ln \frac{\eta_{j(t_D)}}{\eta_{j,0}} \tag{6-16}$$

式中，$L_D$ 为破裂长度；$U_0$ 为液膜速率常数；$\Omega_{max}$ 为液膜最大增大速率；$\eta_j$ 为液膜表面长度；$t_D$ 为破碎时间。

同轴式喷嘴雾化装置由一个简单的圆柱形凝胶射流和共轴的环形气流所组成。这种简单的几何形状提供了优良的喷嘴出口条件，并避免了大多数雾化器常见的复杂内部流动。随着动量通量比的增大，同轴空气喷射雾化器的射流破碎状态不同。对于 Jet A-1/6%的二氧化硅气凝胶，在低动量通量比时观察到非轴对称的 Rayleigh 型破碎模式，在动量通量比为 1350 时可以看到射流的解体和小液滴的产生。Jet A-1/改性蓖麻油型凝胶在低动量通量比处出现膜型破裂模式，在较高的动量通量比下衰变射流形成韧带和部分薄纤维[88]。

### 6.4.3　燃烧特性

1. 含能纳米颗粒的燃烧特性

1) 纳米铝颗粒的燃烧

铝颗粒的点火温度随粒径的减小而降低，从 100 μm 时的 2350 K 左右降低到 100 nm 时的 1000 K 左右，因此纳米铝颗粒的燃烧更容易。

根据相转变和化学反应可将纳米铝的氧化过程分为三个阶段，每个阶段的关键现象都是根据它们各自的时间尺度来识别的。在第一阶段，粒子被加热到铝核的熔化温度，此阶段的关键过程是气体和颗粒表面之间的热量和质量传递与颗粒内部的质量和能量扩散。第二阶段从铝核熔化开始，熔化的铝核产生拉伸应力，促进氧化层的质量扩散和/或开裂；熔化之后会发生多晶相转变，这也会导致氧化层中形成开口，为熔融铝与氧化性气体反应提供途径；随后的能量释放导致颗粒燃烧。对于微米颗粒，由于其更大的体积热容，无法实现点火。在第三阶段，纳米颗粒与氧化气体发生强烈的自持反应，反应通常发生在颗粒中，且燃烧速率由化学反应动力学控制[89]。

2) 纳米硼颗粒的燃烧

尽管硼具有优异的性能特性，但是纯硼及其氧化物具有较高的熔点和沸点。硼颗粒表面覆盖了一层氧化物，导致点火明显延迟。氧化层的去除通常被称为一级燃烧，通过氧化层的蒸发(氧化硼在 1 atm 下相转变温度为 2316 K)以及与表面氧化剂物种的非均相反应来实现。氧化物去除过程是一个缓慢的、动力学和/或扩散控制的过程，占颗粒总燃烧时间的很大一部分；同时，偏硼酸($HBO_2$)的形成会使硼颗粒在含氢气体中燃烧的能量释放显著降低，这两个原因限制了硼粉的应用。硼的燃烧分为两个阶段，第一阶段被认为是点火阶段，在此期间氧化层被去除；第二阶段是裸露硼颗粒的燃烧阶段[90]。Glassman 等和 Li 等[91-92]建立了硼颗粒点火模型，假设硼以$(BO)_n$络合物的形式溶解在氧化硼中，然后扩散到氧化硼气体界面，并在那里与氧和水蒸气发生反应，他们认为在点火温度下$(BO)_n$的扩散速率远高于氧在氧化层中的扩散速率。Kuo 等[90]提出了与 Li 的模型稍有不同的点火模型(PSU 模型)，他们认为二氧化硼($B_2O_2$)是主要的蒸发产物，而不是氧化硼($B_2O_3$)。随后 Chen 等[93]在 PSU 模型的基础上，提出了单颗粒硼的扩展点火燃烧模型，考虑了硼点火和燃烧更为完整的物理过程，包括颗粒表面$(BO)_n$的平衡、$B_2O_2$ 和 $B_2O_3$ 在点火阶段的蒸发过程、强制对流对颗粒的影响以及硼在燃烧阶段的蒸发和沸腾过程。在扩展模型中调整了部分反应速率。对比预测值与实验值发现，扩展模型对单一硼颗粒的模拟效果较好，尤其是在燃烧阶段。

由于存在点火延迟时间长且不能充分释放能量的问题，硼粉燃烧研究主要集中在降低点火延迟时间和提高燃烧效率上。大量研究表明硼颗粒在含氟条件下燃烧可以快速除去表面的氧化硼，加速硼颗粒的氧化过程，缩短点火延迟时间。在含氟环境下并不能观察到硼的两段燃烧现象，因为含氟物质(F 和 HF)催化了氧化层的快速去除。由于氟的存在，燃烧时间也缩短了。在低含量氟存在情况下，硼颗粒可以实现自持燃烧[94]。

2. 纳米流体燃料的燃烧特性

向液体燃料中加入纳米颗粒所制备的纳米流体燃料进一步提高了燃烧性能，具体表现为：①增加能量密度；②缩短点火延迟时间；③更高的点火效率；④更快的燃烧速率；⑤在开发具有定制物理性能的新型燃料/推进剂方面具有更大的灵活性；⑥纳米颗粒可以作为凝胶剂替代现有的低能惰性凝胶剂[95]。目前对纳米流体燃料的燃烧特性的研究主要集中于两个方面：单液滴燃烧和激波点火燃烧。

1) 单液滴燃烧

液滴燃烧实验能观察到单个液滴在燃烧过程中随时间演变的燃烧状态，从而获得液滴的蒸发、燃烧等特性规律。纳米流体燃料液滴的燃烧往往不遵循经典的液滴燃烧的 $d^2$ 定律(燃烧速率常数可表示为液滴直径平方对时间的导数)。液滴常表现出破坏性燃烧行为，其特征是多次膨胀和破裂或微爆炸。在微爆炸过程中，纳米颗粒从液滴中喷射出来，微爆炸强度随温度的升高而增大，从而缩短液滴的燃烧时间和总燃烧时间[96]。研究液滴燃烧实验方法主要有三种：飞滴实验法[97]、液滴悬挂法[98]和液滴悬浮法[99]。

2) 激波点火燃烧

激波管技术可以提供高温高压环境来模拟喷气推进的点火燃烧过程。天津大学燃料团队[100]进行了含铂(Pt)、钯(Pd)纳米颗粒的 JP-10 燃料的激波管燃烧实验，结果表明，Pt-NPs 和 Pd-NPs 可以有效地改善 JP-10 燃料的点火和燃烧性能。与 JP-10 燃料相比，含 100 ppm Pt-NPs 的 JP-10 表观点火活化能降低了 54%，含 100 ppm Pd-NPs 的 JP-10 表观活化能降低了 76%。随后又进行了铝/JP-10 和铝/QC 纳米流体的激波管实验，发现 5wt% Al-NPs 能显著缩短 JP-10 在 1450～1750 K 温度下的点火延迟时间，促进燃烧和能量释放[101]。

3. 凝胶燃料的燃烧特性

1) 单液滴燃烧

不同结构以及化学性质的凝胶剂对凝胶燃料的性能有较大影响。对于无机二氧化硅作为凝胶剂的 JP-8 凝胶燃料，液滴燃烧行为可根据液滴直径和燃烧速率分为几个部分，液滴燃烧过程可用一般经典的 $d^2$ 定律来描述，但随着二氧化硅含量的增加，偏离理想 $d^2$ 定律的程度逐渐增加[102]。Nachmoni 等[103]对无机凝胶剂的 JP-5 凝胶燃料的点火和燃烧特性进行了研究，同时还进行了量热实验以评估凝胶燃料的气化热。结果表明，凝胶燃料遵循扩散控制燃烧的 $d^2$ 定律，通过气化热可以考虑凝胶剂对燃烧时间的影响，而凝胶燃料的气化热随着凝胶剂含量的增加而增加。凝胶剂含量的增加也会导致点火延迟时间的增加，点火所需的热量也随之增加。

无机凝胶剂含有不能燃烧的物质，降低燃料的燃烧热，从能量性能的角度来看，使用可燃烧的有机凝胶剂更有利。Solomon 等[104]研究了使用有机凝胶剂的凝胶燃料的燃烧过程。液滴周围都形成了以凝胶剂为主的非渗透性弹性膜，防止了燃料的蒸发，因此在液滴内部会产生一个膨胀的气泡，导致液滴显著膨胀。在某一阶段，油膜破裂，燃料蒸气逸出，并在液滴表面塌陷。这个过程不断重复，直到所有的可燃物都被消耗掉。进一步地，可将燃烧过程分为以下几个阶段[105]：第一阶段是液体燃料的蒸发和燃烧；在第二阶段，由于沸腾温度和凝胶组分黏度的差异，液滴周围形成一层非渗透性的弹性层，防止燃油蒸发，如图 6-16(a)所示，因此燃油蒸气泡在液滴内形成并引起显著膨胀，如图 6-16(b)所示；在第三阶段，当气泡内的压力超过凝胶基层的应力时，由于气泡的膨胀和凝胶剂层的破裂，凝胶剂层的厚度减小，形成一股燃料蒸气；最后阶段是凝胶剂层的分解和燃烧。

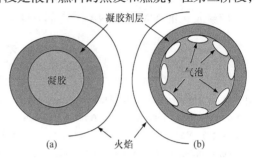

图 6-16　凝胶燃料燃烧过程中气泡的形成过程[105]

2) 发动机燃烧

在凝胶燃料中添加含能颗粒能够提高火箭发动机的比冲，对于以氧气为氧化剂的金属化 RP-1 凝胶，含 5wt%铝的凝胶燃料的效率为 94%～99%，当铝含量增加到 55wt%时效率为 88%～99%。铝含量为 55wt%的 RP-1 凝胶在喷嘴内金属结块和喷嘴冲蚀较为明显，而含 5wt%铝的 RP-1 凝胶形成了一层薄薄的凝胶燃料以保护喷射器的表面，没有出现腐蚀[106]。当添加粒径更小的纳米铝颗粒(100 nm)时，燃烧更加彻底，反应热急剧增加，火焰温度、比冲和燃烧效率均有所提高[107]。

燃烧室的几何尺寸应能确定发动机的最佳燃烧条件，燃烧室的特征长度($L^*$)(燃烧室体积与喷嘴喉部面积之比)是完成燃烧的适当长度或足够停留时间的标准。Moghaddam 等[108]为了研究 $L^*$ 对液体和凝胶 UDMH/IRFNA 燃烧室性能的影响，进行了多种实验研究，其中三个燃烧室的 $L^*$ 分别为 89 cm、127 cm 和 162 cm，压力为 1～3 MPa。为了获得最佳性能，液体-液体推进剂的最佳 $L^*$ 为 127 cm，凝胶化 UDMH/IRFNA 推进剂的合适 $L^*$ 值为 162 cm，这表明凝胶推进剂比液体推进剂需要更多的停留时间来完成燃烧。

图 6-17 为采用撞击式喷嘴进行雾化的高压燃烧室内凝胶化和液态 MMH/RFNA 的点

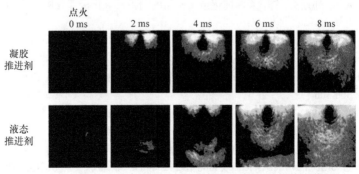

图 6-17　凝胶化和液态组分的 MMH/RFNA 燃料的燃烧图像[109]

火和燃烧特性。MMH 以羟丙基纤维素或二氧化硅为凝胶剂，RFNA 以二氧化硅作为凝胶剂。凝胶推进剂在撞击点正上方点火，液态推进剂的点火首先在撞击点以下开始，然后在撞击点周围开始，然而在这两种情况下，火焰在点火后大约经过相同的时间传播穿过喷雾板。根据喷射条件的不同，凝胶推进剂的燃烧效率比液态推进剂低 9%～26%，并且凝胶推进剂燃烧室的压力不如液态推进剂燃烧室的稳定。归因于凝胶燃料较高的黏度、惰性凝胶剂导致的燃烧效率较低或在处理和装载凝胶剂方面的限制。这些结论表明，二氧化硅凝胶化的 MMH/RFNA 推进剂有较好的点火延迟性能，但燃烧效率有所降低[109]。

# 参 考 文 献

[1] 王泽山. 含能材料概论. 哈尔滨: 哈尔滨工业大学出版社, 2006.

[2] van der Heijden A E D M. Developments and challenges in the manufacturing, characterization and scale-up of energetic nanomaterials: A review. Chemical Engineering Journal, 2018, 350: 939-948.

[3] Bayat Y, Zarandi M, Zarei M A, et al. A novel approach for preparation of CL-20 nanoparticles by microemulsion method. Journal of Molecular Liquids, 2014, 193: 83-86.

[4] Ojha P K, Karmakar S. Boron for liquid fuel engines: A review on synthesis, dispersion stability in liquid fuel, and combustion aspects. Progress in Aerospace Sciences, 2018, 100: 18-45.

[5] 鄂秀天凤. 基于亲油性纳米颗粒的高密度悬浮燃料研究. 天津: 天津大学, 2015.

[6] Sarathi R, Sindhu T K, Chakravarthy S R. Generation of nano aluminium powder through wire explosion process and its characterization. Materials Characterization, 2007, 58(2): 148-155.

[7] Mench M M, Kuo K K, Yeh C L, et al. Comparison of thermal behavior of regular and ultra-fine aluminum powders (Alex) made from plasma explosion process. Combustion Science & Technology, 1998, 135(1-6): 269-292.

[8] Antony J K, Vasa N J, Chakravarthy S R, et al. Understanding the mechanism of nano-aluminum particle formation by wire explosion process using optical emission technique. Journal of Quantitative Spectroscopy and Radiative Transfer, 2010, 111(17-18): 2509-2516.

[9] Liu L, Zhang Q, Zhao J, et al. Study on characteristics of nanopowders synthesized by nanosecond electrical explosion of thin aluminum wire in the argon gas. IEEE Transactions on Plasma Science, 2013, 41(8): 2221-2226.

[10] 郭连贵, 宋武林, 谢长生, 等. 粒径大小对高频感应加热制备纳米铝粉活性影响. 含能材料, 2006, (4): 276-279.

[11] Yuwana H S M. Modeling and simulation of aluminum nanoparticle synthesis by the evaporation condensation process using the nodal method. Chemical Product & Process Modeling, 2008, 3(1): 1-12.

[12] 王建军, 宋武林, 郭连贵, 等. 表面钝化纳米铝粉的制备及氧化机理分析. 表面技术, 2008, 37(2): 42-44.

[13] Kim K. High energy pulsed plasma arc synthesis and material characteristics of nanosized aluminum powder. Metals & Materials International, 2008, 14(6): 707-711.

[14] Brousseau P, Anderson C J. Nanometric aluminum in explosives. Propellants, Explosives, Pyrotechnics, 2002, 27(5): 300-306.

[15] Sundaram D, Yang V, Yetter R A. Metal-based nanoenergetic materials: Synthesis, properties, and applications. Progress in Energy and Combustion Science, 2017, 61: 293-365.

[16] Liu J P, Yang W W, Liu Y, et al. Mechanism and characteristics of thermal action of HMX explosive mixture containing high-efficiency fuel. Science China Technological Sciences, 2019, 62(4): 578-586.

[17] Hu H W, Chen L, Yan J J, et al. Effect of aluminum powder on underwater explosion performance of CL-20 based explosives. Propellants, Explosives, Pyrotechnics, 2019, 44(7): 837-843.

[18] Konovalov A N, Yudin N V, Kolesov V I, et al. Increasing the heating efficiency and ignition rate of certain secondary explosives with absorbing particles under continuous infrared laser radiation. Combustion and Flame, 2019, 205: 407-414.

[19] Babuk V, Dolotkazin I, Gamsov A, et al. Nanoaluminum as a solid propellant fuel. Journal of Propulsion & Power, 2009, 25(2): 482-489.

[20] Jayaraman K, Anand K V, Bhatt D S, et al. Production, characterization, and combustion of nanoaluminum in composite solid propellants. Journal of Propulsion & Power, 2009, 25(2): 471-481.

[21] Young G, Wang H, Zachariah M R. Application of nano-aluminum/nitrocellulose mesoparticles in composite solid rocket propellants. Propellants, Explosives, Pyrotechnics, 2015, 40(3): 413-418.

[22] Pang W Q, Fan X Z, Zhao F Q, et al. Effects of different nano-metric particles on the properties of composite solid propellants. Propellants, Explosives, Pyrotechnics, 2014, 39(3): 329-336.

[23] Kohga M. Burning characteristics and thermochemical behavior of AP/HTPB composite propellant using coarse and fine AP particles. Propellants, Explosives, Pyrotechnics, 2011, 36(1): 57-64.

[24] Kshirsagar D R, Jain S, Jawalkar S N, et al. Evaluation of nano-$Co_3O_4$ in HTPB-based composite propellant formulations. Propellants, Explosives, Pyrotechnics, 2016, 41(2): 304-311.

[25] 伍继君, 杨斌, 马文会, 等. 超细高能燃料无定形硼粉的自蔓延制备与表征. 功能材料, 2007, 38(12): 2073-2076.

[26] Yoo B U, Nersisyan H H, Hong Y R, et al. Structural and thermal properties of boron nanoparticles synthesized from $B_2O_3 + 3Mg + k$NaCl mixture. Combustion & Flame, 2014, 161(12): 3222-3228.

[27] Si P Z, Zhang M, You C Y, et al. Amorphous boron nanoparticles and BN encapsulating boron nano-peanuts prepared by *arc*-decomposing diborane and nitriding. Journal of Materials Science, 2003, 38(4): 689-692.

[28] Bellott B J, Noh W, Nuzzo R G, et al. Nanoenergetic materials: Boron nanoparticles from the pyrolysis of decaborane and their functionalisation. Chemical Communications, 2009, (22): 3214-3215.

[29] Pal R, Anthonysamy S, Ganesan V. Electrochemistry of deposition of boron from $KCl-KF-KBF_4$ melts: Voltammetric studies on platinum electrode. Journal of the Electrochemical Society, 2012, 159(6): F157.

[30] 封雪松, 赵省向, 陈松, 等. 含硼炸药的能量输出特性研究. 火工品, 2011, (3): 25-29.

[31] 黄亚峰, 王晓峰, 赵东奎. RDX 基含硼炸药的能量特性. 火炸药学报, 2015, 28(2): 39-41+49.

[32] Rashkovskiy S A. Formation of solid residues in combustion of boron-containing solid propellants. Acta Astronautica, 2019, 158: 277-285.

[33] Liang D L, Liu J Z, Xiao J W, et al. Energy release properties of amorphous boron and boron-based propellant primary combustion products. Acta Astronautica, 2015, 112: 182-191.

[34] 叶定友. 固体火箭冲压发动机的若干技术问题. 固体火箭技术, 2007, 30(6): 470-473.

[35] Ao W, Wang Y. Effect of gas generator pressure on the physicochemical, oxidation and combustion characteristics of boron-based propellant primary combustion products. Journal of Thermal Analysis & Calorimetry, 2017, 129(3):1865-1874.

[36] Dreizin E L. Metal-based reactive nanomaterials. Progress in Energy & Combustion Science, 2009, 35(2): 141-167.

[37] Yetter R A, Risha G A, Son S F. Metal particle combustion and nanotechnology. Proceedings of the Combustion Institute, 2009, 32(2): 1819-1838.

[38] Tanvir S, Qiao L. Effect of addition of energetic nanoparticles on droplet-burning rate of liquid fuels. Journal of Propulsion & Power, 2015, 31(1): 408-415.

[39] Wei Y, Xie H Q. A review on nanofluids: Preparation, stability mechanisms, and applications. Journal of

Nanomaterials, 2012, 2012: 435873.

[40] Smirnov V V, Kostritsa S A, Kobtsev V D, et al. Experimental study of combustion of composite fuel comprising *n*-decane and aluminum nanoparticles. Combustion and Flame, 2015, 162(10): 3554-3561.

[41] Guerieri P M, Delisio J B, Zachariah M R. Nanoaluminum/nitrocellulose microparticle additive for burn enhancement of liquid fuels. Combustion & Flame, 2017, 176: 220-228.

[42] Du M J, Li G. Preparation of silane-capped boron nanoparticles with enhanced dispersibility in hydrocarbon fuels. Fuel, 2017, 194: 75-82.

[43] E X T F, Zhi X M, Zhang Y M, et al. Jet fuel containing ligand-protecting energetic nanoparticles: A case study of boron in JP-10. Chemical Engineering Science, 2015, 129: 9-13.

[44] 沈熊. 激光多普勒测速技术及应用. 北京: 清华大学出版社, 2004.

[45] Sadeghi R, Etemad S G, Keshavarzi E, et al. Investigation of alumina nanofluid stability by UV-vis spectrum. Microfluidics and Nanofluidics, 2015, 18(5): 1023-1030.

[46] 王世敏. 纳米材料制备技术. 北京: 化学工业出版社, 2002.

[47] 董元彦, 王运, 张方钰. 无机及分析化学. 3 版. 北京: 科学出版社, 2010.

[48] 伍婷婷, 刘建忠, 陈冰虹, 等. 纳米流体燃料稳定性及金属颗粒改性方法研究进展. 推进技术, 2020, 41(3): 481-492.

[49] Yue C, Zhao S L, Tao D L, et al. Synthesis of size-controlled and discrete core-shell aluminum nanoparticles with a wet chemical process. Materials Letters, 2014, 121: 54-57.

[50] Thomas B J, Bunker C E, Guliants E A, et al. Synthesis of aluminum nanoparticles capped with copolymerizable epoxides. Journal of Nanoparticle Research, 2013, 15(6): 1729.

[51] Meziani M J, Bunker C E, Lu F S, et al. Formation and properties of stabilized aluminum nanoparticles. Acs Applied Materials & Interfaces, 2009, 1(3): 703-709.

[52] Lee H M, Yun J Y. Preparation of aluminum-oleic acid nano-composite for application to electrode for Si solar cells. Materials Transactions, 2011, 52(6): 1222-1227.

[53] E X T F, Zhang L, Wang F, et al. Synthesis of aluminum nanoparticles as additive to enhance ignition and combustion of high energy density fuels. Frontiers of Chemical Science and Engineering, 2018, 12(3): 358-366.

[54] 张炜, 朱慧, 方丁酉. 改善含硼高能贫氧推进剂燃烧特性的技术途径. 含能材料, 1998, (4): 179-186.

[55] Devener B V, Perez J P L, Jankovich J, et al. Oxide-free, catalyst-coated, fuel-soluble, air-stable boron nanopowder as combined combustion catalyst and high energy density fuel. Energy & Fuels, 2009, 23(12): 6111-6120.

[56] 陈冰虹, 刘建忠, 梁导伦, 等. 氧化剂包覆硼颗粒对硼基推进剂点火燃烧特性的影响. 含能材料, 2016, 24(8): 774-780.

[57] 肖素芳, 王宗花, 罗国安. 碳纳米管的功能化研究进展. 分析化学, 2005, 33(2): 261-266.

[58] Ellis A V, Vijayamohanan K, Goswami R, et al. Hydrophobic anchoring of monolayer-protected gold nanoclusters to Carbon nanotubes. Nano Letters, 2003, 3(3): 279-282.

[59] Chen L Y, Wang H, Xu J, et al. Controlling reversible elastic deformation of carbon nanotube rings. Journal of the American Chemical Society, 2011, 133(25): 9654-9657.

[60] Rahimi S, Hasan D, Peretz A. Development of laboratory-scale gel propulsion technology. Journal of Propulsion and Power, 2004, 20(1): 93-100.

[61] 顾雪蓉, 朱育. 凝胶化学. 北京: 化学工业出版社, 2005.

[62] 张宝浩. 室温相选择性凝胶剂的设计合成及其凝胶性能研究. 天津: 天津大学, 2018.

[63] Li Y G, Wang T Y, Liu M H. Ultrasound induced formation of organogel from a glutamic dendron. Tetrahedron, 2007, 63(31): 7468-7473.

[64] Babu S S, Praveen V K, Ajayaghosh A. Functional π-gelators and their applications. Chemical Reviews, 2014, 114(4): 1973-2129.

[65] 陈安琪. 含金属助燃剂的超分子凝胶推进剂的制备及应用研究. 天津: 天津大学, 2018.

[66] Hou S, Ma P X. Stimuli-responsive supramolecular hydrogels with high extensibility and fast self-healing via precoordinated mussel-inspired chemistry. Chemistry of Materials, 2015, 27(22): 7627-7635.

[67] 王宝成, 李鑫, 赵凤起, 等. 凝胶推进剂研究进展. 化学推进剂与高分子材料, 2015, 13(1): 1-6+19.

[68] Glassman I, Sawyer R F. The performance of chemical propellants. Slough: Technivision Services, 1970.

[69] Ciezki H K, Negri M, Gernoth A. Advanced liquid and gelled propellants for rocket and ramjet propulsion. International Journal of Energetic Materials & Chemical Propulsion, 2015, 14(2): 85-123.

[70] 王中, 梁勇, 刘素梅, 等. 美、俄、德凝胶推进剂的发展现状. 飞航导弹, 2010, (2): 76-79.

[71] Rahimi S, Natan B. The status of gel propellants in year 2000. International Journal of Energetic Materials and Chemical Propulsion, 2002, 5(1-6): 172-194.

[72] Chen A Q, Guan X D, Li X M, et al. Preparation and characterization of metalized JP-10 gel propellants with excellent thixotropic performance. Propellants, Explosives, Pyrotechnics, 2017, 42(9): 1007-1013.

[73] 鄂秀天凤, 潘伦, 张香文, 等. 高触变性高密度凝胶碳氢燃料的制备及性能. 含能材料, 2019, 29(6): 501-508.

[74] 曹锦文, 潘伦, 张香文, 等. 含纳米铝颗粒的 JP-10 凝胶燃料理化及流变性能. 含能材料, 2020, 28(5): 382-390.

[75] Qiu X P, Pang A M, Jin F, et al. Preparation and characterization of JP-10 gel propellants with tris-urea low-molecular mass gelators. Propellants, Explosives, Pyrotechnics, 2016, 41(2): 212-216.

[76] 聂中原. 纤维素基凝胶推进剂性能测试与数值模拟研究. 北京: 北京理工大学, 2015.

[77] Xue K, Gao J W, Pan L, et al. Review on design, preparation and performance characterization of gelled fuels for advanced propulsion. Frontiers of Chemical Science and Engineering, 2022, 16(6): 819-837.

[78] Chen H S, Ding Y L, Tan C Q. Rheological behaviour of nanofluids. New Journal of Physics, 2007, 9(10): 367.

[79] E X T F, Pan L, Wang F, et al. Al-nanoparticle-containing nanofluid fuel: Synthesis, stability, properties, and propulsion performance. Industrial & Engineering Chemistry Research, 2016, 55(10): 2738-2745.

[80] 胡倩. 导热油纳米流体基础热物性及对流换热特换热特性实验研究. 杭州: 浙江大学, 2013.

[81] Cao J W, Zhang Y C, Pan L, et al. Synthesis and characterization of gelled high-density fuels with low-molecular mass gellant. Propellants, Explosives, Pyrotechnics, 2020, 45(7): 1018-1026.

[82] Kannaiyan K, Anoop K, Sadr R. Effect of nanoparticles on the fuel properties and spray performance of aviation turbine fuel. Journal of Energy Resources Technology, 2016, 139(3): 032201.

[83] Hartman R A, Brunner D J, Camelot D M A, et al. Jet break-up in electrohydrodynamic atomization in the cone jet-mode. Journal of Aerosol Science, 2000, 31(1): 65-95.

[84] Gañán-Calvo A M, Dávila J, Barrero A. Current and droplet size in the electrospraying of liquids. Scaling laws. Journal of Aerosol Science, 1997, 28(2): 249-275.

[85] Gañán-Calvo A M. The surface charge in electrospraying: Its nature and its universal scaling laws. Journal of Aerosol Science, 1999, 30(7): 863-872.

[86] Fu Q F, Duan R Z, Cui K D, et al. Spray of gelled propellants from an impinging-jet injector under different temperatures. Aerospace Science and Technology, 2014, 39: 552-558.

[87] Heislbetz B, Madlener K, Ciezki H. Breakup characteristics of a newtonian liquid sheet formed by a doublet impinging jet injector. AIAA Joint Propulsion Conference. AIAA, 2007.

[88] Ciezki H, Robers A, Schneider G. Investigation of the spray behavior of gelled jet-a1 fuels using an air blast and an impinging jet atomizer. 38th AIAA/ASME/SAE/ASEE Joint Propulsion Conference & Exhibit.

American Institute of Aeronautics and Astronautics, 2002.

[89] Sundaram D S, Puri P, Vigor Y. A general theory of ignition and combustion of nano- and micron-sized aluminum particles. Combustion and Flame, 2016, 169: 94-109.

[90] Yeh C L, Kuo K K. Ignition and combustion of boron particles. Progress in Energy and Combustion Science, 1996, 22(1-6): 248-271.

[91] Glassman I, Williams F A, Antaki P. A physical and chemical interpretation of boron particle combustion. Symposium on Combustion, 1985, 20(1): 2057-2064.

[92] Li S C, Williams F A. Ignition and combustion of boron in wet and dry atmospheres. Symposium (International) on Combustion, 1991, 23(1): 1147-1154.

[93] Chen B B, Xia Z X, Huang L Y, et al. Ignition and combustion model of a single boron particle. Fuel Processing Technology, 2017, 165: 34-43.

[94] Ulas A, Kuo K K, Gotzmer C. Ignition and combustion of boron particles in fluorine-containing environments. Combustion and Flame, 2001, 127(1): 1935-1957.

[95] Basu S, Miglani A. Combustion and heat transfer characteristics of nanofluid fuel droplets: A short review. International Journal of Heat and Mass Transfer, 2016, 96: 482-503.

[96] Javed I, Baek S W, Waheed K. Autoignition and combustion characteristics of heptane droplets with the addition of aluminium nanoparticles at elevated temperatures. Combustion and Flame, 2015, 162(1): 191-206.

[97] Guerieri P M, DeLisio J B, Zachariah M R. Nanoaluminum/nitrocellulose microparticle additive for burn enhancement of liquid fuels. Combustion and Flame, 2017, 176: 220-228.

[98] Gan Y N, Qiao L. Combustion characteristics of fuel droplets with addition of nano and micron-sized aluminum particles. Combustion and Flame, 2011, 158(2): 354-368.

[99] Lucas M, Brotton S J, Min A, et al. Oxidation of Levitated *exo*-tetrahydrodicyclopentadiene droplets doped with aluminum nanoparticles. The Journal of Physical Chemistry Letters, 2019, 10(19): 5756-5763.

[100] E X T F, Zhi X M, Zhang X W, et al. Ignition and combustion performances of high-energy-density jet fuels catalyzed by Pt and Pd nanoparticles. Energy & Fuels, 2018, 32(2): 2163-2169.

[101] 鄂秀天凤, 张磊, 谢君健, 等. 添加纳米铝的高密度悬浮燃料点火性能. 含能材料, 2018, 26(4): 290-296.

[102] Arnold R, Anderson W E. Droplet burning of JP-8/silica gels. 48th AIAA Aerospace Sciences Meeting. AIAA, 2010.

[103] Nachmoni G A D, Natan B. Combustion characteristics of gel fuels. Combustion Science and Technology, 2000, 156(1): 139-157.

[104] Solomon Y, Natan B. Experimental investigation of the combustion of organic-gellant-based gel fuel droplets. Combustion Science and Technology, 2006, 178(6): 1185-1199.

[105] Solomon Y, Natan B, Cohen Y. Combustion of gel fuels based on organic gellants. Combustion and Flame, 2009, 156(1): 261-268.

[106] Palaszewski B, Zakany J. Metallized gelled propellants-oxygen/RP-1/aluminum rocket combustion experiments. 31st Joint Propulsion Conference and Exhibit. American Institute of Aeronautics and Astronautics, 1995.

[107] Mordosky J, Zhang B, Kuo K, et al. Spray combustion of gelled RP-1 propellants containing nano-sized aluminum particles in rocket engine conditions. 37th Joint Propulsion Conference and Exhibit. American Institute of Aeronautics and Astronautics, 2001.

[108] Moghaddam A S, Rezaei M R, Tavangar S. Experimental investigation of characteristic length influence on a combustion chamber performance with liquid and gelled UDMH/IRFNA bi-propellants. Propellants, Explosives, Pyrotechnics, 2019, 44(9): 1154-1159.

[109] Dennis J D, Willits J D, Pourpoint T L. Performance of neat and gelled monomethylhydrazine and red fuming nitric acid in an unlike-doublet combustor. Combustion Science and Technology, 2018, 190(7): 1141-1157.

# 第 7 章

# 高热安定碳氢燃料

超声速飞行器在大气层中高速飞行时会产生巨大摩擦热量，使机体达到较高温度。例如，当飞行速度马赫数为 3.2 时，前部温度高达 360℃，这就需要航空燃料作为冷却剂对飞行器的高温系统及部件进行冷却[1]，如图 7-1 所示。航空燃料作为冷却剂使用的过程中，燃料分子与溶解氧在高温下发生反应生成氧化物和固相沉积物，而固相沉积物会堵塞燃料管线、喷嘴、精密阀件，可能影响发动机的正常工作甚至导致飞行事故[2]。因此，为满足飞行器发动机的性能要求，保证飞行器的安全飞行，必须考虑燃料经氧化沉积在系统或部件表面生成固相沉积物的程度，也就是燃料的热安定性或者热安定性。

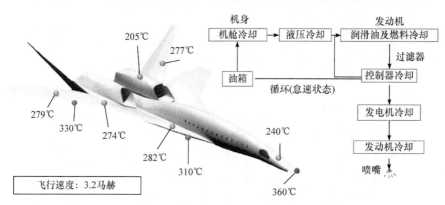

图 7-1  超声速飞机机身温度分布及燃料循环示意图

## 7.1  航空燃料的热安定性及影响因素

### 7.1.1  航空燃料的热安定性

1. 航空燃料氧化机理

已有文献对燃料的氧化机理进行了研究，虽然不同组成和结构的燃料分子在氧化过程中有所差别，但总体上燃料氧化遵循自由基链式反应机理，包括链引发、链传递和链终止三个阶段。

链引发：

$$RH \xrightarrow{\text{引发剂}} R\cdot \qquad (7\text{-}1a)$$

$$ROOH \longrightarrow RO\cdot + HO\cdot \tag{7-1b}$$

$$2ROOH \longrightarrow ROO\cdot + RO\cdot + H_2O \tag{7-1c}$$

链传递：

$$R\cdot + O_2 \longrightarrow ROO\cdot \tag{7-2}$$

$$ROO\cdot + RH \xrightarrow{\text{氢转移}} ROOH + R\cdot \tag{7-3a}$$

$$ROO\cdot + RH \xrightarrow{\text{加成}} ROOR\cdot(\equiv R\cdot) \tag{7-3b}$$

$$RO\cdot + RH \longrightarrow \text{新自由基，产物} \tag{7-4}$$

链终止：

$$R\cdot + R\cdot \longrightarrow \text{产物} \tag{7-5}$$

$$R\cdot + ROO\cdot \longrightarrow \text{产物} \tag{7-6}$$

$$ROO\cdot + ROO\cdot \longrightarrow \text{产物} \tag{7-7}$$

上式中，RH 和 $O_2$ 分别代表燃料中的碳氢化合物和溶解氧，R·、HO·、RO·、ROO· 和 ROOH 分别代表燃料分子自由基、羟基自由基、烷氧自由基、燃料过氧自由基和氢过氧化物。燃料的氧化始于燃料分子受热形成烷基自由基 R·[式(7-1a)]，在溶解氧的作用下，烷基自由基 R· 被快速氧化成过氧自由基 ROO·[式(7-2)]，过氧自由基的形成是一步快速反应并伴随着放热。在高温的作用下，过氧自由基 ROO· 进一步夺取其他燃料分子 RH 上的氢[式(7-3a)]，形成关键的中间氧化产物，即氢过氧化物 ROOH，该步反应被认为是燃料氧化过程中的速控步骤。之后，氢过氧化物 ROOH 分解产生更多的自由基如 RO·、HO· 和 ROO· 等[式(7-1b)、式(7-1c)]，这些自由基又可以通过攻击其他分子或基团引发更多反应，从而加快反应进程。此外，ROOH 分解也是羟基、羰基产物的重要来源[式(7-5)、式(7-6)、式(7-7)]，生成的小分子极性物质醇、醛、酮后又被进一步氧化成酸。实际使用过程中，通常会在燃料中添加微量的抗氧剂(AH)来抑制燃料的氧化变质。抗氧剂与过氧自由基 ROO· 优先反应形成氢过氧化物 ROOH，剩下的抗氧剂基团 A· 相对稳定[式(7-8)]，避免了 R· 的再生。

$$ROO\cdot + AH \xrightarrow{\text{氢转移}} ROOH + A\cdot \tag{7-8}$$

2. 航空燃料沉积机理

ROOH 分解产生大量可溶性小分子产物，其中小分子极性化合物会发生聚合并产生强极性可溶性大分子氧化产物(SMORS)，大分子中的有色基团会使燃料颜色发生变化。随后，SMORS 进一步氧化反应生成固相不溶物，如胶质和沉积物等，同时伴随着燃料颜色的明显加深。天津大学燃料团队[3]采用快速小型氧化安定性测试仪(PetroOxy)探究了典型燃料组分十氢萘在受热过程中的氧化和沉积行为。如图 7-2 所示，燃料的氧化沉积主要分为三个阶段(区域 1～3)。在初始阶段，燃料迅速氧化生成大量的氢过氧化物，由于氢过氧化物是热不稳定产物，在第二个阶段的受热过程中迅速分解产生 $H_2$、CO 或 $CO_2$ 等气相产物以及醇、酮等可溶性极性化合物。在第三个阶段,可溶性极性化合物在高温下聚合形成 SMORS 和不溶性沉积物。此外,在整个氧化过程中 SMORS 的生成量持续增加,但不溶性沉积物的量仅在有氧的情况下增加,说明在氧化过程中氧气是沉积物生成的关键。液相色谱-质谱联用仪(LC-ESI/MS)和二维核磁(2D HSQC NMR)等表征证明热氧化沉积的主要原因是强极性大分子物质的生成。图 7-3 给出了推测的十氢萘氧化生成的不溶性沉积物的分子结构。尽管如此,详细的沉积生成机理仍未完全解析。

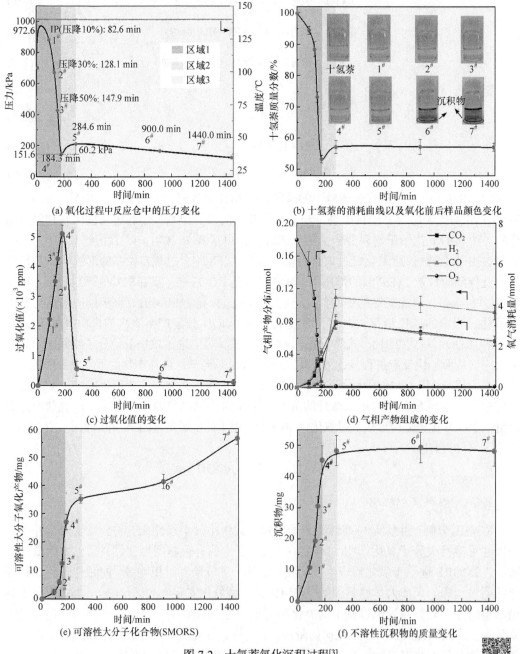

图 7-2　十氢萘氧化沉积过程[3]

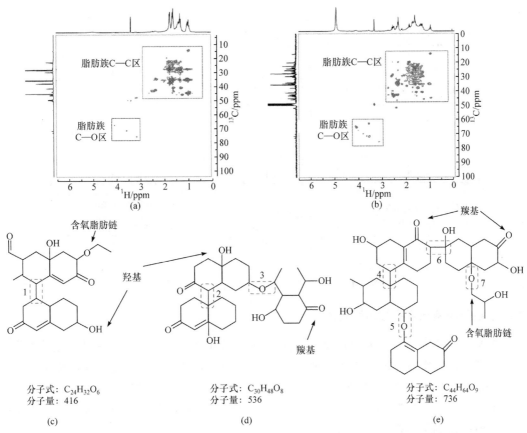

分子式：$C_{24}H_{32}O_6$
分子量：416

(c)

分子式：$C_{30}H_{48}O_8$
分子量：536

(d)

分子式：$C_{44}H_{64}O_9$
分子量：736

(e)

图 7-3　可溶性大分子(a)与不溶性沉积物(b)的二维核磁(2D HSQC NMR)谱图以及
推测的不溶性沉积物的分子结构(c)~(e)[3]

通常来说，沉积的形成主要包括以下三个特点：

(1) 溶解氧与燃料分子发生一系列链式反应，最终导致沉积物形成。

(2) 仅少量的燃料组分(<1%)参与各类氧化反应，最终成为有害的不溶物。

(3) 燃料中固有的含氧、硫、氮和金属等化合物是沉积物形成的主要来源之一。

基于上述沉积的三个关键特点，研究者提出了一个简化的两步沉积机理。首先，燃料中的碳氢化合物与溶解氧反应形成可溶性氧化中间产物。然后，可溶性中间产物与燃料中的微量组分(主要为含硫、含氮等化合物)进一步氧化聚合形成固相不溶物。在此基础上，研究者对燃料的沉积机理进行改进[4]。如图 7-4 所示，燃料中各类活性组分如烯烃、含氮和含硫化合物等，与燃料中的溶解氧反应形成氧化产物。这些可溶性氧化产物通常含有 N、S 以及 8%~10%的氧，氢过氧化物属于此类含氧化合物。随着氧化程度的加深，氧含量增加至 18%~25%，不溶性氧化产物开始析出。此时，氧化产物的分子质量约为 200~600 Da(道尔顿)，并含有 N 和 S 等元素。在上述两步化学过程之后，液相中不溶物开始聚集(物理过程)，并附着于金属表面形成微球形颗粒，颗粒大小为 500~3000Å，微球形颗粒融合形成清漆状沉积，并进一步附着形成结焦状沉积物。

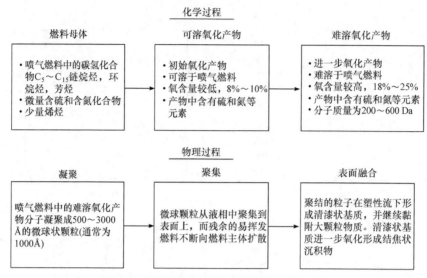

图 7-4    热氧化沉积物形成的化学和物理过程

### 7.1.2    航空燃料热安定性的影响因素

影响燃料热安定性的因素有很多，总体上可分为内部因素和外部因素两部分。内部因素主要有燃料组成、微量或痕量杂原子组分等；外部因素主要有温度、溶解氧的含量、金属表面的催化作用等[1]。对于特定的使用条件，燃料的组成是影响燃料热安定特性的主要因素，主要可分为链烷烃、环烷烃和芳烃等。然而，上述不同种类的碳氢化合物对燃料热安定性的影响不尽相同。

#### 1. 链烷烃

航空燃料中的链烷烃主要分为正构链烷烃和异构链烷烃两大类。图 7-5 和图 7-6 为碳链长度和支链数量对链烷烃氧化诱导时间的影响，可以看出，燃料氧化的诱导时间随着碳链长度的增加而缩短[5]。而对分子上支链数量的研究表明，叔碳数量越多，氧化诱导期越短，这是由于叔碳上的 C—H 键键能较小且反应生成的自由基更加稳定[6]。然而，由于

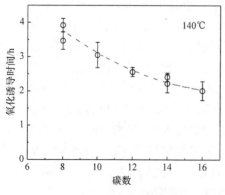

图 7-5    碳链长度对链烷烃氧化
诱导时间的影响[5]

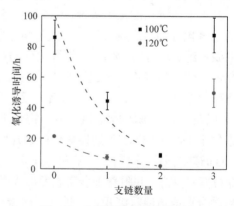

图 7-6    支链数量对链烷烃氧化
诱导时间的影响[6]

季碳上没有 H,含有季碳的燃料分子不能进行相应的氢转移反应,因此氧化诱导时间远大于其他分子。总的来说,燃料的氧化反应活性与氢转移的活性(C—H 键键能)和氢转移后生成的自由基的稳定性有关,由弱到强的排列顺序依次为:季碳<伯碳<仲碳<叔碳。

链烷烃的热安定性相对较差,容易生成不溶性沉积物附着于燃料管路。因此,以链烷烃为主的生物燃料(加氢脱氧)或费-托燃料的热安定性相对较差。然而,链烷烃中碳链长度和支链数量等对燃料热沉积特性的影响有待进一步研究。

2. 环烷烃

环烷烃是航空燃料中极为重要的组分,且其一般具有较好的热安定性[7]。图 7-7 为110℃下不同种类环烷烃氧化反应的耗氧速率。可以看出,十氢萘和双环己烷的耗氧速率接近,而全氢蒽在相同条件下具有更快的耗氧速率,为十氢萘的 2～3 倍。此外,相比于全氢蒽,9,10-二异丁基过氢蒽具有更快的耗氧速率,这同样是由于环上支链取代增加了活性叔碳原子的数量[8],与链烷烃氧化活性规律类似。

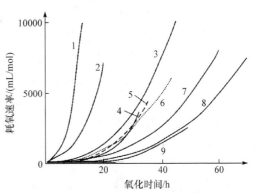

图 7-7　环烷烃和烷烃氧化过程的耗氧速率[8]
1. 9,10-二异丁基过氢蒽; 2. 全氢蒽; 3. 十八烷基癸烷;
4. 戊基环戊烷; 5. 双环己烷; 6. 十氢萘;
7. 十八烷基环己烷; 8. 十六烷基环己烷; 9. 正十六烷

一般情况下,相比于链烷烃,环烷烃组分具有较高的热安定性,即不倾向于生成沉积物。Ben Amara 等[9]试图在 HEFA-SPK 燃料(生物燃料)中添加商用十氢萘(顺式和反式十氢萘的混合物)来提高其热安定性。结果表明,商用十氢萘的添加不会明显增加氧化沉积物的生成,当十氢萘的添加量达到 25%时,HEFA-SPK 燃料在 325℃的 JFTOT 评价后管壁评级为 1,体相不溶物导致的 JFTOT 压差仅为 6 mmHg。基于此,研究者开发了煤基航空燃料,其单环烷烃和双环烷烃总含量在 95%以上,可在 480℃(900℉)具有较好的稳定性,命名为 JP-900[10]。图 7-8 比较了 JP-900、JP-8 和 JP-8+100 燃料(在 JP-8 燃料的基础上添加抗氧化剂、清净分散剂和金属减活剂)在单管加热过程中的热氧化沉积量,可以明显看出,JP-900 的沉积量比 JP-8 小两个数量级,且明显优于 JP-8+100 燃料[10]。

3. 芳烃

芳烃同样是航空燃料的重要组分之一,并影响燃料的诸多性质,如烟点和溶胀特性等,然而其对燃料热安定性的影响较为复杂。如图 7-9 所示,相比于环烷烃,芳烃具有更长的氧化诱导时间,且分子越大的芳烃氧化诱导时间越长。如图 7-9(a)所示,1-甲基萘的氧化诱导时间达到 26 h,这是由于芳环之间的共轭作用使苄基碳所形成的自由基相对稳定,且部分氧化产物如酚类物质等具有一定的抗氧化性。此外,如图 7-10 所示,1-甲基萘的过氧化物分解后所生成的烷氧自由基具有一定的抑制氧化作用,能与过氧自由基反应生成稳定化合物,从而终止燃料的氧化。因此,在链烷烃中加入芳香化合物可延长燃料的氧化诱导期,尤其是甲基取代的芳烃,抑制燃料氧化的作用更明显。此外,苯环上烷基取代的数量并不显著影响燃料的氧化诱导时间[图 7-9(b)]；然而，烷基苯的氧化反应活性随取代基链长的增加而增加[图 7-9(c)]，这是由于活性仲碳原子(与伯碳相比)的数量增加。

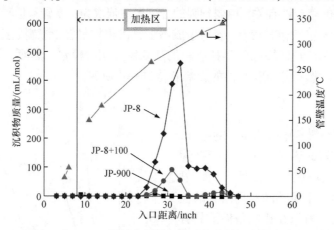

图 7-8　JP-8、JP-8+100 和 JP-900 燃料在单管加热过程中的沉积物生成量(1 inch=2.54 cm)[10]

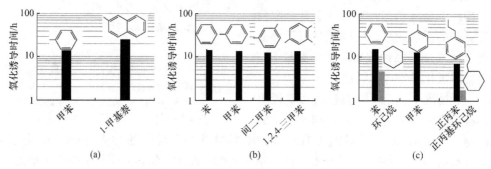

图 7-9　不同种类芳烃的氧化诱导时间[9]

(1)　ROO· + [结构式] ⟶ [结构式] + 其他化合物

(2)　[结构式] ⟶ [结构式] + HOR

(3)　O₂ + [结构式] ⟶ [结构式] + HOO·

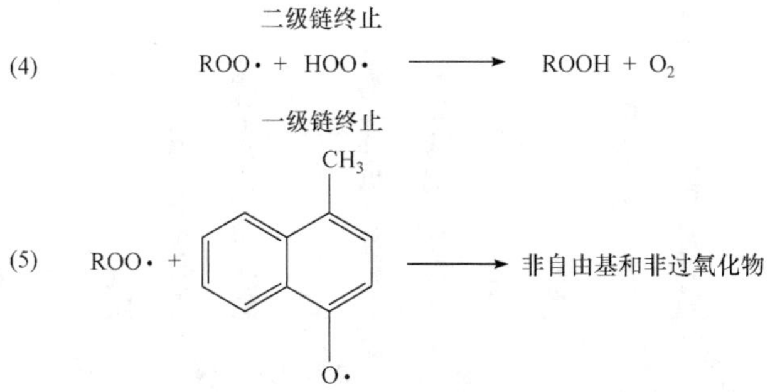

二级链终止

(4)　　　ROO· + HOO· —————→　ROOH + O$_2$

一级链终止

(5)　　ROO· +　[结构式]　—————→　非自由基和非过氧化物

图 7-10　1-甲基萘抑制燃料氧化的机理

　　进一步，研究者研究了芳烃的加入对燃料沉积速率的影响[8]，如图 7-11 所示。可以看出沉积速率随着芳烃芳香性($\alpha$-氢的数量)的增加而降低，这是由于芳烃的芳香性增强了分子共轭效应，进而稳定了芳烃自由基。通常情况下，苯环的诱导作用使燃料中芳烃(烷基苯类)上烷基氢的 C—H 键键能变弱，可以将烷基氢通过氢转移给其他烃类，而自身的自由基产物能够相对稳定地存在于燃料主体中，该作用机理与酚类抗氧剂的抗氧化机理相似。然而，DeWitt 等[11]将不同类的芳烃(单环芳烃、多环芳烃及混合芳烃)加入 SPK 燃料(生物燃料)中，发现芳烃的加入增加了热氧化沉积量，且分子量更大的芳烃(多环芳烃)对沉积物的增加更为明显。这表明芳烃的分子结构对其抗氧化沉积效果影响很大。

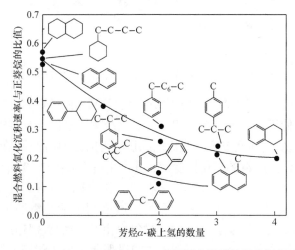

图 7-11　120℃下 90%正癸烷与 10%芳烃混合燃料的氧化沉积速率[8]

　　Ben Amara 等[9]在 HEFA 生物燃料中添加不同含量芳烃来探究其对燃料抗氧化沉积性能的影响(图 7-12)，5%芳烃添加量对生物燃料的热氧化沉积几乎没有明显影响，其中二甲苯和四氢萘可使管壁评级由 1 降至 0.5，有利于提高燃料热安定特性；但是，较高含量的芳烃会加速生物燃料氧化沉积，使管壁评级和过滤器压差增加。例如，添加体积分数约 25%的 1-甲基萘极大地促进了生物燃料氧化沉积，使燃料经 325℃的 JFTOT 测试后管壁评级为 3，且过滤器压差达到 50 mmHg。

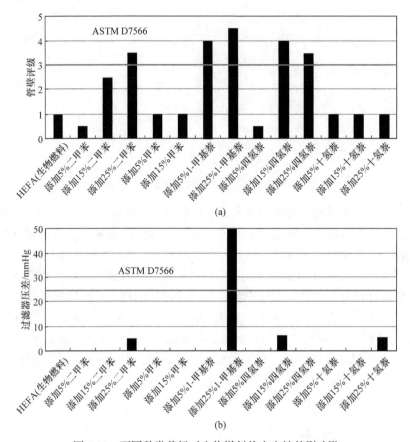

图 7-12　不同种类芳烃对生物燃料热安定性的影响[9]

以上芳烃中，四氢萘具有较短的氧化诱导时间，其在 50℃下的氧化速率常数是异丙基苯的 7 倍，仅略低于苯乙烯。然而四氢萘氧化产物比较稳定或能较好地分散于燃料中而不易产生沉积，这也是其低浓度时发挥抗沉积效果的原因。此外，在高浓度下(5000 ppm以上)，二氢苯可以作为燃料的氧化抑制剂，其作用机理如图 7-13 所示，由于 C═C 的存在，二氢苯上的氢具有较高的活性，在高温下可以脱去两个活性氢稳定氧化过程中生成的过氧自由基(与抗氧剂作用机理相似)。此外，二氢苯脱氢后成为稳定芳烃，具有较高的抗氧化能力，不易被氧化。综上所述，芳烃组分对燃料的抗氧化和抗沉积作用受其分子结构和加入量的影响很大。

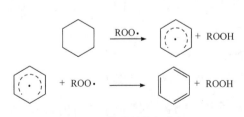

图 7-13　二氢苯的抗氧化机理

为了进一步对比链烷烃、环烷烃及芳烃的热安定性，天津大学燃料团队[12]对正癸烷、JP-10、反式十氢萘、顺式十氢萘、四氢萘这五类燃料进行了研究。燃料抗氧化性能遵循正癸烷＞JP-10＞反式十氢萘＞顺式十氢萘＞四氢萘的规律(图 7-14)，但抗沉积性能则遵循反式十氢萘＜JP-10＜正癸烷＜顺式十氢萘＜四氢萘的顺序(图 7-15)。虽然燃料沉积物要经过氧化这一步，但是燃料发生氧化或沉积的倾向性对同一种分子结构并非一致，即容易氧化并非容易沉积。研究发现，抗氧化能力与 C—H 键的解离焓显著相关，解离焓越大，抗氧化能力越强，反之亦然[图 7-14(c)]；而抗沉积的能力则与其形成的中间氧化产物(如氢过氧化物)的稳定性有关，中间氧化产物越稳定，沉积物越少，抗沉积效果越好。

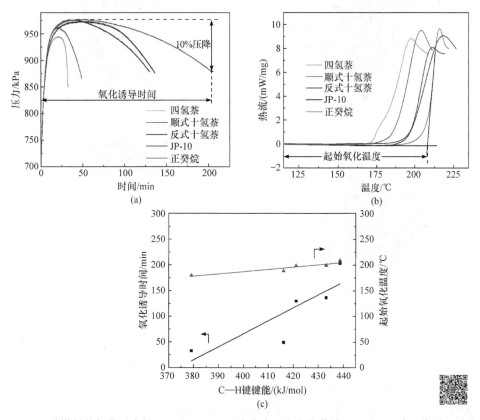

图 7-14　五种燃料的氧化反应性：(a)PetroOxy 反应仓内压力变化曲线；(b)PDSC 中程序升温放热曲线；(c)碳氢化合物的 C—H 键解离焓和氧化诱导时间及起始氧化温度关联关系[12]

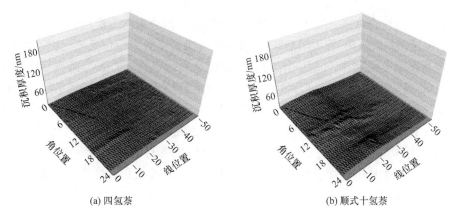

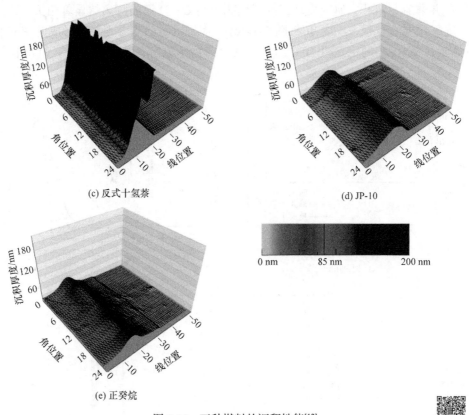

(c) 反式十氢萘

(d) JP-10

(e) 正癸烷

图 7-15    五种燃料的沉积性能[12]

总体来看，燃料分子结构对热安定性的影响极为复杂。链烷烃的抗沉积性能相对较差，而部分环烷烃或芳烃的热安定性相对较好，但也有部分环烷烃表现出较差的热安定性，如反式十氢萘。因此，关于分子结构对热安定性的影响规律需要开展进一步的研究。

4. 杂原子化合物

燃料的碳氢化合物成分决定了燃料的整体性能，但许多性质受燃料中存在的微量物质影响，包括燃料的润滑性和清洁度等。燃料中的微量组分主要包括硫化物、氮化物、含氧化合物等杂原子化合物，以及可能存在的微量金属化合物，如图 7-16 所示。微量组分的含量虽低(通常小于 0.5%)，但对燃料的热安定性影响巨大。这些物质的确切组成和浓度取决于燃料原料及其所经历的生产加工过程。金属化合物，特别是含铜化合物，是燃料氧化的催化剂，即使其溶解度和含量十分有限，也能大幅加剧燃料的氧化沉积。Morris 等[13]发现，与纯净燃料相比，含 1.32 ppb 可溶性铜的燃料的氧化速率增加 58%。Pande 等[14]发现航空燃料中的金属含量与沉积物的含量呈正相关关系。这是因为金属通过催化作用促进了过氧化物的形成和进一步转化。

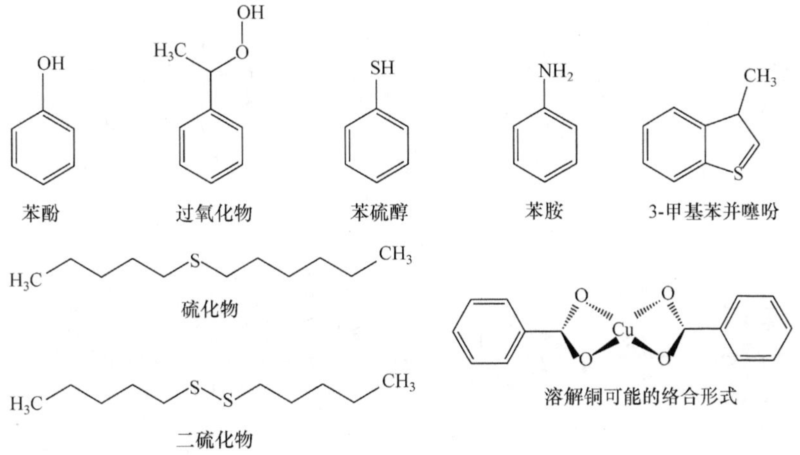

图 7-16  不同杂原子化合物的分子结构

含硫、氮、氧的烃类，特别是含硫、氮、氧等元素的芳烃，对燃料的热安定性具有负面影响。航空燃料中的硫化物很容易引起燃料的氧化沉积，根据对燃料氧化沉积带来的影响大小，常见硫化物遵循以下顺序：芳族硫醇＞脂肪族硫醇＞芳族硫化物＞脂肪族硫化物。航空燃料中氮化物含量较低，大部分为含氮有机碱类，如果该类化合物中含有芳环结构，则会加重燃料的沉积。燃料中的含氧化合物也会大大促进沉积和胶质的产生。研究认为，它们易与自由基发生反应，从而在燃料中形成沉积物。但是近来也有研究发现部分杂原子化合物(某些酚类、胺类)对燃料热安定性起到积极作用。AlGhani[15]发现少数杂原子化合物可通过与过氧自由基或氢过氧化物相互作用阻止燃料的进一步氧化和沉积。Jones 等[16]通过测量残余氧气浓度研究了直馏燃料和加氢处理燃料的热安定性，由于直馏燃料中的酚和胺在某种程度上可以作为燃料固有的抗氧剂，因此直馏燃料耗氧更慢。

此外，燃料中通常含有酚类等含氧物质，极易与燃料中的含 S、N 等杂原子物质通过自氧化或芳环取代反应形成部分可溶物质。这些可溶性物质继续反应最终形成更高分子量、更大极性的沉积物质(图 7-17)。

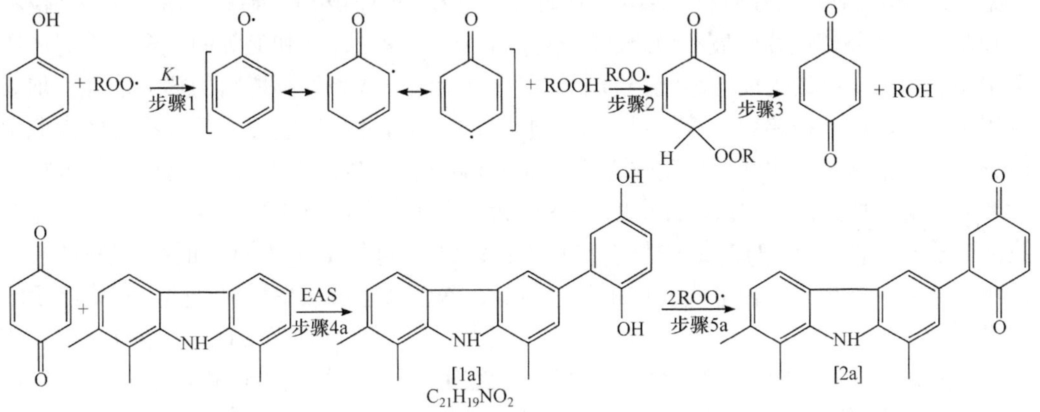

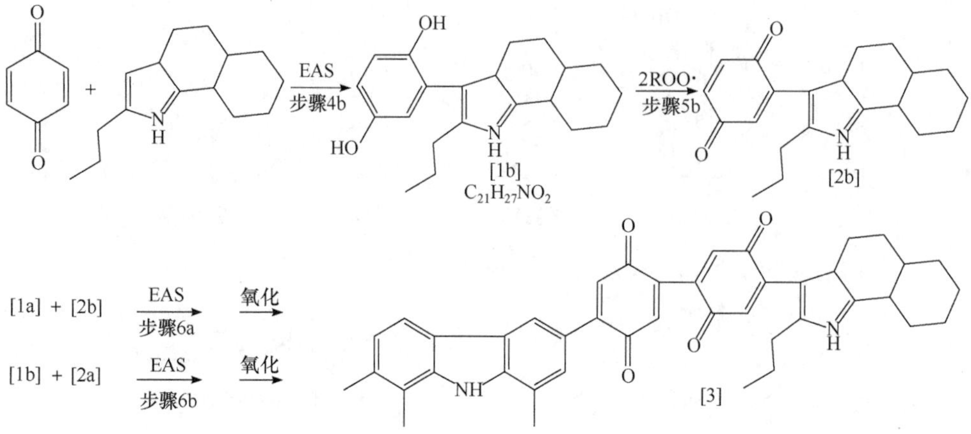

图 7-17　燃料中固有杂原子沉积机理

# 7.2　航空燃料热安定性提高技术

　　热安定性是航空燃料最重要的性能指标之一，提高热安定性是航空燃料使用过程中面临的重大技术难题之一。燃料在热氧化过程中生成的固体沉积物对飞行器系统有很大的危害。从燃料自氧化机理可以看出，只要在自氧化阶段不产生烷基自由基 R· 或过氧化物自由基 ROO·，就可以阻止链式反应的进行，从而避免固体沉积物的生成。引起燃料发生氧化反应的主要原因，除了燃料本身的化学组成外，环境温度、光辐射、溶解氧的浓度、燃料与空气的接触面积、金属表面的催化作用等都对燃料的热安定性有一定的影响。目前，改善燃料性能、减少沉积、提高热安定性的措施主要有燃料精制、燃料脱氧、与燃料接触的表面处理和加入添加剂等。

### 7.2.1　燃料精制

　　影响燃料热安定性最主要的因素是燃料自身的化学组成。相比于不饱和烃，饱和烷烃(链烷烃和环烷烃)的性质相对稳定。在各类不饱和烃中，共轭二烯烃、环二烯烃和带不饱和侧链的多环芳烃性质最不稳定。除不饱和烃外，含氧、硫和氮等的化合物会促进燃料中热氧化沉积物的生成。因此，通常采用加氢精制方法来提高燃料的热安定性。加氢过程不仅可以使各种烯烃、芳烃组分变为饱和烃，而且还可以脱除大部分有害的杂原子组分。燃料精制典型的例子是美国两种高热安定性燃料 JP-7 和 JP-TS，这两种高度精制燃料的热安定性要优于加入添加剂的 JP-8+100。天津大学燃料团队[17]探究了深度加氢对我国 3 号喷气燃料(RP-3)热安定性的影响。结果表明，随着加氢程度的加深，燃料的氧化性明显增加，且与芳烃含量线性负相关。但是，深度加氢可减少燃料受热过程中沉积的生成(图 7-18)，沉积厚度及不溶性沉积物的粒径均与杂原子含量呈线性正相关关系，且杂原子对燃料热氧化沉积的影响要大于芳烃。对燃料深度加氢可使芳烃和杂原子(如含硫化合物)含量分别降低至 0.4% 和 2.3 ppm，使其通过 355℃ × 5 h 的 JFTOT 评价，达到 JP-7

燃料对热安定性能的要求。

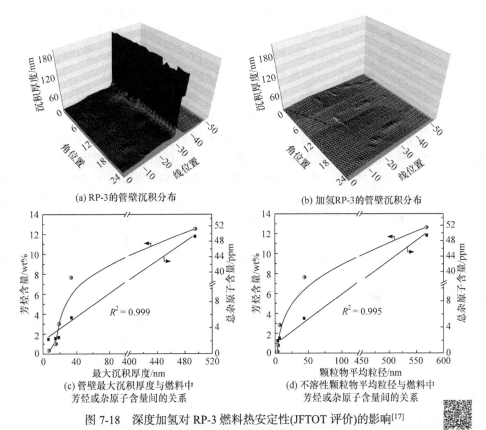

(a) RP-3 的管壁沉积分布　　　　(b) 加氢RP-3 的管壁沉积分布

(c) 管壁最大沉积厚度与燃料中
芳烃或杂原子含量间的关系

(d) 不溶性颗粒物平均粒径与燃料中
芳烃或杂原子含量间的关系

图 7-18　深度加氢对 RP-3 燃料热安定性(JFTOT 评价)的影响[17]

　　用硅胶、氧化铝或黏土等吸附剂也可有效除去燃料中的极性化合物，尤其是过氧化物和含氮化合物，从而提高燃料热安定性。Gül 等[18]采用氧化铝吸附 JP-8 燃料中的极性化合物，使其在 480℃温度下的氧化沉积量从 10.95 μg/cm² 降至 2.95 μg/cm²。天津大学燃料团队[19]证明氧化脱硫同样可以有效减少燃料的热氧化沉积，在优化的条件下氧化脱硫可将 RP-3 的总硫含量从 190.8 ppm ± 5.2 ppm 降至 4.9 ppm ± 0.2 ppm，热氧化沉积物则降低至原来的一半。另外，采用酸碱或甲醇等溶剂将燃料中极性组分萃取出来也可提高燃料的热安定性。

　　尽管上述燃料精制技术均可以改善燃料热安定性，但都有各自的缺点。如溶剂萃取法存在微量溶剂混入燃料和废弃物处理问题；硅胶或氧化铝吸附法的成本相对较高；深度加氢虽然可以在极大程度上提高燃料的热安定性，但燃料的储存安定性(储存时间)明显变差。此外，脱除芳烃和含硫、含氮化合物虽然可以明显减少热氧化沉积的生成，但也可能改变其他特性，如润滑性等。因此，通常在燃料精制后还需要进行后处理，如加入缓蚀剂等改善润滑特性，加入抗氧剂改善储存安定性。

### 7.2.2　燃料脱氧

　　沉积物的形成是燃料分子自由基与燃料中溶解的氧气(约为 70 ppm)反应，经过氧化物及其他氧化中间产物后缩合得到的。因此，对燃料进行脱氧处理是一种有效减少热氧化沉积的措施。脱氧的方法有物理脱氧和化学脱氧两种。物理脱氧包括惰性气体排除法、真空除氧法、半渗透膜过滤法和超声压力波法。其中惰性气体排除法是向燃料储箱中持续通入 N₂ 进行鼓泡吹扫，可以将溶解氧水平降至小于 5 ppm。天津大学燃料团队[20]通过氮气吹扫方法脱除 JP-10 和 RP-3 燃料的溶解氧，并通过加速热氧化(180℃、200℃和220℃)实验评估脱氧对燃料安定性的影响。结果表明，氮气吹扫方法可将 JP-10 和 RP-3 燃料中的溶解氧浓度和水含量分别降低至小于 3 ppm 和小于 8.5 ppm，而几乎不影响燃料的物理性质(密度、净热值和黏度等)。如图 7-19 所示[图中 RP-3(Do)和 JP-10(Do)为脱氧燃料]，相比于未脱氧燃料，脱氧燃料在加速氧化过程中的过氧化值和总酸值都大幅降低，同时更多的抗氧剂 BHT 得以保留。此外，脱氧处理还抑制了 SMORS 和不溶性产物的形成趋势，这表明脱氧处理能有效改善燃料的热安定性。化学脱氧是向燃料中加入能与溶解氧反应的脱氧剂，如三苯基膦等。但是脱氧剂反应活性较高，在与溶解氧反应的同时也会与燃料中的其他组分如杂原子化合物等发生反应，降低其脱氧效果，甚至产生相反的影响，加剧沉积的生成，因此脱氧剂的筛选需要考虑具体的应用环境。

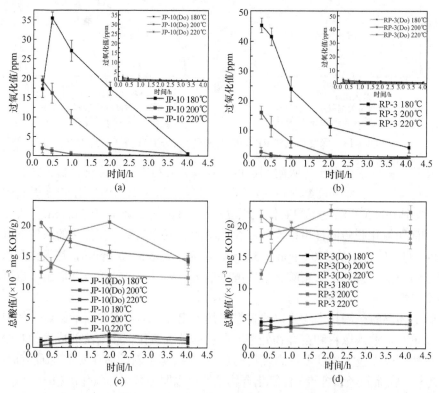

图 7-19　JP-10 原燃料和 JP-10 脱氧燃料在加速氧化过程中的过氧化值(a)和酸值(c)及 RP-3 原燃料和
RP-3 脱氧燃料在加速氧化过程中的过氧化值(b)和酸值(d)[20]

### 7.2.3　金属表面处理

燃料的热氧化沉积可以直接在金属表面发生，且金属表面对燃料的热氧化沉积具有较强的催化作用。燃料系统表面的金属组成以及粗糙度对热氧化沉积的形成速度和沉积结构有极其重要的影响。金属材料中的铁、钴、镍、铜等元素是催化沉积的主要活性位点。金属(输油管路)材料表面改性是通过改变其表面化学性质降低材质表面的粗糙度、改善金属材料微观晶体结构，从而降低其催化活性，达到抑制氧化沉积的目的。

　　常用的金属表面改性方法包括电解、氧化、硫化或磷化等钝化处理，这些方法通常是在金属表面覆盖一层薄薄的惰性膜层，虽不能完全阻止沉积，但相对于纯金属表面来说，沉积量可大大降低。Ervin 等[21]利用化学气相沉积法在燃料系统金属表面覆盖了一层厚度约为 1 μm 的二氧化硅层，并比较了处理前后燃料的耗氧速率和沉积速率，实验结果表明，表面处理后的管路可明显减缓燃料的氧化速率，并大大减少燃料热氧化沉积的生成，如图 7-20 所示。也有研究表明搪瓷硅和石英等材质均不会催化碳质固体物的形成，这为涂层材料的选择给出了实验依据。此外，表面含有钛、铝、镍、钽、钼材料的金属也有一定的抑制沉积的作用。然而，金属表面涂层的存在会极大地影响燃料的换热效率。因此，亟须开发新型金属表面处理技术，在减少热氧化沉积生成的同时又不影响燃料与管壁的换热效率。

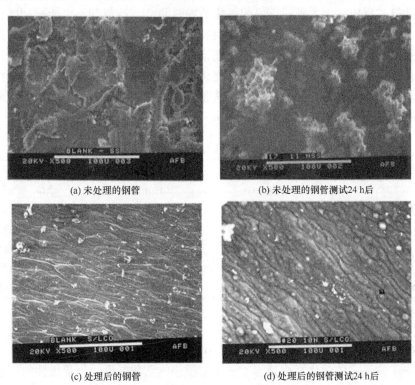

(a) 未处理的钢管　　　　　　　　　　(b) 未处理的钢管测试24 h后

(c) 处理后的钢管　　　　　　　　　　(d) 处理后的钢管测试24 h后

图 7-20　金属表面处理前后生成的热氧化沉积物的扫描电子显微镜照片[21]

### 7.2.4　添加剂

　　提升航空燃料热安定性的另一个重要途径就是添加特定功能的添加剂。目前，添加剂类型主要有抗氧剂、金属钝化剂、清洁分散剂和脱氧剂等[22-25]。通常情况下，抗氧剂优先与过氧自由基发生反应，进而抑制燃料主体发生氧化。金属钝化剂可以将燃料所含的金属转变为金属螯合物，使其失去催化氧化活性，避免对燃料进一步催化氧化。清洁分散剂具有极性和非极性基团，非极性基团能够深入到燃料分子内部，而极性基团可以增加氧化产物的油溶性，从而减少大分子氧化物产物的析出，同时它还可以辅助分散已经形成的沉积物颗粒，使微小颗粒能够保持悬浮状态，避免其在金属部件发生附着和沉积。脱氧剂分子能够在加热氧化过程中直接与溶解氧反应生成氧化产物，降低溶解氧的含量，从而提高燃料的热安定性。

### 1. 抗氧剂

为了防止航空燃料在储存运输过程中不断氧化变质继而生成沉淀，以及在发动机系统受热发生氧化降解和氧化沉积，影响飞行器发动机的正常工作，往往需要在其中加入微量的抗氧剂。在氧化过程中，抗氧剂首先发生氧化反应，当其消耗完后，航空燃料才会被氧化生成过氧化物。抗氧剂一般含有比较活泼的氢原子，在氧化反应过程中能够把氢原子转移到游离自由基或过氧化物上，使氧化链式反应中的中间产物不再具有反应活性，而抗氧剂自身形成的自由基活性较低，不足以替代燃料分子自由基来参与链式反应，从而中断氧化链式反应，大大延长燃料的氧化诱导时间[26]。抗氧剂不仅能抑制燃料过氧化物的产生，还能使已经生成的过氧化物变成相应的非活性物质，从而阻止烃类的过氧化物再次分解生成能够参加氧化链式反应的新自由基，推迟氧化反应的发生或者将氧化反应终止于初期阶段。因此，抗氧剂的加入能延长燃料的储存期，同时能提高燃料的氧化安定性，从而大幅度提高燃料使用的极限温度。如表 7-1 所示，常见的抗氧化剂包括酚型、胺型和胺酚型[27]。

表 7-1    抗氧剂的类型

| 类型 | 名称 | 商品名 | 适用范围 |
|---|---|---|---|
| 酚型 | 2,6-二叔丁基对甲酚 | T501 | 汽油、航空燃料 |
| | 2,6-二叔丁基酚 | T502 | 汽油、航空燃料 |
| | 2,4-二甲基-6-叔丁基酚 | AO-30 | 汽油、航空燃料 |
| 胺型 | $N,N'$-二顺丁基对苯二胺 | 5 号防胶剂 | 汽油、航空燃料 |
| | $N,N'$-二异丙基对苯二胺 | AO-23 | 汽油、航空燃料 |
| 胺酚型 | $N$-正丁基对氨基酚 | UOP4 | 汽油、航空燃料 |

### 1) 酚型抗氧剂

酚型抗氧剂之所以能够有效地与过氧自由基反应，归功于分子中的酚羟基。过氧自由基与 O—H 键反应的活化能比其与 C—H 键反应的活化能低，且强极性的抗氧剂分子与过氧自由基作用时的过渡态具有相对稳定的双极性结构。这些原因使抗氧剂分子与溶解氧反应的活性高于其他烃类分子，因此保证了加入的抗氧剂能够优先反应并形成较为稳定的自由基，从而削弱了燃料本身的氧化反应。

酚型抗氧剂主要有：2,6-二叔丁基对甲酚(BHT)、2,6-二叔丁基酚、2,4-二甲基-6-叔丁基酚和二甲酚等，目前使用最广泛的是 BHT。酚型抗氧剂常温下为固体，因此在使用前需要先将其溶解。如图 7-21 所示，在航空燃料的热氧化沉积过程中，被加入到燃料中的 BHT 分子由于羟基上氢原子十分活泼，能够很容易地与燃料分子的烃类过氧化物自由基发生氢转移反应，从而使烃类的过氧自由基转化为相对稳定的化合物，阻止氧化链式反应的进行。孙海云等[28]研究了 BHT 和天然抗氧剂茶多酚(TPP)两种酚型抗氧剂对自制 NNJ-150 燃料热安定性的影响，发现两者均可减少燃料的热氧化沉积物生成、提高燃料的热安定性。BHT 更适合于较低温度和较长时间范围内使用，加入 BHT 后，150℃下有效作用期可达近 400 h；TPP 则更适合于较高温度和较短时间范围内使用。

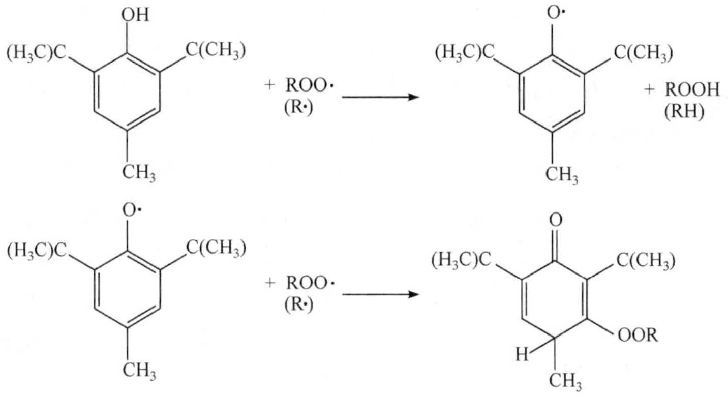

图 7-21　2,6-二叔丁基对甲酚与烃类自由基反应过程

此外，含硫、磷的酚类抗氧剂还能作为过氧化物分解剂与过氧化物反应，能将氢过氧化物分解成不活泼产物，抑制其自催化作用，从而发挥抗氧化作用。李丹等[29]比较了 2,2′-硫代二乙基-3-(3,5-二异丁基-4-羟基苯基)丙酸酯、3,5-二叔丁基-4-羟基苯甲基二乙基磷酸酯、4,4′-二(苯基异丙基)二苯胺、三(2,4-二叔丁基)亚磷酸苯酯和双十八烷基季戊四醇双亚磷酸酯等 5 种不同类型抗氧剂的抗氧化效果，结果表明，5 种抗氧剂不同程度地抑制了燃料中氢过氧化物的生成，加入量为 100 μg/g 时可使燃料 120℃的氧化诱导时间分别延长 80 h、58 h、10 h、32 h 和 58 h，其中以含硫双酚类复合型抗氧剂的效果最佳。

2) 胺型抗氧剂

胺型抗氧剂主要包括脂肪胺、芳胺或杂环胺及其衍生物。最常用的胺型抗氧剂为 N-苯基-N′-仲丁基对苯二胺，分子结构如图 7-22 所示。胺型抗氧剂的抗氧化效果要强于酚型抗氧剂[30]，但毒性较大、生产成本高、油溶性差且易变色，因此较少被研究和应用[27]。

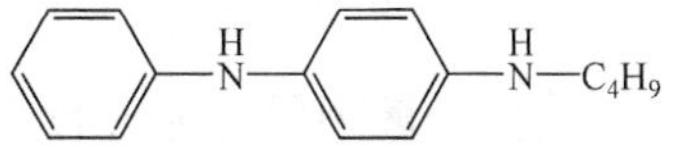

图 7-22　N-苯基-N′-仲丁基对苯二胺分子结构

3) 胺酚型抗氧剂

胺酚型抗氧剂同时含有胺基和酚基两种官能团，其抗氧化的效果优于只含有一个官能团的抗氧剂[31]。但胺酚型抗氧剂在燃料中溶解度较低，且易与水等极性物质作用，限制了其应用。

2. 金属钝化剂

航空燃料在储存、运输及使用过程中，往往要和不同类型的金属材料接触，如铜、铁和铅等，使燃料中含有痕量金属离子。这些金属离子通过催化氧化物分解形成新自由基来促进链式反应的进行，大大加速燃料的氧化。在各种金属中，催化活性最大的是铜，其次是铁和铅，其他的金属如锌、铝和锡同样具有降低燃料热安定性的不利作用[25]。

为了消除金属离子对燃料氧化沉积的催化作用，在燃料加工过程中应尽量脱除残余金属离子，尤其是铜离子。对未被完全脱除的金属离子，可以加入能使金属失去催化活性的添加剂，称为金属钝化剂。金属钝化剂的作用就是通过与金属表面或游离的离子结合形成钝态金属络合物，使其失去催化活性。金属钝化剂本身不起抗氧化作用，但与抗氧剂组合使用可降低抗氧剂用量，这是由于抗氧剂具有一定极性，容易吸附到金属表面而被大量消耗，金属钝化剂可降低抗氧剂在金属表面的吸附，因此金属钝化剂的加入能够提高抗氧剂的抗氧化效果[25]。

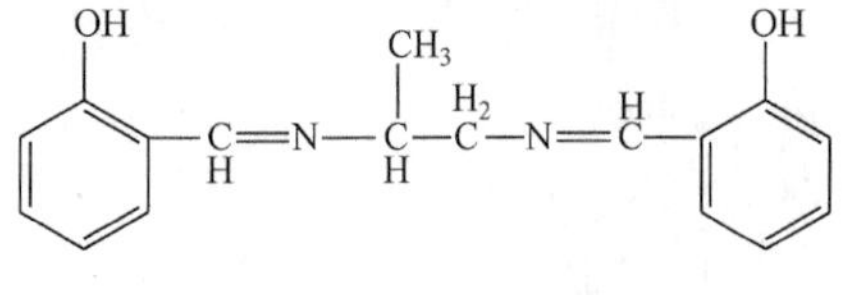

图 7-23　N,N'-二亚水杨-1, 2-丙二胺分子结构

目前常用的金属钝化剂多为铜钝化剂，包括 N, N'-二亚水杨-1,2-丙二胺(MDA)、双水杨二乙烯三胺和复合有机胺的烷基酚盐等。使用最广泛的金属钝化剂是 MDA，其抑制铜离子催化活性的效果十分显著，其结构如图 7-23 所示。

含氮、含硫杂环化合物也可用作航空燃料的金属钝化剂[32]。含氮的杂环金属钝化剂是至少含有一个苯环的多环化合物，烷基取代基可在苯环上，也可在杂环上从而提高在燃料中的溶解性[25]。含硫的杂环金属钝化剂在高温下会氧化二聚形成二硫化合物并失去金属钝化性能，因此这类含硫化合物的使用温度要低于 120℃。

Roling 等[33]发现烷基取代的苯酚、甲醛和乙二胺缩合会得到曼尼希(Mannich)碱，在高温下不但能够有效抑制铜离子的催化活性，并且对其他过渡金属离子，如铁、钴、镍等都有一定的钝化性能。Diestre 等[34]发现了一类葡糖酸型的金属钝化剂(图 7-24)，对铜离子催化作用有很好的抑制效果。

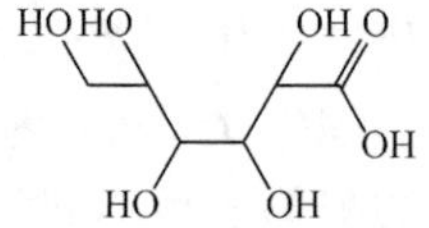

图 7-24　葡糖酸型金属钝化剂的分子结构[34]

### 3. 清洁分散剂

清洁分散剂通常为含有非极性基团和极性基团的双极性化合物。清洁分散剂中的极性基团(如有机碱、多烯多胺基团等)一方面能够吸附到沉积物或者不溶物上，把氧化过程中形成的沉积物转变为粒径更小的颗粒并悬浮在燃料中；另一方面可以抑制已形成的细小颗粒物质的聚积变大，阻碍沉积发生。清洁分散剂还能疏松沉积物质，并把它们从金属表面清洗掉。非极性基团(如聚丁烯基团等)的存在使得清洁分散剂能够很好地扩散到燃料内部，从而增加在燃料中的溶解性，防止燃料中颗粒物的聚集沉积[25]。同时，清洁分散剂能够影响燃料的氧化产物生成途径，使之成为可溶性化合物。清洁分散剂往往是复合添加剂包中的基本组成，其性能的好坏在很大程度上决定添加剂包的抗沉积效果。

### 1) 清洁分散剂的作用

燃料氧化生成的沉积物主要组分是不溶性含氧物、胶质及碳烟[25]。清洁分散剂既可以通过化学作用除去沉积物，如破坏高分子聚合链，又可以通过分子吸附、扩散及渗透等物理作用去除沉积物。清洁分散剂的作用主要有表面作用、分散作用及溶解作用。

表面作用：清洁分散剂所含的极性基团使其很容易吸附到金属表面，形成一层吸附层，由于分子之间的运动和清洁剂分子之间极性基团的相互作用，清洁剂分子能够不断扩散、渗透到沉积物内部，并且与沉积层内部的网状分子产生链合作用，从而降低网状分子间的极性作用。

分散作用：通过分散剂的不断扩散、渗透，破坏网状聚合物的有序排列，使原有的稳定结构不断松弛，从而阻碍沉积颗粒物的聚集沉降。

溶解作用：当清洁分散剂与沉积物分子的结合力大于网状聚合物分子间的吸引力时，就会溶解沉积物的网状聚合物，使其脱落并被去除。

2) 清洁分散剂的类型

根据清洁分散剂在使用后是否产生灰分可以将清洁分散剂分为有灰型清洁分散剂和无灰型清洁分散剂。有灰型清洁分散剂主要是含有金属的有机化合物，由于金属的存在会在燃烧后产生灰分，在发动机内部结构及管线系统产生结垢现象，有可能影响飞行器的正常运行。因此，航空燃料中主要使用无灰型的清洁分散剂。无灰型分散剂的极性基团主要是含氧或氮的基团，有双聚异丁烯丁二酰亚胺(T154)、聚异丁烯丁二酸酯、硫磷化聚异丁烯聚氧乙烯酯等[24]。清洁分散剂还包括以下几类[25]：

酚类化合物：Henry 等[35]发现聚异丁烯取代的苯酚或烷基酚树脂加入到航空燃料中，能够有效抑制燃料中树脂状物和颗粒物质的形成。因为这类化合物分子结构上含有活泼氢，可以与抗氧剂发生协同作用，抑制燃料在燃烧前的氧化，同时提高燃料对于氧化形成沉积物的溶解性。

烃基取代的酚类低聚物：这种类型的清洁分散剂主要是由羧基取代的苯酚、甲醛与水杨酸缩合形成的环状低聚物，结构如图 7-25 所示，由于该酚类低聚物结构类似于杯芳烃的结构，因此也称为类杯芳烃添加剂[36-37]。

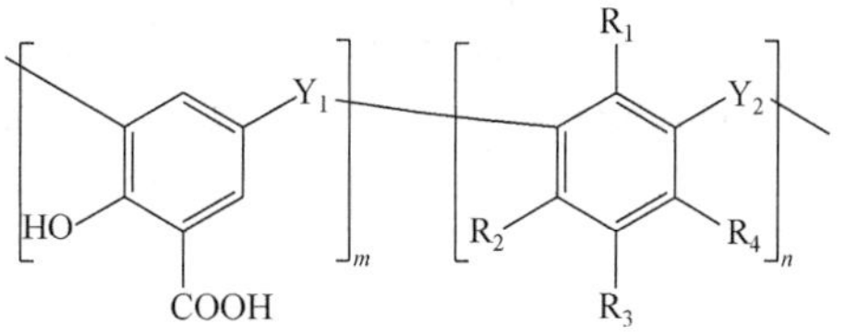

图 7-25　烃基取代的酚类低聚物的分子结构[36-37]

其中，$m + n \geqslant 4$，并且 $m$ 为 1～8 的整数，$R_1$、$R_2$ 和 $R_4$ 可以为氢原子、羟基和烃基中的一种，但至少含有一个羟基取代基，$R_3$ 可以为烃基或者氢原子。这类苯酚低聚物分子量大、油溶性好，但生产难度较高，通常得到的是混合物。

聚烯烃取代的琥珀酰亚胺或琥珀酸酯化合物：这类化合物是使用最广泛的一类清洁分散剂。如图 7-26 所示，聚烯烃取代的琥珀酸酐分别与伯胺或多元醇反应得到聚烯烃取代的琥珀酰亚胺和琥珀酸酯化合物，其中聚烯烃主要为聚异丁烯(PIB)。与聚异丁烯琥珀酸酐反应的伯胺可以是一元氨基或多氨基，其中一元氨基主要是烷基取代的伯胺，多氨基化合物主要是聚乙烯基多胺[38-39]。与聚异丁烯琥珀酸酐反应的多元醇主要是季戊四醇，也可以是乙二醇等多元醇[40-41]。

如图 7-27 所示，Eydoux 等[42]将 $C_4$～$C_{29}$ 的 $\alpha$-烯烃与马来酸酐反应得到烃基取代的琥珀酸酐，然后再与伯胺反应得到相应的琥珀酰亚胺清净分散剂。但是该分子所含的双键在氧化过程可提供氧化位点，可能降低燃料的热安定性。

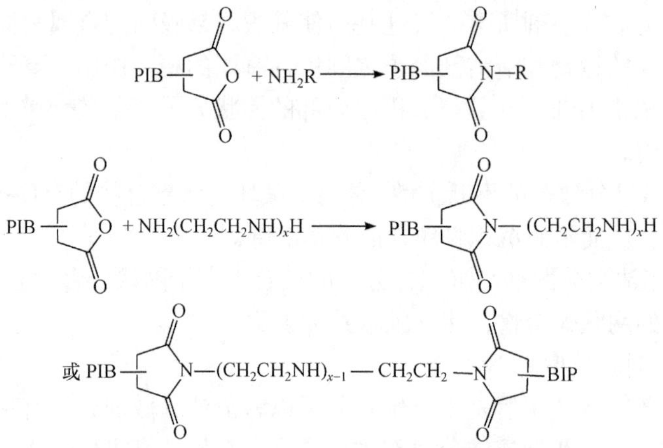

图 7-26 聚异丁烯(PIB)取代的琥珀酸酐和伯胺反应生成琥珀酰亚胺化合物的反应路径[38]

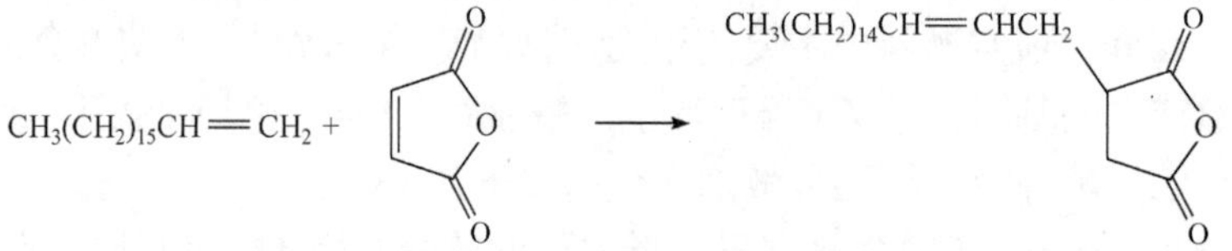

图 7-27 烯烃与马来酸酐反应得到烃基取代琥珀酸酐的反应路径[42]

曼尼希碱：前面已经提到，一些曼尼希碱类化合物被用作金属钝化剂，除此以外，这类化合物还可以被作为清洁分散剂加入航空燃料中。Moreton[43]将聚异丁烯琥珀酰亚胺化合物、甲醛和十二烷基苯酚缩合得到了新型曼尼希碱化合物，如图 7-28 所示，该化合物被证明具有很好的抑制氧化沉积和清洁沉积的作用。

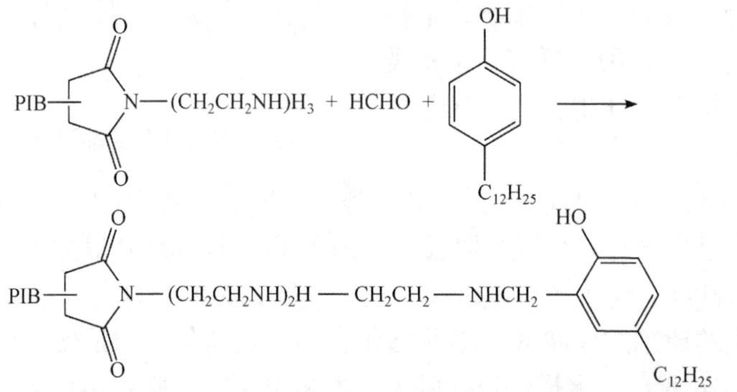

图 7-28 聚异丁烯琥珀酰亚胺化合物、甲醛和十二烷基苯酚缩合反应路径[43]

聚烯烃硫代磷酸衍生物：这类清净分散剂主要包括聚烯烃硫代磷酸、聚烯烃硫代磷酸多元醇或多元醇酯以及聚烯烃硫代磷酸的碱土金属盐[25]。张怀安[24]将无灰型清净分散剂——大分子硫磷酯添加到国产航空燃料中，经 315℃的 JFTOT 评价发现，大分子硫磷酯能够将燃料的管壁评级从大于 3 降低至 2 级，且过滤器两端压差降低至 0 kPa。

### 4. 脱氧剂

航空燃料的氧化链式反应以及金属对烃类自由基反应的催化活性都离不开燃料中的

溶解氧的参与，如果能够脱除或者大幅度降低燃料中溶解氧的含量，就能够大大降低航空燃料的氧化速度，提升热安定性。脱氧剂分子能够在加热氧化过程中直接与溶解氧反应生成氧化产物，从而降低溶解氧的含量，减少航空燃料氧化程度和沉积量。常用的脱氧剂主要是三苯基膦、取代苯基衍生物和芳基磷化氢[24]。Beaver 等[44]发现相较于航空燃料 Jet A 在 140℃下氧化反应 15 h，加入高浓度(209 mg/L)的三苯基膦后，燃料的氧化沉积量降低超过 50%。天津大学燃料团队[45]对比了三苯基膦、二环己基苯基膦和 1,2,5-三甲基吡咯三种脱氧剂对吸热型碳氢燃料的影响，结果表明三者脱氧剂都能显著降低燃料的含氧量，其中 1,2,5-三甲基吡咯脱除效果最好，最低可将含氧量降至 42.38 mg/m³，三苯基膦、二环己基苯基膦抗氧化效果略低于 1,2,5-三甲基吡咯。

### 5. 添加剂包

添加剂在实际应用中是以混合添加剂(添加剂包)的形式加入到燃料中，以最大限度地发挥每种添加剂的效果，最终提高燃料热安定性。典型的添加剂包为 JP-8+100 燃料的复合添加剂包，其主要成分为约 70 mg/L 的清洁分散剂、25 mg/L 的抗氧剂(常用 BHT)和 10 mg/L 的金属钝化剂，另外还包括结冰抑制剂、缓蚀剂/润滑剂、抗静电剂等。在 JP-8 燃料中加入该复合添加剂包后，燃料耐受温度可提高 100℉(JFTOT 测试)。JP-8 和 JP-8+100 燃料在单管加热过程中热氧化沉积量如图 7-29 所示，与 JP-8 相比，加入复合添加剂包的 JP-8+100 燃料的热氧化沉积量降低至原来的 1/5。为了进一步提高 JP-8+100 燃料的热安

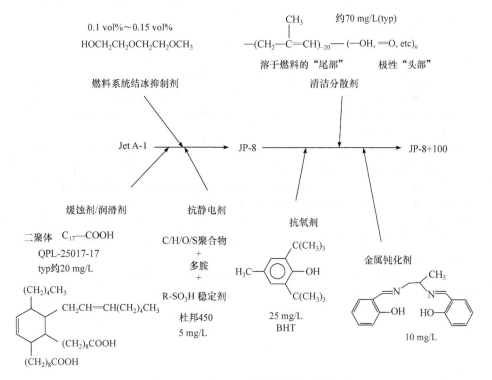

图 7-29　JP-8+100 燃料中的添加剂种类

定性，研究者正在开发 JP-8+225 添加剂包，使其达到 JP-900 的标准，其中的关键在于开发耐高温的分散剂和抗氧剂。

## 参 考 文 献

[1] Jia T, Zhang X, Liu Y, et al. A comprehensive review of the thermal oxidation stability of jet fuels. Chemical Engineering Science, 2021, 229: 116-157.

[2] Hazlett R N. Thermal oxidation stability of aviation turbine fuels. Philadelphia: American Society of Testing and Materials, 1991.

[3] Jia T, Pan L, Gong S, et al. Mechanistic insights into the thermal deposition of highly thermal-stable jet fuel. Fuel, 2020, 276: 118100.

[4] Watkinson A P, Wilson D I. Chemical reaction fouling: A review. Experimental Thermal and Fluid Science, 1997, 14(4): 361-374.

[5] Chatelain K, Nicolle A, Ben Amara A, et al. Wide range experimental and kinetic modeling study of chain length impact on *n*-alkanes autoxidation. Energy & Fuels, 2016, 30(2): 1294-1303.

[6] Chatelain K, Nicolle A, Ben Amara A, et al. Structure-reactivity relationships in fuel stability: Experimental and kinetic modeling study of isoparaffin autoxidation. Energy & Fuels, 2018, 32(9): 9415-9426.

[7] Dwyer M R, Blakey S G, Alborzi E, et al. The role of hydrocarbon composition on the thermal stability of aviation fuels. The 15th International Symposium on Stability, Handling and Use of Liquid Fuels, 2017.

[8] Petrukhina N N, Maksimov A A. Physicochemical properties and performance characteristics of naphthenoaromatic jet and diesel fuels obtained by hydrotreating of highly aromatic fractions. Petroleum Chemistry, 2018, 58: 347-374.

[9] Ben Amara A, Kaoubi S, Starck L. Toward an optimal formulation of alternative jet fuels: Enhanced oxidation and thermal stability by the addition of cyclic molecules. Fuel, 2016, 173: 98-105.

[10] Balster L M, Corporan E, DeWitt M J, et al. Development of an advanced, thermally stable, coal-based jet fuel. Fuel Processing Technology, 2008, 89(4): 364-378.

[11] DeWitt M J, Corporan E, Graham J, et al. Effects of aromatic type and concentration in Fischer-Tropsch fuel on emissions production and material compatibility. Energy & Fuels, 2008, 22(4): 2411-2418.

[12] Jia T, Pan L, Wang X, et al. Mechanistic insights into the thermal oxidative deposition of C10 hydrocarbon fuels. Fuel, 2021, 285: 119136.

[13] Morris R E, Turner N H. Influences exerted by metal deactivator on the thermal stability of aviation fuel in the presence of copper. Fuel Science Technology International, 1990, 8(4): 327-350.

[14] Pande S G, Hardy D R. Effect of copper, MDA, and accelerated aging on jet fuel thermal stability as measured by the gravimetric JFTOT. Energy & Fuels, 1995, 9(1): 177-182.

[15] AlGhani M J A. Comparative study in evaluating the antioxidation efficiency for native types antioxidants extracted from crude oil with the synthesized class. World Academy of Science Engineering and Technology, 2016, 10: 1345-1348.

[16] Jones E G, Balster L M, Balster W J. Thermal stability of Jet-A fuel blends. Energy & Fuels, 1996, 10(2): 509-515.

[17] Jia T, Gong S, Pan L, et al. Impact of deep hydrogenation on jet fuel oxidation and deposition. Fuel, 2020, 264: 116843.

[18] Gül Ö, Rudnick L R, Schobert H H. Effect of the reaction temperature and fuel treatment on the deposit formation of jet fuels. Energy & Fuels, 2008, 22(1): 433-439.

[19] Liu G, Cao Y, Jiang R, et al. Oxidative desulfurization of jet fuels and its impact on thermal-oxidative

stability. Energy & Fuels, 2009, 23(12): 5978-5985.

[20] Gong S, Jia T, Pan L, et al. Enhanced thermal oxidation stability of jet fuel by deoxygenation treatment. Chemistry and Technology of Fuels and Oils, 2020, 56: 627-637.

[21] Ervin J S, Ward T A, Williams T F, et al. Surface deposition within treated and untreated stainless steel tubes resulting from thermal-oxidative and pyrolytic degradation of jet fuel. Energy & Fuels, 2003, 17(3): 577-586.

[22] 韩松霖, 刘多强. 简述喷气燃料添加剂的发展. 石油化工应用, 2008, (4): 5-8.

[23] 焦燕, 冯利利, 朱岳麟, 等. 美国军用喷气燃料发展综述. 火箭推进, 2008, (1): 30-35.

[24] 张怀安. 清净分散剂提高喷气燃料热安定性研究. 北京: 北京化工大学, 2003.

[25] 薛金强, 尚丙坤, 丰美丽, 等. 喷气燃料热氧化机理及氧化稳定添加剂的研究进展. 化学推进剂与高分子材料, 2009, 7(1): 17-23+27.

[26] 刘多强, 谭立阳, 赵升红, 等. 喷气燃料储存安定性的研究. 化工时刊, 2012, 26(4): 45-47.

[27] 贺越康, 史科刚, 林科宇, 等. 喷气燃料热安定性的研究综述. 当代化工, 2018, 47(1): 145-151.

[28] 孙海云, 方文军, 郭永胜, 等. 抗氧剂对燃料 NNJ-150 热安定性的影响. 高校化学工程学报, 2006, (3): 455-459.

[29] 李丹, 方文军, 郭永胜, 等. 吸热型碳氢燃料中氢过氧化物的抑制. 高校化学工程学报, 2009, 23(3): 428-433.

[30] 吴楠, 费逸伟, 张昊, 等. 国产与进口聚 $\alpha$-烯烃润滑油性能对比. 石油炼制与化工, 2017, 48(3): 90-93.

[31] 苗长庆. 胺、酚类酯类油用多官能团高温抗氧剂的合成与性能研究. 郑州: 河南大学, 2016.

[32] Waynick J A. The development and use of metal deactivators in the petroleum industry: A review. Energy & Fuels, 2001, 15(6): 1325-1340.

[33] Roling P V, Niu J H Y, Reid D K. Bifunctional antifoulant compostions and methods: US4810354A. 1989-03-07.

[34] Diestre J D, Flores L A, Palazon E R. New stabilized fuel composition: EP1854867. 2007-11-14.

[35] Henry C P, Pinch D L, Sneddon A, et al. Composition: US20050086856A1. 2005-04-28.

[36] Taylor S E. Fuel composition and blend: US6270537. 2001-06-14.

[37] Moreton D J. Salicyclic calixarenes and their uses as lubricant additives: US6200936. 2001-03-13.

[38] Russell T J, Papachristos M J, Burton J, et al. Multifunctional gasoline detergent compositions: US5518511. 1996-05-21.

[39] Cooney A M, Sneddon A, Trainor J. Composition: US20040048765A1. 2004-03-11.

[40] Schwab S D, Richmond V. Phosphorylated thermal stability additives for distillate fuels: EP1063276A1. 2000-12-27.

[41] Sawhney K N, Heo R W. Composition and method for enhancing the stability of jet fuels: US0094918A1. 2007-05-03.

[42] Eydoux F, Bernasconi C, Vuillet C. Additive for improving the thermal stability of hydrocarbon compositions: US0223627. 2005-10-13.

[43] Moreton D J. Detergents for hydrocarbon fuels: US6117198. 2000-09-12.

[44] Beaver B, Demunshi R, Heneghan S P, et al. Model studies directed at the development of new thermal oxidative stability enhancing additives for future jet fuels. Energy & Fuels, 1997, 11(2): 396-401.

[45] 陈冉, 刘洁, 张香文. 氧清除剂用于增强吸热型碳氢燃料热安定性. 燃料化学学报, 2020, 48(2): 249-256.

# 第8章

# 碳氢燃料吸热技术

飞行速度的提高是飞行器发展的重要方向。高超声速飞行器指速度超过 5 倍声速的飞行器[1]，包括高超声速巡航导弹、高超声速飞机等。高超声速飞行器的发展开辟了人类历史飞行器运行速度的新纪元，为航空航天技术提供了新的前景，具有重要的政治、军事和经济意义。然而，随着速度的提高，高超声速飞行器机翼前缘和发动机位置的温度显著升高，导致严重的热管理问题[2-3]。尽管耐温材料的不断发展可以解决部分问题，但是显然主动冷却技术的应用才是最佳解决方案。携带非燃烧冷却剂会在一定程度上降低飞行器的有效载荷，为飞行器发展带来不利因素，因此以燃料为冷却剂成为重点研究的方向，燃料本身具备的冷却能力称为热沉。Lander 等[2]给出了热沉与飞行器速度的关系，即速度的提升必然面临热沉需求的不断提高。因此，应用于高超声速飞行器的碳氢燃料，除了需要具备传统燃料的高能量和良好的应用特性，即高比冲、高密度、高储存稳定性、低材料腐蚀性、强安全性、高经济性，还需要具备足够的冷却能力，这种燃料称为吸热型燃料。

液氢和液体碳氢燃料都是超燃冲压发动机的常用燃料，液氢作为一种低温类燃料，相比液体碳氢燃料具备更高的燃烧热、反应活性和冷却能力。然而，从密度的角度来看，液体碳氢燃料要远远强于液氢燃料，且与需储存于较低温度范围内的低温燃料相比，具备易储存和使用方便等优势[3-4]。近年来，以液体碳氢燃料为冷却剂冷却发动机和其他高温热部位的研究日益增多。燃料由油箱经泵打入冷却通道内，首先通过升温等物理过程吸收一部分热量，然后发生吸热化学反应，如脱氢、裂解等，进一步吸收热量，达到冷却要求，如图 8-1 所示[5-6]。同时，发生吸热化学反应后的气体产物具有高热值、低延迟点火和高燃烧效率等性质[5]。

燃料通过物理过程吸收的热量称为物理热沉，指燃料在没有发生化学反应的情况下单位质量的燃料吸收的热量，也就是原燃料在单位质量的流量下由于受热而产生的焓升[4]。而化学热沉指燃料发生吸热化学反应而获得的额外的吸热容量。如图 8-2 所示，碳氢燃料进行冷却时，其自身温度先发生变化，表现为随流动过程而逐渐提升的趋势。这个过程中物理热沉也随温度的增加而增加，可以理解为燃料温度越高，其吸收的热量越多，相应物理热沉越高。随后，当温度升至一定程度时，燃料发生热裂解等反应，此时由于化学反应的吸热效应，热沉与燃料温度的关系不再是直线关系，而是具有更高的提升速率。这部分增加的速率是因为化学反应吸收了更多的热量。

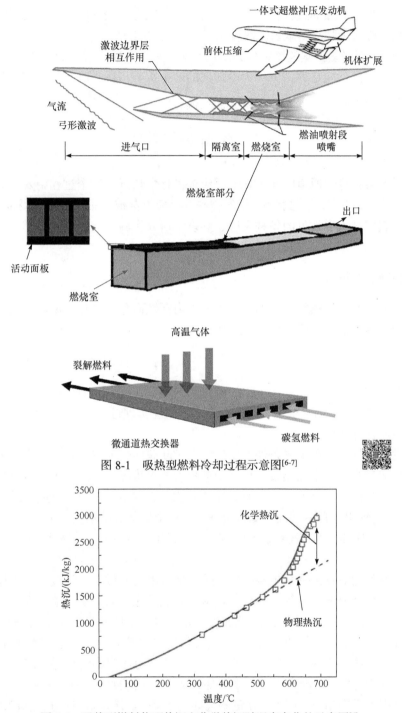

图 8-1　吸热型燃料冷却过程示意图[6-7]

图 8-2　吸热型燃料物理热沉和化学热沉随温度变化的示意图[6]

　　吸热型碳氢燃料的使用为高超声速飞行器的发展提供了必要的条件，然而随着冷却通道内燃料吸热过程的发生，结焦问题也逐渐严重。结焦会降低金属表面的热交换效率，降低金属材料性能，堵塞发动机阀门、喷嘴甚至通道，造成发动机故障。此外，结焦反应在热力学上是伴随放热的过程，会降低燃料的吸热能力，使燃料热沉呈现下降趋势。因此，碳沉积效应成为吸热型碳氢燃料应用必须解决的问题[4]。

综上所述，以吸热型碳氢燃料作为冷却剂对于高超声速飞行器的发展具有重要意义。其中热沉和抗结焦性能是评估其作为冷却剂的两个重要指标，吸热技术和抑制结焦技术是重点研究的内容。

# 8.1　裂解吸热技术

吸热燃料会在冷却通道内通过化学反应提供化学热沉，这个过程中发生的反应一般为热裂解反应。实际上，催化裂解、引发裂解等反应也常被应用以改善或提高热沉。本节重点介绍热裂解技术中常见的各种反应、热裂解研究实验以及燃料热裂解反应与分子结构的关系。

## 8.1.1　燃料热裂解技术

热裂解反应是烃类燃料在高温下发生分子内断链而分解的化学反应，根据有无添加剂或催化剂，热裂解反应可分为以下三类。

### 1. 狭义热裂解反应

狭义的热裂解反应指燃料在不添加催化剂的冷却通道内升温至适宜温度以发生裂解反应的过程。这个过程通常被认为是按照自由基反应机理进行，包括以下三个步骤[4]：链引发、链传递、链终止。

链引发反应指燃料在受热条件下发生化学键断裂而生成自由基的过程。因其活化能相对其他反应较高，通常在热裂解反应中被视为速控步骤。一般认为，一旦链引发反应成功发生，即自由基一旦形成，热裂解反应即能迅速发生。链引发反应的过程通常发生 C—C 键断裂生成甲基自由基或乙基自由基和另一个烷基自由基，而不易生成氢自由基。一般而言，C—H 键的解离能大于 C—C 键，意味着烷基自由基相比氢自由基更容易生成。

链传递过程指旧自由基发生各种反应生成新自由基的过程，该过程一般包含自由基夺氢反应和自由基分解反应等。其中，自由基夺氢反应为双分子反应，而自由基分解反应为单分子反应。自由基夺氢反应是自由基夺取烷烃分子的一个氢而生成一个新的分子，同时原烷烃分子变成一个新的自由基，该过程中旧自由基的消失伴随着新自由基的出现，且是由两个反应物生成两个产物的过程，因此称为双分子自由基传递反应。自由基分解反应指自由基中的 C—C 键或 C—H 键断裂生成一个新的自由基和一个烯烃分子的过程，与上面的链引发反应相似，因 C—H 键解离能高于 C—C 键，氢自由基不易被解离出来，因而新自由基通常为烷烃分子的自由基。该过程又常称为 $\beta$ 断裂反应，因为在 $\beta$ 位置的 C—C 键解离能最小，最容易发生断裂。

链终止反应指自由基相互碰撞结合生成一个分子，进而失去自由基的过程。链反应随自由基的湮灭而终止，该过程活化能相对较低。

以正庚烷的热裂解[8]为例，其首先在高温下发生 C—C 键和 C—H 键裂解，生成两个烷烃自由基或一个庚基自由基和一个氢自由基。随后，生成的自由基发生 $\beta$-断裂反应生成乙烯分子和另一个较短的自由基，生成的自由基可以继续发生 $\beta$-断裂反应生成新的更短的自由基，直到甲基自由基的生成，两个甲基自由基碰撞生成乙烷结束反应，或者甲基自由基夺取正庚烷分子的一个氢生成甲烷分子和庚基自由基，回到链引发步骤。

链引发：
$$C_7H_{16} \longrightarrow \dot{C}_7H_{15} + \dot{H} \tag{8-1}$$

链传递：
$$\dot{C}_7H_{15} \longrightarrow \dot{C}_5H_{11} + C_2H_4 \tag{8-2}$$

$$C_7H_{16} + \dot{C}H_3 \longrightarrow \dot{C}_7H_{15} + CH_4 \tag{8-3}$$

链终止：
$$2\dot{C}H_3 \longrightarrow C_2H_6 \tag{8-4}$$

### 2. 引发裂解反应

自由基热裂解反应过程中，链引发反应因其较大的活化能而成为速控步骤，使热裂解反应需要在较高温度下才可发生，这对材料的耐温性能提出了较高要求，因此换热器不得不需要更大的厚度以保证其机械性能。同时由于操作温度的升高会带来热交换器效率的降低，不得不增大热交换器尺寸，因此降低热裂解温度并提高燃料裂解深度是热裂解反应亟须解决的问题。引发裂解反应的原理是将易于产生活性自由基的微量化合物，主要包括二元酮类、具有 N—O 弱键的亚硝酸盐类、具有 C—N 弱键的硝基化合物、异丁醛以及具有 C—N 弱键的氮烃等[4]，加入吸热型燃料中，使之生成大量的自由基，促进燃料分子的链引发反应，加速热裂解反应的进程。这种化合物具有相对燃料 C—C 键和 C—H 键较弱的化学键，称为热裂解引发剂[8]。

热裂解引发剂的加入改变了热裂解反应进程。因引发剂的化学键较弱，在受热过程中必然先发生引发剂的裂解反应，生成小分子自由基。随后引发剂的自由基碰撞燃料分子，夺取燃料分子的氢而得到燃料分子自由基，引发剂自由基变回分子形式。该过程如式(8-5)和式(8-6)所示，其中燃料以庚烷为例，A 为引发剂。随后，生成的燃料分子自由基即可发生与不添加引发剂的热裂解反应相似的历程——夺氢反应、$\beta$-断裂反应，以及自由基对撞的链终止反应[8]。

$$A - A \longrightarrow 2\dot{A} \tag{8-5}$$

$$C_7H_{16} + \dot{A} \longrightarrow \dot{C}_7H_{15} + AH \tag{8-6}$$

从反应机理的改变不难看出，引发剂的存在可以加速热裂解反应的进行。Wickham 等[8]以正庚烷为模型燃料，验证了引发剂对燃料热裂解的促进效应，发现不同温度下不同浓度的引发剂对裂解速率均有明显提升，但随着引发剂浓度(质量分数 0.5%、1.0%、2.0%)的增大，裂解速率虽然有一定的上升趋势，但对反应速率影响不大。他们还比较了有无引发剂存在条件下的裂解产物分布，发现产物分布相似，均主要由 $C_2$ 和 $C_3$ 烯烃、烷烃混合物构成，这是因为引发剂的存在并不会影响燃料裂解反应的总反应方程，它的作用仅仅是在反应初期提供活性自由基以引发链反应，通过促进自由基链式反应的进程来降低热裂解反应初始温度和提高燃料裂解率[4, 8]，因此只需要微量的引发剂即可达到目的，且产物选择性不受影响。

引发剂对不同结构的碳氢燃料的裂解反应影响不尽相同。Wickham 等[8]研究了加入不同量引发剂对 2,2,4-三甲基戊烷热裂解速率的影响，发现虽然引发剂对正构烷烃裂解速率有较大促进作用，但对异构烷烃效果不大。同样，引发剂也不会改变裂解产物分布。

引发剂还可以降低热裂解沉积量。天津大学燃料团队[9]研究了正十二烷在 1-硝基丙烷(NP)、三乙胺(TEA)和 3,6,9-三乙基-3,6,9-三甲基-1,4,7-三过氧烷(TEMPO)三种引发剂存在下的热裂解结焦沉积，以揭示引发剂在燃料热裂解碳沉积中的作用。他们发现 TEMPO 和 TEA 在相似的转化率下对热解沉积的形成有 30%～50%的抑制作用，TEMPO 和 TEA 使化学活性强的积碳量增加，但由于可能的自由基清除作用或供氢效应，低化学活性的积碳量减少。综上所述，引发剂可加速热裂解反应进程，并在一定程度上抑制碳沉积，但对产物分布影响不大。

### 3. 催化裂解反应

裂解反应中使用催化剂能够有效促进反应优先向吸热反应方向进行，尽可能提高反应热沉。同时，催化剂可使反应速率有很大提高，这将在一定程度上扩大裂解反应的温度范围[2]。

一般认为，吸热型燃料裂解生成如甲烷、乙烷、丙烷等饱和烃的反应是放热反应，而生成如乙烯、丙烯等不饱和小分子化合物的过程是吸热过程[4]。因此，催化剂研制的目标是尽可能生成不饱和烃。

沸石催化剂是常见的裂解催化剂，如 HZSM-5 和 HY[10-11]，具有催化活性高、价格低廉等优势，受到广泛关注[4, 12-13]。催化剂种类[11]、形态、硅铝比[10]是影响催化性能的主要因素。例如，在 K、Na、Li 碱金属改性的 ZSM-5 上进行的裂解反应表现出相比 ZSM-5 更高的热沉[14]。金属催化剂也常用于催化裂解反应，以金属纳米颗粒作为拟均相催化剂催化裂解反应也有一些报道[15]。将 Pt、Pd、Ni、Au 制成在燃料中高度分散的纳米催化剂，可以在消除管覆式催化剂对传热和结焦的不利影响的同时达到催化吸热的目的。含 Pt 和 Pd 纳米颗粒的悬浮液的裂解转化率、气体产率和热沉分别是纯 JP-10 的 4.5 倍、4.4 倍和 1.3 倍，3.1 倍、3.6 倍和 1.2 倍[16]，同样地，Ni、Au 纳米颗粒的引入使裂解转化率以及反应产物中氢气和烯烃含量明显高于热裂解[15, 17]。

虽然催化剂的加入为吸热型碳氢燃料的应用开辟了新的思路，但是催化剂不可避免地面临失活的问题。开发高活性及高稳定性的催化剂仍然是一个亟待解决的问题。

### 8.1.2 燃料热裂解产物

碳氢燃料热裂解反应的产物可分为气体产物、液体产物及固体沉积物。不同燃料的裂解反应的气体产物种类相似，主要有氢气、甲烷、乙烷、丙烷、丁烷、乙烯、丙烯和丁烯等，但随反应条件的不同其含量可能有明显差异[6,18]。碳氢燃料裂解反应的液体产物含有多种物质，以长链烷烃、烯烃、环烷烃、单环和多环芳烃为主，不同燃料裂解的液体产物的种类和含量不同，一般认为，环烷烃相比链烷烃更易生成多环芳烃[1]。固体沉积物主要指裂解过程中生成的焦炭，焦炭生成是一个复杂的过程，也是裂解吸热过程应用必须解决的问题，主要受燃料种类的影响[1]。

### 8.1.3　裂解反应条件的影响

#### 1. 温度的影响

温度对热裂解反应的转化率、产物分布和热沉有影响。事实上，温度的升高会直接导致燃料转化率的提高[19]，然而热沉并不总随温度的升高而升高。Zhong 等[18]研究了 RP-3 的热裂解，发现其化学热沉并不单调地随燃料温度升高而升高，而存在最大化学热沉(约为 0.5 MJ/kg)，原因在于随转化率的升高，产物分布也发生变化，如随温度升高和停留时间增加，甲烷的含量会增加，而饱和烃的生成会使热沉降低。

#### 2. 压力的影响

反应压力对热裂解反应也有较大的影响，包括转化率、产物分布和吸热能力等。Jin 等[20]发现升高压力可以显著降低初始反应温度，有效提高气体收率和转化率。Ward 等[21]研究了压力对流动的轻微热裂解的超临界正癸烷的影响，发现增加压力可增加整体转化率。同样，Zhao 等[22]对超临界条件下的航煤 RP-3 热裂解的压力效应进行了数值模拟，结果表明，当 RP-3 充分发生热裂解时，其转化率与压力成正比。然而，Wang 等[23]研究了连续管式反应器中烃类燃料 ZH-100 在超临界压力 2.5 MPa 和 3.5 MPa 下的热裂解过程，发现不同温度下压力对转化率和气体收率的影响不同，这意味着压力对转化率和气体收率的影响与温度条件密切相关，低温下压力升高对转化率有促进作用，然而在高温条件下高压将抑制裂解反应。

压力对产物分布的影响显著，Jin 等[20]研究发现，在典型航煤的裂解过程中，压力升高，氢气、甲烷和乙烷的选择性增加，但乙烯和丙烯的选择性下降，同时积碳量增加，如图 8-3 所示。

一般认为，压力对热沉的影响与转化率和产物选择性密切相关。研究发现压力对正癸烷的吸热性能的影响不是简单地促进或抑制，在不同温度范围内规律不同，低温时高压对热沉提高有利，高温时则相反[19]。一方面，压力升高，碳氢燃料密度增加，停留时间延长，对裂解反应有利；另一方面，升高压力可以提高自由基夺氢反应等双分子反应速率，有效促进热解转化反应，因此升高压力有利于热沉增加。但是，压力对产物分布尤其是烯烃分布具有复杂的影响，高压可以促进双分子夺氢反应，导致烯烃选择性下降，引起化学热沉的下降[19-20]。

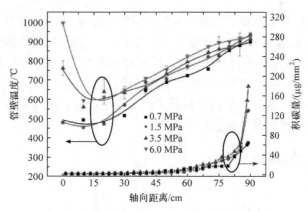

图 8-3　压力对航煤热裂解积碳行为的影响[20]

3. 冷却通道结构的影响

冷却通道几何结构也会对热裂解和积碳行为产生影响，相比圆形通道，矩形和正方形通道内燃料的转化率高，甲烷选择性高，1-己烯和 1-庚烯等的初级裂解产物选择性低，积碳更多[24]。

### 8.1.4　燃料分子结构与冷却能力的构效关系

1. 烷烃分子链长和支链对热裂解和抗结焦性能的影响

烷烃作为最重要的燃油组分，其分子结构对热裂解和抗结焦性能的影响会直接影响吸热型碳氢燃料的设计和应用。Sun 等[25]在超临界电加热管式反应器中研究了不同分子结构烷烃的热裂解反应，正构烷烃碳链长度与气体收率和热沉的关系如图 8-4 所示，随着正构烷烃碳链长度的增加，气体收率和热沉均增加。而对于抗结焦性能，碳链长度不是唯一的衡量指标，一般认为偶数碳数正构烷烃的抗结焦性能优于相邻奇数碳数正构烷烃。

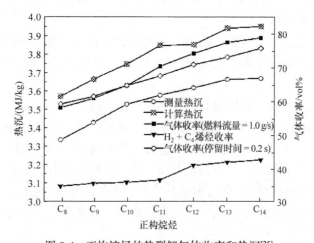

图 8-4　正构烷烃的热裂解气体收率和热沉[25]

　　与正构烷烃相比，异构烷烃裂解具有更高的气体收率，取代基越多，产气率越高。烷基取代基如乙基有助于提高气体收率，且单取代基能提高正辛烷异构体的热沉。如图 8-5 所示，当异链烷烃中含有两个以上甲基时，氢气和碳数不大于 4 的烯烃的收率和反应热沉较低，因此甲基数对正辛烷异构体的热沉有显著影响。虽然含甲基较多的异构体更容易裂解，但主要发生脱甲基反应，生成的甲烷过多，氢和碳数不大于 4 的烯烃的收率较低，所以热沉较低。相反地，乙基取代的异构体易发生脱乙基反应，然后脱氢生成乙烯，有利于氢气和碳数不大于 4 的烯烃的生成，因此热沉较高。对抗结焦性能而言，异构烷烃抗结焦性能要差于正构烷烃。

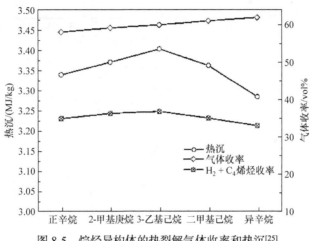

图 8-5　烷烃异构体的热裂解气体收率和热沉[25]

2. 燃料分子类型与热沉和抗结焦性能的关系

　　烷烃、环烷烃、芳烃是常见的喷气燃料组分，研究不同分子类型对热沉和抗结焦性能的影响对于燃料设计有重要意义。Liu 等[26]研究了环己烷、正己烷和甲苯在电加热管式反应器中的超临界热裂解反应。结果表明，在 1023 K、5 MPa 条件下，三者热沉相似，几乎都为 3.4 MJ/kg，然而在 1023 K、20 min 的结焦实验中，结焦速率由大到小为环己烷＞正己烷＞甲苯。当燃料以烷烃和环烷烃混合物的形式存在参与热裂解反应时，不同组分之间存在相互抑制和竞争效应，以正十二烷和十氢萘为例[1]，如图 8-6 所示，随碳氢燃料中正十二烷/十氢萘质量比增加，正十二烷转化率增加，而十氢萘转化率降低，产气率增加，但氢气和碳数小于 4 的烯烃的选择性几乎不变。同时，正十二烷/十氢萘质量比对结焦量有很大影响，如图 8-7 所示，正十二烷的质量分数从 0% 增加到 30% 时，碳沉积量从 1.620 mg/g 降低至 0.878 mg/g，随后正十二烷/十氢萘质量比的继续增加不再对碳沉积量有明显的影响。因此，从结焦的角度考虑，燃料的烷烃/环烷烃比例不宜小于 3/7。对混合基础油 ZYT 的实验也证明了上述结论[1]，向 ZYT 中加入正十二烷以增加其烷烃/环烷烃比前后，裂解产生的氢气和碳数小于或等于 4 的烯烃收率相近，即热沉相当，而 ZYT 热裂解的结焦量比加入正十二烷的 ZYT 高出近 48%，说明加入正十二烷使燃料抗结焦性能更优异。

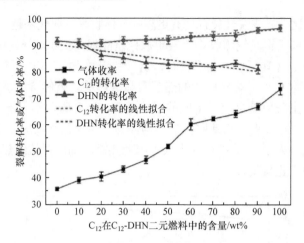

图 8-6    不同正十二烷/十氢萘质量比的二元燃料的裂解转化率和气体收率[1]

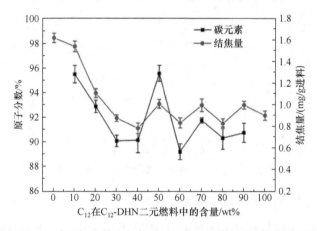

图 8-7    不同正十二烷/十氢萘质量比的二元燃料的裂解结焦量[1]

DeWitt 等[27]研究了两种石油基燃料 Jet A-1 和 JP-8 与主要由正构烷烃和支链烷烃组成的合成燃料 SPK 的超临界热裂解性能。结果表明，由于缺乏有效的氢供体来终止链式反应，SPK 比石油基燃料具有更高的反应性，但也表现出更快的结焦速率，这是因为非催化自由基加成途径生成表面丝状物的速率更快。不过，对管壁表面进行钝化处理会抑制丝状碳的形成，使 SPK 裂解的沉积量大幅度降低。

氢碳比通常作为一个典型参数来区分不同种类碳氢燃料分子，对于认识和研究碳氢燃料具有指示性。Yue 等[28]研究了氢碳比(H/C)对烃类燃料超临界裂解性能的影响，他们对比了五种平均分子式分别为 $C_{10.44}H_{19.62}$、$C_{11.49}H_{21.80}$、$C_{11.95}H_{23.14}$、$C_{10.75}H_{22.22}$、$C_{11.49}H_{23.86}$ 的燃料，以及正壬烷、正癸烷、正十一烷、正十二烷、正十三烷、乙基环己烷和十氢萘 7 种模型燃料的热裂解反应，发现氢碳比较高的碳氢燃料更容易发生热裂解，吸收更多的热量、生成更少的积碳，如图 8-8 和图 8-9 所示。

综上所述，燃料分子结构对于热裂解吸热能力和结焦性能有重要影响，设计合适的分子结构，使之具备优异的热沉和抗结焦性能，仍然是吸热型燃料发展的重中之重。

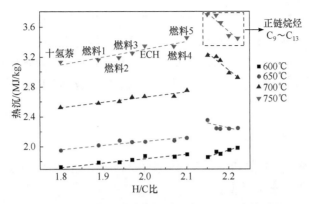

图 8-8　碳氢燃料热裂解的热沉与 H/C 比的关系[28]

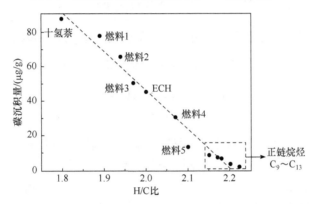

图 8-9　碳氢燃料热裂解的碳沉积量与 H/C 比的关系[28]

## 8.2　催化水蒸气重整和脱氢技术

除了燃料热裂解和催化裂解外，催化水蒸气重整和脱氢技术也可以实现更高的化学热沉(表 8-1)，成为近年来的研究重点。

表 8-1　碳氢燃料不同反应的理论化学热沉表

| 燃料 | 反应类型 | 理论热沉/(MJ/kg) |
| --- | --- | --- |
| 正十二烷 | 热裂解 | 3.5 |
| 甲基环己烷 | 脱氢 | >3.5 |
| 十氢萘 | 脱氢 | >4 |
| 正十二烷/水 | 水蒸气重整 | 5.49 |

### 8.2.1　催化水蒸气重整

氢能以燃烧净热值高、无污染、质量轻、资源丰富、应用广泛等独特的优点成为 21 世纪最具潜能的清洁能源之一。碳氢燃料水蒸气催化重整技术是化学工业中制氢较为成熟的技术之一，水蒸气重整反应是指燃料与水蒸气在催化剂表面发生化学反应，生成 $H_2$、$CO$、$CO_2$ 和 $CH_4$ 等产物。由于燃料水蒸气重整反应是强吸热反应，对高超声速飞行器的主动冷却效果更好。此外，水蒸气重整过程产生的大量小分子物质具有易点火、点火延迟时间短等优势。同时，水蒸气可以发生消碳反应，使反应体系的积碳量较少，催化剂的寿命较长。

### 1. 水蒸气重整反应的特点

碳氢燃料的水蒸气重整是指水蒸气与烃类在高温催化作用下反应生成 $H_2$、$CO$、$CO_2$ 和 $CH_4$ 等产物的过程，主反应如下：

$$C_xH_y + xH_2O \longrightarrow xCO + \left(x + \frac{y}{2}\right)H_2 \tag{8-7}$$

除了主反应，还存在两个主要的副反应，即水煤气变换反应和烷基化反应：

$$CO + H_2O \longrightarrow H_2 + CO_2 \tag{8-8}$$

$$CO + 3H_2 \longrightarrow CH_4 + H_2O \tag{8-9}$$

#### 1) 反应机理

如图 8-10 所示，碳氢燃料的催化水蒸气重整具体包括以下步骤。

(1) 燃料和水蒸气在催化剂表面吸附、解离：碳氢燃料不可逆吸附在催化剂表面，在活性金属作用下断裂 C—C 键和 C—H 键，生成 $CH_x$ 基团；同时吸附态的 $H_2O$ 在活性金属上解离生成氧自由基并产生吸附态 H，此过程也受催化剂载体的影响。

(2) 吸附态中间体反应：$CH_x$ 基团逐步脱氢并与氧自由基反应生成吸附态 $CH_xO$ 或吸附态 CO。

(3) 产物脱附：吸附态产物 CO 和 $H_2$ 从催化剂表面脱附。

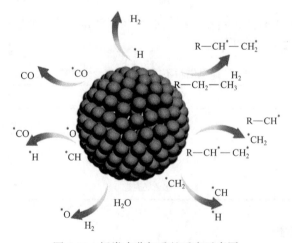

图 8-10 烃类水蒸气重整反应示意图

#### 2) 反应特点

碳氢燃料水蒸气重整的反应温度一般很高，且该反应是一种强吸热的催化反应。高超声速飞行器既能提供燃料重整反应的高温环境又需要燃料重整的吸热能力。因此，碳氢燃料水蒸气重整过程是克服高超声速飞行器热障问题的可能途径，通过此反应不仅可以大大提高燃料热沉，还可以将燃料和水中的氢以氢气的形式释放出来，提高燃料的燃烧效率。

虽然水蒸气有助于消除重整反应中的积碳，但是由积碳引起催化剂的失活依然不可避免，尤其是高碳烃类燃料的水蒸气重整更为突出。一般而言，形成积碳的原因有两点：一是 CO 的歧化反应，即 $2CO \longrightarrow CO_2 + C$；二是碳氢燃料在断键及反应过程中产生的烯烃等小分子经过缩合和脱氢等反应形成积碳。积碳会逐渐覆盖催化剂活性位点从而导致反应活性下降；更严重的是，积碳引起压降变大，有可能堵塞换热管道。

除了优化反应器或发动机参数设计，开发高效、抗积碳的重整催化剂是燃料重整技术的关键。

2. 水蒸气重整催化剂

水蒸气重整催化剂的活性和稳定性主要与活性组分、载体、助剂、结构限域、制备方法等有关。

1) 活性组分

贵金属催化剂：一般常用的负载贵金属有 Rh、Pt、Ir 和 Pd 等，活性顺序为 Rh＞Pt＞Pd＞Ir。其中，负载 Pt 和 Rh 的催化剂表现出更好的抗积碳性能和反应活性。尽管贵金属具有非常好的抗积碳性能，但在高温下通常因活性组分易烧结而失活，并且价格十分昂贵。

非贵金属催化剂：大多以 Ni、Co 和 Fe 为主要活性组分，活性顺序一般为 Ni＞Co＞Fe。这类催化剂价廉且催化活性、稳定性好，已大规模用于工业生产。Ni/Al$_2$O$_3$ 催化剂是水蒸气重整工艺中使用最多的催化剂，但 Ni 基催化剂易因积碳而失活。尽管 Fe 对碳氢燃料水蒸气催化重整也具有一定催化作用，但在水蒸气存在条件下 Fe 易发生氧化反应生成铁锈，降低催化活性。Co 对水蒸气催化重整的效果与 Ni 接近，而且 Co 对碳氢燃料分解以及 CO 转化为甲烷等副反应具有一定抑制作用，但其在高温高压和 $H_2O/H_2$ 存在的氛围下易氧化，催化活性会大大降低。

双金属催化剂：是指催化剂中存在两种金属活性中心，两种组分通过金属间的稀释效应和电子效应等复杂相互作用，使催化剂的理化性能发生改变，从而改善催化性能。例如，Ni-Au 催化剂较 Ni 催化剂的积碳量明显减少，Pt-Ni 催化剂相对于 Ni 催化剂的活性和稳定性有明显提升。Re-Ni 催化剂对于提高催化剂的低温抗硫中毒能力效果显著，Rh-Ni 催化剂则使催化剂在高温条件下的稳定性得到较大提高。

过渡金属氮化物及碳化物：是指元素 N、C 掺杂到金属晶格中形成催化剂。由于 N 或 C 原子的插入，晶格发生了扩张，金属表面密度增加，其催化性能和表面性质与某些贵金属相似。

2) 载体

一个优良的载体不仅要具有合适的比表面积和较强的耐热性，而且在较高温度下可以稳定金属颗粒大小，抑制积碳形成并保持初始活性。载体的酸碱性、氧化还原性质、表面效应和量子尺寸效应等将直接影响重整催化剂的结构和反应性能。

重整催化剂的常见载体有 $Al_2O_3$、$SiO_2$、$MgO$、$ZrO_2$、$La_2O_3$、$Al_2O_3 \cdot SiO_2$、$MgAl_2O_4$、$CaAl_2O_4$、SBA-15、MCM-41 等。

3) 助剂

积碳主要是由活性组分颗粒过大、分散不均匀及催化剂的表面酸性等引起的。添加助剂可改变催化剂的结构与性质：①提高活性组分的分散度，抑制催化剂结焦与积碳；②改善催化剂的酸碱度，加强对反应混合气的吸附作用；③增强催化剂的还原能力，调节催化性能。Ni 基催化剂中添加的助剂一般可分为碱金属氧化物($K_2O$、$CaO$)、碱土金属氧化物($Na_2O$、$MgO$、$BaO$)、稀土金属氧化物($CeO_2$、$ZrO_2$)及贵金属等。

4) 结构限域

催化剂的活性与其活化 C—H 键的能力紧密相关，具有结构限域效应的催化剂在重整反应中表现出高活性和抗积碳性能。例如，将金属颗粒限定在具有特定化学结构的钙钛矿、尖晶石、烧绿石和水滑石等载体中(图 8-11)，有利于金属颗粒在还原过程中保持良好的分散性，使其在重整反应中表现出较高的催化活性。

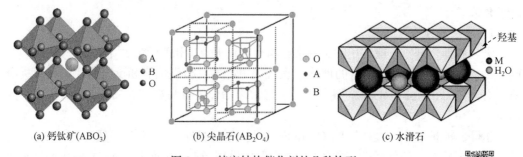

(a) 钙钛矿($ABO_3$)　　　(b) 尖晶石($AB_2O_4$)　　　(c) 水滑石

图 8-11　特定结构催化剂的几种构型

5) 制备方法

制备方法对催化剂的性能有重要影响，对于具有相同化学组成的催化剂，通过改变制备方法或者改变制备条件也会获得不同的性能。催化剂的制备方法主要为浸渍法和溶胶-凝胶法。负载型催化剂一般通过浸渍法制备，但是这种方法重现性相对较差，而且金属活性中心与载体之间的相互作用较弱，反应过程中金属颗粒容易聚集烧结导致快速失活；溶胶-凝胶法制备的催化剂分散性较好，但是过程烦琐。

近年来，研究者们也尝试采用新的合成方法合成催化剂，并将其应用于重整反应。例如，等离子体处理可以阻止 Ni 活性组分的聚集，提高 $Ni/Al_2O_3$ 催化剂中 Ni 的分散度，活性成分平均粒径约 5 nm [29]。Yahyavi 等[30]采用超声波法合成了不同 Al/Mg 比的 Ni-Co/$Al_2O_3$-MgO 催化剂并应用于 $CH_4/CO_2$ 重整反应中，与普通浸渍法合成的催化剂相比，超声波法合成的催化剂具有更小的颗粒尺寸、更高的比表面积和分散度，表现出更高的活性。

蒸发诱导自组装(EISA)法是合成有序介孔材料的一种有效方法，具有高度的普适性，并且操作简单。该方法应用于甲烷重整制氢催化剂的合成。Ma 等[31]采用 EISA 法合成的介孔 LaNiAl 催化剂具有规则有序的介孔孔道，有效限域了 Ni 活性中心，并阻止其在高温下团聚；与传统浸渍法合成的催化剂相比，采用 EISA 法合成的催化剂具有更高的活性和更优的抗积碳性能。

### 3. 水蒸气重整催化形式

#### 1) 涂层催化水蒸气重整

目前，工业上大多将催化剂一次性装载于反应管内进行连续性流动反应。例如，石化工业中将催化剂成型为球形或将催化剂负载于球形载体上，然后装填于反应器内。该负载方式的优点是使催化剂与燃料间有较大的接触面积，从而有利于催化反应。然而，燃料通过催化剂时压降会升高，而且当热量由热源传至器壁和加热燃料主体时，热量常会由于催化剂球体较分散的分布而只能通过对流的方式传导至催化剂表面。整个过程的完成需借助换热设备，传热效率极低。另外，壁面与燃料主体之间存在的温差也较大，造成壁面附近没有催化剂的区域燃料温度较高，增加发生热裂解反应产生积碳的可能性。与工业反应环境不同，高超声速飞行器的热管理系统需要格外注意以下几点要求：首先，由于换热系统不存在催化剂积碳失活再生装置，需尽可能地抑制由于换热不均造成的结焦，催化剂换热过程必须要均匀；其次，为保证飞行器表层热量能尽快被吸收转化以避免飞行器局部过热，燃料在换热管道内要尽可能快速地通过；最后，为确保燃料在管道内流动时不发生催化剂脱落的情况，催化剂的负载必须有足够的机械强度和抗热冲击能力。由此可见，常见的流化床和固定床反应装置不适合应用于高超声速飞行器换热系统，目前的研究多采用涂层催化的形式。涂层催化是将催化剂通过物理化学手段涂覆于通道内壁面上，在碳氢燃料流经管道过程中进行催化反应。

催化涂层既能克服固定床、流动床等反应器压降较大的缺点，也不会引起膜催化反应耐压较小的问题，因而在发动机冷却通道中催化涂层的应用更为普遍。影响催化涂层催化效果的主要因素有催化剂的粒径和催化涂层的均匀程度。碳氢燃料催化水蒸气重整主要与催化剂中活性位点数量、分散性有关，与催化涂层的厚度没有太大关系，而且较厚的催化剂涂层易在高温高压和震动情况下发生脱落；相反，较薄的催化剂涂层能够有效降低管壁热阻，对于反应更加有利。此外，碳氢燃料的催化水蒸气重整催化剂一般为负载型催化剂，活性金属与载体的作用直接影响催化剂活性位点的分布和数量。催化剂的粒径越小，其比表面积越大，活性位点越多，有利于反应的进行。涂层催化剂在冷却通道内壁的分布对冷却通道的热应力也有影响。在催化剂分布均匀的情况下，碳氢燃料沿管道轴线进入反应器后，沿流动方向催化反应程度逐步降低，因此燃料从入口处到管道尾部反应剧烈程度逐渐降低，管道中心与壁面的温差逐渐减小，这就出现了管道热应力分布不均的情况。非均匀分布的催化剂涂层可以降低反应管道的热应力，即通过合理布置催化剂的分布密度，使入口处催化剂分布密度小，沿流动方向密度逐渐增大，通过均衡轴向反应来降低管道的热应力。

#### 2) 吸附强化水蒸气重整

在冷却通道内，除了碳氢燃料的催化水蒸气重整反应外，重整产物的进一步反应也对反应过程和热沉等产生影响。例如，副产物 $CO_2$ 不仅会对碳氢燃料的热沉产生影响，还会影响燃料的燃烧。如图 8-12 所示，正庚烷催化水蒸气重整在压力为 3 MPa、$H_2O/C$

比为 4 的条件下,反应温度从 700 K 升至 1200 K 的过程中,干燥产物中约有 20%的 $CO_2$,而且比例较为稳定[32]。$CO_2$ 是 CO 变换反应的产物,此反应是放热反应,因此 $CO_2$ 的产生对提高燃料的热沉是非常不利的,降低产物的 $CO_2$ 含量十分有必要。

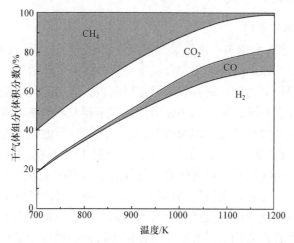

图 8-12　正庚烷催化水蒸气重整产物分布[32]

为了提高 $H_2$ 产量同时降低 $CO_2$ 的量,通常有两种解决方法:一种是通过变压吸附脱氢法、膜分离法等降低 $H_2$ 分压力;另一种是通过其他反应消耗 $CO_2$。由于在发动机的冷却通道内分离 $H_2$ 或者 $CO_2$ 的难度较大,因此常用的方法是通过吸附产物中的 $CO_2$ 来促进反应向正向进行,即吸附强化水蒸气重整。在原水蒸气重整反应的基础上,通过添加 $CO_2$ 吸附剂,将重整反应产生的 $CO_2$ 吸附脱除,打破原化学反应平衡,提高燃料转化率及氢气的产量,干气产物中 $H_2$ 含量能接近 100%。目前适用于催化水蒸气重整的吸附剂主要是化学吸附剂,包括水滑石类和 Li 基、Ca 基碱金属吸附剂等[33]。

3) 高压水蒸气重整

在发动机冷却通道中,碳氢燃料的实际工作压力一般超过 3 MPa,反应温度超过 973 K,该条件与工业烃类催化水蒸气重整反应条件很接近,对于减小反应器尺寸、提高热量传递效率、促进燃料在燃烧室中的燃烧是有利的。碳氢燃料在冷却通道内经历的过程十分复杂,涉及超临界压力下的状态转变和流动换热,高温下还会存在热裂解以及脱氢反应。高压对于燃料的热物性和吸热能力有较大的影响。

张定瑞等[34]计算了 3 MPa 时不同工况下燃料的吸热能力,结果如表 8-2 所示。仅考虑物理吸热,燃料的出口温度将高达 1257.3 K,此时的壁面温度已经超过了通道使用金属材料的熔点。在模型中加入热裂解反应之后,出口温度降低到 1067.8 K,降温幅度达到 19.2%。对比纯燃料的裂解,在燃料中掺混 10%的水可使出口温度进一步降低 2.3%。综合考虑热裂解反应及催化重整反应,燃料的出口温度仅为 985.2 K,吸热能力显著增强。可见,催化水蒸气重整能显著提高燃料热沉。但如果压力增大,燃料的转化率下降,物理热沉降低,促进热裂解,并抑制水蒸气重整;$H_2$ 和 CO 含量降低而甲烷、烯烃的含量会增加。

表 8-2　不同工况下燃料出口温度[34]

| 参数及说明 | 工况 1 | 工况 2 | 工况 3 | 工况 4 |
|---|---|---|---|---|
| 水含量/% | 10 | 0 | 10 | 10 |
| 化学反应情况 | 无反应 | 热裂解 | 热裂解 | 热裂解、催化重整 |
| 出口温度/K | 1257.3 | 1086.2 | 1067.8 | 985.2 |

碳氢燃料的催化重整所用催化剂多负载于多孔载体上，因而反应进行程度受到反应产物扩散速率的影响。克努森扩散系数在常压下对燃料的重整反应有较显著的影响，随着压力的增大，催化剂的有效扩散系数逐渐下降，催化剂孔内有效扩散系数主要为流体主体扩散系数，导致产物的扩散受阻，不利于反应的进行。

### 8.2.2　催化脱氢

碳氢燃料催化脱氢是指燃料在催化剂作用下发生 C—H 键裂解形成氢气和小分子烯烃的催化反应。一方面，催化脱氢反应有利于燃料热沉的提高；另一方面，脱氢产物有利于缩短点火延迟时间，有助于后续燃烧。碳氢燃料催化脱氢形式有两种，一种是非均相催化，如涂层管、流化床等；另一种是准均相催化，如纳米流体催化体系。碳氢燃料催化脱氢技术源自石油化工行业的烷烃催化脱氢制烯烃技术，在催化剂设计、反应形式和反应因素调控方面有相似之处。

#### 1. 碳氢燃料催化脱氢进展

环烷烃催化脱氢的优点是在较低温度下有较高的转化率，反应吸热量大，产物稳定并产生大量氢气，对燃烧有利。此类燃料，如甲基环己烷、环己烷、十氢萘等催化脱氢过程吸热量满足发动机冷却要求，研究较多。此外，醇类燃料以及小分子烷烃的催化脱氢也能提供较大的吸热量。

相较于工业催化脱氢反应，发动机冷却通道中的催化脱氢不仅包括燃料脱氢，还包括氢解、热裂解与裂解及异构化等副反应。在催化剂表面发生的反应主要包括脱氢反应和裂解反应，其中催化脱氢主要与金属活性中心有关，而裂解主要与载体的酸性有关。脱氢催化剂的活性中心多负载于载体表面，活性中心和载体对燃料的脱氢反应产物选择性都有影响，载体的影响主要表现在催化裂解中烯烃选择性及结焦等方面，载体对裂解的催化作用主要通过其路易斯酸和布朗斯特酸表现出来。脱氢催化剂的活性中心多为 Pt、铬氧化物和钒氧化物，载体多采用多孔结构和较大比表面积的 $Al_2O_3$、分子筛、活性炭等，以实现高活性、抗积碳，并调控产物选择性。

1) 环烷烃脱氢

(1) 催化剂。

环烷烃脱氢催化剂的活性组分主要有 Pt、Pd、Ag 和 Ni，Pt 基催化剂的脱氢性能优于 Pd 基催化剂。Wang 等[35]分别将 Pt 和 Pd 负载到氧化铝载体上，应用于十氢萘脱氢反应，结果显示 $Pt/Al_2O_3$ 脱氢催化性能优于 $Pd/Al_2O_3$，将 Pt 和 Pd 负载到碳材料上也得到类似的结果。此外，Wang 等[36]用碳纳米管分别负载 Pt 和 Pd 并研究了其在环己烷和甲基环己烷脱氢反应中的催化性能，发现 Pt/CNT 比 Pd/CNT 催化活性高且具有更好的稳定性。密度泛函理论计算证实 Pt 原子 5d 空轨道有利于脱氢底物如环己烷的吸附、C—H 键的断裂及脱氢，因此表现出更高的脱氢性能。

　　Pt、Pd 等贵金属单活性组分催化剂表现出较好的活性，但是在高温下不稳定、易积碳，通常向催化剂中加入第二组分金属以改善催化剂的性能。Yu 等[37]制备了 Ca-Pt/Al$_2$O$_3$ 改性催化剂，Ca 的添加有助于催化剂活性和稳定性的提升，并抑制了催化剂表面积碳，因此增强了催化剂的稳定性。Kariya 等[38]分别将 Rh、Re 和 Pd 等金属添加到 Pt 催化剂中，发现双金属催化剂性能明显优于单金属 Pt。陈进富[39]制备了改性 Pt-Sn-K/$\gamma$-Al$_2$O$_3$ 多金属催化剂并用于甲基环己烷脱氢反应，发现催化剂的活性和稳定性均能维持在 100 h 以上，相对于改性前提高了 8 倍。除了通过添加其他组分金属外，也可对催化剂进行卤化处理来提高脱氢活性。

　　同时，载体对催化剂的催化性能有很大影响。载体在负载型催化剂中起到分散活性组分、锚定活性组分、提供反应场所和扩散反应物及产物的作用。传统的脱氢催化剂载体主要有 Al$_2$O$_3$、MgO、分子筛和碳材料。脱氢反应是吸热反应，所需反应温度较高，烃类在氧化物和分子筛载体的酸性表面容易出现热解导致芳环聚合并引起积碳，使催化剂快速失活。因此对于氧化物和分子筛载体，降低表面酸度至关重要，目前主要通过加入碱金属来降低载体酸性。碳材料具有抗酸碱、表面官能团可调节、孔结构易控制、贵金属组分易分散和易回收等优点，用作脱氢催化剂载体有很大优势，因此碳材料也成为环烷烃脱氢催化剂的常用载体。

　　(2) 催化形式。

　　环烷烃脱氢的研究目前多应用于有机氢化物储氢技术，出现了多种脱氢的反应体系，如按照相态可以分为湿相脱氢、干相脱氢、湿干多相脱氢等。根据脱氢反应器的种类将脱氢催化形式分为间歇式脱氢和连续式脱氢。

　　间歇反应形式是将催化剂和反应原料一次性加入到一个反应器中，最常见的反应器为高压反应釜，反应物通常以液态的形式和催化剂进行反应，即湿相脱氢。间歇反应釜的反应温度一般不超过反应物的沸点，这样能够容易控制釜内的压力。Zhang 等[40]在间歇反应器中将 8 g Ni 催化剂加入至 0.5 mL 甲基环己烷中，发现在 523 K 下甲基环己烷的脱氢转化率为 65%。Saito 等[41]在间歇反应器中以十氢萘为原料，使用 0.3 g 5wt% Pt/C 催化剂进行脱氢反应，结果表明随着反应物的含量升高，十氢萘的转化率先增大后减小。尽管反应中存在大量催化剂，但初始速率和转化率仍然很低，而通过控制底物的量来形成过热液膜可以避免因积碳导致的催化剂失活。寇小文等[42]在间歇反应釜中进行十氢萘的脱氢反应，使用 Pt/AC 催化剂在 0.7～13 MPa 下的转化率为 47%。由以上结果可见，在间歇反应器中，脱氢产物氢气会抑制化学平衡向右移动，导致最终转化率不高。

　　连续反应形式在脱氢过程中常见的是固定床式反应器。该反应主要是气固催化反应，反应物在高于其沸点的情况下发生气化，与固体催化剂进行接触并反应，即干相脱氢。使用固定床可以将氢气有效导出反应器，利于脱氢的反应平衡向右移动，进而提高反应物的脱氢转化率。Rouleau 等[43]发现，在固定床中进行环己烷脱氢时，如没有将氢气导出，最终转化率很低。而在脱氢过程中及时将产物氢气移走对脱氢是十分有利的，如可使用具有选择性渗透膜的复合反应器，在反应中将氢气导出，提高受热力学平衡限制的脱氢转化率。Mondal 等[44]使用 Pd 膜反应器选择性除去反应中产生的氢气，使环己烷的脱氢转化率明显提高。此外，除了环烷烃脱氢，其他碳氢燃料在固定床中的催化脱氢反应也有研究[45]。

(3) 脱氢研究现状。

与水蒸气重整类似，在模拟发动机冷却通道的应用中环烷烃的催化脱氢一般在涂层管中进行。由于催化反应仅与催化剂的表面活性中心数量相关，因而在相同热流密度的情况下催化剂涂层的厚度对脱氢转化率几乎没有影响，对反应产生影响的仅为能与燃料接触的催化剂颗粒的表面积大小。此外，薄的催化剂涂层具有制作容易、减轻飞行器的负载、允许通过更大的热流量、有效降低流动阻力、管道换热效果更好等优点。

环烷烃的脱氢反应是体积增大的吸热反应，从热力学角度来看，低压和高温有利于脱氢反应的进行。Okada 等[46]比较了十氢萘与甲基环己烷、环己烷在常压下的脱氢平衡转化率，发现十氢萘比环己烷和甲基环己烷更容易进行脱氢反应；而甲基环己烷由于侧链的存在比环己烷脱氢更容易，达到平衡转化率所需反应温度为十氢萘＜甲基环己烷＜环己烷。寇小文[47]对十氢萘在不同压力下的平衡转化率进行了模拟，发现在压力增大的条件下，提高脱氢温度有助于提高脱氢转化率。在发动机冷却通道中，燃料实际工作压力一般超过 3 MPa，对脱氢反应可能不利，但是通道内的反应温度一般高于 973 K，有利于十氢萘的脱氢反应。

天津大学燃料团队[48]对十氢萘在超临界条件下的裂解脱氢进行研究，结果表明在超临界条件下产物中氢气、甲烷和乙烷的含量远高于常压反应，而乙烯和丙烯的含量则远小于常压反应。在超临界条件下，反应物在冷却通道内的停留时间延长，乙烯和丙烯发生二次反应，因此乙烯和丙烯的含量减少，不利于燃料热沉的提高。另外，十氢萘的脱氢产物为萘，而萘在高温下可进一步脱氢生成稠环芳烃，再经过缩合脱氢而生成积碳，积碳会覆盖催化剂的活性中心，造成催化剂失活。在上述超临界反应中，催化剂在 673～773 K 条件下的积碳量与常压下的积碳量相当；在更高温度条件下，即使在产生积碳的情况下，催化剂仍能保持一定的活性。常压下催化脱氢过程中产生的积碳很容易导致催化剂完全失活，而超临界条件下的脱氢反应有利于积碳部分溶解在超临界流体中，而且燃料具有较大的浓度和较长的停留时间，即使在催化剂表面覆盖一定量积碳的情况下仍能够继续反应。

2) 醇类脱氢

常用的醇类燃料主要有甲醇、乙醇和环己醇等，在发动机冷却通道中，醇类燃料脱氢可以生成醛和酯类化合物，也可以生成一氧化碳、碳氢化合物和氢气的混合物。常用的醇类脱氢催化剂主要有：非贵金属氧化物催化剂，如 $V_2O_3$、$MoO_3$ 和 $ReO_x/CeO_2$ 等；贵金属氧化物催化剂，如 $RuO_2$、$PtO_x$ 等；金属催化剂，如 Cu、Pt、Au 和 Ag 等。

甲醇脱氢反应产物有甲醛、甲酸甲酯，其步骤为：甲醇首先在催化剂表面解离生成吸附态甲氧基物种，之后甲氧基的 C—H 键断裂生成吸附态甲醛物种；然后甲醛通过 Tishchenko 反应或与甲氧基物种经半缩醛中间体生成甲酸甲酯。其中 C—H 键断裂为甲醇脱氢的速控步骤。

在约 573 K 的较低温度下，负载型氧化钒、氧化钼等催化剂能够催化甲醇氧化脱氢生成甲醛。催化剂载体的酸性直接影响脱氢反应产物的分布，酸性载体如 $Al_2O_3$ 和 $SiO_2$ 有利于甲缩醛的生成，而酸碱两性载体如 $ZrO_2$ 和 $TiO_2$ 表面产物以甲酸甲酯为主，因而可以通过调节载体酸性和活性中心分布提高产物的选择性。在贵金属 Au、Ag 以及 Pt 等金属活性中心表面，反应可以在更低的反应温度下进行；在温度较高时，反应中间体甲醛则进一步反应生成 CO。不难看出，甲醇的脱氢反应所需温度比碳氢燃料的热裂解、脱氢等反应的温度更低，有利于拓展热防护的温度范围。

乙醇脱氢反应中乙醇先发生脱氢生成乙醛，然后乙醛裂解生成 $CH_4$、CO、$H_2$ 等，这些小分子产物有助于燃料在燃烧室的燃烧。现阶段乙醇催化脱氢裂解的催化剂和甲醇脱氢催化剂类似，主要有三类：负载型贵金属催化剂，如负载型 Pt、Pd、Rh 等，不同种类的贵金属对乙醇脱氢反应影响也不同，较之于 Rh 基催化剂，虽然 Pt 基、Pd 基催化剂的乙醇转化率很高但副产物很多，氢气的选择性很低；金属氧化物催化剂，如 $TiO_2$、$CeO_2$、ZnO 等，此类催化剂的催化反应较为复杂，主要包括脱氢生成乙醛，脱水生成乙烯，乙烯被氧化生成乙酸后又裂解成 $CO_2$ 和 CO 等，其中 $CeO_2$ 对乙醇脱氢具有较高的活性；其他催化剂如 $Mo_2C$ 等对乙醇裂解产氢比较有利，转化率和氢气收率随反应温度的升高和 $Mo_2C$ 负载量的增大而提高，并且催化剂稳定性较好。

环己醇脱氢产物包括环己烯、环己烷、苯酚环己酮等，常用的催化剂有 Zn 系和 Cu 系催化剂。尽管 Zn 系催化剂的转化率较高，但选择性较差，因而现阶段的催化剂多是 Cu 系催化剂，活性中心为 0 价和 +1 价 Cu，其中 $Cu^0$ 的选择性和活性比 $Cu^+$ 差。MgO、$Al_2O_3$、$SiO_2$ 和 $TiO_2$ 等是 Cu 系催化剂的常用载体，主要用来调控催化剂表面的酸性。MgO 自身显碱性，可以避免催化剂中酸性位的干扰，氢气选择性可以达到 99%；在碱性条件下制备 $SiO_2$ 为载体的催化剂，可以中和表面酸性，也具有较好的催化活性与选择性。催化剂的酸性与环己醇脱水反应以及产物环己酮二聚脱水反应相关，并且该反应又易引起积碳，因而调节表面的酸碱性是延长催化剂寿命的重要手段。

3) 气态烷烃脱氢

高碳烃燃料在脱氢裂解过程中会产生小分子气态烷烃，如甲烷、乙烷、丙烷等，气态烷烃结构稳定，将其进行深度脱氢可以进一步提高热沉。气态烷烃脱氢制烯烃技术在工业上已经较成熟，本部分以丙烷脱氢制丙烯为例，概述气态烷烃脱氢催化剂研究进展，为通过脱氢进行热防护作参考。丙烷直接脱氢为丙烯的催化剂主要包括 $CrO_x$ 基、Pt 基、$VO_x$ 基、$GaO_x$ 基催化剂和碳纳米材料催化剂[49]，本部分主要介绍 $CrO_x$ 基、Pt 基催化剂和碳纳米材料催化剂在丙烷脱氢中的研究进展。

$CrO_x$ 基催化剂具有廉价、高活性等特点，Cr 存在多种类型的物种，包括 $Cr^{6+}$、$Cr^{5+}$、$Cr^{3+}$、$Cr^{2+}$、游离的 $Cr^{n+}$、低聚 $Cr^{n+}$ 和微晶 $Cr_2O_3$ 等，它们在脱氢过程中发挥不同的作用。通常认为，$Cr^{3+}$ 是丙烷脱氢反应的活性位点，丙烷首先吸附在 $Cr^{3+}$ 上，然后 C—H 键活化并脱氢形成 $Cr^{3+}$—$C_3H_6$，最后吸附态 $C_3H_6$ 脱附为气体。一般而言，Cr 基催化剂活性主要受载体和助剂的影响，其中载体在金属分散性、价态、Cr 物种的结构和电子性质方面有重要影响，从而影响催化剂的活性、稳定性和抗积碳性能。$Al_2O_3$ 热稳定性高、机械稳定性好、与 Cr 物种存在强相互作用，是最常用的载体，$CrO_x/Al_2O_3$ 催化剂具有高分散性、高催化稳定性和良好的可再生性等优点。此外，氧化锆由于其弱酸性和与 $CrO_x$ 的强相互作用，已被证实是铬催化剂的另一种有效载体。然而，这两种催化剂体系易形成严重积碳，大大缩短催化剂寿命。将第二种金属氧化物引入 $Al_2O_3$ 载体中可提高 Cr 基催化剂的性能，因为它可以降低催化剂的表面酸性并改善 Cr 物种的分散性和状态。Kim 等[50]报道添加一定数量的 Zr 物种(Zr/Al 比为 0.07)到 $Al_2O_3$ 可以增加活性物质 $Cr^{3+}$ 的含量，提高催化活性。Sim 等[51]发现在 $Al_2O_3$ 载体中引入 $ZrO_2$ 抑制了氧化铬/氧化铝固溶体的形成，提高了催化剂的活性和热稳定性。另外，碱金属如 K、Na、Ca 和 Mg，已广泛被用作助剂以中和催化剂的酸性，碱金属通过中和强酸位点以提高催化剂的选择性和抗结焦能力，但是其毒化作用会对脱氢活性产生不利影响。除了碱金属，过渡金属如 Ce、Sn、Co 等也可以用作助剂，改善铬的分布，降低载体的酸度，缓和 Cr 物种的表面特性，并且对催化剂路易斯酸位几乎没有影响，从而提高脱氢活性、选择性和稳定性。

然而 $CrO_x$ 基催化剂会造成重金属污染，相比之下，Pt 基催化剂环境友好、脱氢活性高。但 Pt 基催化剂也面临易结焦的问题，而且 Pt 颗粒容易烧结，影响脱氢稳定性。Pt 纳米颗粒的大小和结构对催化活性、选择性、稳定性都有影响。Zhu 等[52]合成了系列大小为 3～9 nm 的 Pt 并负载到 Mg(Al)O 载体上，研究发现，丙烷转化率随着 Pt 颗粒的增大逐渐降低，并且小颗粒 Pt 表面的 C—H 键断键能垒比大颗粒 Pt 更低。高温会导致 Pt 颗粒长大，对脱氢过程不利。载体决定 Pt 颗粒的分散性、稳定性以及结构和电子性能，因此需要选择良好的载体以稳定 Pt 颗粒。常用的载体有 $Al_2O_3$、$SiO_2$、$TiO_x$-$Al_2O_3$、$MgAl_2O_4$、分子筛和碳纳米管等，其中 $Al_2O_3$ 应用最广泛。但是，$Al_2O_3$ 和酸性分子筛的酸性较强，与 $CrO_x$ 基催化剂类似，通常引入非酸性金属氧化物如 $SiO_2$、$TiO_2$ 或者碱金属如 K、Na、Ca、Mg 和 Zr 作为助剂以降低酸性。天津大学燃料团队[53]研究了在载体中引入 Zr 物种对负载型 Pt-Sn 催化剂脱氢性能的影响。在有序介孔 MCM-41 载体上引入骨架 Zr 物种可获得分散均匀的高活性 $Pt_3Sn$/Pt 物种，不仅大大提高了乙烷脱氢的转化率，而且使目标产物乙烯的选择性高达 99%，这主要得益于载体较弱的酸性，以及载体与金属中等强度的相互作用。此外，碳纳米管因与 Pt 有强相互作用，孔结构可调、比表面积大、酸性可控等优点，也是很有前景的载体材料。

碳材料如石墨烯、碳纳米管、介孔碳和活性炭等具有丰富的表面官能团、缺陷和电子特性，也可以用作丙烷脱氢的活性组分。O、P、N、S 等的杂原子可通过化学或物理方法掺杂到碳材料中；酮、羧酸酐、内酯、羧酸、醚和苯酚等含 O 基团和—P＝O、—$PO(OH)_2$、—$OPO(OH)_2$ 和—$P(OH)_2$ 等含 P 基团可以通过化学氧化方法引入；氧化吡啶、酰胺、胺、吡咯、吡啶和内酰胺等含氮基团通过含氮前驱体的碳键合成或通过含氮试剂反应引入；此外，还可以通过含杂原子前驱体的化学氧化或碳化引入 B、F、Cl 等其他杂原子。掺杂了杂原子后，纳米碳材料的电导率、孔隙率以及机械和化学性质等将得到显著改善，进而提高催化脱氢性能。

2. 脱氢催化剂的失活与再生

脱氢反应过程中不可避免会出现催化剂的失活，催化剂的失活主要有三大原因：中毒、烧结和积碳，其中积碳是主要原因。碳氢燃料催化脱氢催化剂的金属活性中心通常是 Pt，载体一般为 $Al_2O_3$，这里以 Pt 基催化剂为例，对催化剂失活与再生进行介绍。

1) 催化剂中毒失活

中毒是催化剂受某些有害杂质的影响而使活性下降的现象，本质是某些吸附质优先吸附在催化剂的活性部位并形成特别强的化学吸附键，阻碍催化剂对反应物的活化吸附。因此，毒物通常是与催化剂活性组分具有配位原子轨道的物质。硫和硫化物中毒是 Pt 催化剂的一种典型中毒情况，硫元素主要由反应容器和燃料引入反应体系。在硫覆盖量小于 20% 的情况下，硫的强化学键会改变金属表面的化学性质，减弱 Pt 与吸附质之间的相互作用；在覆盖量为 25% 左右的情况下，将形成规则的硫覆盖层吸附在 Pt 表面上，使反应受阻；当覆盖量为 50% 左右时，Pt 成为化学惰性的颗粒，不再具有催化作用。此外，由于金属管道以及碳氢燃料中微量金属元素的存在，如 Fe、Zn、Cu 等，在高温情况能与金属 Pt 强烈结合形成稳定的化合物，进而发生另一种中毒现象——金属中毒。催化剂中毒现象是不可逆的，很难通过再生手段使催化剂再生，因此需要严格控制硫等燃料的杂原子含量以及与燃料接触材料的有毒金属含量。

2) 催化剂烧结失活

小颗粒 Pt 在高温条件下具有较高的自由能，表面晶格质点热振动产生位移，若干个小晶粒 Pt 聚集成为大颗粒 Pt，造成 Pt 的活性表面减小，即为 Pt 颗粒的烧结，降低催化剂的活性和选择性。影响催化剂烧结的因素包括催化剂组成、反应温度、载体性质、产物成分等，其中温度是影响催化剂烧结的主要因素，因为温度升高加速晶粒在载体表面的移动，使晶粒的碰撞和团聚速度加快。研究表明，随着反应温度的升高，催化剂表面的金属烧结趋势更加明显。

在一定条件下烧结状金属及其化合物可以润湿载体或在载体表面迁移，此时通过改变外部环境或在载体某些高能量位的作用下，迁移颗粒能被捕获而固定下来，从而实现金属的再分散或再分布，这在金属催化剂的再生过程中有重要的意义。向催化剂中加入 Sn、Ce、Ir、Re、Mo 和 W 等金属，一方面可以增加载体表面 Pt 的分散程度，另一方面可以抑制 Pt 的烧结，此时助剂成为 Pt 的稳定中心。对于载体为碳材料的催化剂，向催化剂中加入 Pd 也可以提高 Pt 的分散度。

3) 催化剂积碳失活

催化剂表面积碳和孔堵塞是失活的另一个重要原因。积碳产生过程如图 8-13 所示：碳氢燃料首先在金属上发生吸附解离，经过脱氢生成积碳前驱体，该前驱体一部分生成金属上的积碳，另一部分迁移至载体，参与生成载体上的积碳。此外，碳氢燃料可以直接吸附在载体的酸性位上，参与生成载体上的积碳。积碳实际上是一些具有较低 H/C 比、结构复杂的碳氢化合物。它可能含有：①吸附态反应物或产物；②在惰性表面或活性表面上生成的有序或无序的碳；③由烯烃形成的高分子量多芳核聚合物。通常认为烷烃在金属表面催化下脱氢后形成积碳前驱体并吸附在金属表面，部分前驱体还会通过气相扩散至载体；随后积碳前驱体在金属和载体表面生成聚合物或积碳，从而引起催化剂失活。

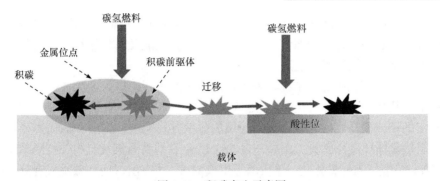

图 8-13　积碳产生示意图

表征发现积碳在催化剂上的分布不均匀并具有不同反应性质。Larsson 等[54]使用程序
升温氧化方法对丙烷脱氢反应后的 Pt/Al$_2$O$_3$ 和
PtSn/Al$_2$O$_3$ 催化剂进行分析，发现三种不同类型的
积碳，分别是金属附近的积碳、载体上的积碳和载
体上的石墨化积碳，如图 8-14 所示。不同类型积
碳的生成量与反应条件关系密切。前两种类型积
碳的含量随着反应温度和丙烯分压的升高而增
加，第三种类型的积碳含量随着反应温度和丙烷
分压的升高而增加。第一种类型的积碳含量在反
应 15 h 后趋于稳定，而第二种类型的积碳含量则
继续增加。此外，李庆等[55]通过元素分析、拉曼光

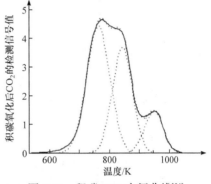

图 8-14　积碳 TPO 表征曲线[54]

谱等表征研究了不同 Pt 颗粒粒径的 Pt/Al$_2$O$_3$ 催化剂的积碳性质，发现不同粒径的金属上
生成的积碳性质也存在差异。随着 Pt 颗粒粒径的增大，积碳中氢含量逐渐升高，积碳的
芳香性和石墨化程度也逐渐减弱。

对于碳氢燃料的催化脱氢反应，提高反应温度并不能改变积碳在金属或者催化剂载
体上的位置。然而，随着反应压力的增加，随着积碳量的增加，积碳的 C/H 比增大，石
墨化程度增加，并主要沉积在载体上。因此，提高反应压力使积碳的分布发生改变，减少
积碳对金属活性位点的覆盖，有利于提高催化剂的寿命。对催化剂本身而言，较高的金
属分散程度有利于降低积碳对活性的影响，可以通过添加助剂提高稳定性。

4) 催化剂再生

催化剂再生方式有两种：一种是从反应器内取出后在专门的设备上再生催化剂，这
种方式多应用于固定床、移动床等反应器；另一种是直接在反应器内再生催化剂，这种
方式主要应用于涂层管反应器。当催化剂失活为可逆失活时，可采用适当的再生技术来
恢复其活性，如用 H$_2$、H$_2$O 或 O$_2$ 来气化沉积碳；一些贵金属催化剂的烧结也可通过化学
方法使其再分散；部分中毒失活催化剂可通过化学洗涤、热处理或氧化的办法来再生。

催化剂积碳是主要的有毒物质，再生过程主要用氧气烧掉积碳，又称为烧碳。一般先
采用 N$_2$、He 等惰性气体、H$_2$O 或 H$_2$ 在一定温度下吹扫，此步骤能去除部分沉积于金属
表面的积碳和易挥发化合物，并能疏通部分的孔堵塞，利于烧碳过程中氧扩散吸附到积
碳的表面，还能减少反应活性高的易挥发组分，降低烧碳开始阶段出现飞温的风险。吹

扫完成后,将反应器的温度升高至 753 K,提高供给气体中的氧气含量,烧掉残余积碳。在再生过程中,提高气体中的氧气含量或者氧分压,既能及时将燃烧产生的热量带走而防止催化剂烧结,又能加快再生速率。

针对催化剂发生硫中毒的情况,需要在烧碳之前进行脱硫,因为在碳氢燃料催化脱氢的条件下,几乎所有的含硫化合物都很容易生成 $H_2S$,在合适温度下 $H_2S$ 与反应管道易生成稳定的铝硫酸盐,阻碍载体表面金属的分散并影响酸性调节,因而需要在烧碳之前采用高温热氢循环进行脱硫。例如,在 793 K 左右的高温氢气流中,控制系统压力为 $0.5\sim1$ MPa,使氢气与硫铁化物、单质硫等生成 $H_2S$,并在出口处用碱洗或者分子筛吸附脱除气体中的 $H_2S$。

# 8.3 抑制结焦技术

## 8.3.1 抑制结焦添加剂

裂解抑焦的方法主要有使用添加剂如供氢剂、结焦抑制剂、复合型添加剂,改善反应器的金属材质,以及应用超临界反应条件等[56]。本节主要介绍各类添加剂。

1. 供氢剂

加入可以产生氢自由基的物质可以使自由基不再进行缩合生焦和进一步裂化,从而起到抑制生焦的作用。虽然供氢剂可有效地抑制焦炭的形成,但也存在明显的缺点,如抑制燃料的裂解、提高燃料的起始裂解温度、降低裂解率等。

1) 一元供氢剂

传统的供氢剂主要有苯甲醇(BzOH)、四氢萘(THN)、四氢喹啉(THQ)、十氢萘、乙酸乙酯和四氢萘酚(THNol)等,其中研究较多的是 BzOH、THN 和 THQ[57]。它们在加热条件下可释放出活性氢原子,并把活性氢原子传递到反应生成的中间体上,再与之结合,使其在缩合生焦之前便得到稳定,不再进行缩合生焦和进一步裂化反应,从而起到抑制结焦的作用。

供氢剂的供氢效果因结构而异,直链烷烃和单环烷烃的供氢效果最差,多环烷烃具有一定的供氢效果,环烷芳烃体系的供氢效果最好,四氢萘、二氢蒽、二氢菲、八氢菲和八氢蒽[58]是环烷芳烃的典型代表,常用于供氢反应。

2) 二元供氢剂

二元供氢剂与一元供氢剂的不同点在于:①二元供氢剂由两种及两种以上的物质组成;②一元供氢剂虽可有效地抑制燃料在高温裂解阶段的积碳,但它们的低温氧化稳定性较差,在自氧化阶段很容易被氧化,加剧氧化阶段的氧化沉积[57],而将物质如 $\alpha$-四氢萘酮(THNone)加入其他供氢剂中组成二元供氢剂,则可同时提高燃料在氧化和裂解阶段的热稳定性,THNone 既可以作为高温裂解段的供氢剂,也可以作为低温氧化阶段的抗氧剂。

2. 分散型催化剂

分散型催化剂指能良好分散于碳氢燃料中并可抑制反应过程中形成焦炭的催化剂，主要包括钼基、钴基、镍基、铁基催化剂等，其中钼基催化剂的效果最佳。与分散型催化剂相比，非分散型的含金属物质如硫酸亚铁虽然可以促进加氢反应来抑制结焦，但活性较低。

分散型钼系催化剂活性较高，主要有磷钼酸铵(APM)、钼酸铵(AHM)、硫代钼酸铵(ATM)、二烷基二硫化氨基甲酸钼(MoDTC)和二烷基二硫代磷酸钼(MoDTP)等[59]。例如，在分散型钼系催化剂存在下，渣油加氢裂化以自由基热裂化反应为主，加氢反应抑制了胶质-沥青质的缩合反应，同时催化剂对沥青质缩聚物的吸附作用也会延缓焦炭的生成[60]。

3. 结焦抑制剂

直接添加结焦抑制剂是一种较常用的减少结焦的方法，操作简单、容易实施。结焦抑制剂有很多种类，主要包括含硫化合物、含磷化合物、硫磷化合物、碱金属化合物、硫膦化合物、金属氧化物、聚硅氧烷类化合物以及含硼化合物等，含硫化合物抑制剂效果优于含磷化合物及碱金属化合物[61]。然而，结焦抑制剂也存在一些问题，碱金属类化合物通过催化焦炭与水蒸气反应抑制结焦，因此需要用水；含硫化合物、含磷化合物对金属有较大的腐蚀作用；金属氧化物不易分散在燃料中[56]。

结焦抑制剂抑制结焦的机理是：①使反应管表面钝化，抑制管壁的催化效应；②改变自由基反应历程，抑制均相或非均相反应结焦；③改变结焦的物理形态，使之松散，易于清除[62]。

1) 含硫化合物

含硫化合物包含硫酸盐、硫代硫酸盐、$CS_2$、$H_2S$、二甲基硫醚(DMS)、二甲基二硫醚(DMDS)、噻吩等，工业上多采用 $CS_2$、$H_2S$。硫化氢对金属表面具有钝化作用，用硫化氢处理后结焦量比处理前有所下降。

Tan 等[63]使用二甲基硫醚或二甲基二硫醚作为燃料添加剂，发现它们在抑制碳沉积方面有明显优势。Depeyre 等[64]研究了在正壬烷裂解过程中添加$(C_2H_5)_2S$ 或$(CH_3)_2SO$ 等含硫化合物对焦炭生成速率的影响，研究表明当存在含硫添加剂时焦炭形成的速率比不加含硫添加剂时低，最高可降低 1/3。Wang 等[65]研究了在正己烷水蒸气裂解过程中添加二甲基二硫化物对焦炭形成的影响，发现该影响不仅取决于施加方法即预硫化、连续添加、组合预硫化和连续添加，还取决于其用量。

2) 含磷化合物

含磷化合物包括磷酸三苯酯、三乙基亚磷酸盐以及三苯基亚磷酸盐等，其抑制结焦的可能机理是在高温下裂解产生含磷自由基，与反应器表面形成一层保护膜，降低金属表面的催化生焦活性[66]。在石脑油高温裂解过程中，加入三苯基亚磷酸盐不仅能显著降低生焦速率，而且能够提高清焦速率[67]，因此三苯基亚磷酸盐是具有抑制生焦和加速清焦的双功能添加剂。在相同磷浓度的情况下，三苯基亚磷酸盐比三乙基亚磷酸盐更能有效地抑制结焦。

Chowdhury 等[68]研究发现亚磷酸苄基二乙酯在石脑油热解过程中可显著降低焦化速率。Niaei 等[69]发现在石脑油热裂解过程添加三苯膦(TPP)、三邻甲苯基膦(TTP)和三苯膦氧化物(TPPO)也可以显著降低焦炭的生成速率，其中 TPPO 效果最佳。Vaish 等[70]指出亚磷酸三苯酯的加入显著减少了石脑油热解过程中焦炭的形成，而不影响产物的收率，在浓度相同的情况下亚磷酸三苯酯比亚磷酸三乙酯和硫磺更有效。另外，Ghosh 等[71]研究表明在浓度相同下磷在降低结焦率方面比硫更有效。

3) 有机硒化合物

有机硒化合物如硒醇、硒酚、二甲基硒醚、二苯基硒醚、二苯基二硒醚、二苄基二硒醚、苯亚硒酐和联苯硒等都可以用作结焦抑制剂，其中二苯基硒醚和二苯基二硒醚的效果最理想。有机硒化合物在较低温度下优先与镍或铁反应，生成硒化镍或硒化铁，在金属表面形成硒化膜，将活性金属位屏蔽，隔绝金属与燃料的接触，从而发挥结焦抑制作用[72]。天津大学燃料团队[73]发现在 RP-3 燃料中添加二苄基二硒醚可以有效降低超临界热裂解反应结焦炭沉积总量，少量的二苄基二硒醚即可降低约 50%的结焦总量。

4) 碱金属及碱土金属化合物

碱金属和碱土金属化合物的作用为催化结焦物与水蒸气发生水煤气反应，让其不断转化成 CO、$CO_2$，减少焦炭的表观沉积量。同时，这些盐类化合物对金属表面进行覆盖，从而屏蔽表面具有催化结焦活性的 Fe、Ni 等金属原子，使结焦速率降低，有机酸碱金属盐类抑制结焦的效果要优于无机酸碱金属盐类[74]。但碱类结焦抑制剂有一定的腐蚀性。

美国代勒国际公司曾开发出一种结焦抑制剂组合物。它是由一种碱金属盐、一种碱土金属盐和一种选自硼酸、硼酸盐和含硅化合物组成的。其中碱金属盐可以是 KOAc、$K_2CO_3$、$KNO_3$、偏硅酸钾、偏硼酸钾、硅钨酸钾；碱土金属盐可以是 $Ca(OAc)_2$、$Mg(OAc)_2$、$Ba(OAc)_2$ 等[75]。碱金属盐、碱土金属盐组成的混合抑制剂能够弥补单一碱金属化合物的不足，并降低其腐蚀性。

5) 聚硅氧烷类化合物

常用的有二甲基聚硅氧烷、苯甲基聚硅氧烷、二乙基聚硅氧烷，此类化合物能减轻和防止金属表面与碳粒之间、碳粒与碳粒之间的黏附[76]。

6) 含硼化合物

可用的含硼化合物包括硼酸、氧化硼、有机硼化物、硼酸铵以及碱金属和碱土金属的硼酸盐等。含硼化合物抑制剂可减少烃类裂解炉管的结垢和腐蚀[77]。但是，含硼化合物在使用时应预先配制成溶液或悬浮液，而溶剂的选择对其抑制结焦及防腐的效果有很大影响。使用有机硼化合物时可将其直接加入或溶于非单醇类溶剂中[78]。另外，硼化物与二羟基苯化合物混合以及钼与硼化物混合后也可用作结焦抑制剂。

7) 稀土元素及其化合物

稀土类结焦抑制剂能够有效抑制高温结焦，多采用周期表中ⅢB族中的 15 个元素及其化合物或多种元素的混合物。其中铈和镧化合物效果最好，如稀土金属氧化物氧化铈、六水硝酸铈、硝酸铵铈、六水硝酸镧等。溶剂可用水、醇、乙二醇等极性物质，也可用正构烷烃、芳烃等非极性物质，且需少量稳定剂[77]。

### 4. 复合添加剂

#### 1) 供氢剂与结焦抑制剂

供氢剂和结焦抑制剂都可以不同程度地抑制碳氢燃料的热裂解焦炭沉积。这两类添加剂的抑焦机理不相同，供氢剂主要从燃料本身的角度考虑，提供氢原子阻止自由基聚合成焦，而结焦抑制剂则是钝化反应管表面的活性金属原子抑制金属的催化生焦[56]。为了更大程度地抑制裂解结焦，可以将两类添加剂复合成添加剂包。结焦抑制剂可以选择有机硒化合物，如二苯基二硒醚和联苯硒，供氢剂可以选择 BzOH、THN、THN/THNone。天津大学燃料团队[79]研究了三种氢供体即四氢化萘、α-四氢萘酮和苯甲醇，两种有机硒化物即二苯基硒化物和二苯基二硒化物，以及它们的混合物对正十二烷和 RP-3 裂解结焦的影响，结果表明二元添加剂可显著减少结焦沉积物的形成。

#### 2) 供氢剂与分散型催化剂

分散型催化剂和供氢剂共用可提高催化剂抑制结焦能力。例如，少量的钼催化剂与四氢萘共用即可有效地抑制生焦，而且少量分散型催化剂与供氢剂共用的加氢效果优于大用量催化剂[80]。

### 8.3.2　抑制结焦涂层

#### 1. 惰性涂层

金属活性位点催化结焦是碳氢燃料热裂解结焦的主要原因之一。将二氧化硅、氧化铝等耐热且惰性的材料涂覆于材料表面形成惰性涂层，从而隔离燃料与换热通道或反应器表面，是抑制活性金属位点催化结焦、减少焦炭沉积的重要方法之一。惰性涂层的组成化学性质稳定且耐高温，如氧化铝、二氧化硅、陶瓷、合金等，依据材料种类不同可分为金属化合物、合金和陶瓷等。

#### 1) 金属化合物

金属化合物是一类常见的惰性抑焦涂层材料，以氧化物、氮化物、碳化物为典型代表，制备方法简单、应用广泛。氧化铝是金属氧化物的典型代表，致密的氧化铝耐高温性能极佳，最高可承受 1373 K 以上的高温。氧化铝涂层可以与多种管材结合，尤其对于 Inconel 718 等铝合金管材，在纯氧条件下高温煅烧即可原位制得均匀致密的氧化铝层。对于非铝管材，常用化学沉积方法在其内表面沉积氧化铝，表 8-3 汇总了几种制备氧化铝涂层的常用前驱体及适用的管材。将氧化铝涂层应用于 JP-8[81]、RP-3[82]等多种燃料裂解过程，可显著提升管件持续运行时间和抗结焦能力。除氧化铝外，氧化钛、氧化锆、三氧化二铬、氧化铈等也被相继报道用作惰性涂层。

**表 8-3　不同材质管件表面沉积氧化铝使用的前驱体和沉积温度**

| 前驱体 | 制备温度/K | 基底 | 参考文献 |
| --- | --- | --- | --- |
| 异丁基铝 | 573 | 不锈钢(FeCrNi-, FeCr-type) | [83] |
| (ATIB) | 693 | 石英 | [84] |

| 前驱体 | 制备温度/K | 基底 | 参考文献 |
|---|---|---|---|
| 异丙醇铝<br>(ATI) | 623～773 | 硅 | [85] |
| | 693 | Incoloy 800H, AISI 304 | [86] |
| | 300～500 | 玻璃，硅 | [87] |
| 仲丁醇铝<br>(ATSB) | 300～500 | 玻璃，硅 | [88-89] |
| | 500 | AISI 304 | [90] |
| 乙酰丙酮铝<br>[Al(acac)₃] | 600 | Si(100)，不锈钢 | [91] |
| | 230 | Si(100) | [92] |
| | 500 | AISI 304 | [90] |

近年来，金属碳化物、金属氮化物等也被用来抑制结焦，甚至相较于氧化物展现出更好的效果。例如，在 RP-3 裂解过程中，抗结焦性能顺序为 $TiN \approx TiC > TiO_2$，但 TiN、TiC 材料的高温稳定性一般，TiN 初始氧化温度约为 623 K，TiC 在 1083 K 以上也会发生氧化反应。未经改性的金属氮化物和金属碳化物高温稳定性较差，不能满足燃料超临界裂解的使用要求。

2) 合金

在碳氢燃料热裂解过程中，不同管材的沉积情况差异明显，Fe、Ni、Co 等过渡金属易催化丝状碳的生成，而 Al、Ti、Nb 等金属几乎不参与催化结焦反应。高温焙烧时，金属元素将以氧化物形式迁移，Cr 氧化物向金属表面迁移，Fe、Ni 氧化物则倾向于向金属内部迁移，不仅使烯烃分子的吸附变弱，疏松的氧化物层还会提供渗碳通道使管壁遭到破坏。因此，选择合理的反应器材质，调节管件表面元素配比形成合金惰性层是行之有效的抑焦方法。W、Mo 等微量元素添加的合金在一定程度上能提升材料的抗渗碳性能。

适当调整合金比例在理论上虽能减少结焦量，但往往还需后续高温氧化、退火等加工流程，使管材表面形成致密的氧化膜以阻隔金属活性位催化结焦，本质上仍为金属氧化物涂层发挥的作用。另外，合金的机械强度等因素也是重要衡量指标。

3) 陶瓷

陶瓷是一类高温烧结制成的无机非金属材料，具有高熔点、高硬度、耐氧化等优点，因此陶瓷材料作为惰性涂层相较金属氧化物等可耐受更高的温度，且适用于不同的原料和反应条件。在金属管壁上制备陶瓷涂层难度较高，因此陶瓷涂层相较于金属氧化物涂层应用较少，目前几乎未见用于碳氢燃料裂解过程。

作为抗焦材料，抑制焦炭生成是评价涂层材料最主要的指标，金属化合物、合金和陶瓷均能有效隔离燃料与催化生焦金属位点的接触。然而，综合考虑耐高温性能、传热效果、稳定性、加工工艺等因素，金属化合物是最具竞争力的一类惰性涂层。因此，金属化合物尤其是金属氧化物是现今最常用的抑焦涂层，合金涂层和陶瓷涂层仍有待进一步研究。

2. 清焦涂层

惰性涂层通过隔绝结焦前驱体、自由基和反应器的金属壁面，达到抑制纤维炭生成的目的。实际上，在碳氢燃料高温热裂解过程中，纤维炭的生成通常仅发生在裂解反应初期，而芳烃缩合结焦和自由基生长结焦则是贯穿裂解过程的，清除球状碳和无定形碳是解决热裂解结焦问题的关键。因此，清焦催化涂层应运而生：通过催化积碳与水、乙醇等物质高温下反应实现清焦效果，保证反应器的正常运行和循环使用。

清焦涂层最早兴起于乙烯工业，用于解决裂解炉结焦问题，其反应原理为利用进料中过量的水蒸气，采用碱金属或碱土金属盐催化焦炭与水发生水煤气反应，清除积碳。加拿大 Quantiam 公司和诺瓦化学(Nova Chemicals)开发出一种名为 CAMOL 涂层(catalyzed-assisted manufacture of olefins coating)的材料，2011 年由德国巴斯夫(BASF Qtech)实现商用，主要成分为锰基和钨基涂层，分别用于应对不同碳数原料的裂解结焦问题。随着相关技术的发展，YieldUP[93]等新型催化涂层也被开发出来并投入应用。

清焦涂层本质上是基于水蒸气重整反应，重整催化剂通过催化早期形成的焦炭与水等添加剂发生反应，抑制积碳反应的恶化，显著降低纤维炭和球状炭的生成量与生成速度。碱金属、钙钛矿等常用作水蒸气重整反应的催化剂均被证实具有良好的清焦效果，钾、铯等元素已被证实具有清焦效果，配合水、醇类等添加剂的使用可将裂解循环次数提升至十余次。钙钛矿材料也是一类典型的清焦材料，催化清焦能力强且比碱金属或碱土金属盐稳定性更好。例如，在镍基合金管表面采用涂覆法制备钙钛矿和磷钨酸双功能涂层，配合水、乙醇添加剂，用于碳氢燃料超临界裂解过程的抑焦清焦，其中 $BaCeO_3$/HPW 涂层抗结焦性能最佳，磷钨酸催化乙醇脱水生成水，而钙钛矿通过催化焦炭水蒸气气化反应实现清焦。在乙醇添加量为 5wt%，$BaCeO_3$/HPW = 1/1 的条件下进行燃料热裂解，管压降最小且抗结焦率最高可达 96.77%，如表 8-4 所示。清焦涂层同样可以阻隔反应器管壁与燃料直接接触，同时可以配合添加剂实现催化清焦，是一类极具发展潜力的抑焦涂层。

**表 8-4　5wt%乙醇添加量的燃料在不同 $BaCeO_3$/HPW 比例的双功能涂层上的裂解实验结果**

| 管内积碳/mg | 稳定时间/min | 气化率/% | 热沉/(MJ/kg) | 结焦抑制率/% |
| --- | --- | --- | --- | --- |
| 643.69 | 30 | 45.5 | 3.04 | — |
| 82.36 | 30 | 46.2 | 3.07 | 87.22 |
| 23.22 | 30 | 45.2 | 3.08 | 96.36 |
| 21.13 | 30 | 42 | 2.96 | 96.71 |
| 20.78 | 30 | 45.1 | 3.06 | 96.77 |
| 22.26 | 30 | 45.0 | 3.05 | 96.54 |

3. 复合材料

实际使用过程中，可在惰性涂层中掺杂催化材料，在减少催化生焦金属位点的同时引入催化清焦的位点，使涂层兼具稳定性和抑焦、清焦性能。

　　2010 年，一种掺杂金属成分的陶瓷涂层被用于抑焦清焦[94]，陶瓷惰性涂层阻隔钢管中的镍、铁高温下催化结焦生成丝状碳，而涂层中掺杂的金属催化剂能将焦炭转化为 CO 和 $CO_2$，抑制焦炭生成。该技术已由美国 Quantianm 公司实现投产。

　　掺杂钙钛矿催化剂的新型陶瓷材料已被报道用于中试规模，相较未经处理的反应器，涂覆涂层后焦炭生成量减少约 75%，反应器连续工作时间延长 5 倍以上。此外，当反应温度更高尤其是达到 1173 K 以上时，涂层与基底间元素的互扩散加速，会发生克肯达尔(Kirkendall)效应[95]，该效应可通过复合材料的合理设计与开发进行缓解。Al-Cr 共掺、Al-Si 共掺、Pt 掺杂等技术可优化氧化铝涂层，形成的复合材料抗高温腐蚀性能更佳。

# 参 考 文 献

[1] Sun D, Li C, Du Y, et al. Effects of endothermic hydrocarbon fuel composition on the pyrolysis and anti-coking performance under supercritical conditions. Fuel, 2019, 239: 659-666.

[2] Lander H, Nixon A C. Endothermic fuels for hypersonic vehicles. Journal of Aircraft, 1971, 8(4): 200-207.

[3] Deepak D, Jeenu R. Endothermic fuels for supersonic ramjet. Journal of the Indian Chemical Society, 2003, 80(5): 535-543.

[4] 周伟星，贾贞健. 冲压发动机碳氢燃料技术. 北京: 国防工业出版社, 2019.

[5] Sobel R D, Spadaccini J L. Hydrocarbon fuel cooling technologies for advanced propulsion. Journal of Engineering for Gas Turbines & Power, 1997, 119(2): 344-351.

[6] Jiang R, Liu G, Zhang X. Thermal cracking of hydrocarbon aviation fuels in regenerative cooling microchannels. Energy & Fuels, 2013, 27(5): 2563-2577.

[7] Sreekireddy P, Reddy T K K, Selvaraj P, et al. Analysis of active cooling panels in a scramjet combustor considering the thermal cracking of hydrocarbon fuel. Applied Thermal Engineering, 2019, 147: 231-241.

[8] Wickham D T, Engel J R, Hitch B D, et al. Initiators for endothermic fuels. Journal of Propulsion & Power, 2001, 17(6): 1253-1257.

[9] Liu G, Han Y, Wang L, et al. Solid deposits from thermal stressing of *n*-dodecane and Chinese RP-3 jet fuel in the presence of several initiators. Energy & Fuels, 2009, 23(1): 356-365.

[10] Xing Y, Dan L, Wenjie X, et al. Catalytic cracking of tricyclo[5.2.1.0$^{2,6}$]decane over HZSM-5 molecular sieves. Fuel, 2010, 89(7): 1422-1428.

[11] Huang B, Bai P, Neurock M, et al. Conversion of *n*-hexane and *n*-dodecane over H-ZSM-5, H-Y and Al-MCM-41 at supercritical conditions. Applied Catalysis A: General, 2017, 546: 149-158.

[12] Tian Y, Qiu Y, Hou X, et al. Catalytic cracking of JP-10 over HZSM-5 nanosheets. Energy & Fuels, 2017, 31(11): 11987-11994.

[13] Hou X, Qiu Y, Yuan E, et al. $SO_4^{2-}/TiO_2$ promotion on HZSM-5 for catalytic cracking of paraffin. Applied Catalysis A: General, 2017, 537: 12-23.

[14] Ji Y, Yang H, Yan W. Effect of alkali metal cations modification on the acid/basic properties and catalytic activity of ZSM-5 in cracking of supercritical *n*-dodecane. Fuel, 2019, 243: 155-161.

[15] Li D, Fang W, Wang H, et al. Gold/oil nanofluids stabilized by a gemini surfactant and their catalytic property. Industrial & Engineering Chemistry Research, 2013, 52(24): 8109-8113.

[16] E X T F, Zhang Y, Zou J J, et al. Oleylamine-protected metal (Pt, Pd) nanoparticles for pseudohomogeneous catalytic cracking of JP-10 jet fuel. Industrial & Engineering Chemistry Research, 2014, 53(31): 12312-12318.

[17] Guo Y, Yang Y, Xiao J, et al. A novel well-dispersed nano-Ni catalyst for endothermic reaction of JP-10.

Fuel, 2014, 117: 932-938.

[18] Zhong F, Fan X, Gong Y, et al. Thermal cracking and heat sink capacity of aviation kerosene under supercritical conditions. Journal of Thermophysics & Heat Transfer, 2011, 25(3): 450-456.

[19] Zhou W, Jia Z, Qin J, et al. Experimental study on effect of pressure on heat sink of *n*-decane. Chemical Engineering Journal, 2014, 243(4): 127-136.

[20] Jin B, Jing K, Liu J, et al. Pyrolysis and coking of endothermic hydrocarbon fuel in regenerative cooling channel under different pressures. Journal of Analytical and Applied Pyrolysis, 2017, 125: 117-126.

[21] Ward T A, Ervin J S, Zabarnick S, et al. Pressure effects on flowing mildly-cracked *n*-decane. Journal of Propulsion & Power, 2005, 21(2): 344-355.

[22] Zhao G, Song W, Zhang R. Effect of pressure on thermal cracking of China RP-3 aviation kerosene under supercritical conditions. International Journal of Heat & Mass Transfer, 2015, 84: 625-632.

[23] Wang Z, Guo Y, Lin R. Pyrolysis of hydrocarbon fuel ZH-100 under different pressures. Journal of Analytical & Applied Pyrolysis, 2009, 85(1-2): 534-538.

[24] Li F, Li Z, Jing K, et al. Thermal cracking of endothermic hydrocarbon fuel in regenerative cooling channels with different geometric structures. Energy & Fuels, 2018, 32(6): 6524-6534.

[25] Sun D, Du Y, Zhang J, et al. Effects of molecular structures on the pyrolysis and anti-coking performance of alkanes for thermal management. Fuel, 2017, 194: 266-273.

[26] Liu Z, Bi Q, Feng J. Evaluation of heat sink capability and deposition propensity of supercritical endothermic fuels in a minichannel. Fuel, 2015, 158: 388-398.

[27] DeWitt M J, Edwards T, Shafer L, et al. Effect of aviation fuel type on pyrolytic reactivity and deposition propensity under supercritical conditions. Industrial & Engineering Chemistry Research, 2011, 50(18): 10434-10451.

[28] Yue L, Li G, He G, et al. Impacts of hydrogen to carbon ratio (H/C) on fundamental properties and supercritical cracking performance of hydrocarbon fuels. Chemical Engineering Journal, 2016, 283: 1216-1223.

[29] Cheng D G, Zhu X, Ben Y, et al. Carbon dioxide reforming of methane over Ni/Al$_2$O$_3$ treated with glow discharge plasma. Catalysis Today, 2006, 115(1-4): 205-210.

[30] Yahyavi S R, Haghighi M, Shafiei S, et al. Ultrasound-assisted synthesis and physicochemical characterization of Ni-Co/Al$_2$O$_3$-MgO nanocatalysts enhanced by different amounts of MgO used for CH$_4$/CO$_2$ reforming. Energy Conversion and Management, 2015, 97: 273-281.

[31] Ma H, Zeng L, Tian H, et al. Efficient hydrogen production from ethanol steam reforming over La-modified ordered mesoporous Ni-based catalysts. Applied Catalysis B: Environmental, 2016, 181: 321-331.

[32] Rostrup-Nielsen J R. Catalytic Steam Reforming. Berlin: Springer, 1984.

[33] 刘佳林. CO$_2$吸附强化焦油催化重整的实验研究. 沈阳: 东北大学, 2016.

[34] 张定瑞, 张枭雄, 侯凌云. 催化重整条件下碳氢燃料热裂解与换热. 航空动力学报, 2018, 33(8): 1830-1837.

[35] Wang Y G, Shah N, Huggins F E, et al. Hydrogen production by catalytic dehydrogenation of tetralin and decalin over stacked cone carbon nanotube-supported Pt catalysts. Energy & Fuels, 2006, 20(6): 2612-2615.

[36] Wang Y G, Shah N, Huffman G P. Pure hydrogen production by partial dehydrogenation of cyclohexane and methylcyclohexane over nanotube-supported Pt and Pd catalysts. Energy & Fuels, 2004, 18(5): 1429-1433.

[37] Yu J, Wang R, Ren S, et al. The Unique role of CaO in stabilizing the Pt/Al$_2$O$_3$ catalyst for the dehydrogenation of cyclohexane. ChemCatChem, 2012, 4(9): 1376-1381.

[38] Kariya N, Fukuoka A, Ichikawa M. Efficient evolution of hydrogen from liquid cycloalkanes over Pt-containing catalysts supported on active carbons under "wet-dry multiphase conditions". Applied Catalysis A: General, 2002, 233(1): 91-102.

[39] 陈进富. 基于汽车氢燃料的有机液体氢化物贮氢新技术研究. 北京: 中国石油大学(北京), 1997.

[40] Zhang L, Xu G, An Y, et al. Dehydrogenation of methyl-cyclohexane under multiphase reaction conditions. International Journal of Hydrogen Energy, 2006, 31(15): 2250-2255.

[41] Saito Y, Aramaki K, Hodoshima S, et al. Efficient hydrogen generation from organic chemical hydrides by using catalytic reactor on the basis of superheated liquid-film concept. Chemical Engineering Science, 2008, 63(20): 4935-4941.

[42] 寇小文, 顾雄毅, 李平. 氢能载体十氢萘制氢表观动力学. 化工进展, 2015, 34(9): 3279-3285.

[43] Rouleau D, Sang J, Klvana D. Kinetics of vapor-phase dehydrogenation of cyclohexane over palladium catalyst in a continuous stirred tank reactor. Journal of Applied Chemistry and Biotechnology, 1972, 22(2): 149-164.

[44] Mondal A M, Ilias S. Dehydrogenation of cyclohexane in a palladium-ceramic membrane reactor by equilibrium shift. Separation Science and Technology, 2001, 36(5-6): 1101-1116.

[45] Champagnie A M, Tsotsis T T, Minet R G, et al. The study of ethane dehydrogenation in a catalytic membrane reactor. Journal of Catalysis, 1992, 134(2): 713-730.

[46] Okada Y, Sasaki E, Watanabe E, et al. Development of dehydrogenation catalyst for hydrogen generation in organic chemical hydride method. International Journal of Hydrogen Energy, 2006, 31(10): 1348-1356.

[47] 寇小文. 十氢萘脱氢动力学研究及脱氢反应器模拟. 上海: 华东理工大学, 2015.

[48] 董飞. 十氢萘超临界裂解脱氢的研究. 天津: 天津大学, 2003.

[49] Hu Z P, Yang D, Wang Z, et al. State-of-the-art catalysts for direct dehydrogenation of propane to propylene. Chinese Journal of Catalysis, 2019, 40(9): 1233-1254.

[50] Kim T H, Gim M Y, Song J H, et al. Deactivation behavior of $CrO_y/Al_2O_3$-$ZrO_2$ catalysts in the dehydrogenation of propane to propylene by lattice oxygen. Catalysis Communications, 2017, 97: 37-41.

[51] Sim S, Gong S, Bae J, et al. Chromium oxide supported on Zr modified alumina for stable and selective propane dehydrogenation in oxygen free moving bed process. Molecular Catalysis, 2017, 436: 164-173.

[52] Zhu J, Yang M L, Yu Y, et al. Size-dependent reaction mechanism and kinetics for propane dehydrogenation over Pt catalysts. ACS Catalysis, 2015, 5(11): 6310-6319.

[53] Xu J, Shi C, Zhang S, et al. Framework Zr stabilized PtSn/Zr-MCM-41 as promising catalyst for nonoxidative ethane dehydrogenation. Chinese Journal of Chemistry, 2022, 40(8): 918-924.

[54] Larsson M, Hultén M, Blekkan E A, et al. The effect of reaction conditions and time on stream on the coke formed during propane dehydrogenation. Journal of Catalysis, 1996, 164(1): 44-53.

[55] 李庆, 隋志军, 朱贻安, 等. Pt 催化丙烷脱氢过程中结焦反应的粒径效应与 Sn 的作用. 化工学报, 2013, 64(2): 524-531.

[56] 朱玉红. 吸热燃料超临界热裂解过程抑焦技术研究. 天津: 天津大学, 2007.

[57] 朱玉红, 米镇涛, 张香文. 航空燃料高温裂解条件下热稳定添加剂的研究进展. 化工进展, 2006, (6): 595-599.

[58] 林祥钦. 稠油渣油焦化成焦特性研究. 上海: 中国石油大学(华东), 2011.

[59] 诸泽人. 裂解炉结焦抑制及清焦技术. 乙烯工业, 2014, 26(2): 51-55+6.

[60] 刘晨光, 阚国和, 梁文杰, 等. 分散型钼系催化剂在孤岛渣油加氢裂化中的作用—Ⅱ. 渣油反应机理和催化剂抑制生焦机理的初探. 石油学报(石油加工), 1994, 10(2): 29-37.

[61] 潘富敏, 何龙, 林瑞森. 吸热型碳氢燃料的结焦研究(Ⅱ)结焦抑制剂的性能评价. 推进技术, 2001, 22(3): 241-244.

[62] 朱万良, 潘富敏. 吸热型碳氢燃料的结焦研究(Ⅰ)测焦装置及结焦抑制剂. 推进技术, 2001, 22(1): 85-88.

[63] Tan C D, Baker R T K. The effect of various sulfides on carbon deposition on nickel-iron particles. Catalysis Today, 2000, 63(1): 3-20.

[64] Depeyre D, Flicoteaux C, Ossebi J G. Pure *n*-nonane steam cracking and the influence of sulfur compounds. Industrial & Engineering Chemistry Process Design & Development, 1985, 24(4): 920-924.

[65] Wang J, Reyniers M F O, Marin G B. Influence of dimethyl disulfide on coke formation during steam cracking of hydrocarbons. Industrial & Engineering Chemistry Research, 2007, 46(12): 4134-4148.

[66] 郭永胜, 方文军, 林瑞森. 吸热型碳氢燃料热裂解的结焦抑制. 浙江大学学报(工学版), 2005, 39(4): 538-541.

[67] 吴亚勤. 石脑油高温裂解过程生焦的抑制. 当代石油石化, 1994, (6): 38-40.

[68] Chowdhury S N, Kunzru D. Benzyl diethyl phosphite as a coke inhibitor during naphtha pyrolysis tubular reactor studies. Canadian Journal of Chemical Engineering, 2010, 71(6): 873-879.

[69] Niaei A, Salari D, Towfighi J, et al. Effect of organophosphorous compounds as coke inhibitors on coking rate in the pyrolysis of naphtha. Petroleum Science & Technology, 2008, 26(18): 2170-2181.

[70] Vaish S, Kunzru D. Triphenyl phosphite as a coke inhibitor during naphtha pyrolysis. Industrial & Engineering Chemistry Research, 1989, 28(9): 1293-1299.

[71] Ghosh K K, Kunzru D. Reduction of coke formation during naphtha pyrolysis using triethyl phosphite. Industrial & Engineering Chemistry Research, 1988, 27(4): 559-565.

[72] 王静, 张香文, 郭伟, 等. 供氢剂和结焦抑制剂对正十二烷超临界热裂解沉积的影响. 石油学报(石油加工), 2006, 22(5): 39-43.

[73] 刘国柱, 朱玉红, 张香文, 等. 二苄基二硒醚对 RP-3 喷气燃料超临界热裂解结焦的抑制作用. 天津大学学报: 自然科学与工程技术版, 2007, (11): 1327-1331.

[74] 张永军, 万书宝, 郭英爽, 等. 乙烯裂解炉的结焦及其抑制措施. 化学工业, 2011, (12): 51-56.

[75] 张银凯. 烃类蒸汽裂解结焦抑制剂技术进展(下). 上海化工, 1999, 24(6): 4-5+8.

[76] 万书宝, 张永军, 汲永钢, 等. 抑制乙烯装置裂解炉炉管结焦的措施. 石油炼制与化工, 2012, 43(2): 97-103.

[77] 岳莉, 封瑞江, 赵崇峰, 等. 乙烯裂解装置中的结焦抑制剂. 辽宁化工, 2004, 33(11): 656-658+674.

[78] 狄沐昕, 尚丹丹, 李常艳. 乙烯裂解炉中常用结焦抑制剂的研究现状. 广州化工, 2012, 40(6): 16-18.

[79] Guo W, Zhang X, Liu G, et al. Roles of hydrogen donors and organic selenides in inhibiting solid deposits from thermal stressing of *n*-dodecane and Chinese RP-3 jet fuel. Industrial & Engineering Chemistry Research, 2009, 48(18): 8320-8327.

[80] 石斌, 文萍, 王宗贤, 等. 供氢剂与分散型催化剂在渣油裂化反应中的作用. 石油大学学报(自然科学版), 2002, 26(3): 87-90.

[81] Altin O, Eser S. Pre-oxidation of inconel alloys for inhibition of carbon deposition from heated jet fuel. Oxidation of Metals, 2006, 65(1-2): 75-99.

[82] Yang C, Liu G, Wang X, et al. Preparation and anticoking performance of MOCVD alumina coatings for thermal cracking of hydrocarbon fuels under supercritical conditions. Industrial & Engineering Chemistry Research, 2012, 51(3): 1256-1263.

[83] Dumitrescu L, Maury F. Al$_2$O$_3$ coatings on stainless steel from Al metal-organic chemical vapor deposition and thermal treatments. Surface & Coatings Technology, 2000, 125(1-3): 419-423.

[84] Aboaf J A. Deposition and properties of aluminum oxide obtained by pyrolytic decomposition of an aluminum alkoxide. Journal of the Electrochemical Society, 1967, 114(9): 948-952.

[85] Fournier J, Desisto W, Brusasco R, et al. Preparation and characterization of thin films of alumina by metal-

organic chemical vapor deposition. Materials Research Bulletin, 1988, 23(1): 31-36.

[86] Morssinkhof R W J, Fransen T, Heusinkveld M, et al. The protective properties of thin alumina films deposited by metal organic chemical vapour deposition against high-temperature corrosion of stainless steels. Materials Science and Engineering: A, 2017, 120(2): 449-455.

[87] Kuo D H, Cheung B Y, Wu R J. Growth and properties of alumina films obtained by low-pressure metal-organic chemical vapor deposition. Thin Solid Films, 2001, 398-379: 35-40.

[88] Haanappel V A C, Corbach H D V, Fransen T, et al. Properties of alumina films prepared by atmospheric pressure metal-organic chemical vapour deposition. Surface & Coatings Technology, 1994, 63(3): 145-153.

[89] Haanappel V A C, Rem J B, Corbach H D V, et al. Properties of alumina films prepared by metal-organic chemical vapour deposition at atmospheric pressure in the presence of small amounts of water. Surface and Coatings Technology, 1995, 72(1-2): 1-12.

[90] Diaz B, Hearkoenen E, Swiatowska J, et al. Low-temperature atomic layer deposition of $Al_2O_3$ thin coatings for corrosion protection of steel: Surface and electrochemical analysis. Corrosion Science, 2011, 53(6): 2168-2175.

[91] Singh M P, Shivashankar S A. Low-pressure MOCVD of $Al_2O_3$ films using aluminum acetylacetonate as precursor: Nucleation and growth. Surface & Coatings Technology, 2002, 161(2-3): 135-143.

[92] Kim J S, Marzouk H A, Reucroft P J, et al. Effect of water vapor on the growth of aluminum oxide films by low pressure chemical vapor deposition. Thin Solid Films, 1993, 230(2): 156-159.

[93] Schietekat C M, Sarris S A, Reyniers P A, et al. Catalytic coating for reduced coke formation in steam cracking reactors. Industrial & Engineering Chemistry Research, 2015, 54(39): 9525-9535.

[94] Yi Z, Bo F, Dakuang H, et al. Isolation of viscous oil degrading microorganism and characterization. Petroleum Processing & Petrochemicals, 2010, 41(7): 68-72.

[95] Nakajima H. The discovery and acceptance of the Kirkendall effect: The result of a short research career. JOM: the Journal of the Minerals, Metals & Materials Society, 1997, 49(6): 15-19.